U0333491

苏州奥林匹克体育中心
单层索网结构设计与施工技术

徐晓明　张士昌
罗　斌　高　峰　　著

中国建筑工业出版社

图书在版编目（CIP）数据

苏州奥林匹克体育中心单层索网结构设计与施工技术/
徐晓明等著. —北京：中国建筑工业出版社，2019.4
ISBN 978-7-112-23582-7

Ⅰ. ①苏… Ⅱ. ①徐… Ⅲ. ①体育中心-悬索结
构-结构设计-苏州②体育中心-悬索结构-工程施工-苏
州 Ⅳ. ①TU245

中国版本图书馆CIP数据核字（2019）第065861号

苏州奥林匹克体育中心体育场采用轮辐式单层索网结构，游泳馆采用正交
单层索网结构，是单层索网结构的典型应用工程案例。本书共分4章，分别
是：绪论、单层索网结构形态优化研究、单层索网结构设计关键技术、单层索
网结构高精度成型技术。

全书从单层索网形态优化、风荷载下流固耦合作用、附属结构适应柔性索
网大变形设计、创新柱脚和索夹节点设计与试验、高应力密封索抗腐蚀试验和
数值分析、钢柱临时设缝创新设计方法、马鞍形屋面排水设计、索网施工过程
模拟分析、索网创新施工方法、索网边界结构高精度加工与安装、柔性索网上
覆直立锁边屋面创新设计与施工方法、全生命周期健康监测等各个方面，全方
位介绍了单层索网结构的设计、施工和监测技术。

本书可供土建专业的科研、设计、施工和管理人员使用，也可作为高等院
校土建专业空间结构方向研究生的参考书。

责任编辑：万 李 范业庶
责任校对：赵 菲

苏州奥林匹克体育中心单层索网结构设计与施工技术

徐晓明 张士昌
著
罗 斌 高 峰

*

中国建筑工业出版社出版、发行（北京海淀三里河路9号）

各地新华书店、建筑书店经销

霸州市顺浩图文科技发展有限公司制版

北京圣夫亚美印刷有限公司印刷

*

开本：787×1092毫米 1/16 印张：26¼ 字数：654千字
2019年12月第一版 2019年12月第一次印刷
定价：**125.00**元
ISBN 978-7-112-23582-7
（33875）

前　言

我国大跨度空间结构的形式不断创新，科技成果十分丰富。根据构成要素，大跨空间结构大致可分为三类：第一类是由刚性构件（梁、杆、拱）组成的刚性结构，如网架、网壳、桁架、拱架等；第二类是由刚性构件和柔性拉索混合而成的杂交结构，二者对结构受力作用不可分割，如张弦梁、弦支穹顶、斜拉网格等；第三类是以柔性拉索为主、配以少量压杆件，或者完全由拉索构成的柔性结构，如索穹顶、索桁架、单层索网等。这三类结构中，柔性结构的构件受力效率最高，不仅拉索和压杆轴心受力，而且拉索不存在失稳问题，具有适应跨度更大、材料更节约、现场装配化程度更高、施工速度更快和施工环境更加环保等优点。

单层索网结构轻盈跨越更大空间，达到轻薄、通透的建筑效果，符合大跨空间结构发展趋势。单层索网结构构件所占建筑空间达到了最低极限，如苏州奥林匹克体育中心（以下简称"苏州奥体"）体育场 260m 超大跨度单层索网结构，其结构高度仅为单索直径 120mm，用钢量仅 10.3kg/m²。单层索网结构建筑效果极为简洁，深受建筑师和业主方的欢迎。

苏州奥体总建筑面积约 35 万 m²，是一个集体育竞技、休闲健身、商业娱乐、文艺演出于一体的多功能、综合性的甲级体育中心，由 45000 座体育场、13000 座体育馆、3000 座游泳馆和综合商业服务楼、中央车库等配套建筑组成。可以举办全国综合性运动会和国际单项体育赛事，是一个绿化环保的生态型体育中心，一个环境优美的敞开式体育公园。苏州奥体体育场采用轮辐式单层索网结构，游泳馆采用正交单层索网结构，是单层索网结构的典型应用工程案例。

本书从单层索网形态优化、风荷载下流固耦合作用、附属结构适应柔性索网大变形设计、创新柱脚和索夹节点设计与试验、高应力密封索抗腐蚀试验和数值分析、钢柱临时设缝创新设计方法、马鞍形屋面排水设计、索网施工过程模拟分析、索网创新施工方法、索网边界结构高精度加工与安装、柔性索网上覆直立锁边屋面创新设计与施工方法、全生命周期健康监测等各个方面，全方位介绍了单层索网结构的设计、施工和监测技术。

本书可供土建专业的科研、设计、施工和管理人员使用，也可作为高等院校土建专业空间结构方向研究生的参考书。

本书主要工作由华建集团上海建筑设计研究院有限公司（以下简称"上海院"）徐晓明教授级高级工程师团队和东南大学郭正兴、罗斌教授团队完成，参与项目设计和科研的工程师有张士昌、高峰、史炜洲、侯双军、周宇庆、李剑峰、黄怡、陆维艳、孟燕燕、朱保兵、郝安民等；参与研究工作的研究生有韩立峰、魏程峰、孙岩、夏晨、李金飞、阮杨捷等；参与本书编辑的研究生有黄立凡、赵旻旻、秦正扬、胡炎浩等。

苏州奥体项目的方案设计由德国 gmp 公司和 sbp 公司完成，书中的索网边界结构高精度加工与安装工作由中建钢构集团有限公司陈韬、王海兵团队完成，创新柱脚节点设计与试验由上海院与同济大学赵宪忠团队、福建龙溪轴承（集团）有限公司陈志雄团队合作完成，风荷载下流固耦合作用分析、单层索网结构振动对附属结构的动力放大效应分析和风荷载时程分析由同济大学顾明、黄鹏教授团队完成，高应力索抗腐蚀试验和数值分析由同济大学顾祥林、黄庆华教授团队完成，适应柔性索网大变形的直立锁边屋面创新设计与试验由上海院和同济大学张其林、杨彬教授团队、来实建筑系统（上海）有限公司俞军华团队合作完成，全生命周期健康监测技术由北京市建筑工程研究院有限公司司波团队完成。

苏州奥体体育场、游泳馆项目的业主方为苏州新时代文体会展集团有限公司，总包方为中建三局集团有限公司，项目管理方为 AECOM 公司，监理方为浙江江南工程管理有限公司，索网专项施工方为南京东大现代预应力工程有限公司，为项目的顺利完工做出了重大贡献。

本书的顺利出版也凝聚了中国建筑工业出版社各位同仁的不懈努力。

值此书稿完成之际，由衷感谢各参与人员的辛勤工作！

由于本书作者水平有限，疏漏之处在所难免，希望广大读者批评指正。

2019 年 10 月

目　　录

1 绪 论

1.1 引言

房屋结构出现之初，其作用是为人类提供可以躲避风霜雨雪等恶劣环境的栖息场所。如今，建筑的功能在此基础上还承担着文化、审美需求，建筑造型和结构形式都有了巨大变化。体育馆、影剧院、航空港等大型公共建筑多要求大跨度以容纳更多的设备与人员。在这类大空间建筑的结构设计中，降低自重是结构设计所要解决的主要问题之一。在结构承担相同的荷载作用下，如果采用能将承担的荷载向各个方向扩散、使整个结构的构件共同工作、达到等强（可靠度）设计的结构，其自重必然最小。具有这种受力特点的结构就是空间结构，其中大跨度索结构是目前应用最为广泛的空间结构形式之一。

索结构充分利用高强度拉索材料，采用预应力技术调控结构内力和刚度，实现轻盈跨越大空间的目的。索结构发展至今形式繁多，一般可归纳为两类：索杆张力结构和杂交索结构。索杆张力结构按照索网层数可分为单层和双层（如索桁架、索穹顶）索网；杂交索结构为索杆系与传统刚构的组合，典型形式有：张弦梁/桁架、弦支穹顶、斜拉网格、悬吊网格、廊内预应力桁架等。

1.2 单层索网结构形式

单层索网是张力结构的一种重要形式，其充分利用高强材料和预应力技术，轻盈跨越大空间，网格通透，外形优美。索网的曲面呈负高斯曲率，常为马鞍形，其外压环的节点标高差异大。单层索网的结构刚度主要由曲面形状和预应力决定，具有显著的几何非线性特征，比双层索网结构（如索桁架、索穹顶等）更柔。

根据索布置方式，单层索网可分为轮辐式和双向正交式。

轮辐式单层索网结构，由径向索、环向索和外压环构成，结构设计理念源自于自行车轮（图 1-1）。一般其外压环高低起伏，从而形成了马鞍形的空间曲面造型，马鞍形形状的屋盖可以为结构提供较大的竖向刚度。中间的圆环作用是将径向索联系起来，形成封闭的传力途径。在索网内部，径向索和环向索之间通过索夹连接；在索网边缘，径向索的外端索头与外压环连接。索夹通过高强度螺栓和盖板夹持住拉索，通过耳板与径向索索头销轴连接。径向索和环索与外压环形成了预应力自平衡的结构体系。轮辐式单层索网结构与膜面结合，网格尺寸大，整体轻、薄、通透。

双向正交单层索网结构，设计思路来源于网球拍的受力原理，外压环是网球拍的外框，而索网则是网球拍的网状结构。预应力索网与受压环梁形成自锚体系，索的拉力使压环梁内产生压力（图 1-2）。双向正交单层索网由双向正交的承重索（下凹）和稳定索

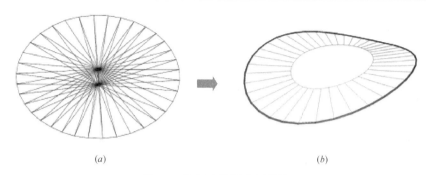

图 1-1　轮辐式单层索网结构

(a) 结构简图；(b) 工程应用现场

（上凸）和外压环构成。在索网内部，承重索和稳定索之间通过索夹连接；在索网边缘，拉索端部的索头与外压环连接。为夹持双向拉索，索夹一般由底板、中板、顶板和高强度螺栓副构成，其中承重索置于底板和中板之间，稳定索置于中板和顶板之间，高强度螺栓穿过底板、中板和顶板。通过紧固高强度螺栓，使索夹的三层板夹紧承重索和稳定索，产生足够的摩擦力防止索夹和拉索之间相对滑动。按照支承方式和投影形状，双向正交单层索网结构具有多种形式，如图 1-3 和图 1-4 所示。

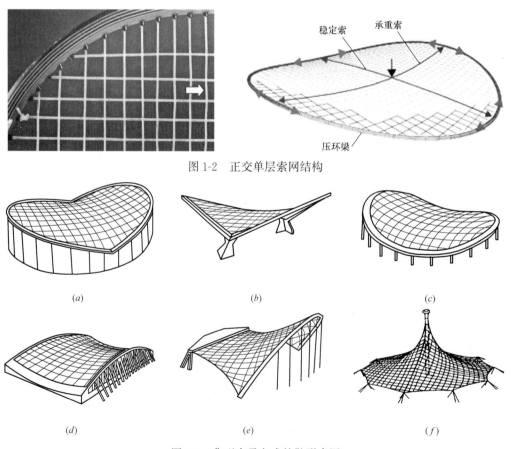

图 1-2　正交单层索网结构

图 1-3　典型支承方式的鞍形索网

(a) 交叉斜拱支承；(b) 直线梁支承；(c) 空间曲梁支承；(d) 抛物线拱支承；(e) 柔性边界索支承；(f) 桅杆支承

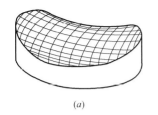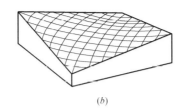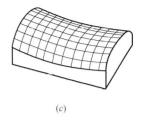

(a)   (b)   (c)

图 1-4   典型投影形状的鞍形索网

(a)（椭）圆形投影；(b) 矩形投影；(c) 菱形投影

1.3　国内外索网典型工程简介

索网结构数量很多，在国内外都有十分广泛的应用，下面分别介绍双层索网和单层索网的典型工程。

1.3.1　双层索网典型工程介绍

截至目前，国内外已经建成了多座轮辐式双层索网结构建筑，这些建筑主要应用在举行大型体育赛事的体育场建筑中，主要分布在美国、日本、韩国等经济发达国家和地区，近年来，随着中国社会和经济的快速发展，目前也建成了若干轮辐式双层索网结构建筑。

马来西亚科隆坡室外体育场建成于 1998 年（图 1-5），其平面为椭圆形，长轴 286m，短轴 225.6m，罩篷宽 66.5m。体育场采用环形索膜结构，形成 38000m² 的无柱有顶空间。

2002 年足球世界杯的釜山体育场（图 1-6），屋盖结构的总体形状为一个直径 228m 的圆，中间椭圆形开口尺寸为 180m×152m，屋盖的内部结构是由上下环向拉索和 48 榀径向索桁架构成，这些径向索桁架用于连接上、下环向拉索和斜钢柱。

此外还有德国斯图加特的戈特利布·戴姆勒体育场（图 1-7）、应用于 2012 年的欧洲杯足球赛的波兰华沙国家体育场（图 1-8）、乌克兰奥林匹克体育场（图 1-9）都为轮辐式张力结构。

北京工人体育馆是我国最早的轮辐式张力结构（图 1-10），建于 1961 年。屋盖结构平面投影为圆形，直径 94m，在空间上呈中心对称的圆锥面。中央是一个直径 16m、高 11m 的刚性内环，由钢板和钢筋制成；外环为混凝土环梁，截面为 2m×2m，与下部混凝土支撑柱刚接。上下径向索各为 144 根平行钢丝束，上径向索规格为 72ϕ5，下径向索规格为 40ϕ5。施工时，采用搭设胎架安装内环，分批张拉径向索的施工方法。

2006 年建成的佛山世纪莲体育场（图 1-11），屋盖结构属于双外环、单内环的轮辐式张力结构，屋盖支承完全独立于看台结构。该屋盖平面投影为圆形，上外环直径 331m，下外环直径 276.15m，内环直径 80m。上下外环高差为 20m，由 V 字形撑杆连接。上下径向索之间的吊索由 榀索桁架的上径向索连向相邻索桁架的下径向索，形成波折屋面，正好为膜材的铺设及成型提供了条件。屋盖支承在倾斜的混凝土柱上，柱子与屋盖结构之间采用铰接。该屋盖结构的施工方法：首先在胎架上搭设钢结构环梁，然后在场地内展开内环索和径向索；之后张拉上径向索，然后再张拉下径向索，最后安装膜面。

2010 年建成的大运会深圳宝安体育场（图 1-12），屋盖结构采用双内环、单外环的轮辐式张力结构。整个体育场的平面为直径 245m 的圆形，主结构平面投影略显椭圆形（长轴 237m，短轴 230m，进深 54m）。该屋盖结构共有一个外部的压环、两个中央的拉环。外部的压环呈马鞍型，其高点和低点之间的高差为 9.65m。宝安体育场在我国首次采用了"定尺定长设计与张拉"技术，即采用不可调节长度的索头，通过控制索的下料长度和环梁安装位形，保证成型状态的索力与设计目标一致。其优点是索头体积小，制作费用低，安装方便；带来的技术难点是要通过理论研究确定拉索与构建的施工误差限值。该结构施工时采用了整体张拉方案。

图 1-5　马来西亚科隆坡室外体育场

图 1-6　韩国釜山体育场

图 1-7　戈特利布·戴姆勒体育场

图 1-8　华沙国家体育场

图 1-9　乌克兰奥林匹克体育场

图 1-10　北京工人体育馆

图1-11　佛山世纪莲体育场　　　　　　　　图1-12　深圳宝安体育场

1.3.2　单层索网典型工程介绍

截至目前，国内外已建成投入使用单层索网结构较少，多为大型体育场馆。

1952年建成的美国雷里体育场（图1-13），是世界上第一个现代索网结构。其为预应力马鞍形正交索网结构，外围刚性支承为落地交叉拱，倾角为21.8°，平面形状为91.5m×91.5m近圆形平面。两抛物线拱脚由倒置的V形架提供支承，支架两腿与拱连接形成两个拱的延伸部分，V形架两腿之间设置预应力钢拉杆。斜拱的周边以间距2.4m的钢柱支承，立柱兼做门窗的竖框。中央承重索垂度10.3m，垂跨比约1/9，中央稳定索拱度9.04m，拱跨比约1/10。承重索直径19～22mm，稳定索直径12～19mm，索网网格1.83m×1.83m，索网初始绷紧后铺设波形钢板屋面。此索网结构开创了现代悬索结构的历史，受到世界各国学术界的承认和重视，对悬索结构的发展起到了重要的推动作用。

图1-13　美国雷里体育场

加拿大卡尔加里滑冰馆（图1-14）于1986年建成，为1988年第十五届冬季奥运会主赛馆，容纳观众19300席。屋盖平面形状为与圆很接近的椭圆形，长轴135.3m，短轴129.4m。建筑物底面形状为直径120cm的圆形。此馆外形取自直径为135.3m球体的一部分。双曲抛物面与此球面相截，形成屋盖。双曲抛物面与球面的截线即周边环梁的轴线，鞍形双曲抛物面索网悬挂于环梁之间。底半面与球面相截形成该建筑物的底部基础。底平面与双曲抛物面之间的球体表面即为该建筑物的外围，将此部分球面沿径向作32等分，等分线即为外柱的轴线，呈长短不等的圆弧形状。鞍形索网的中央承重索垂度为14m，垂跨比1/9.7；中央稳定索的拱度为6m，拱跨比1/21.6。

德国慕尼黑奥林匹克体育中心体育场主看台采用帐篷式索网（图 1-15），主要由 9 片鞍形索网、8 根平均高度 70m 的桅杆、长达 455m 的边索及从桅杆顶端垂下用来吊挂隔片索网的各吊索组成。每片鞍形索网的最大长度 80m，最大宽度 60m，网格尺寸 0.75m×0.75m。各索网的边缘设 10 个悬锚节点（即索网的支承节点），外侧的两个由锚索直接锚在场外的地面上，里侧的两个节点连接到横跨场地上空的重型边索；该边索距地面高40m，以保证屋盖檐口不会遮挡看台观众的视线。

图 1-14　加拿大卡尔加里滑冰馆

图 1-15　德国慕尼黑奥林匹克体育中心

2012 年伦敦奥运会室内自行车馆为奥运会和残奥会场地自行车赛的主场馆，建筑尺寸约 120m×100m，最多可容纳 6000 名观众（图 1-16）。室内自行车馆的屋盖结构形式为正交布置的双向马鞍形单层索网结构。该结构用钢量约为 $30kg/m^2$，仅为传统钢结构屋盖用钢量的一半。用钢构件主要包括钢索、钢索交叉节点、钢索端部锚具、外环钢桁架等。拉索采用了德国 PREIFER 公司提供的锌-5％铝-混合稀土合金镀层钢绞线拉索。

室内自行车馆的马鞍形单层索网结构并不完全因循以往结构设计方法，其创新之处在于：索网结构与下部悬挑钢桁架结构结合起来共同工作。悬挑钢桁架结构为索网提供水平约束，与此同时索网的水平拉力有助于悬挑钢桁架克服斜面悬臂受力不足的问题。传统索网结构须在周边设置巨型环梁以平衡拉索的内力，而室内自行车馆的索网与悬挑桁架拉结，共同工作，无需设置巨型环梁。为了加强屋盖的整体性，设置了质量较轻、体积较小的环形受压钢桁架。

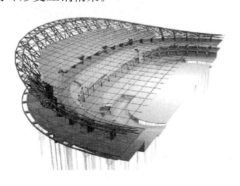
(a)

(b)

图 1-16　伦敦奥运自行车馆
(a) 屋盖索网；(b) 工程现场图

国内方面，1968 年建成的浙江省人民体育馆（图 1-17），建筑平面为椭圆形，长轴 80m，短轴 60m，建筑面积 12600m²，屋盖采用双曲抛物面预应力鞍形索网体系。索网的边缘构件是闭合的空间曲梁，钢筋混凝土曲梁截面为 2.0m×0.8m，曲梁支承在与看台结构结合在一起的框架柱上。双曲抛物面预应力索网的承重索平行于长轴布置，间距 1m，中央承重索垂度 4.4m，垂跨比约 1/18；稳定索沿短轴方向布置，间距 1.5m，中央稳定索拱度 2.6m，拱跨比约 1/21。

图 1-17　浙江省人民体育馆

1999 年建成的泰州师范学院体育馆是江苏省第一个采用索网结构作为屋盖的建筑，其平面形状为菱形（图 1-18a），对角线长均为 67.2m，面积约为 3460m²。屋盖索网面为鞍形（近似于双曲抛物面），屋盖支承于周边的钢筋混凝土箱梁上，梁截面为 1800mm×1400mm 的平行四边形，其形状随索网曲面的倾斜方向而变化，因此梁的顶面和底面亦为双曲抛物面的组成部分。索网网格平面为 1600m×1600m，承重索共 40 束 2φ15.24 钢绞线；稳定索共 41 束 1φ15.24 钢绞线，中央承重索垂度和中央稳定索拱度均为 6m。

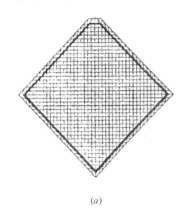

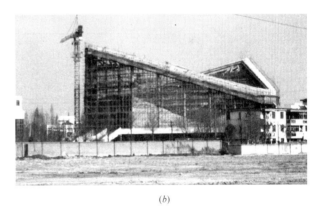

(a)　　　　　　　　　　　　　　　(b)

图 1-18　泰州师范学院体育馆
(a) 屋盖索网平面图；(b) 工程现场图

1.4　国内外单层索网结构研究现状

自世界上第一个采用现代索网结构的雷里体育馆（图 1-13）建成以来，索网结构理论研究一直在不断向前推进。关于索网结构的研究集中在找形研究、静动力性能研究及结构抗火性能研究等方面。

1.4.1 索网结构找形研究

作为一种典型的柔性结构，索网结构的找形一直以来都是研究的重点和难点。一般柔性张力结构找形分析首先假设零状态的几何构形，通过不同找形方法求得初始状态下的几何构形。由于零状态和初始状态下的几何构形均属未知，索网内预应力由单层索网的刚度和强度设计控制。所以，单层索网结构的找形分析是根据某些要求的工作状态下的几何构形和设计的预应力，在给定的边界条件下求得零状态和初始状态下几何构形。综上，初始形态确定分析可分为两步进行：①初始几何的假定；②初始平衡态的寻找。初始几何假定是根据建筑师给出的有限几个控制点或支撑边界来拟合一个最初始的几何表面，并以此作为初始形态确定分析的原始曲面。

常用找形方法有动力松弛法、力密度法和非线性有限元法。

（1）动力松弛法

动力松弛法最早由 A. S. Day 和 J. H. Bunce 将此方法应用于索网结构的静力分析。动力松弛法把结构找形过程解释为一个由动态到静态平衡的过程。动力松弛法在分析动力问题时，按结构的实际质量、刚度和阻尼进行计算；在计算静力分析时，通过虚设的质量和阻尼把静力问题转化为动力问题。其基本思想是：结构在外力作用下将发生振动，由于阻尼作用，结构的振动将衰减至一个稳定的平衡状态。在这个动态的衰减过程中因动能最大值的位置即为结构的平衡位置，所以确定结构动能为极值时的位置（对应于某一具体的结构形态）即为找形的结果。对于柔性结构的形状确定，动力松弛法法最大的优点在于：①计算稳定、收敛性好；②不需要组装刚度、节约内存；③易引入边界约束条件；④不需要人工干预，所有计算可自动进行；⑤对边界条件、中间支承都有较大变化的形状修改问题尤其有效。

（2）力密度法

力密度法最早是由 Linkwitz 和 H. J. Schek 提出，并用于索网结构的找形分析中，后来针对张力结构的特点，L. Grunding 等人完善和发展了该理论体系。力密度法已成为张力结构找形分析中的主要方法。力密度法的基本原理是将索网结构单元视为一个拉力杆件，将与每个节点相连杆件的单位长度上的力作为"力密度"，对每一个节点写出节点力的平衡方程，引入边界条件后即可求解该方程组，这个方程避免了初始坐标问题和非线性系统的收敛问题。

（3）非线性有限元法

非线性有限元法由 Haug 和 Powell 以及 J. H. Argyris 等人提出，可以归纳为两种方法：支座位移提升法和近似曲面逼近法。后来人们又提出了小弹性模量曲面自平衡迭代法。目前，非线性有限元法已成为较普遍的索膜结构找形方法。其基本思想是：首先，将给定的某种状态（初始状态或工作状态）的几何构形同时作为检验状态下目标几何构形和近似的零状态几何构形；依据近似的零状态几何构形建立有限元模型，用非线性有限元方法精确计算该状态（包括预应力、荷载、作用和边界条件等）下节点位移；然后利用这个位移反向修正近似的零状态几何构形。通过不断循环进行非线性有限元分析和反向模型修正，最终得到满足精度要求的零状态几何构形。这种非线性有限元逆迭代法主要基于现有成熟的有限元计算技术，适用于各种柔性复杂边界条件，便于实际应用。

1.4.2 索网结构静动力性能研究

由于索网的柔性和非线性特征，索网结构的位移和荷载大小并不成正比。索网的静力性能分析主要集中在结构在受自重、雪荷载等静力荷载作用的工况下，对索网结构的位移以及索力分布情况进行研究分析。索网结构非线性的强弱及体系响应与其矢跨比、索断面面积、初始预拉力、荷载分布等因素有关，研究方法一般采用控制变量法，确定各因素对索网的影响程度。

动力性能分析包括结构的自振特性分析和各种动力荷载作用下结构的动力响应分析。索网结构的自振特性是其动力特性分析的基础与关键，即求解结构的自振频率和振型。通过自振特性分析，可得知结构的刚度分布等特性，同时也可确认结构的各阶振型对动力响应的参与系数的大小。接着对各种动力荷载作用下的结构进行动力响应分析。在结构设计中，动力响应分析主要包括地震响应分析和风振响应分析。结构的自振特性由结构的质量、刚度和阻尼决定。结构的自振特性分析即求解结构的自振频率和振型，理论计算的方法分为刚度法和柔度法。目前，计算大型体系的自振特性一般采用有限单元法。

1.5 苏州奥林匹克体育中心单层索网结构介绍

苏州奥林匹克体育中心项目规划总面积近 60 万 m^2，总建筑面积约 36 万 m^2，是集体育竞技、休闲健身、商业娱乐、文艺演出于一体的多功能、综合性的甲级体育中心，可以举办全国综合性运动会和国际单项体育赛事，是一个绿色环保的生态型体育中心、环境优美的敞开式体育公园。体育中心由 45000 座体育场、13000 座体育馆、3000 座游泳馆和综合商业服务楼、中央车库等配套建筑组成，如图 1-19 所示。

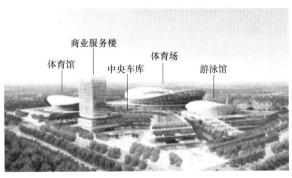

图 1-19 苏州奥林匹克体育中心效果图

1.5.1 苏州奥林匹克体育中心—体育场

苏州奥林匹克体育中心体育场挑蓬结构（图 1-20）采用轮辐式马鞍形单层索网结构，包括结构柱、外压环、径向索和内环索。索网屋面支撑于外侧的受压环梁与内侧受拉环之间，索网结构屋面上覆膜结构，结构外侧为整个体育场的幕墙。

整个挑蓬结构的展开面积达到 31600m²。外圈的倾斜 V 形柱在空间上形成了一个圆

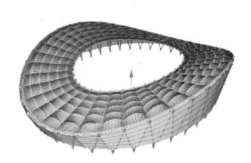

图 1-20　苏州奥林匹克体育中心体育场挑蓬

锥形空间壳体结构，从而形成刚度良好的屋盖支承结构，直接支撑顶部的外侧受压环，所有的屋盖结构柱支承在混凝土结构上，屋盖结构柱下同时设置有混凝土柱。

体育场挑蓬外边缘压环几何尺寸为：长轴 260m，短轴 230m；马鞍形屋面的高差 25m，其中压环梁低点标高＋27m，压环梁高点处标高＋52m，体育场的立面高度在 27～52m 间变化，形成了起伏变换的马鞍形内环，屋盖上的轴线是基于体育场看台的轴线而相应布置的，如图 1-21 所示。

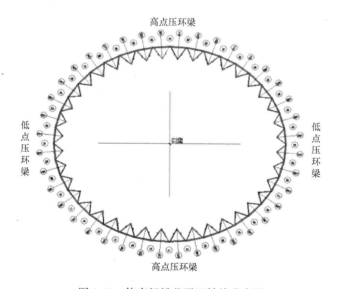

图 1-21　体育场挑蓬平面轴线分布图

屋面次结构由二铰钢拱与平衡钢拱水平推力的构拉索构成，其上覆盖 PTFE 膜材，如图 1-22 所示。

1.5.2　苏州奥林匹克体育中心—游泳馆

苏州奥林匹克体育中心游泳馆屋盖结构是基于建筑师的马鞍形曲线的设计构思发展起来的，屋盖跨度约 106m，马鞍形高差 10m。游泳馆主体结构体系包括结构柱、外压环、屋面承重索和屋面稳定索。索网屋面支撑于外侧的受压环梁之间，索网结构屋面采用直立锁边屋面体系，结构的外侧为整个游泳馆的幕墙。施加在屋盖上向下的力由承重索承担，

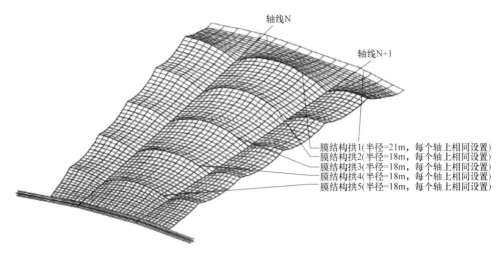

图 1-22　体育场挑蓬膜结构示意图

而风吸力等向上的力由稳定索承担，稳定索与承重索构成自平衡的预应力体系。如图 1-23所示。

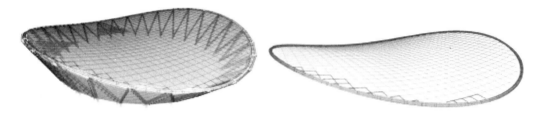

图 1-23　游泳馆整体结构及屋盖结构简图

外圈倾斜的 V 形柱在空间上形成了一个圆锥形的空间壳体结构，从而形成刚度良好的支撑结构支撑顶部的外侧受压环。为了获得柱脚和屋顶外环间相等的间距，倾斜的屋面结构立柱的倾角沿整个立面是变化的，柱的倾角在 46°～66°之间变化。如图 1-24 所示。

图 1-24　结构柱简图

2 单层索网结构形态优化研究

2.1 研究思路

索网结构在施加预应力之前无刚度，无确定形状，必须通过施加适当预应力赋予一定的形状，才能成为可承受外荷载的结构。在给定的边界条件下，所施加的预张力系统的分布和大小同所形成的结构初始状态之间是相互联系的。如何最合理地确定这一初始形状和相应的自平衡预张力系统，就是张力结构的"初始平衡状态的确定"，或称为"找形"。这是索网结构设计的一个关键问题。

单层索网体系的形状稳定性较差，其平衡形式随荷载变化将产生较大的机构性位移，其抗风能力也较差，作用在索网屋盖上的不均匀风吸力将引起较大的机构性位移。负高斯曲率鞍形曲面，承重索和稳定索曲率相反，因此如何保证鞍形索网将具有较好的形状稳定性和刚度、保证在外荷载作用下，承重索和稳定索具有良好的共同工作性能就显得十分重要。

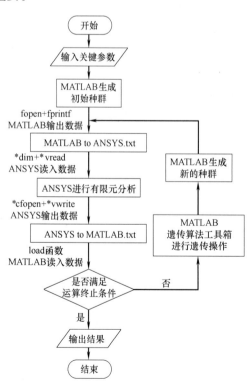

图 2-1 MATLAB 调用 ANSYS 进行遗传
算法的整体优化流程图

首先针对鞍形轮辐式单层悬索结构的初始形态进行了优化研究。在悬索结构中，拉索必须保持受拉；结构本身不具备几何刚度，需要找到特定的预应力分布才能维持几何位形；且具有多设计参数、目标函数无法形成显式函数的特点。经过广泛对比，最终选取遗传算法作为主要研究方法。

然后针对悬索结构的特点，设计了采用改进并行策略和最佳保留策略的遗传算法。为了更高效地使用遗传算法实现结构优化，使用基于 MATLAB 调用 ANSYS 进行遗传操作，解决了两种软件信息交换的关键问题，编制了相应程序，并采用十杆平面桁架算例验证了计算流程（图 2-1）的可行性。

建立了采用改进的遗传算法对轮辐式单层索网进行初始形态优化研究的流程，并选择了合适的遗传操作算子。建立了索网的简化模型，确定了以最小投资为优化目标，以结构形态、拉索截面和索网初始预应力为优化变量，并对优化变量进行了合理简化，提高优化效率。

对轮辐式单层索网的初始形态特性进行了研究，根据"共节点的三根索共面"这一原则，设计了此种索网的几何初始位形创建方法，减少了变量数目。并采用迭代法确定索网初始预应力比例，并编制了相关程序。根据轮辐式单层索网优化流程，对多个悬索结构算例进行了优化研究，验证了采用遗传算法对轮辐式单层索网初始形态进行优化的可行性。

基于工程需求，采用改进的算法对原始方案几何模型的初始预应力水平进行优化。对苏州奥体中心体育场轮辐式单层索网计算模型和荷载工况进行了合理简化，采用简化模型计算的索力误差小于 8%，位移误差小于 5%；用钢量为 $10.3\mathrm{kg/m^2}$，在满足设计要求的前提下减轻了结构重量，经济指标好，具备良好的工程参考价值。

2.2　遗传算法的基本思想和遗传算法基本原理

经过广泛对比，选取遗传算法为主要研究方法。为了结合研究对象特点提高优化效率，对遗传算法的基本思想和组成进行介绍，并在基本遗传算法的基础上，建立了改进的遗传算法；另外，对遗传算法优化方法进行了改进，使用 MATLAB 和 ANSYS 进行结构优化，解决了两种软件交互工作的问题，提高了遗传算法和有限元分析的运算效率和准确性。

2.2.1　遗传算法的基本思想

遗传算法（Genetic Algorithm，简称 GA）是在 20 世纪六七十年代由美国 Michigan 大学的 John. Holland 教授率先提出并进行系统性研究，Holland 于 1975 年出版了专著《Adaptation in Natural and Artificial Systems》，标志着遗传算法的诞生。在一系列研究工作的基础上，1989 年 Holland 的学生 D. E. Goldberg 出版专著《Genetic Algorithms in Search，Optimization，and Machine Learning》，对遗传算法及应用作了全面系统的论述，形成了遗传算法的基本框架。

遗传算法是一种借鉴生物在自然环境中自然选择和遗传机制的一种自适应全局优化概率搜索算法。它借鉴 Darwin 物竞天择、优胜劣汰、适者生存的自然选择机制，其本质上是一种不依赖具体问题的直接搜索方法，可以有效解决组合优化问题。遗传算法中的每一次迭代，都相当于经历了生物进化中繁殖、遗传、变异、竞争、选择等进化过程。遗传算法尽管具有一定的随机性，但并非简单的随机搜索算法，而是充分利用历经的信息来确定新的更好的搜索点。

遗传算法的主要思想是：借鉴生物界自然选择机制，生物经过一系列遗传能够达到对生存环境的良好适应状态。将待研究问题的解类比为自然界中的生物；将解的要素类比为决定生物性状的基因；将要素的排列和组合类比为生物基因的染色体；将生成新组合的方式类比为生物的繁殖；将优化目标类比为生物对生存环境的适应度，最终可以通过同样的遗传过程得到组合优化问题的解。

遗传算法主要对组合问题中组合要素的编码进行遗传操作，其本身只负责产生组合，而组合的优劣则需要其他程序来进行评价，评价程序再将评价信息反馈给遗传算法，然后遗传算法根据评价信息再重新进行遗传操作。因此，遗传算法对问题的求解是在遗传算法操作的编码空间和评价程序操作的解空间中交替进行的（图2-2）。

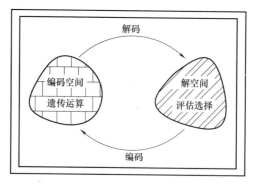

图 2-2 遗传算法工作原理

2.2.2 遗传算法的基本组成

标准遗传算法由编码、初始种群、译码、个体适应度评价、选择、交叉、变异以及运算终止条件等要素组成。

2.2.2.1 遗传算法的基本术语

遗传算法是自然遗传性和计算机科学相互结合渗透而成的计算方法，因此经常使用有关自然进化中的基础术语。本节将对遗传算法的基本术语进行一定的解释。

生物的进化是以群体为主体的，一定数量的个体组成了群体（Population），遗传算法的运算对象就是由 n 个个体所组成的群体；群体中个体的数量称为群体规模（Population size）；而个体对环境的适应程度称为适应度（Fitness）。

染色体是生物个体遗传物质的主要载体，而基因是控制生物遗传性状的遗传物质的功能单位和结构单位。基因决定了染色体的特征，即决定了生物个体的性状。

染色体有两种相应的表现形式：基因型（Genetype）和表现型（Phenotype），表现型是生物个体所表现出来的性状，基因型是指与表现型密切相关的基因组成。表现型是基因型与环境条件相互作用的结果，因此同种基因型的生物在不同的环境下可以有不同的表现型。

在优化问题中，目标由决策变量确定。遗传算法中，将 n 维决策变量 $X=[x_1, x_2, \cdots, x_n]^T$ 用 n 个记号 X_i（$i=1, 2, \cdots, n$）所组成的符号串 X 来表示：

$$X=X_1X_2\cdots X_n \rightarrow X=[x_1, x_2 \cdots x_n]^T \qquad (2\text{-}1)$$

把每个 X_i 看作一个遗传基因，则 X 就可以看作是由 n 个基因组成的一个染色体。一般情况下，染色体的长度 n 是固定的。基因可以是实数，也可以是二进制符号串。遗传算法处理的是染色体，即基因型的编码 X，与之对应的是优化问题中个体表现型的目标函数值，通常情况下个体的表现型与基因型是一一对应的。

在遗传算法中，决策变量 X 组成了问题的解空间，对问题最优解的搜索就是寻找在生存环境下的最优染色体 X，即所有的染色体 X 组成了问题的搜索空间。

此外，在执行遗传算法时包含编码（Coding）和译码（Decoding）两种必要的数据转换操作。编码是将问题中的参数转换成遗传空间中的染色体，即从表现型到基因型；译码是前者的反操作，即从基因型到表现型。

2.2.2.2 编码与解码

由于遗传算法不能直接处理问题空间的参数，必须将其转换成遗传空间按一定结构组成的染色体或个体，这一操作就是编码（Coding）。由于遗传算法的鲁棒性，其对编码的要求并不苛刻，但编码的策略和方法对于遗传操作、收敛时间、最优解精度有很大影响，因此需要综合考虑算法操作的可行性、方便性以及对问题解的表达能力设计编码操作。

解码（Decoding）是将按一定顺序排列的组合要素代号按顺序还原为组合要素的组合，即编码的反操作。

常用的编码方式主要包括二进制编码、格雷码编码、浮点数编码等。

1）二进制编码

二进制编码方法是遗传算法中最主要的编码方式，它使用的是由 0 和 1 组成的二值符号集 $\{0，1\}$，它所构成的个体基因型是一个二进制编码符号串，其编码长度决定了解的精度，例如：$X = 10100110100$ 可以表示一个个体，其染色体长度 $n = 11$。

（1）二进制编码的优点有：

① 编码、解码操作简单易行；

② 交叉、变异等遗传操作便与实现；

③ 符合最小字符集编码原则；

④ 便于利用模式定理对算法进行理论分析。

（2）二进制编码的缺点有：

① 二进制编码存在连续函数离散化时的映射误差，个体编码串长度较短时精度不够，当取值范围为 $[U_{max}，U_{min}]$ 时，l 为染色体基因位数，二进制的编码精度为：

$$\delta = \frac{U_{max} - U_{min}}{2^l - 1} \tag{2-2}$$

对于高精度、多变量的问题，l 值很大，二进制编码不直接反映真实的设计空间，且搜索空间急剧扩大。

② 二进制编码存在汉明悬崖（Hamming Cliff），例如：十进制数 7 和 8 的二进制编码分别为 0111 和 1000，尽管 7 和 8 在十进制仅相差一位，但在二进制编码却需要改变所有码位，汉明距离很大。

2）格雷码编码

为了克服汉明悬崖，人们提出格雷码编码。格雷码编码是二进制编码方法的一种变形，其连续的两个整数所对应的编码之间仅有一个码位是不同的。例如：十进制数 7 和 8 的二进制编码分别为 0111 和 1000，其格雷码分别为 0100 和 1100。格雷码编码继承了二进制编码的主要优点，并且有效克服了汉明悬崖，提高了遗传算法的局部搜索能力。

3）浮点数编码

对于 些多维、高精度要求的连续函数优化问题，使用二进制编码存在连续函数离散化的映射误差等缺点。浮点数编码较好地解决了这一问题，其个体的每个基因值用某一范围的一个浮点数表示，个体的编码长度等于决策变量的个数。

浮点数编码的优点有：

（1）适合在遗传算法中表示范围较大的数；

（2）适合精度要求较高的遗传算法；

（3）便于在较大空间内进行遗传搜索；

（4）改善了遗传算法的计算复杂性，提高了运算效率；

（5）便于遗传算法与经典优化方法混合使用；

（6）便于处理复杂的决策变量约束条件。

除此之外，编码方式还包括：多参数级联编码、多参数交叉编码等。

目前尚无严格完整的理论和评价标准指导设计编码，通常采用以下三个规范来评价编码策略：

（1）完备性：问题空间中所有点（候选解）都能作为遗传算法空间中的点（染色体）进行表现；

（2）健全性：遗传算法空间中的染色体能对应所有问题空间中的候选解；

（3）非冗余性：染色体和候选解一一对应。

2.2.2.3 初始种群

自然界的生物都是以种群的方式进化的，一方面是因为高等生物的繁殖需要两个父代个体合作，另一方面是为了保证种群的多样性和进化的稳定。同样的，遗传算法也需要具有一定规模的初始种群作为进化的基础。

初始种群的每个个体都是通过随机方法产生的。对于初始种群一般有以下要求：

（1）初始种群要具备一定的规模，即需要包含一定数量的个体；

（2）初始种群要具有多样性，即所包含的个体要尽量各不相同；

（3）初始种群要具有基础性，即能以所包含的个体为基础繁殖出各种后代。

初始种群规模将影响遗传算法的最终结果以及执行效率。当种群规模 n 太小时，群体多样性较低，可能会引起早熟现象；当种群规模 n 过大时，会降低遗传算法陷入局部最优解的可能性，但过大的种群规模会提高计算复杂程度。

2.2.2.4 个体适应度评价

在衡量生物遗传和进化过程中，生物学使用适应度（Fitness）衡量物种对生存环境的适应程度。与此类似，遗传算法通过建立适应度函数（Fitness Function）来衡量种群中的每个个体在计算中有可能达到或接近最优解的优良程度，进而评价个体的优劣。

适应度函数以问题解的性能为基础，根据具体问题通过适当变换得到。个体的适应度越大，该个体被遗传到下一代的概率也越大；反之则越小。为了计算不同情况下各个个体的遗传概率，要求个体适应度必须为正数或零，不可出现负数。

评价个体适应度的一般过程是：对个体的表现编码串进行解码处理，得到个体的表现型；再由个体的表现型计算出对应个体的目标函数值；最后根据优化问题的类型，由目标函数值按一定的转换规则求出个体的适应度。

2.2.2.5 选择算子

自然界中具有较好适应环境能力的生物才能通过考验并继续生存和繁衍，优秀的母体繁殖的后代才有更好的环境适应度。因此，自然选择是进化的关键步骤。与此类似，遗传算法通过选择算子（Selection Operator）来确定优秀个体，淘汰劣质个体，将优秀的基因遗传到下一代。

首先计算种群中个体适应度；然后确定选择优秀个体的数量，选用合适的选择算子；

最后根据个体适应度进行选择操作。选择算子也称复制算子（Reproduction Operator）。

选择算子有多种实现方法，常见的选择方式包括比例选择、最近保留选择、随机联赛选择等。

1）比例选择

比例选择算子（Fitness Proportional Selection）是最常用的选择算子，基本思想是各个个体被选中的概率与其适应度成正比，其本质是一种有退还随机选择，也称作轮盘赌选择法（Roulette Wheel Selection）。如图 2-3 所示的轮盘赌示意图，轮盘被分为大小不同的扇面，扇面越大则被其选中遗传到下一代的概率越大。

通过比例选择算子进行操作时，首先计算出个体 i 的适应度与种群适应度之和的比值 $f_i/\sum f_i$；然后根据该比值在概率表中分配一定的范围 $[U_{ia}, U_{ib}]$；最后产生一个随机数 X，若 X 处在个体 i 的范围内，则 i 被选中，否则就未被选中。若需要选择 n 个优秀个体，则进行 n 次轮盘赌选择，优秀的个体被选中的次数相对较多。

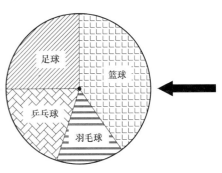

图 2-3　轮盘赌选择示意图

2）最佳保留选择

首先按轮盘赌选择方法执行遗传算法的选择操作，然后将当前群体中适应度最高的个体结构完整地复制到下一代群体中。其主要优点是能保证某一代最高适应度的个体不被破坏，但也隐含了局部最优个体的遗传基因会急速增加并导致陷入局部最优解的可能。

3）随机联赛选择

随机联赛选择（Tournament Selection）的基本思想是每次选取一定数量的个体，选择其中适应度最高的一个个体遗传到下一代，并反复执行该过程，直到达到预定的种群规模。在随机联赛选择中，仅对个体间的适应度大小进行比较运算，因此对适应度取值正负号并无特殊要求。

随机联赛选择中每次进行适应度大小比较的个体数量称为联赛规模，用 N 表示，一般情况下，N 的取值为 2。

除了以上介绍的三种选择方法外，还包括无回放随机选择（也称期望值选择，Expected Value Selection）、确定式选择、排挤选择、无回放余数随机选择等。

2.2.2.6　交叉算子

生物在自然进化过程中，两个同源染色体通过交配重组形成新的染色体，从而产生新的个体。染色体重组在生物遗传进化过程起到核心作用。遗传算法通过交叉算子（Crossover Operator）模拟这一环节。交叉操作也称重组（Recombination），是以较大的概率从种群中选择两个父代个体，将其染色体结构进行替换重组，从而形成两个新的个体。

交叉运算一方面能使子代继承父代的基本特征；另一方面能够使遗传算法探索新的基因空间，从而使种群中的个体具有多样性。交叉运算是遗传算法区别于其他进化运算的重要特征，在遗传算法中起到核心作用，是产生新个体的主要方法。

常见的交叉方法有单点交叉、两点交叉、多点交叉、均匀交叉等。

1）单点交叉

单点交叉（One-point Crossover）又称简单交叉，是最常用和最基本的交叉算子。其操作方法是先将群体中的个体两两随机配对，然后在每对个体的染色体串中随机设置一个交叉点，最后交换交叉点之后的信息。

下面给出单点交叉的示例，"｜"表示交叉位置：

父代个体 A：010010｜0111

父代个体 B：100101｜1100

交叉点位置为 6，则交叉后生成的子代个体如下：

子代个体 A：010010｜1100

子代个体 B：100101｜0111

单点交叉不打乱父代染色体中基因的排列顺序，较大程度地保留了父代优良个体的信息，是一种相对稳妥的交叉方式。

2）两点交叉

由于单点交叉不利于长距离模式的保留和重组，且位串末尾的重要基因总是被交换，因此在实际问题中两点交叉应用较多。

两点交叉（Two-point Crossover）是将群体中的个体两两随机配对，然后在每对个体编码串中随机确定两个交叉点，然后对两交叉点之间的染色体位串进行交换。

下面给出两点交叉的示例，"｜"表示交叉位置：

父代个体 A：010｜01001｜11

父代个体 B：100｜10111｜00

交叉点位置为 3 和 8，则交叉后生成的子代个体如下：

子代个体 A：010｜10111｜11

子代个体 B：100｜01001｜00

两点交叉不打乱父代染色体中基因的排列顺序，但由于具有两个交叉点，因此对父代优良个体的模式破坏比单点交叉大。

3）多点交叉

多点交叉（Multi-point Crossover）是在个体编码串中随机设置多个交叉点，然后对交叉点之间的染色体位串进行交换。

但随着交叉点数量的增加，个体染色体结构被破坏的程度也逐渐增大，因此多点交叉有可能会破坏一些好的模式，所以一般情况下不适用多点交叉。

4）均匀交叉

均匀交叉（Uniform Crossover）也称一致交叉，是将两个配对个体的染色体位串上每个基因都以相同的交叉概率进行随机交叉，从而形成两个新的个体。其实质可归属多点交叉的范畴。其操作方法是先随机产生一个与个体编码串等长的屏蔽字 $W=w_1w_2\cdots w_L$，当屏蔽字中的 $w_i=0$ 时，子代个体 A 继承父代个体 A 的基因；当屏蔽字中的 $w_i=1$ 时，子代个体 A 继承父代个体 B 的基因，由此产生一个新的子代个体 A。再以同样的方式生成新的子代个体 B。

下面给出均匀交叉的示例，"｜"表示交叉位置，屏蔽字 $W=1011001010$：

父代个体 A：0100100111

父代个体 B：1001011100

交叉点位置为 3 和 8，则交叉后生成的子代个体如下：

子代个体 A：1101101101
子代个体 B：0000010110

交叉算了作为遗传算法的核心操作，决定了遗传算法的收敛性。针对不同的编码方式，采用的交叉方式也各不相同。除了上述交叉方法外，还有算数交叉（Arithmetic Crossover）、洗牌交叉（Shuffle Crossover）、部分匹配交叉（Partially Matched Crossover）、循环交叉（Cycle Crossover）等。

2.2.2.7　变异算子

自然界中生物在繁殖过程中，复制出的子代染色体并不一定总与父代染色体完全相同，某些基因可能会发生改变，这一现象叫作变异。遗传算法模仿这一环节，引入了变异算子（Mutation Operator）产生新的个体。变异是以一定的概率对个体编码串上的某个或某些基因位上的值进行改变，进而生成新的个体，如二进制编码中"0"变为"1"，"1"变为"0"。变异概率一般取值较小从而保证个体变异后不会与父代产生太大的差异，保证种群发展的稳定性。

遗传算法中使用变异算子主要有以下两个目的：

（1）变异算子使遗传算法具有局部的随机搜索能力。由于交叉算子无法对搜索空间的细节进行局部搜索，当遗传算法通过交叉算子接近最优解邻域时，需要通过变异算子的局部随机搜索能力加速向最优解收敛。

（2）使遗传算法维持群体多样性，避免出现早熟收敛现象。当交叉产生的后代个体的适应度值无法超越父代，但又未达到全局最优解，则会发生早熟现象。变异算子可以改变个体编码串的结构，维持群体多样性，有利于生成新的优秀个体，防止出现早熟。

从遗传算法产生新个体的能力来说，变异操作本身是一种随机算法，但与选择、交叉算子结合后，能够避免由于选择和交叉运算造成的某些信息丢失，保证遗传算法的有效性。一般认为交叉算子是进行全局搜索的主要算子，而变异算子是进行局部搜索的辅助算子。

以下介绍几种常用的变异算子：

1）基本位变异

基本位变异（Simple Mutation）是指对个体编码串中随机指定某一位或某几位基因座上的值，按变异概率进行变异操作。其操作过程为：首先对个体编码串中的每个基因座，以变异概率指定其为变异点；然后对指定的变异点，对其基因值做反运算或用其他等位基因值代替，从而产生新的个体。

下面给出基本位变异的示例，以二进制编码为例：

父代个体：0100100111

变异基因座为 2 和 8，则变异后生成的子代个体如下：

子代个体：0000100011

基本位变异选中的基因座有限，且变异发生的概率较小，因此作用效果不明显。

2）均匀变异

均匀变异（Uniform Mutation）是对个体编码串中每一个基因座上的基因都按变异概

率进行变异。其操作过程为：首先依次指定个体编码串中每个基因座为变异点；然后对每个变异点以变异概率从对应基因的取值范围内随机取值代替原值。

均匀变异可以使搜索点在整个搜索空间内自由移动，增加群体多样性，作用效果较明显。

3）自适应变异

自适应变异与基本位变异的操作内容相似，不同的是变异概率随着种群中个体的多样性程度而自适应调整。一般根据交叉所得的两个新个体的汉明距离进行调整，汉明距离越小，则变异概率越大，反之则越小。

除了以上介绍的三种变异操作之外，还有边界变异（Boundary Mutation）、非均匀变异（Non-Uniform Mutation）、高斯近似变异（Gaussian Mutation）、逆转变异（Reverse Mutation）等。

2.2.2.8　运行终止条件

遗传算法是一个循环过程，因此必须存在终止条件，当运算满足终止条件时则终止运算并输出结果。

常用的终止条件一般有以下四种：

（1）以进化的代数为标准，当代数达到最大遗传次数时停止运行；

（2）以各代个体适应度的平均值为指标，如果连续几代个体适应度平均值的差异小于某一较小的阈值，则停止运行；

（3）以同一代中个体适应度值的方差为指标，方差小于某一较小阈值时停止运行；

（4）以每一代运算是否产生更优良的个体为指标，若连续没有产生更优个体的代数达到某一规定的值，则停止运行。

一般而言采用终止代数与其他判定终止条件共同工作，即达到指定的进化代数，或在达到指定代数前达到指定的终止条件时，即终止算法的运行过程，并将最大适应度个体作为最优解输出。

2.2.2.9　约束条件的处理方法

一般而言，实际问题的优化都要求在一定的限制条件下求得符合要求的最优解。这些限制条件在优化问题的模型中被称为约束条件。符合约束条件的解称为可行解，否则称为不可行解或非法解（图 2-4）。

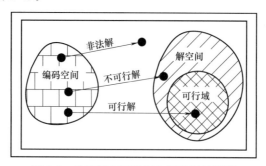

图 2-4　从解码空间到解空间映射的情况

对于遗传算法，有效处理约束条件非常重要，但目前尚无通用方法。根据经验，目前可选择以下三种方法处理约束条件：

1) 搜索空间限定法

搜索空间限定法就是对搜索空间的大小加以限制，使得搜索空间中表示的每个个体的解与解空间中的可行解一一对应。对于一些比较简单的约束条件，通过适当编码使搜索空间与解空间一一对应，限定搜索空间范围，从而提高遗传算法的效率。但使用搜索空间限定法时需要设置合适的交叉算子和变异算子，从而保证交叉和变异操作后所得的新个体在解空间仍有对应解。

2) 可行解变换法

可行解变换法是在由个体基因型到表现型的变换中，增加使其满足约束条件的处理过程，也就是通过改造对应不可行解的染色体，使之转化为对应可行解的染色体。这种方法对编码方式、交叉方式、变异方式等没有特殊要求，但需要实现知道可行解的染色体特征，且运行效率相对较低。

3) 罚函数法

罚函数法是对解空间中无对应可行解的个体，在计算适应度时施加一个罚函数，惩罚较差个体的适应度，降低该个体被遗传到下一代的概率。可采用下式对个体适应度进行调整：

$$F'(x) = \begin{cases} F(x) & x \text{ 满足约束条件} \\ F(x) - P(x) & x \text{ 不满足约束条件} \end{cases} \tag{2-3}$$

式中　$F(x)$——个体原来的适应度；

　　　$F'(x)$——调整后的适应度；

　　　$P(x)$——罚函数。

具体调整方式和幅度需要根据具体问题确定。罚函数的调整幅度如果太小，则可能仍有大量非法解和不可行解进入下一代，导致无法保证最后所得结果是可行解；调整幅度如果太大，则可能使群体中个体的适应度差异不大，降低遗传算法的运行效率，并陷入局部收敛。

2.2.3 采用改进并行策略和最佳保留策略的遗传算法

在基本遗传算法的基础上，融合改进的并行遗传策略和改进的最佳保留策略，建立了适合所研究问题的改进遗传算法。

2.2.3.1 基本遗传算法

针对不同的优化问题，许多学者设计了不同的编码方法和遗传算子来解决问题。Goldberg 总结出了一种最基本的遗传算法——基本遗传算法（Simple Genetic Algorithms，简称 SGA），其主要特点是仅使用选择算子、交叉算子和变异算子这三种遗传算子，进化操作过程简单，易于理解。

基本遗传算法可以表示为：

$$SGA = (C, E, P_0, M, \Phi, \Gamma, \Psi, T) \tag{2-4}$$

式中　C——表示个体的编码方法；

　　　E——表示个体适应度评价函数；

　　　P_0——表示初始种群；

　　　M——表示种群大小；

Φ——表示选择算子；

Γ——表示交叉算子；

Ψ——表示变异算子；

T——表示终止条件。

SGA 为其他遗传算法提供了基本框架，且其本身也具有一定应用价值。基本遗传算法的基本流程如图 2-5 所示。

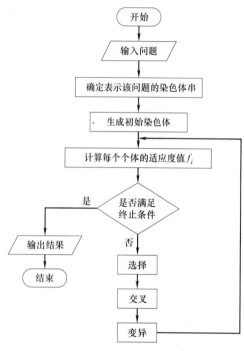

图 2-5　基本遗传算法的基本流程

基本遗传算法存在以下三个缺点：

（1）易早熟。基本遗传算法中，当某个体较优时，由于其竞争能力强，将以其为母体迅速产生一批相似个体，数代之后种群将丧失多样性，而算法也将局部收敛，出现早熟。当优化变量较多时，早熟现象更加明显。

（2）运算量大。对于大规模优化问题，增大种群规模可以有效避免早熟，但也将大大增加运算量，并直接导致求解时间增加。

（3）局部寻优能力差。遗传算法运算到后期，种群中个体的相似程度很高且绝大部分基因无法再优化，只能依靠变异获得更优个体。但是变异概率较小和变异的随机性导致寻优的代价急剧增大，这就导致基本遗传算法的局部寻优能力差。

由于存在上述问题，基本遗传算法并无法用于优化大型复杂问题，因此提出了改进的并行遗传算法。

2.2.3.2　改进的并行策略

遗传算法以个体的集合为运算对象，对个体所进行的遗传操作都有一定的相互独立性，因此它具有一种天然的隐含并行性。所谓并行性，就是某些操作可以同时进行，互不干扰。

我们将基本遗传算法隐含的这种并行性显性化，可以凭借该性质来弥补 SGA 的前两个弱点，避免早熟并缩短求解时间。这种遗传算法叫作并行遗传算法。

经典的并行遗传算法的实现方法分为两类：标准型并行方法（Standard Parallel Approach）和分解型并行方法（Decomposition Parallel Approach）。前者需要一个全局处理器和一个统一的控制机构来协调群体的遗传进化过程及群体间的通信；后者将整个群体分解为几个子种群，各个子种群分布在不同的处理机上进行基本遗传算法，并在适当的时候交换各处理机之间的信息。对于种群分组方法的模型一般有以下三种：踏脚石模型、岛屿模型、邻接模型。

经典的并行遗传算法运算过程中会将初始种群分成 5～10 个子种群，在操作过程中很难找到相应数量的处理器并行运算，因此对经典的并行遗传算法进行了改进。

改进的并行遗传策略是借鉴分解型并行方法的思想，在一台计算机上实现并行遗传算法，但将总种群分化为数个子种群，然后根据预定的代数进行信息交换，直至算法满足终止条件。改进的并行遗传策略可以有效避免算法早熟现象。

2.2.3.3　改进的最佳保留策略

最佳保留策略是将当前群体中适应度最高的个体结构完整地复制到下一代群体中，保证最高适应度的个体不被破坏。但是传统的最佳保留选择方法中，适应度最高的个体不参与交叉和变异运算，隐含了局部最优个体的遗传基因会急速增加并导致陷入局部最优解的可能，因而全局搜索能力较差，不适于多峰值问题的空间搜索。

吸取最佳保留策略的优点，设置遗传代沟 $ggap$，并对遗传策略进行改良，提出改良的最佳保留策略。

首先采用常规的选择算子进行选择操作，选择比例为 $ggap$ 的父代个体（$ggap \leqslant 1.0$）。例如父代种群 A 的个体数量 $nind=200$，$ggap=0.9$，则须选择 $ggap \times nind=180$ 个个体进行交叉、变异等操作，生成过渡种群 B，种群 B 有 180 个个体；然后基于过渡种群 B 的适应值，令种群 B 代替父代种群 A 中较差的 180 个个体，保留最优的 20 个个体，生成新的子代种群 C。即：

新的子种群 C＝父代种群 A 中 $nind \times (1-ggap)$ 个最优个体＋过渡种群 B 的全部个体改良的最佳保留策略既能使最高适应度的个体不被破坏，还能保证适应度最高的个体参与交叉、变异等遗传操作，可有效避免遗传操作陷入局部最优解，增强全局搜索能力。

2.2.3.4　采用改进并行策略和最佳保留策略的遗传算法

使用"采用改进并行策略和最佳保留策略的遗传算法"（后文简称"改进的遗传算法"），在基本遗传算法的基础上，在一台计算机上将种群分为数个子种群并行进行遗传进化，并在指定代数后进行信息交换；同时在进行遗传操作时，采用改进的最佳保留策略，使每代最优的个体得以保留并充分参与遗传操作，保留优良基因。改进的遗传算法工作流程如图 2-6 所示。

2.2.4　遗传算法实现工具

采用数学软件 MATLAB 作为实现遗传算法的主要工具，使用有限元分析软件 ANSYS 进行有限元分析。如何交互进行遗传操作和有限元分析是进行优化研究的基础，本节将对两种软件及其协同工作的方法进行介绍。

2.2.4.1　ANSYS 和 APDL 语言

1）ANSYS 简介

有限单元法（Finite Element Method，FEM）是起源于 20 世纪 50 年代有关飞机结构动静力分析的一种有效的数值分析方法。其基本思想是将求解域离散为一组有限个，且按一定方式相互连接在一起的单元的组合体。随着有限元理论和电子计算机的发展，有限单元法的通用计算程序也迅速发展起来。

美国 ANSYS 公司（前身为美国 SASI 公司）研发的 ANSYS 软件是世界最著名的大型通用有限元分析软件。ANSYS 是融结构、流体、电场、磁场、声场分析于一体的大型通用有限元分析软件。其在核工业、铁道、石油化工、航空航天、机械制造、能源、汽车交通、国防军工、电子、土木工程、造船、生物医学、轻工、地矿、水利、日用家电等领域有着广泛的应用。

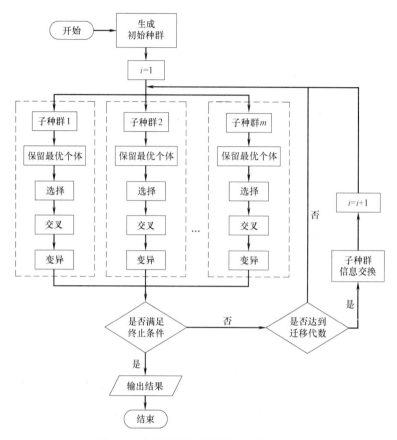

图 2-6 改进的并行遗传算法工作流程图

多年以来，ANSYS 一直在有限元分析软件中排名第一。它是对一个通过 ISO 9001 认证的分析设计类软件，同时也通过了美国机械工程师协会（ASME）、美国核安全局（NQA）等 20 余种专业技术认证。近年来，ANSYS 在中国也得到了广泛应用和认可。它是第一个通过中国压力容器标准化技术委员会认证并在全国压力容器行业推广使用的有限元分析软件。

ANSYS 能与多数计算机辅助设计（CAD，Computer Aided Design）软件接口，实现数据的共享和交换，如 Creo、NASTRAN、Alogor、I-DEAS、AutoCAD 等。

2）APDL 语言

APDL（ANSYS Parametric Design Language，ANSYS 参数化设计语言）是一种用来完成有限元常规分析操作或通过参数化变量方式建立分析模型的脚本语言。它用智能化分析的手段，为用户提供了自动完成有限元分析过程的功能，即输入可指定的函数、变量以及选用的分析类型。用户可以对模型直接赋值或运算，也可以从 ANSYS 分析结果中提取数据再赋给某个参量。

在工程应用中，对于复杂结构通常需要有限元计算程序，这类程序编制难度较大且计算结果的可靠性较差。通过 ANSYS 进行分析可以省去编制有限元分析程序的工作，且计算结果准确可靠。结合 APDL 语言，可以编制相关运算程序，直接进入 ANSYS 进行运算并提取数据，这为通过遗传算法运行优化问题提供了便利。

2.2.4.2 MATLAB 与遗传算法工具箱

1）MATLAB 简介

MATLAB（Matrix&Laboratory，意为矩阵实验室）是美国 MathWorks 公司出品的商业数学软件，和 Mathematica、Maple 并称为三大数学软件。MATLAB 在数学类科技应用软件中的数值计算方面首屈一指。它将数值分析、矩阵计算、科学数据可视化以及非线性动态系统的建模和仿真等诸多强大功能集成在一个易于使用的视窗环境中，为科学研究、工程设计以及必须进行有效数值计算的众多科学领域提供了一种全面的解决方案，并在很大程度上摆脱了传统非交互式程序设计语言（如 C、Fortran）的编辑模式。

MATLAB 的应用范围非常广，包括信号和图像处理、通信、控制系统设计、测试和测量、财务建模和分析以及计算生物学等众多应用领域。

MATLAB 是一种开放式软件，经过一定的操作可以将开发的优秀应用集成到 MAT-LAB 工具行列。目前，MATLAB 包括拥有数百个内部函数的主工具箱（Matlab Main Toolbox）和三十几种其他工具箱，如 Communication Toolbox——通信工具箱、Signal Processing Toolbox——信号处理工具箱、Statistics Toolbox——统计工具箱等。工具箱又可以分为功能性工具箱和学科工具箱。功能工具箱用来扩充 MATLAB 的符号计算，可视化建模仿真，文字处理及实时控制等功能；学科工具箱是专业性比较强的工具箱，控制工具箱，信号处理工具箱，通信工具箱等都属于此类。

除内部函数外，所有 MATLAB 主文件和各种工具箱都是可读可修改的文件，用户可以修改源程序的或自己编写程序构造新的专用工具箱，从而解决各自领域内特定类型的问题。

2）遗传算法工具箱

目前基于 Matlab 的遗传算法工具箱很多，比较流行的有英国谢菲尔德大学开发的遗传算法工具箱 GATBX、GAOT 以及 MATLABA 自身集成的 GADS。

采用英国谢菲尔德大学开发的遗传算法工具箱 GATBX，这个遗传算法工具箱已经在世界上近 30 个应用领域得到了广泛应用，且测试反馈良好，包括参数优化、多目标优化、控制器结构选择、非线性系统论证等。

遗传算法工具箱使用 MATLAB 矩阵函数，为实现广泛领域的遗传算法建立了一套通用工具。该工具箱结合数学领域有关遗传算法的研究，编制了大量重要的遗传算子，可以满足各种操作需求。使用遗传算法工具箱可以扩展 MATLAB 在处理优化问题方面的能力，并结合 MATLAB 优秀的数学计算功能解决复杂的优化问题。

2.2.4.3 MATLAB 和 ANSYS 协同工作基础

MATLAB 遗传算法工具箱可以很好地完成普通函数问题遗传算法运算。然而对于大型的复杂工程问题，其目标函数以及状态变量很难在 MATLAB 内完成运算，因此必须借助有限元分析软件辅助计算，提高优化效率。ANSYS 由于其 APDL 语言的优越性成为有限元分析软件的首选。

采用 MATLAB 和 ANSYS 进行优化的整体思路如下：

（1）在 MATLAB 中输入关键参数，并利用 MATLAB 生成初始种群；

（2）将种群的染色体转化为 ANSYS 可读取的数据，输入 ANSYS；

（3）在 ANSYS 中建模，进行有限元分析，并将分析结果写入 MATLAB；

（4）将分析结果按类别读为目标函数和约束条件，选择遗传算子进行遗传运算操作；

（5）判断是否满足运行终止条件，若满足，则终止运算；否则将通过遗传操作生成的新种群转入步骤（2）进行迭代。

在以上整体思路中，如何使 MATLAB 调用 ANSYS 进行计算是需要解决的首要问题。

MATLAB 是基于 C 语言开发的，它的程序语言较为宽松，可以方便地编制程序。MATLAB 可以作为主控程序调用其他程序，可以采用"!"和"system"函数两种方式进行调用，其调用格式如下：

system('C:\Ansys\v120\ansys\bin\intel\ansys120-b-pansys-i inputfile-o output-file. bat')

其中各参数说明如下：

-b batch 为批处理模式；

-p 为产品代码（可以在 ANSYS 帮助文件内查到，一般为 ane3fl）；

-I 为输入文件路径及文件名；

-o 为输出文件路径及文件名。

ANSYS 提供了/Batch（批处理）模式，可以在不打开 ANSYS 主程序界面的情况下，一次性批量对多个命令流进行后台计算，并得出结果，这使得其他程序调用 ANSYS 成为可能。

基于 MATLAB 程序调用的功能和 ANSYS 的 APDL 语言以及批处理模式功能，实现 MATLAB 调用 ANSYS 进行遗传操作成为可能。然而，MATLAB 和 ANSYS 之间并无直接的程序接口，因此必须解决两者间数据传递的问题。MATLAB 和 ANSYS 都有很强的文件操作功能，使得实现数据传递成为可能。采用 txt 文本报告档作为两者数据交换的枢纽。

MATLAB 可采用"fopen＋fprintf"命令，将数据写入指定路径的 txt 文件；使用"load"函数，读取指定路径的 txt 文件。

ANSYS 可采用"/input"命令，直接读取 txt 文件中的参数变量，但对于 txt 中的参数矩阵，则需要另外编制宏文件，使用"＊dim＋＊vread"命令将其读入；采用"＊cfopen＋＊vwrite"命令将 ANSYS 中的数据写入 txt 文件。

2.2.4.4　MATLAB 与 ANSYS 整体优化流程

将文本报告件作为 MATLAB 和 ANSYS 信息交换的枢纽，使用 MATLAB 进行遗传算法主程序的运算，使用 ANSYS 进行有限元分析，并将分析结果返回主程序，最终完成全部遗传操作，得到优化结果。采用 MATLAB 和 ANSYS 对结构优化问题进行遗传算法操作的整体优化流程如图 2-7 所示。

2.2.4.5　优化算例——十杆桁架截面优化

本小节选取经典的十杆平面桁架截面优化问题，采用上述遗传算法优化流程对其进行截面优化，验证采用 MATLAB 调用 ANSYS 进行遗传操作的可行性。

1）设计条件

如图 2-8 所示的十杆平面桁架结构，桁架的杆件采用 Q235b 的圆钢管，$l＝9144mm$；

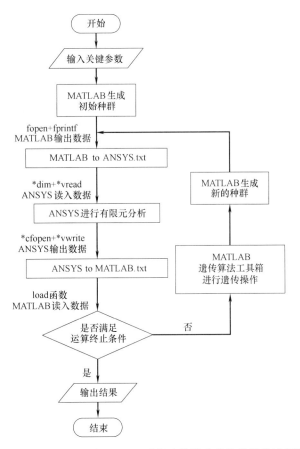

图 2-7 MATLAB 调用 ANSYS 进行遗传算法的整体优化流程图

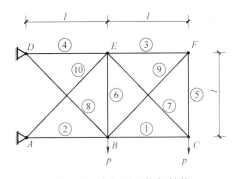

图 2-8 十杆平面桁架结构

$\rho = 7850\mathrm{kg/m^3}$，在 B 点和 C 点作用荷载 $p = 444.92\mathrm{kN}$；求解目标为结构质量最轻，

$\min\sum\limits_{i-1}^{n}\rho A_i L_i$。

2）计变量与目标函数

本算例的设计变量为：上弦杆和下弦杆采用相同规格的截面，钢管直径和壁厚分别为 D_1 和 t_1；竖杆采用同种规格的截面，钢管直径和壁厚分别为 D_2 和 t_2；斜腹杆采用同种规格的截面，钢管直径和壁厚分别为 D_3 和 t_3。

目标函数为桁架结构质量 W：

$$W=\rho l(4A_1+2A_2+4\sqrt{2}A_3)=2\rho l(2A_1+A_2+2\sqrt{2}A_3) \tag{2-5}$$

其中 A_i 为杆件截面积，$A_i=\pi(D_i-t_i)t_i$，$(i=1，2，3)$，钢管截面如图 2-9 所示。

3）约束条件

（1）强度约束条件

$$\frac{N_i}{\varphi_i A_i}\leqslant f \tag{2-6}$$

式中　N_i——第 i 根杆件的轴力；

A_i——第 i 根杆件的截面积；

φ_i——第 i 根杆件的受压稳定系数；

f——钢材抗拉（抗压）强度设计值。

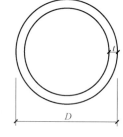

图 2-9　钢管截面示意图

（2）杆件宽厚比约束条件

$$\frac{D_i}{t_i}\leqslant 100 \tag{2-7}$$

（3）杆件截面尺寸约束条件

$$\left.\begin{array}{l}32mm\leqslant D_i\leqslant 630mm\\2.5mm\leqslant t_i\leqslant 16mm\end{array}\right\} \tag{2-8}$$

（4）挠度约束条件

$$\delta/l\leqslant\frac{l}{400} \tag{2-9}$$

式中，δ 为 C 点竖向挠度。

（5）杆件长细比约束条件

$$\left.\begin{array}{l}\dfrac{l}{r_1}=\dfrac{4l}{\sqrt{D_1^2+(D_1-2t_1)^2}}\leqslant 150\\[3mm]\dfrac{l}{r_2}=\dfrac{4l}{\sqrt{D_2^2+(D_2-2t_2)^2}}\leqslant 250\\[3mm]\dfrac{\sqrt{2}l}{r_3}=\dfrac{4\sqrt{2}l}{\sqrt{D_3^2+(D_3-2t_3)^2}}\leqslant 150\end{array}\right\} \tag{2-10}$$

4）参数选择

本算例仅对 MATLAB 调用 ANSYS 进行遗传操作的可行性进行验证，因此仅对参数取值进行简单介绍，关于参数选取原则详见 2.3。

本算例采用改进的并行遗传算法，采用实数编码方式；子种群数量 $subpop=10$，每个子种群中的个体数量为 $nind=20$；选择操作选用"随机遍历抽样"，每代保留最优秀的 10％个体直接进入下一代；交叉操作选用"离散重组"，交叉概率为 $P_c=1$；变异操作选用"实值种群变异"，变异概率 $P_m=1/nvar$，$nvar$ 为变量维数，本算例中 $nvar=6$；每隔 20 代在子种群间进行迁移，交换各子种群间的信息，迁移率 $P_{mi}=0.2$；最大迭代次数 $maxgen=100$；采用罚函数对约束条件进行处理，罚函数采用 Gen and Cheng 方法；规定连续 20 代不出现更优的个体时终止运算。

5）运算结果

采用改进的遗传算法，迭代 58 代后收敛，优化后桁架的最轻质量为 7177kg。

优化后的杆件截面如下：上弦杆和下弦杆采用相同规格的截面，钢管直径 $D_1=$ 351.3mm，壁厚 $t_1=$11.5mm；

（1）竖杆采用同种规格的截面，钢管直径 $D_2=$143.4mm，壁厚 $t_2=$3.7mm；

（2）斜腹杆采用同种规格的截面，钢管直径 $D_3=$497.4mm，壁厚 $t_3=$5.5mm。

图 2-10 给出十杆桁架优化问题中每代最优个体质量随代数的进化曲线和每代全部个体质量平均值随代数的进化曲线。通过进化曲线可以看出整个种群的进化走势，算法在前期优化速度较快，后期逐渐收敛，并得到最终的优化结果。

该算例表面，采用 MATLAB 调用 ANSYS 运行遗传算法是可行的；而且改进的遗传算法适用于对多变量、多约束条件的复杂问题进行优化研究，优化结果准确可靠。

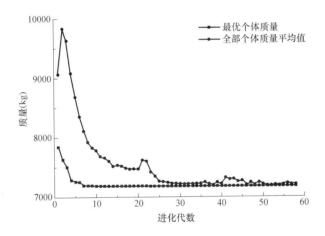

图 2-10　十杆平面桁架结构质量进化曲线

2.2.5　小结

主要介绍了遗传算法的基本原理，并针对研究对象特点提出了改进的遗传算法，具体内容如下：

（1）介绍了一种自适应全局优化概率搜索算法——遗传算法，讲述了遗传算法的发展历史和基本思想。遗传算法借鉴自然界适者生存的选择机制，其本质上是一种不依赖具体问题的直接搜索方法。

（2）阐述了遗传算法的基本组成部分，主要包括：优化目标与优化变量、编码与解码、初始种群、个体适应度评价、选择算子、交叉算子、变异算子、约束条件和运行终止条件等。

（3）研究对象复杂，目标函数无法显式表达，优化变量和约束条件数目多。针对研究对象的特点，对基本遗传算法进行了改进，设计了采用改进并行策略和最佳保留策略的遗传算法：

① 改进的并行遗传策略是在一台计算机上实现并行遗传算法，将总种群分化为数个子种群，然后根据预定的代数进行信息交换，直至算法满足终止条件。改进的并行遗传策

略可以有效避免算法早熟现象。

②改进的最佳保留策略是设置遗传代沟 $ggap$，保留每代的最优个体并使其充分参与交叉、变异等遗传操作，可有效避免遗传操作陷入局部最优解，增强全局搜索能力。

（4）就如何更高效地使用遗传算法实现结构优化进行了探讨，设计了使用 MATLAB 进行遗传操作，并调用 ANSYS 进行有限元分析的方法；解决了两种软件信息交换的关键问题，编制了相应程序进行实现遗传操作。

（5）对经典的十杆平面桁架进行了截面优化研究，优化结果良好。验证结果表明，使用 MATLAB 调用 ANSYS 实现遗传算法是可行的；另外，提出的改进的遗传算法适合用来对目标函数复杂且无法显式表示、多优化变量、多约束条件的复杂问题进行优化。

单层索网结构初始形态优化方法：索网结构具有拉索必须保持受拉，结构本身不具备几何刚度、需要找到特定的预应力分布才能维持几何位形，且具有多设计参数、目标函数无法形成显式函数的特点。为了提高计算效率，合理地确定了轮辐式单层索网的优化目标和优化变量；归纳了轮辐式单层索网的几何特性并利用特性减少变量数目；最终确定了轮辐式单层索网初始形态的优化设计思路和整体优化流程。

2.3 单层悬索结构初始形态优化方法

2.3.1 优化问题简述

索结构以只能受拉的索作为主要承重构件，由于索是柔性的，在施加预应力之前没有刚度，其形状不确定，必须通过施加预应力，从而对悬索结构赋予一定的形状并建立刚度，才能承受外荷载。

一般对索结构定义以下三种状态：

（1）零状态：即加工放样后的索段和构件几何态，此时结构中不存在自重和预应力，且不承受外荷载；

（2）初始平衡态：即结构仅存在自重和预应力作用下的平衡状态，不考虑外部荷载作用，初始平衡态为分析结构在外部效应作用下的反应提供了初始条件，包括节点几何状态和拉索初始预张力等；

（3）荷载态：即结构在自重、预应力以及外部效应作用下的平衡状态，可以得到结构在外部效应作用下的位移、内力等。

索结构的初始形态优化是在满足结构的外观和使用功能前提下，在给定的荷载条件下，寻找一组使结构造价最低、整体刚度最大、应力变化最均匀的初始约束条件，并求解得到相应的结构初始平衡态。

在对索结构进行初始形态优化过程时，需要改变结构位形和拉索截面，因此结构的边界条件是在不断改变的。然而在给定的边界条件下，对悬索结构所施加预应力系统的分布和大小（这是一套自平衡的内应力系统）与结构初始位形是相互联系的。这说明悬索结构的初始平衡状态是随其形状优化过程而不断改变的。因此，在进行初始形态优化过程中，需要解决悬索结构的"初始平衡状态确定"这一重要问题。

由于索结构优化过程中通常需要确定其初始平衡状态，涉及大量迭代工作，因此优化的计算量较之杆系结构更大，且难度更高。

本书形态优化主要研究对象是苏州奥体中心体育场挑蓬结构，该挑蓬采用中间开孔的马鞍形轮辐式单层索网体系。单层索网本身的形状稳定性较差，但由于苏州奥体中心体育场挑蓬为负高斯曲率的鞍形曲面，承重索和稳定索曲率相反，当预应力足够大时，鞍形索网将具有较好的形状稳定性和刚度，在外荷载作用下，承重索和稳定索共同工作并始终保持张紧力。

将对苏州奥体中心体育场挑蓬的单层索网结构形式进行简化，保留其力学特点，建立图 2-11 的简化索网模型，并采用改进的遗传算法进行优化研究，验证其可行性及准确性。

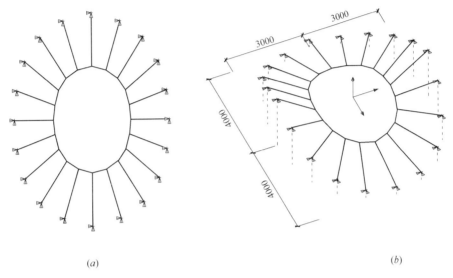

(a) (b)

图 2-11　索网简化模型示意图

（a）索网简化模型平面图；（b）索网简化模型轴测图

在图 2-11 所示的索网简化模型中，仅保留径向索和环索，径向索端部为固定铰支座。索网的平面形状为近似椭圆，结构 1/4 对称，椭圆短轴为索网高点，即承重索部分；长轴为索网低点，即稳定索部分。在简化模型中，荷载施加在环索节点上。

在对索结构进行研究时，采用以下基本假设：

（1）索是理想柔性的，既不能抗压，也不能抗弯；

（2）索材料符合虎克定律；

（3）荷载均作用在节点上，索单元为直线形单元。

2.3.2　优化目标及优化变量

结构优化有多种优化目标，不同的优化目标将得到不同的优化结果。选取了合适的优化目标对索网的初始形态进行优化，并选取了合理的优化变量以提高优化效率。

2.3.2.1　优化目标

由于悬索结构的形态优化问题具有多设计参数、多约束条件、目标函数无法形成显式函数等诸多问题，国内外目前对于悬索结构形态优化所做的研究工作尚且较少。目前有关悬索结构优化的目标函数一般有以下三种：

（1）结构整体刚度最大：即在给定的荷载下，各节点 x、y、z 三个方向位移值的绝对值之和最小；

（2）结构受荷后各单元应力差值最小（即应力均匀条件）：可通过求解应力分布的最小方差来建立目标函数；

（3）最小投资：即结构总造价最低，设索单元单位重量价格为 k_i，则结构整体造价为：

$$Q = \sum_{i=1}^{n} \alpha_i A_i k_i \tag{2-11}$$

由于悬索结构的初始形态与拉索截面、结构初始预张力有关，如果仅仅追求结构刚度大，则会陷入拉索截面过大，初始预张力水平过高的困境，最终的优化结果也将缺乏实际指导意义。悬索结构优化的主要目标仍是在满足位移、应力等约束条件下，寻找使得结构投资最小的初始形态。

因此以最小投资为优化目标，并将结构刚度条件转化为相应的约束条件，应用遗传算法寻找符合约束条件的最优初始形态。

2.3.2.2 优化变量

以索网几何位形、初始预应力水平和拉索截面为变量进行优化。为了减少计算量，对初始预张力和拉索截面建立了一定关系，减少了变量数目，提高了优化效率。

1）索网形状

以索网形状为优化变量时，主要对悬索结构的节点坐标进行优化，寻找相应的最优形状。基于建筑需求，屋盖必须保证一定的覆盖面积，因此将全部节点的 x 和 y 坐标设为固定，对节点坐标进行优化时，仅改变节点的 z 坐标。

以图 2-11 的模型为例，由于该模型为 1/4 轴对称，因此选取位于第一象限的 1/4 模型作为对象进行研究，如图 2-12 所示，选取支座节点 $A \sim F$ 的 z 坐标作为优化变量进行研究，通过支座节点的 z 坐标来确定环索节点的 z 坐标（见 2.3.3 节）。

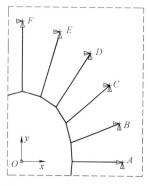

图 2-12　索网结构 1/4 模型

2）初始预应力水平和拉索截面

对于悬索结构，在给定的边界条件下，所施加的预应力系统的分布和大小与结构初始形状相互联系；同时，拉索截面也将影响索网刚度。因此必须将悬索结构的初始预应力水平和拉索截面也作为优化变量进行研究。

然而，遗传算法具有一定的随机性，本身的计算量很大。若仅仅简单地将问题的所有参数罗列为优化变量进行计算，将导致问题的优化变量过多，同时问题的搜索空间也将急剧扩张，有可能导致局部收敛。对于这种情况，虽然可以通过增大初始种群来保证其全局收敛，但过多的优化变量将导致计算量过大，计算时间过长。

基于以上原因，对每根拉索 i 的初始预张力 P_i 和拉索截面 A_i 建立以下关系：

$$P_i = \frac{[\sigma_i] \cdot A_i}{\mu} \tag{2-12}$$

式中　$[\sigma_i]$——第 i 根拉索的容许应力；

μ——拉索预张力调整系数。

通过合理假设，建立拉索 i 的初始预张力 P_i 和拉索截面 A_i 间的关系，因此只需要确定拉索的初始预张力，即可通过以上关系式得到每根拉索的截面面积 A_i。通过以上关系可以减少优化变量，提高运算效率，保证遗传算法的可行性。

在可行的几何位形条件下，通过找力可以得到每根拉索的索力比例（见 2.3.4 节）；指定初始预张力基值 H_c，拉索 i 的初始预张力 $P_i = H_c \dfrac{T_i}{T_{\max}}$（第 i 根拉索的索力为 T_i，最大索力为 $T_{\max}$），即可确定索网的初始预张力系统。

因此，除了索网支座节点的 z 坐标外，还需将拉索的初始平衡态预张力基值 H_c 和拉索预张力调整系数 μ 作为优化变量。

2.3.3　轮辐式单层索网初始形态特性及创建方法

一般情况下，进行形态优化时将全部节点都列为优化变量。经研究发现轮辐式单层索网有特殊的几何特性。利用该几何特性，可以通过支座节点确定环索节点的 z 坐标，从而减少变量数目，提高优化效率。

2.3.3.1　悬索结构节点平衡分析

对于悬索结构，两根共节点的拉索，当它们的索力均大于零时，可以形成一维的悬索结构（图 2-13），即：

$$\vec{F}_1 + \vec{F}_2 = 0 \tag{2-13}$$

三根共节点而不共线的拉索，当它们的索力均大于零时，可以形成平面的二维悬索结构（图 2-14），即"共节点的三根索共面"：

$$\begin{cases} \vec{F}_{1x} + \vec{F}_{2x} + \vec{F}_{3x} = 0 \\ \vec{F}_{1y} + \vec{F}_{2y} + \vec{F}_{3y} = 0 \end{cases} \tag{2-14}$$

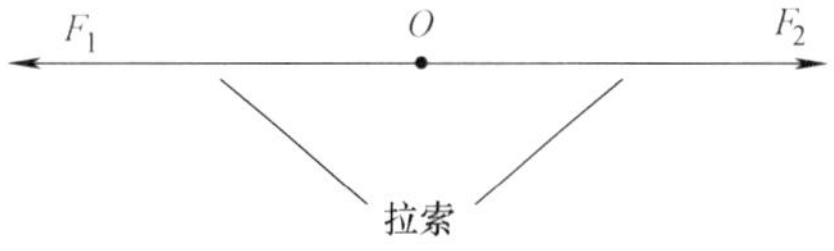

图 2-13　一维悬索结构示意图

四根共节点而不共面的拉索，当它们的索力均大于零时，可以形成空间的三维悬索结构（图 2-15），即：

$$\begin{cases} \vec{F}_{1x} + \vec{F}_{2x} + \vec{F}_{3x} + + \vec{F}_{4x} = 0 \\ \vec{F}_{1y} + \vec{F}_{2y} + \vec{F}_{3y} + + \vec{F}_{4y} = 0 \\ \vec{F}_{1z} + \vec{F}_{2z} + \vec{F}_{3z} + + \vec{F}_{4z} = 0 \end{cases} \tag{2-15}$$

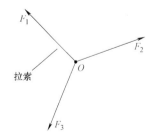

图 2-14　二维悬索结构示意图

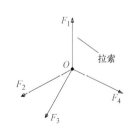

图 2-15　三维悬索结构示意图

2.3.3.2 轮辐式单层索网环索节点 z 坐标确定方法

对于轮辐式单层索网（图 2-16），环索节点均只连接三根拉索，根据"共节点的三根索共面"的原则，环索节点相连的三根拉索必然共面。例如，节点 B' 分别与拉索 BB'、$A'B'$、$B'C'$ 相连，当拉索 BB'、$A'B'$、$B'C'$ 保持张力时，线段 BB'、$A'B'$、$B'C'$ 必然在同一平面上，即点 B、A'、B'、C' 四点共面。

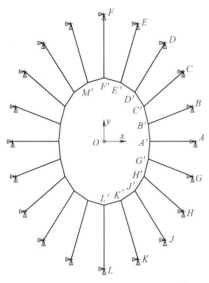

图 2-16 轮辐式单层索网示意图

根据"共节点的三根索共面"的关系，采用迭代法，通过支座节点的 z 坐标依次确定环索节点的 z 坐标，并最终确定索网的初始几何位形。以图 2-16 为例，具体流程如下：

1）步骤 1：确定初始已知量

（1）已知支座节点的 x、y、z 坐标，即 x_A、y_A、z_A、x_B、y_B、z_B……其中支座 A 为最高点，支座 F 为最低点，指定 $z_F=0$；

（2）已知环索节点的 x、y 坐标，即 $x_{A'}$、$y_{A'}$、$x_{B'}$、$y_{B'}$……

2）步骤 2：第一次计算形态偏差

（1）指定环索节点 A' 的 z 坐标初值 $z_{A'}$，通过 $z_{A'}$ 确定 $z_{B'}$。

令 $z_{A'}=\alpha_1 z_A$，其中 α_1 为环索节点坐标第一次调整系数，取 [0，1] 的较大值，通常取 $\alpha_1=1$。

如图 2-17 所示，已知 A 点和 A' 点的坐标，由于 B' 点和 G' 点关于 x 轴对称，因此两点的 z 坐标相同；又由于 A、A'、B'、G' 四点共面，通过以上关系可以得到 B' 点和 G' 点的 z 坐标。

（2）确定环索节点 C' 的 z 坐标 $z_{C'}$。

如图 2-18 所示，已知支座节点 B 的坐标和环索节点 A' 和 B' 的坐标，由于 B、A'、B'、C' 四点共面，因此可以得到 C' 点的 z 坐标 $z_{C'}$。

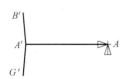

图 2-17 步骤 2-（1）示意图

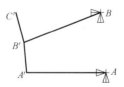

图 2-18 步骤 2-（2）示意图

（3）重复步骤 2-（2），求出 D'、E'、F' 的 z 坐标（图 2-19）。

（4）验算支座节点 F 偏移程度。

如图 2-20 所示，由于环索节点 E' 和 M' 关于 y 轴对称，因此两点的 z 坐标相同。已知不共线的三点 E'、F'、M'，可以得到平面 $E'F'M'$，计算支座点 F 到平面 $E'F'M'$ 的距离 L_1，验算支座点 F 到平面 $E'F'M'$ 的偏移程度；当点 F 在平面上方时，L_1 为正，否则取负数。通常当 $\alpha_1=1$ 时点 F 在平面上方，即 L_1 为正。

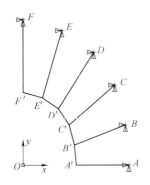

图 2-19　步骤 2-(3) 示意图

图 2-20　步骤 2-(4) 示意图

3）步骤 3：第二次计算形态偏差

令 $z_{A'}=\alpha_2 z_A$，其中 α_2 为环索节点坐标第二次调整系数，其余运算过程与步骤 2 相同，此时支座点 F 到平面 $E'F'M'$ 的距离为 L_2。α_2 取 $[0，1]$ 的较小值，当 α_2 取接近零的值时，点 F 在平面下方，即 L_2 为负，通常取 $\alpha_2=0.05$。

4）步骤 4：迭代确定点 A′ 的 z 坐标

（1）采用二分法进行迭代，令 $\alpha_3=\dfrac{\alpha_1+\alpha_2}{2}$，其中 α_3 为环索节点坐标第 $i+2$ 次调整系数，其余运算过程与步骤 2 基本相同，此时支座点 F 到平面 $E'F'M'$ 的距离为 L_3；

（2）若 L_3 小于误差限值，可以认为点 F 在平面 $E'F'M'$ 上，则终止运算；

（3）当 L_3 大于误差限值时，若 $L_3>0$，即点 F 在平面上方，则令 $\alpha_1=\alpha_3$；若 $L_3<0$，即点 F 在平面下方，则令 $\alpha_2=\alpha_3$；

（4）继续步骤 4-(1)，直到 L_3 小于误差限值条件。

5）步骤 5：生成其余 3/4 模型

由于步骤 1～步骤 4 仅选取位于第一象限的 1/4 模型进行研究，当确定了环索节点的 z 坐标后，需要将其坐标复制到其他三个象限，生成索网结构整体几何模型。

2.3.3.3　算例验证

本节编制了算例，将理论值与程序得到的结果进行对比，对"轮辐式单层索网初始几何位形创建方法"进行验证。算例为四支座单层悬索结构（单位：mm），支座节点坐标已知，如图 2-21 所示，环索节点的 x、y 坐标已知，z 坐标为未知量。

1）解析方法

由于结构 1/4 对称，所以 $z_{A'}=z_{C'}$ 且 $z_{B'}=z_{D'}$。

空间直线的对称方程为：

$$\frac{x-x_1}{x_2-x_1}=\frac{y-y_1}{y_2-y_1}=\frac{z-z_1}{z_2-z_1} \qquad (2\text{-}16)$$

将点 A 和 A' 代入式（2-16），得到直线

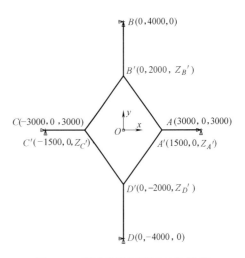

图 2-21　四支座单层悬索结构算例

AA' 的方程：

$$\frac{x-1500}{1500}=\frac{z-z_{A'}}{3000-z_{A''}} \tag{2-17}$$

由于直线 $B'D'$ 平行于 y 轴，且与直线 AA' 共面，所以将 B' 的 x、y 坐标代入式 (2-17) 可以得到 B' 的 z 坐标：

$$z_{B'}=2z_{A'}-3000 \tag{2-18}$$

将点 B 和 B' 代入式 (2-16)，得到直线 BB' 的方程：

$$\frac{y-2000}{2000}=\frac{z-z_{B'}}{-z_{B'}} \tag{2-19}$$

由于直线 $A'C'$ 平行于 x 轴，且与直线 BB' 共面，所以将 A' 的 x、y 坐标代入式 (2-19) 可以得到 A' 的 z 坐标，结合式 (2-18)，可以得到：

$$z_{A'}=2000 \tag{2-20}$$

最终得出：

$$\begin{cases} z_{A'}=z_{C'}=2000\text{mm} \\ z_{B'}=z_{D'}=1000\text{mm} \end{cases} \tag{2-21}$$

四支座单层悬索结构的最终形态如图 2-22 所示。

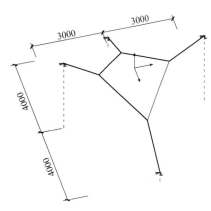

图 2-22　四支座轮辐式悬索
结构成型轴测图

2) 轮辐式单层索网初始几何位形创建方法

采用 2.3.3 节所述的"轮辐式单层索网初始几何位形创建方法"进行找形，取 $\alpha_1=1$；$\alpha_2=0.05$，允许误差限值为 0.5mm。

经过 11 次迭代，最终结果如下：

$$\begin{cases} z_{A'}=z_{C'}=2000.1343\text{mm} \\ z_{B'}=z_{D'}=1000.2686\text{mm} \end{cases} \tag{2-22}$$

A' 的 z 坐标与理论值的误差为 0.00672%；B' 的 z 坐标与理论值的误差为 0.0269%；最低支座点 B 到平面 $A'B'C'$ 的距离 $L_3=0.3603$mm。

通过以上算例对比，验证了"轮辐式单层索网初始几何位形创建方法"的找形结果准确可靠。

2.3.4　迭代法确定初始平衡态索力比例

由于在优化过程中需要将拉索的初始平衡态预应力基值 H_c 作为优化变量，因此必须确定索网的初始平衡态索力比例。

采用迭代法确定初始平衡态索力比例，迭代过程中索网节点最大偏移量 U_p，节点最大偏移限值为 $[U_m]$，当 $U_p<[U_m]$ 时即找到索网的平衡索力，假设第 i 根拉索的索力为 T_i，最大索力为 T_{max}，令第 i 根拉索的索力比值为 T_i/T_{max}，即可确定索网的初始平衡态索力比例。迭代法的工作流程如图 2-23 所示。

通过迭代法可以确定索网的初始平衡态索力比例；再将索力比例乘以初始预张力基值 H_c，可以得到每根拉索的初始预张力 $P_i=H_c\dfrac{T_i}{T_{max}}$；根据拉索预张力调整系数 μ，结合

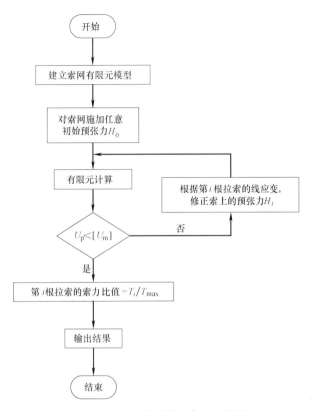

图 2-23　迭代法初始平衡态索力比例流程图

式（2-12）可以得到每根拉索的截面积 A_i。通过以上步骤，即可得到索网在初始平衡态下的预张力系统。

2.3.5　优化流程及优化方法

使用改进的遗传算法对轮辐式单层悬索结构进行优化，根据优化对象的特点指定了合理的遗传操作参数。

2.3.5.1　优化流程

对轮辐式单层索网结构采用遗传算法进行初始形态优化，优化流程如图 2-24 所示。

2.3.5.2　编码方法与初始种群生成

1）编码方法

由于二进制编码存在连续函数离散化的映射误差等缺点，均采用浮点数编码方式。浮点数编码更适合在遗传算法中表示范围较大的数，计算精度高，也更适于较大空间的搜索，提高了运算效率。

共包含三类优化变量：索网支座节点的 z 坐标、拉索的初始平衡态预应力基值 H_c 和拉索预张力调整系数 μ。

（1）索网支座节点的 z 坐标的编码方法。以图 2-12 中的模型为例，由于结构为 1/4 对称，因此处于对称位置的拉索共用一个坐标编码。取结构最低支座节点 F 的 z 坐标为 0，然后从 $A \sim E$ 由高到低依次随机生成各支座节点的 z 坐标基因值，基因值采用实数编

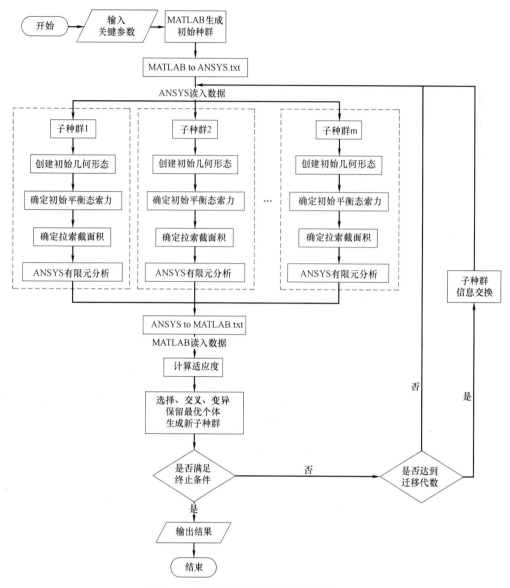

图 2-24 轮辐式单层悬索结构优化流程图

码方式。

（2）拉索初始平衡态预应力基值 H_c 的编码方法。整体索网共用一个基值编码。首先进行试算，确定结构初始平衡态的预应力基值 H_c 的范围 $[H_a，H_b]$，然后在给定范围内随机生成每个个体的预应力基值 H_c。

（3）拉索预张力调整系数 μ 的编码方法。整体索网共用一个系数 μ 的编码。首先给定，确定预张力调整系数 μ 的范围 $[\mu_a，\mu_b]$，然后在给定范围内随机生成每个个体的拉索预张力调整系数 μ。

2）初始种群生成

初始种群的规模一般根据经验选取，大多数情况下需要进行数次试算以确定最终的种群规模，由于优化变量数量较多，取初始种群规模为 150～300，规模太小将导致早熟。

（1）生成支座节点的 z 坐标的初始种群

以图 2-12 中的模型为例说明生成支座节点的 z 坐标的初始种群的方式：

① 取结构最低支座节点 F 的 z 坐标为 0；

② 根据结构的设计要求，确定支座节点最高点 A 的 z 坐标取值范围 $[z_b, z_t]$；

③ 在 $[z_b, z_t]$ 范围内随机生成最高点 A 的 z 坐标 z_A；

④ 确定其余支座节点的 z 坐标值的取值范围 $[0, z_A]$，然后在该范围内随机生成节点 $B \sim E$ 的 z 坐标，并从大到小依次排序；

⑤ 输出支座节点的 z 坐标的初始种群。

（2）生成拉索初始平衡态预应力基值 H_c 的初始种群

① 通过试算确定预应力基值 H_c 的取值范围 $[H_a, H_b]$；

② 在范围 $[H_a, H_b]$ 内随机生成一个预应力基值 H_c；

③ 输出预应力基值 H_c 的初始种群。

（3）生成拉索预张力调整系数 μ 的初始种群

① 通过试算确定调整系数 μ 的取值范围 $[\mu_a, \mu_b]$；

② 在范围 $[\mu_a, \mu_b]$ 内随机生成一个预应力基值 μ；

③ 输出调整系数 μ 的初始种群。

3）初始种群示例

以图 2-12 中的模型为例生成初始种群，初始种群规模取 10。最高点 A 的 z 坐标取值范围为 $[1000, 2000]$，预应力基值 H_c 的取值范围为 $[5e+5, 4e+6]$，调整系数 μ 的取值范围为 $[2, 5]$，生成的初始种群见表 2-1。

初始种群示例　　　　　　　　　　　　　　　表 2-1

初始种群	z_A(mm)	z_B(mm)	z_C(mm)	z_D(mm)	z_E(mm)	z_F(mm)	H_c(kN)	μ
个体 1	1814.7	1507.7	1062.1	997.6	638.2	0	1980100	3.94
个体 2	1905.8	1748	1443.1	1436.5	544.7	0	829803	4.04
个体 3	1127	639.9	428.8	85.5	60.8	0	2594833	3.91
个体 4	1913.4	1787.1	1490.8	1015.6	248.6	0	2148235	4.84
个体 5	1632.4	928.5	766.2	550.3	19.4	0	2935823	2.63
个体 6	1097.5	871.8	580.1	341.6	178	0	2949607	4.13
个体 7	1278.5	836.2	769.6	336.2	211.8	0	2734858	2.71
个体 8	1546.9	1157.3	1066.1	696.9	129.7	0	617613	2.36
个体 9	1957.5	1787.9	1616.5	448.2	298.3	0	740821	3.82
个体 10	1964.9	1957.3	1057.8	869.8	153.6	0	1618599	3.35

2.3.5.3 结构荷载

悬索结构需要抵御竖直向下的恒载、活载、雪荷载以及竖直向上的风荷载等，不同的荷载组合对结构产生的荷载效应不同。

由于遗传算法每次迭代的计算量很大，若按照常规结构设计流程，需要计算的荷载工况较多，则将大大增加遗传算法的运行时间，为了提高计算效率，取数个典型的荷载工况进行计算。

苏州奥体中心体育场挑蓬为索膜结构，由膜面作为主要受力构件并传力至索网。为了提高计算效率，对荷载进行简化，将荷载简化为集中力，施加到环索节点上，简化方法见2.4.2节。

算例分别对结构施加竖向向下和向上的荷载工况，分别验算索网在这两种工况下的应力和位移是否均满足约束条件。

2.3.5.4　约束条件处理

约束条件主要包括节点位移约束条件和拉索应力约束条件。对约束条件的处理在计算个体适应度值前进行，方法是采用惩罚函数调节违反约束个体的适应度值。

1）节点位移约束条件

索网节点的位移约束条件是指结构的所有节点在主受力方向——z向的线位移的最大值不能超过位移限值。

2）拉索应力约束条件

根据《索结构技术规程》JGJ 257—2012：

$$F = \frac{F_{tk}}{\gamma_R} \tag{2-23}$$

式中　F——拉索的抗拉力设计值（kN）；

　　　F_{tk}——拉索的极限抗拉力标准值（kN）；

　　　γ_R——拉索的抗力分项系数，取2.0。

2.3.5.5　确定适应度函数

因此以最小投资为优化目标，并将结构位移条件、应力条件等转化为相应的约束，采用罚函数法对约束条件进行处理，再以罚函数修正的结构投资作为个体适应度的指标。

设拉索单位重量价格为k_i，每根拉索索长为l_i，截面积为A_i，则结构整体造价为：

$$Q = \sum_{i=1}^{n} l_i A_i k_i \tag{2-24}$$

采用罚函数法对约束条件进行处理，其中罚函数P的值为正，罚函数的构造方式见2.3.5.6节。将罚函数P与结构造价Q相乘，得到个体x的适应度值$Objv$。

$$Objv(x) = Q(x) \cdot P(x) \tag{2-25}$$

在编制函数进行遗传操作时，指定适应度值较小的个体更优秀，被选中进入下一代的概率也就更大。因此违反约束多的个体，罚函数P的值较大，适应度值$Objv$也较大，不易进入下一代；违反约束少的个体，罚函数P的值较小，适应度值$Objv$也较小，更容易进入下一代。

2.3.5.6　构造惩罚函数

遗传算法中，惩罚函数是对于任何一个违反的约束，把惩罚项加到适应度函数中，使得违反约束的个体适应度值增加，减少其进入下一代的概率，然后在遗传操作中通过选择算子生成下一代种群。

如图2-25所示，不可行解有可能比可行解更接近最优解，通过惩罚函数可以保证在群体中保持一定数量的非可行解，使得遗传算法从可行域和不可行域两个方向进行搜索，一面局部收敛，找到全局最优解。

采用Gen and Cheng方法构造惩罚函数，函数根据违反约束的相对惩罚系数构造惩罚项，对不可行解定义了严厉的惩罚，与目标函数采用乘法形式构造适应度函数，见式（2-25）。

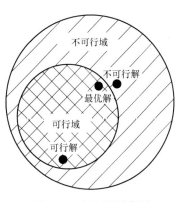

图 2-25　解空间示意图

惩罚函数 P 的惩罚力度由约束违反程度 $d(x)$ 和迭代过程中的代数影响系数 $modulus$ 共同调节。对于具有 n 个个体的种群，共有 m 个约束条件，个体 x 的惩罚函数的构造如下：

$$P(x) = (5 - d(x) \times modulus)^\beta \qquad (2\text{-}26)$$

$$d(x) = 1 - \frac{1}{m} \sum_{i=1}^{m} \left(\frac{\Delta b_i(x)}{\Delta b_i^{\max}} \right)^\alpha \qquad (2\text{-}27)$$

$$modulus = 4 - \frac{gen}{maxgen} \qquad (2\text{-}28)$$

$$\Delta b_i(x) = \max\{0, g_i(x) - [b_i]\} \qquad (2\text{-}29)$$

$$\Delta b_i^{\max} = \max\{\varepsilon, \Delta b_i(x); x \in [1, n]\} \qquad (2\text{-}30)$$

式中　$\Delta b_i(x)$——指个体 x 在约束 i 的违反量；

　　　$g_i(x)$——个体 x 在约束 i 的响应值；

　　　$[b_i]$——约束 i 的限值；当个体 x 在约束 i 处不违反约束时，$g_i(x) - [b_i] \leqslant 0$，取 $\Delta b_i(x) = 0$。

$\Delta b_i^{\max}$ 是指在第 i 个约束处，当前种群的 n 个个体中的最大违反量；ε 是为避免除零而设置的小正数。

α 和 β 是调节惩罚严厉性的参数。α 是小于 1 的正数，β 是大于 1 的正数，它们的取值需要经过试算，根据问题的收敛性进行修正。

gen 是当前迭代次数，$maxgen$ 是最大迭代次数。当算法进入迭代后期时，个体之间的适应度值差距很小，因此设置 $modulus$ 函数，当迭代次数靠近最大迭代次数时，会加大惩罚力度，从而保证优秀的可行解更多地进入下一代。

2.3.5.7　交叉方式及交叉概率

交叉运算在遗传算法中起到核心作用，是产生新个体的主要方法。交叉操作在选择操作之后进行。

针对实数编码方式，选取"离散重组"方法，其思路与均匀交叉相似。原种群中每一行代表一个个体，种群中的个体在交叉时被组织成需要交配的连续对，奇数行与它的下一个偶数行配对，若群体规模为奇数，则最后一个奇数行不进行交叉操作。

例如，原种群为 $oldchrom$，交叉操作如下：

$$oldchrom = \begin{bmatrix} 10 & 20 & 30 & 40 \\ 11 & 21 & 31 & 41 \\ 12 & 22 & 32 & 42 \\ 13 & 23 & 33 & 43 \\ 14 & 24 & 34 & 44 \end{bmatrix} \qquad (2\text{-}31)$$

生成一个屏蔽字矩阵 W，决定父代个体为子代贡献哪些变量：

$$W = \begin{bmatrix} 1 & 2 & 1 & 2 \\ 2 & 2 & 1 & 1 \\ 2 & 1 & 2 & 1 \\ 1 & 2 & 1 & 1 \end{bmatrix} \tag{2-32}$$

由于原种群 $oldchrom$ 共有 5 个个体，个体数目为奇数，因此最后一个个体不参加交叉重组；当 $W(i,j)=1$，表示 $oldchrom$ 中第 i 个个体的第 j 个基因值取配对的奇数行的值；当 $W(i,j)=2$，表示 $oldchrom$ 中第 i 个个体的第 j 个基因值取配对的偶数行的值。最终得到新个体 $newchrom$：

$$newchrom = \begin{bmatrix} 10 & 21 & 30 & 41 \\ 11 & 21 & 30 & 40 \\ 13 & 22 & 33 & 42 \\ 12 & 23 & 32 & 42 \\ 14 & 24 & 34 & 44 \end{bmatrix} \tag{2-33}$$

一般情况下，取交叉概率 P_c 为 0.4～0.99，取 $P_c = 1$，即每个染色体都进行交叉操作。

2.3.5.8 变异方式及变异概率

遗传算法通过变异操作产生新的个体。变异算子是进行局部搜索的辅助算子，与交叉算子配合可使算法更快地收敛。采用针对浮点数编码种群的变异函数，具体操作流程如下：

例如，原种群为 $oldchrom$，其变异操作如下：

$$oldchrom = \begin{bmatrix} 10.2 & 20.5 & 35.6 & 48.8 \\ 15.6 & 28.3 & 37.2 & 44.5 \end{bmatrix} \tag{2-34}$$

边界条件为：

$$field = \begin{bmatrix} -20 & -30 & -40 & -50 \\ 20 & 30 & 40 & 50 \end{bmatrix} \tag{2-35}$$

令 $oldchrom$ 的变异概率为 1/4，随机生成变异屏蔽字矩阵 W 和变异步长矩阵 $delta$：

$$W = \begin{bmatrix} 0 & 0 & 0 & 1 \\ 0 & -1 & 0 & 0 \end{bmatrix} \tag{2-36}$$

$$delta = \begin{bmatrix} 0.25 & 0.25 & 0.25 & 0.25 \\ 0.04 & 0.04 & 0.04 & 0.04 \end{bmatrix} \tag{2-37}$$

个体中基因的变异通过式（2-38）得到：

$$newchrom(i,j) = oldchrom(i,j) + W(i,j) \cdot range(j) \cdot delta(i,j) \tag{2-38}$$

$$range(j) = \frac{field(2,j) - field(1,j)}{2} \tag{2-39}$$

最终得到 $newchrom$：

$$newchrom = \begin{bmatrix} 10.2 & 20.5 & 35.6 & 50 \\ 15.6 & 27.1 & 37.2 & 44.5 \end{bmatrix} \tag{2-40}$$

根据式（2-38）得到 $newchrom(1,4) = 61.3$，已经超出变异范围 $-50 \sim 50$，因此取 $newchrom(1,4) = 50$；$newchrom(2,2) = 27.1$ 符合要求，取原值；其他基因位的 $W = 0$，

不发生变异。

变异概率一般取值较小，从而保证个体变异后不会与父代产生太大的差异，保证种群发展的稳定性。一般情况下，取变异概率 P_m 为 $0.0001 \sim 0.1$，取 $P_m = 1/nvar$，$nvar$ 为每个个体的变量数，即染色体的基因数。

2.3.5.9 选择方式及改进的最佳保留策略

采用随机遍历抽样的选择方式，并结合改良的最佳保留策略，保留最优的父代个体，而且使适应度最高的个体参与交叉、变异等遗传操作，增强全局搜索能力。

设置代沟 $ggap = 0.9$，若种群中包含 n 个子种群 $subpop$，则每代保留各个子种群中最优秀的 10% 的父代个体进入下一代种群。

2.3.5.10 子种群隔代交换策略

采用改良的并行遗传算法，若种群中包含 n 个子种群 $subpop$，设置迁移代数 $miggen = 10$，迁移率 $migr = 0.2$，即每隔 10 代就在各个子种群之间进行信息交换。

采用基于适应度的交换策略，在进行子种群间的信息交换时，使用近邻结构交换方式。具体操作方式为：

（1）在子种群 $subpop_i$ 中选择 20% 的个体；

（2）用均匀选择方式从两个相邻子种群 $subpop_{i-1}$ 和 $subpop_{i+1}$ 中选择相同数量的个体，替换 $subpop_i$ 中选出的个体；

（3）将以上过程对所有子种群都重复一遍，第一个子种群 $subpop_1$ 从第二个子种群 $subpop_2$ 和最后的子种群 $subpop_n$ 中接收新个体；最后的子种群 $subpop_n$ 从倒数第二个子种群 $subpop_{n-1}$ 和第一个子种群 $subpop_1$ 中接收新个体。

2.3.6 算例验证

2.3.6.1 算例 1：平面悬索结构优化问题

1）算例基本信息

如图 2-26 所示的平面悬索结构，拉索 AB 两端铰接，$l = 4000\text{mm}$，索段内存在初始预张力 H_0，在中点 O 处施加集中荷载 $P = 200\text{kN}$。结构受荷后的形状为 $AO'B$，中点 O 的位移为 c，此时拉索索力为 T（单位为 kN）。选用 1670 级拉索，拉索的弹性模量 $E = 200\text{kN/mm}^2$，拉索密度为 $7.85 \times 10^{-6} \text{kg/mm}^3$。

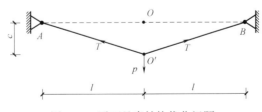

图 2-26 平面悬索结构优化问题

规定最终的索力 T 等于拉索破断力的 $1/5$，即：

$$T = \frac{1.67 \times A}{5} \tag{2-41}$$

分别应用解析方法和遗传算法求解使索网的质量 W 最轻的初始预张力 H_0。

2) 解析方法分析

当索网质量最轻时，根据节点 O' 静力平衡条件，可以求出：

$$T = \frac{P\sqrt{l^2+c^2}}{2c} \tag{2-42}$$

令拉索长度无应力长度为 l_0，在初始状态：

$$H_0 = EA\frac{l-l_0}{l_0} \tag{2-43}$$

拉索由初始状态到变形后的状态，索力也从 H_0 变为 T：

$$T = H_0\frac{\sqrt{l^2+c^2}}{l} + EA\left(\frac{\sqrt{l^2+c^2}}{l}-1\right) \tag{2-44}$$

结合式 (2-41)、式 (2-42) 和式 (2-44)，可以得到：

$$H_0 = \frac{l}{\sqrt{l^2+c^2}}\left[T - EA\left(\frac{\sqrt{l^2+c^2}}{l}-1\right)\right]$$

$$= \frac{400000}{c}\left[1 - \frac{100}{0.167}\left(\frac{\sqrt{4000^2+c^2}}{4000}-1\right)\right] \tag{2-45}$$

由于拉索的初始预应力 $H_0 > 0$，因此可以得到 $c \in (0, 231.2)$。

结合式 (2-41)～式 (2-44)，可以得到质量 W 关于位移 c 的表达式：

$$W = 2l_0 A\rho$$

$$= 2 \times \frac{4000\sqrt{4000^2+c^2}}{4006.68} \times \frac{50\sqrt{4000^2+c^2}}{0.167c} \times \rho \tag{2-46}$$

$$= \frac{4 \times 10^5 \rho(4000^2+c^2)}{669.12c}$$

经过计算，可以得到如下结果：

$$\begin{cases} W = 325.84\text{kg} \\ c = 231.2\text{mm} \\ T = 1733\text{kN} \\ A = 5189\text{mm}^2 \\ H_0 = 0 \\ l_0 = 4000\text{mm} \end{cases} \tag{2-47}$$

根据式 (2-47) 可以得出，选用截面为 5189mm² 的拉索，在初始平衡态对拉索施加初始预张力为零时，结构质量最轻，为 325.84kg，受荷后的变形量为 231.2mm，拉索索力为 1733kN，此时拉索的索力等于拉索破断力的 1/5。

3) 遗传算法分析

本小节采用改进的遗传算法对算例 1 进行计算，寻找最优的初始预张力 H_0，使结构总质量最小，验证使用遗传算法对悬索结构进行优化的可行性。

算例 1 采用拉索的初始预张力 H_0 作为变量，以拉索的变形量 c 为约束条件，$c \in (0, 231.2)$，当变形量超过限值时采用罚函数进行惩罚。

算例 1 使用随机方式产生初始种群，初始种群规模为 30，分 3 个子种群，每个子种群包含 10 个个体；个体采用二进制编码，基因的二进制位数为 15 位；交叉概率为 0.9，变异概率为 0.1；每代保留最优的 10% 父代个体；每隔 10 代进行种群间的信息交换，迁移率取 20%；最大遗传代数为 50 代，规定连续 20 代不出现更优的个体时终止运算。

按照流程进行选择、交叉、变异等遗传操作，程序运行到第 28 代时得到最优结果。当 $H_0=0$ 时结构质量最轻，为 326.75kg，此时结构在 O 点的变形量为 231.19mm。

图 2-27 给出每代最优个体质量随代数的进化曲线和每代全部个体质量平均值随代数的进化曲线。在前 8 代内，最优个体的质量下降很快，经过两次徘徊后快速达到收敛，在随后没有出现更优的个体，运算终止。可以看出遗传算法后期优化效率较低，较难达到理论的最优解。通过平均值进化曲线可以看出，个体质量平均值波动较大，这是由于设定的变异概率较大，每代变异的个体较多且变异后的适应度值较差，导致个体质量平均值波动较大。

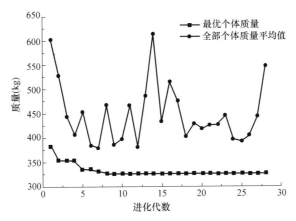

图 2-27　算例 1 悬索结构质量进化曲线

通过对比解析解与遗传算法的优化结果，优化结果与解析解误差为 0.28%，说明改进的遗传算法可以得到精确的优化结果，可以满足工程的精度要求。

但也可以看出，遗传算法在前期优化效率较高，可以很快达到最优解的 90% 左右，但后期优化效率低。如果要得到更高精度的优化结果，可以增大初始种群规模，或者在进化后期增大计算量，通过变异操作进行局部搜索得到。

2.3.6.2　算例 2：4 支座单层索网优化问题

1）算例基本信息

如图 2-28 所示的单层索网，4 根拉索交汇于 O 点，拉索端部铰接，平面尺寸如图所

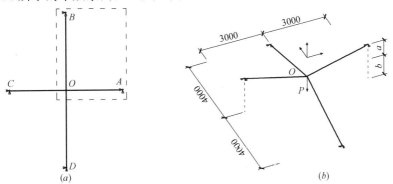

图 2-28　算例 2 结构示意图

(a) 4 支座单层索网平面图；(b) 4 支座单层索网轴测图

示（单位：mm）。选择拉索 AO 和 BO 进行说明，在 O 点施加集中荷载 P，共有两种荷载工况（不计索网自重）：工况 1 荷载沿 z 轴向下，工况 2 荷载沿 z 轴向上。

所有节点的 x、y 坐标为固定值，支座最低点 B 的 z 坐标固定，$z_B=0$。选用 1670 级拉索，拉索的弹性模量 $E=200\text{kN/mm}^2$，拉索密度为 $7.85\times10^{-6}\text{kg/mm}^3$。

各节点 x、y 坐标及节点荷载见表 2-2。

算例 2 节点信息　表 2-2

节点	x 坐标（mm）	y 坐标（mm）	荷载工况 1（kN）	荷载工况 2（kN）
A	3000	0	—	—
B	0	4000	—	—
O	0	0	−200	100

约束条件如下：

（1）在荷载 P_1 作用下 O 点的位移不超过 30mm；
（2）在荷载 P_2 作用下 O 点的位移不超过 20mm；
（3）根据式（2-23），拉索的最大应力不超过 835MPa。

应用遗传算法求解使索网的质量 W 最轻的节点坐标和初始预张力水平。

2）遗传算法分析

算例 2 的优化变量包括：承重索的高度 a，稳定索的高度 b，预张力基值 H_c 以及预张力调整系数 μ。变量取值范围：$a,b\in(0,1000]$，$H_c\in(100,1000]$，$\mu\in(2,5]$。

采用罚函数对违反约束条件的个体进行惩罚。调节惩罚严厉性的参数 $\alpha=0.2$；$\beta=4$。

使用遗传算法，选取不同的参数分别对该算例进行 3 次计算。使用随机方式产生初始种群，当连续 20 代不出现更优的个体时提前终止运算。3 次运算选用的参数见表 2-3。

算例 2 遗传算法运算参数　表 2-3

运算次数		第 1 次	第 2 次	第 3 次
初始种群	规模	100	120	180
	子种群数量	5	6	6
	子种群中个体数量	20	20	30
编码	编码方式	格雷编码	格雷编码	格雷编码
	基因位数	10	10	10
遗传操作	交叉概率	0.8	0.8	0.8
	变异概率	0.05	0.05	0.05
最优个体保留比例		10%	10%	10%
子种群迁移	迁移代数	10	10	10
	迁移率	20%	20%	20%
最大遗传代数		100	100	100

按照流程进行选择、交叉、变异等遗传操作，达到终止条件时停止运算，3 次运算的结果见表 2-4，第 1 次运算得到的结果最优，优化后索网的最轻质量为 52.51kg，满足所有约束条件。优化后索网的形状和荷载效应如图 2-29 所示。

算例 2 遗传算法运算结果 表 2-4

运算次数			第 1 次	第 2 次	第 3 次
终止代数			100	100	100
终止原因			达到最大遗传代数	达到最大遗传代数	达到最大遗传代数
最轻质量(kg)			52.51	52.94	52.82
优化变量		a(mm)	879	999	992
		b(mm)	993	988	990
		$H_C(kN)$	1.6510×10^2	1.7302×10^2	1.7214×10^2
		μ	4.9883	4.9971	4.9941
		拉索 AO 截面积(mm²)	424	393	394
		拉索 BO 截面积(mm²)	494	518	515
约束条件	工况 1	最大位移(mm)	−27.37	−24.76	−24.90
		AO 应力(MPa)	834	835	835
		BO 应力(MPa)	19	49	47
	工况 2	最大位移(mm)	13.90	12.53	12.60
		AO 应力(MPa)	87	85	85
		BO 应力(MPa)	498	480	482

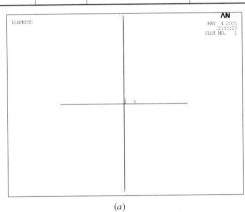
(a)

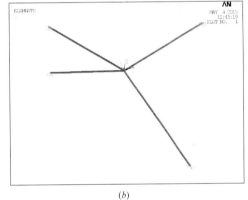
(b)

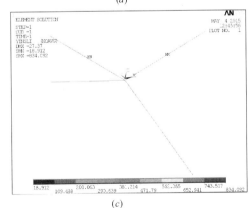
(c)

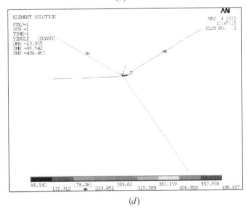
(d)

图 2-29 算例 2 优化后索网形状和荷载效应（一）

(a) 索网优化结果平面图；(b) 索网优化结果轴测图；(c) 荷载工况 1 索网应力（MPa）；(d) 荷载工况 2 索网应力（MPa）

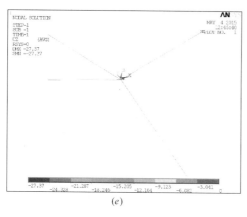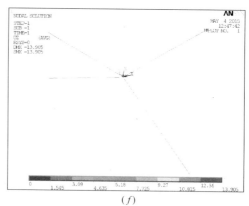

图 2-29 算例 2 优化后索网形状和荷载效应（二）

(e) 荷载工况 1 索网位移（mm）；(f) 荷载工况 2 索网位移（mm）

图 2-30 给出 3 次运算中每代最优个体质量随代数的进化曲线，并给出 3 次运算中每代全部个体质量平均值随代数的进化曲线。

由表 2-4 和图 2-30 可以看出，当初始种群规模取较大时，种群中个体多样性较大，此时初始种群的最优个体已经比较靠近最优解；在进化前期最优个体的质量下降很快，在进化后期效率较低，经过数次徘徊后达到收敛。一般来说，遗传算法的优化结果往往可以接近最优解的 90% 左右，但很难直接求得最优解。另外，遗传算法具有一定的随机性，因此尽管第 1 次运算的种群规模最小，但优化结果仍略优于第 2 次和第 3 次运算。

由图 2-31 可以看出，个体平均值随代数而不断降低，种群向着整体更优秀的方向进化；如果增加初始种群规模、提高最大遗传代数，可以得到精度更高的优化结果。

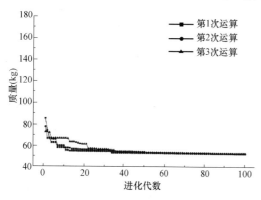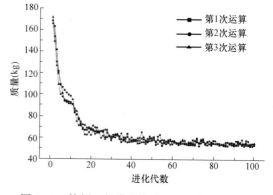

图 2-30 算例 2 每代最优个体质量进化曲线　　　　图 2-31 算例 2 每代个体质量平均值进化曲线

2.3.6.3　算例 3：12 支座单层轮辐式索网优化问题

1）算例基本信息

如图 2-32 所示的单层轮辐式索网，12 根径向拉索端部铰接，平面尺寸如图 2-32 所示（单位：mm）。取索网第一象限的 1/4 结构进行说明，在环索节点 $A'\sim D'$ 施加节点荷载，共有两种荷载工况（不计索网自重）：工况 1 沿 z 轴向下，工况 2 沿 z 轴向上。

所有节点的 x、y 坐标为固定值，支座最低点 D 的 z 坐标固定，$z_D=0$。选用 1670 级拉索，拉索的弹性模量 $E=200\text{kN/mm}^2$，拉索密度为 $7.85\times10^{-6}\text{kg/mm}^3$。

约束条件如下：

（1）在荷载工况（1）作用下结构最大 z 向位移不超过 30mm；

（2）在荷载工况（2）作用下结构最大 z 向位移不超过 20mm；

（3）根据式（2-23），拉索的最大应力不超过 835MPa。

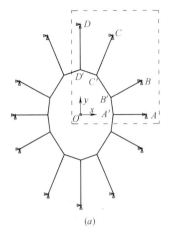
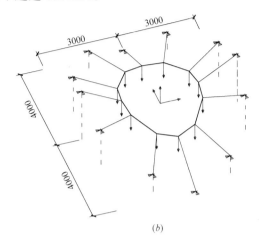

图 2-32　算例 3 结构示意图

（a）12 支座轮辐式索网平面图；（b）12 支座轮辐式索网轴测图

各节点 x、y 坐标及节点荷载见表 2-5。

算例 3 节点信息　　　　　　　　表 2-5

节点	x 坐标 （mm）	y 坐标 （mm）	工况 1 荷载 （kN）	工况 2 荷载 （kN）
A	3000	0	—	—
B	2800	1500	—	—
C	1500	3500	—	—
D	0	4000	—	—
A'	1500	0	−15	7.5
B'	1400	750	−20	10
C'	750	1750	−25	12.5
D'	0	2000	−30	15

应用遗传算法求解使索网的质量 W 最轻的索网位形和初始预张力水平。

2）遗传算法分析

算例 3 的优化变量包括：索网支座节点的 z 坐标，索网的预应力基值 H_C 以及预张力调整系数 μ。变量取值范围：$z_A \in [1000, 2000]$，$H_C \in (500, 2000)$，$\mu \in (2, 5)$；其余各支座点的 z 坐标在 $(0, z_A]$ 范围内依次确定。

采用罚函数对违反约束条件的个体进行惩罚。调节惩罚严厉性的参数 $\alpha = 0.35$，$\beta = 10$。

使用遗传算法，选取不同的参数分别对该算例进行 3 次计算。规定使用随机方式产生初始种群，当连续 20 代不出现更优的个体时提前终止运算。3 次运算选用的参数见表 2-6。

算例 3 遗传算法运算参数　　　　　　　　　　　　表 2-6

运算次数		第 1 次	第 2 次	第 3 次
初始种群	规模	160	200	240
	子种群数量	8	10	12
	子种群中个体数量	20	20	20
编码方式		浮点数编码	浮点数编码	浮点数编码
遗传操作	交叉概率	1	1	1
	变异概率	0.33	0.33	0.33
最优个体保留比例		10%	10%	10%
子种群迁移	迁移代数	10	10	10
	迁移率	20%	20%	20%
最大遗传代数		100	100	100

　　按照流程进行选择、交叉、变异等遗传操作，达到终止条件时停止运算，3 次运算的结果见表 2-7，第 2 次运算得到的结果最优，优化后索网的最轻质量为 377.98kg，满足所有约束条件。优化后索网的形状和荷载效应如图 2-33 所示。

算例 3 遗传算法运算结果　　　　　　　　　　　　表 2-7

运算次数			第 1 次	第 2 次	第 3 次
终止代数			100	100	100
终止原因			达到最大遗传代数	达到最大遗传代数	达到最大遗传代数
最轻质量(kg)			379.20	377.98	393.08
优化变量		$z_A/z_{A'}$(mm)	2000/1304	2000/1319	2000/1108
		$z_B/z_{B'}$(mm)	1319/1258	1341/1274	1042/1048
		$z_C/z_{C'}$(mm)	1319/1159	1341/1175	1041/951
		$z_D/z_{D'}$(mm)	0/1030	0/1044	0/845
		H_C(kN)	7.7947×10^2	7.7647×10^2	8.1297×10^2
		μ	2.2621	2.2588	2.2839
		径向索 AA' 截面积(mm²)	679	674	746
		径向索 BB' 截面积(mm²)	1005	1001	1046
		径向索 CC' 截面积(mm²)	1373	1368	1427
		径向索 DD' 截面积(mm²)	1299	1298	1306
		环索 $A'B'$ 截面积(mm²)	2334	2325	2434
		环索 $B'C'$ 截面积(mm²)	2196	2188	2287
		环索 $C'D'$ 截面积(mm²)	1849	1084	1918
约束条件	工况1	最大位移(mm)	−30.00	−30.00	−29.93
		AA' 应力(MPa)	835	835	835
		BB' 应力(MPa)	734	736	721
		CC' 应力(MPa)	783	785	770

续表

运算次数			第1次	第2次	第3次
约束条件	工况1	DD'应力(MPa)	712	712	711
		$A'B'$应力(MPa)	758	759	749
		$B'C'$应力(MPa)	761	762	752
		$C'D'$应力(MPa)	759	760	750
	工况2	最大位移(mm)	15.41	15.42	15.30
		AA'应力(MPa)	705	707	694
		BB'应力(MPa)	756	757	751
		CC'应力(MPa)	732	733	727
		DD'应力(MPa)	767	769	756
		$A'B'$应力(MPa)	744	745	737
		$B'C'$应力(MPa)	743	744	736
		$C'D'$应力(MPa)	744	745	737

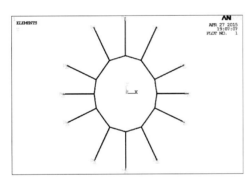
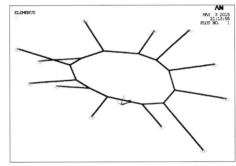

(a)　　　　　　　　　　　　　(b)

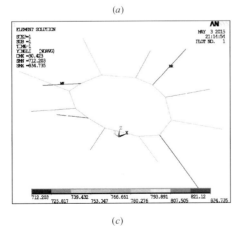
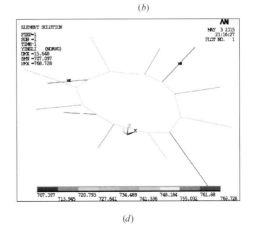

(c)　　　　　　　　　　　　　(d)

图2-33　算例3优化后索网形状和荷载效应（一）

（a）索网优化结果平面图；（b）索网优化结果轴测图；

（c）荷载工况1索网应力（MPa）；（d）荷载工况2索网应力（MPa）

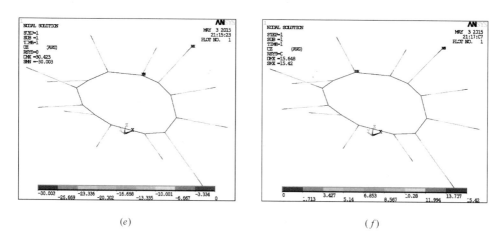

(e) (f)

图 2-33　算例 3 优化后索网形状和荷载效应（二）

(e) 荷载工况 1 索网位移（mm）；(f) 荷载工况 2 索网位移（mm）

图 2-34 给出 3 次运算中每代最优个体质量随代数的进化曲线；图 2-35 给出 3 次运算中每代全部个体质量平均值随代数的进化曲线。经过优化，索网得到较优的初始形态，此时索网质量最轻，为 377.98kg。

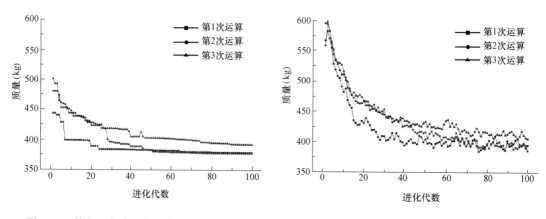

图 2-34　算例 3 每代最优个体质量进化曲线   图 2-35　算例 3 每代个体质量平均值进化曲线

2.3.6.4　算例 4：20 支座单层轮辐式索网优化问题

1）算例基本信息

如图 2-36 所示的单层轮辐式索网，20 根径向拉索端部铰接，平面尺寸如图 2-36 所示（单位：mm）。取索网第一象限的 1/4 结构进行说明，在环索节点 $A' \sim F'$ 施加节点荷载，共有两种荷载工况（不计索网自重）：工况 1 沿 z 轴向下，工况 2 沿 z 轴向上。

所有节点的 x、y 坐标为固定值，支座最低点 F 的 z 坐标固定，$z_F = 0$。选用 1670 级拉索，拉索的弹性模量 $E = 200\text{kN/mm}^2$，拉索密度为 $7.85 \times 10^{-6} \text{kg/mm}^3$。

各节点 x、y 坐标及节点荷载见表 2-8。

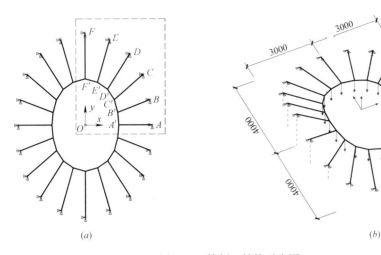

图 2-36　算例 5 结构示意图

（a）20 支座轮辐式索网平面图；（b）20 支座轮辐式索网轴测图

算例 4 节点信息　　　　　　　　　　　　　　　　　　表 2-8

节点	x 坐标 （mm）	y 坐标 （mm）	工况 1 荷载 （kN）	工况 2 荷载 （kN）
A	3000	0	—	—
B	2900	1100	—	—
C	2600	2200	—	—
D	2000	3100	—	—
E	1100	3700	—	—
F	0	4000	—	—
A'	1500	0	−15	7.5
B'	1450	550	−18	9
C'	1300	1100	−20	10
D'	1000	1550	−24	12
E'	550	1850	−27	13.5
F'	0	2000	−30	15

约束条件如下：

（1）在荷载工况（1）作用下结构最大 z 向位移不超过 30mm；

（2）在荷载工况（2）作用下结构最大 z 向位移不超过 20mm；

（3）根据式（2-23），拉索的最大应力不超过 835MPa。

应用遗传算法求解使索网的质量 W 最轻的索网位形和初始预张力水平。

2）遗传算法分析

算例 4 的优化变量包括：索网支座节点的 z 坐标，索网的预应力基值 H_C 以及预张力调整系数 μ。变量取值范围：$z_A \in [1000, 2000]$，$H_C \in (1000, 2000]$，$\mu \in (2, 5]$；其余各支座点的 z 坐标在 $(0, z_A]$ 范围内依次确定。

采用罚函数对违反约束条件的个体进行惩罚。调节惩罚严厉性的参数 $\alpha=0.35$，$\beta=16$。

使用遗传算法，选取不同的参数分别对该算例进行 3 次计算。规定使用随机方式产生初始种群，当连续 20 代不出现更优的个体时提前终止运算。3 次运算选用的参数见表 2-9。

算例 4 遗传算法运算参数　　　　　　　　　　　　　　表 2-9

运 算 次 数		第 1 次	第 2 次	第 3 次
初始种群	规模	200	240	300
	子种群数量	10	8	10
	子种群中个体数量	20	30	30
遗传操作	编码方式	浮点数编码	浮点数编码	浮点数编码
	交叉概率	1	1	1
	变异概率	0.2	0.2	0.2
	最优个体保留比例	10%	10%	10%
子种群迁移	迁移代数	10	10	10
	迁移率	20%	20%	20%
最大遗传代数		100	100	100

按照流程进行选择、交叉、变异等遗传操作，达到终止条件时停止运算，3 次运算的结果见表 2-10，第 3 次运算得到的结果最优，优化后索网的最轻质量为 549.44kg，满足所有约束条件。优化后索网的形状和荷载效应如图 2-37 所示。

算例 4 遗传算法运算结果　　　　　　　　　　　　表 2-10

运算次数		第 1 次	第 2 次	第 3 次
终止代数		100	100	100
终止原因		达到最大遗传代数	达到最大遗传代数	达到最大遗传代数
最轻质量(kg)		578.58	571.12	549.44
优化变量	$z_A/z_{A'}$(mm)	2000/1198	2000/1268	2000/1313
	$z_B/z_{B'}$(mm)	1895/1172	1560/1244	1999/1290
	$z_C/z_{C'}$(mm)	1231/1095	1535/1196	1441/1219
	$z_D/z_{D'}$(mm)	1231/1000	1531/1110	1440/1119
	$z_E/z_{E'}$(mm)	0/868	4/964	0/972
	$z_F/z_{F'}$(mm)	0/807	0/897	0/904
	H_C(kN)	1.1766×10^3	1.1562×10^3	1.1061×10^3
	μ	2.2273	2.3065	2.2324
	径向索 AA' 截面积(mm²)	733	697	659
	径向索 BB' 截面积(mm²)	681	619	639
	径向索 CC' 截面积(mm²)	1087	1086	1028
	径向索 DD' 截面积(mm²)	1204	1205	1141
	径向索 EE' 截面积(mm²)	989	990	949
	径向索 FF' 截面积(mm²)	1546	1544	1479

运算次数		第1次	第2次	第3次
优化变量	环索$A'B'$截面积(mm²)	3523	3462	3312
	环索$B'C'$截面积(mm²)	3436	3358	3227
	环索$C'D'$截面积(mm²)	3154	3092	2970
	环索$D'E'$截面积(mm²)	2933	2902	2778
	环索$E'F'$截面积(mm²)	2739	2696	2580
约束条件	工况1 最大位移(mm)	−29.99	−30.00	−30.00
	AA'应力(MPa)	795	835	776
	BB'应力(MPa)	827	702	829
	CC'应力(MPa)	730	747	736
	DD'应力(MPa)	829	806	835
	EE'应力(MPa)	705	673	697
	FF'应力(MPa)	774	746	773
	$A'B'$应力(MPa)	770	745	770
	$B'C'$应力(MPa)	769	747	769
	$C'D'$应力(MPa)	773	746	772
	$D'E'$应力(MPa)	771	744	770
	$E'F'$应力(MPa)	776	750	776
	工况2 最大位移(mm)	15.37	15.42	15.46
	AA'应力(MPa)	744	685	752
	BB'应力(MPa)	727	752	724
	CC'应力(MPa)	777	729	772
	DD'应力(MPa)	727	699	722
	EE'应力(MPa)	788	766	791
	FF'应力(MPa)	755	730	753
	$A'B'$应力(MPa)	756	730	754
	$B'C'$应力(MPa)	756	729	755
	$C'D'$应力(MPa)	754	730	753
	$D'E'$应力(MPa)	756	731	755
	$E'F'$应力(MPa)	753	727	751

图2-38给出3次运算中每代最优个体质量随代数的进化曲线；图2-39给出3次运算中每代全部个体质量平均值随代数的进化曲线。经过优化，索网得到较优的初始形态，此时索网质量最轻，为549.44kg。

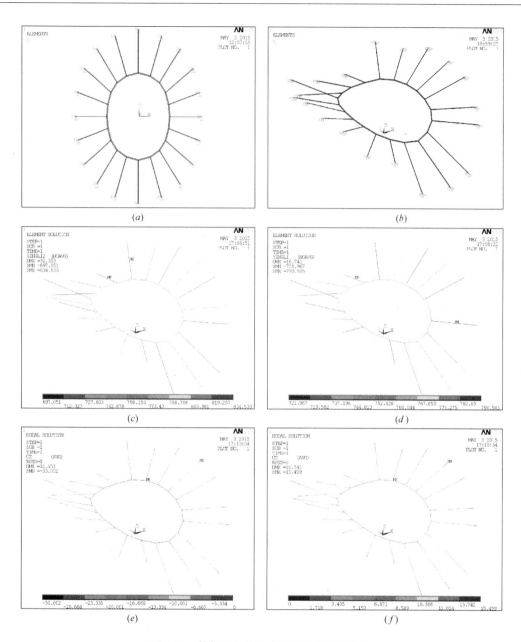

图 2-37　算例 4 优化后索网形状和荷载效应

（*a*）索网优化结果平面图；（*b*）索网优化结果轴测图；

（*c*）荷载工况 1 索网应力（MPa）；（*d*）荷载工况 2 索网应力（MPa）；

（*e*）荷载工况 1 索网位移（mm）；（*f*）荷载工况 2 索网位移（mm）

2.3.6.5　小结

在对以上悬索结构算例进行优化后，本节对计算结果进行了初步总结：

（1）算例 3 和算例 4 优化后模型的 z 坐标均为 2000mm，即 z 坐标取值范围的上限。这说明轮辐式单层索网支座最高点和最低点的高差越大，索网质量越轻。这是由于索网的矢跨比和垂跨比越大，径向索在竖向荷载作用下产生的索力越小；相应的，环索为了平衡

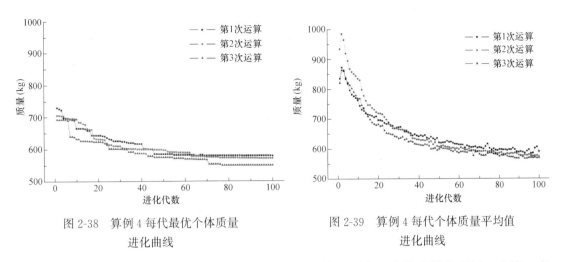

图 2-38　算例 4 每代最优个体质量　　　图 2-39　算例 4 每代个体质量平均值
进化曲线　　　　　　　　　　　　　进化曲线

径向索拉力产生的索力较小，因此径向索和环索的截面更小，整体质量也更轻。在第 4 章对苏州奥体中心体育场索网进行形态优化时，利用这种性质，将索网支座最高点和最低点设为固定。最低点和最高点的 z 坐标分别为 0 和 25000mm。

（2）遗传算法本质上是一种概率搜索算法，有一定的随机性，并非种群规模越大最终的优化结果就越好，但总体来说，较大的种群规模可以提高群体多样性，增加找到更优结果的概率。另外，优化结果的好坏与遗传参数的选取有很大关系，通过数次试算确定适合各算例的参数，并优化得到较好的结果。

2.3.7　小结

阐述了采用改进的遗传算法对轮辐式单层索网进行初始形态优化的方法，具体工作内容如下：

（1）建立了轮辐式单层索网的简化模型，确定了以最小投资为优化目标；以结构形态，拉索截面和索网初始预应力为优化变量。同时，对优化变量进行了一定的简化，令拉索的初始预张力等于破断力的 $1/\mu$，减少了变量数目，提高了优化效率。

（2）对轮辐式单层索网的初始形态特性进行了研究，根据"共节点的三根索共面"这一特性，设计了此种索网的几何初始位形创建方法，从而减少变量数目，提高优化效率。

（3）使用迭代法确定索网初始预应力比例，编制了相关程序。

（4）详细阐述了采用改进的遗传算法对轮辐式单层索网进行初始形态优化研究的优化流程；并对优化过程中的各部分遗传操作进行了详细阐述，包括：编码方式、初始种群生成方法、结构荷载设置方法、约束条件、适应度函数及惩罚函数、交叉操作、变异操作、选择操作及改进的最佳保留策略、子种群隔代交换策略等。

（5）设计了多个悬索结构算例，采用遗传算法对算例进行了优化，验证了采用遗传算法对轮辐式单层索网初始形态进行优化的可行性，并得到以下结论：

① 轮辐式单层索网支座最高点和最低点的高差越大，索网质量越轻。利用这种性质，第 4 章对苏州奥体中心体育场索网进行形态优化时，将索网支座最高点和最低点设为固定。最低点和最高点的 z 坐标分别为 0 和 25000mm。

② 遗传算法本质上是一种概率搜索算法，有一定的随机性，并非种群规模越大最终

的优化结果就越好，但总体来说，较大的种群规模可以提高群体多样性，增加找到更优结果的概率。另外，优化结果的好坏与遗传参数的选取有很大关系，需要通过数次试算确定适合各算例的参数，才能得到较好的优化结果。

2.4 苏州奥林匹克体育中心体育场索网初始形态优化研究

将以上成果应用于工程实例，针对苏州奥体中心体育场轮辐式单层悬索结构，对模型和荷载进行合理简化，采用合适的方法对其进行形态优化。

2.4.1 工程概况

2.4.1.1 工程简介

苏州奥体中心体育场建筑面积 81000m²，为地上 5 层混凝土结构加钢结构屋面。屋面索膜结构的展开面积达 31600m²。

如图 2-40 所示，体育场挑蓬为中间开孔的马鞍形轮辐式单层索网体系，主要包括结构柱、外压环、径向索以及内环索。屋盖外边缘压环几何尺寸为 260m×230m，马鞍形的高差为 25m。外圈的倾斜 V 型柱在空间上形成了一个圆锥形空间壳体结构，从而形成刚性良好的屋盖支承结构，直接支撑顶部的外压环。全封闭索网屋面支撑于外侧的受压环梁与内侧受拉环之间，索网结构屋面采用膜结构。

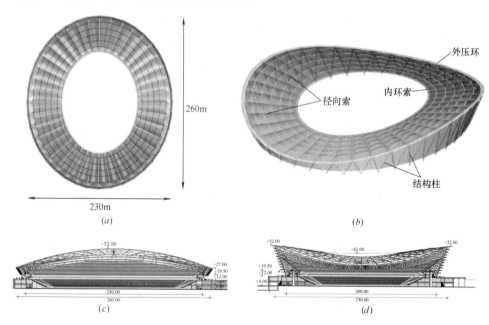

图 2-40 苏州奥体中心体育场结构示意图
(a) 体育场平面图；(b) 体育场轴测图；(c) 体育场短轴方向正视图；(d) 体育场长轴方向正视图

针对苏州奥体中心体育场挑蓬单层轮辐式索网结构，建立有限元模型，采用遗传算法对其初始几何位形和初始预应力水平进行优化，寻找不同荷载组合下最优的初始形态。

2.4.1.2 拉索材料

钢索一般作为高强的抗拉构件在建筑结构中进行使用。钢索一般由不同的钢丝通过不同的形式组成。目前在工业及民用建筑、桥梁行业中应用最广泛的钢索一般包括：螺旋状钢丝束、全封闭锁紧钢丝束、带防腐护套的平行钢丝束。

体育场挑蓬索网均采用全封闭索。全封闭索（图 2-41）具有非常好的横向轴压能力、索夹抗滑能力以及抗疲劳能力。全封闭索需要进行防腐处理，内层采用热镀锌连同内部填充，外层采用锌-5％铝-混合稀土合金镀层，因此其全封闭索的防锈蚀能力也十分优秀。

全封闭索的弹性模量：$E=1.6\times10^5\,\mathrm{N/mm^2}$

极限受拉强度：$f_{u,k}=1670\mathrm{N/mm^2}$

温度线膨胀系数：$\Delta T=1.2\times10^{-5}1/K$

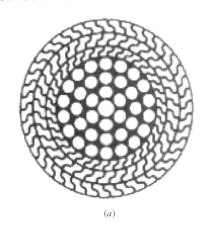 

(a) (b)

图 2-41　全封闭索示意图

(a) 全封闭索截面示意图；(b) 全封闭索实体图

2.4.2　索网计算模型

由于苏州奥体中心体育场挑蓬索网的变量数目多，约束条件复杂，在进行有限元分析需要进行找力，运算时间长，另外遗传算法本身的计算量很大，为了减少计算量，提高计算效率，对索网模型和结构荷载均进行了简化。

2.4.2.1　索网模型简化

由图 2-40 可见，索网周边为刚性的外压环，支撑外压环的 V 型柱在空间上倾斜，形成了一个圆锥形空间壳体结构，是刚性良好的屋盖支承结构，因此索网的边界刚度很大。在对索网单独进行分析时，仅保留径向索和环索，径向索端部简化为固定铰支座，简化模型如图 2-42 所示。

模型中索网的平面形状为近似椭圆，共包含 40 根径向索和 40 根环索，结构 1/4 轴对称。取索网位于第一象限的 1/4 结构为对象进行研究，椭圆短轴为索网高点 A，即承重索部分；长轴为索网低点 B，即稳定索部分。

在进行有限元分析时，单元划分数量将极大地影响分析时间，由于遗传算法需要大量计算，因此需要简化有限元模型，减少单元数量。选用 Link8 单元模拟拉索，将每根径向索和环索均划分成 1 个单元，拉索之间为铰接。

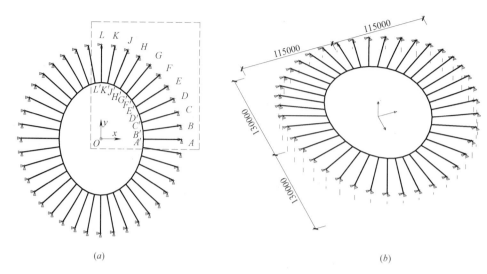

(a)　　　　　　　　　　　　　　　　(b)

图 2-42　苏州奥体中心体育场索网模型示意图

(a) 体育场索网模型平面图；(b) 体育场索网模型轴测图

2.4.2.2　索网荷载

在进行结构设计时需要考虑结构所承受的荷载，本工程地处苏州工业园区，根据当地气候特点选取荷载进行分析。为了简化索网荷载，不考虑地震荷载和水平风荷载，仅选取恒荷载、活荷载、雪荷载、竖向风荷载，在静力工况下对索网的初始形态进行初步设计。

1) 恒荷载

(1) 索网自重。索网结构自重通过程序自动计算，拉索质量＝长度×截面积×拉索密度。本工程采用全封闭索，密度考虑 $7.85 \times 10^3 \mathrm{kg/m^3}$。

(2) 索网预应力。计算每个个体的初始预应力水平并施加到索网上。

(3) 径向索及环索铸钢节点。径向索的索头采用铸钢件，重量较大，每个索头为 4kN；环索和径向索采用铸钢节点相连，每个铸钢节点重量为 15kN（图 2-43）。

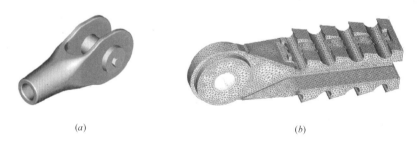

(a)　　　　　　　　　　　　　　　　(b)

图 2-43　径向索及环索铸钢节点示意图

(a) 径向索索头铸钢件；(b) 环索铸钢节点

(4) 马道荷载。必须将屋面上环向马道和纵向马道的重量作为附加恒荷载进行考虑，如图 2-44 所示。环向马道是支承在内环索铸钢节点间的，因此将其作为节点荷载直接施加在结构上，每个环索节点的荷载为 23.65kN；径向马道是支承在膜结构拱之间的，将其作为节点荷载施加在结构上，每个拱脚节点上荷载为 13.5kN。

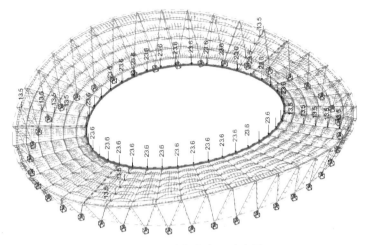

图 2-44 马道荷载布置示意图

（5）屋面膜结构及膜结构拱的恒载。膜结构作为屋面结构的覆盖材料支承在拱结构上（图 2-45）。膜材重量为 0.02kN/m²，膜结构拱及连接件的重量为 0.08kN/m²，综合面荷载为 0.1kN/m²。

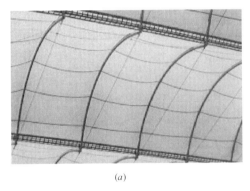
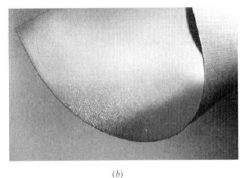

(a)   (b)

图 2-45 屋面膜结构和膜结构拱示意图
(a) 膜结构拱协同工作；(b) PTFE 膜材

2）活荷载

（1）不上人屋面活荷载。不上人屋面的活荷载按 0.5kN/m² 考虑。按投影面积折算成每根径向索的线荷载。

（2）屋面设备活荷载。在屋面的马道考虑放置灯光、设备、扩音器等设备作为活荷载。将环向马道和径向马道的活荷载作为节点荷载加在节点上，环向马道节点荷载为 5kN，径向马道节点荷载为 9kN。

（3）雪荷载。

（4）基本雪压的取值采用吴县东山的 100 年一遇的基本雪压 0.45kN/m²。雪荷载作为均布荷载作用在结构上，不与活荷载同时考虑。

（5）风荷载。苏州市基本风压进行强度验算时按 100 年重现期取 $W_0 = 0.5$kN/m²；进行位移验算时按 50 年重现期 $W_0 = 0.45$kN/m² 考虑。

根据风洞试验，本结构采用的阵风系数为 1.5，屋盖的共振系数为 1.27，则屋盖整体设计的阵风系数为 $1.5 \times 1.27 = 1.9$。

屋盖结构的风荷载体型系数取 0.8。

建筑物地面粗糙度类别为 B 类，风压高度变化系数取 1.5。

仅验算风荷载垂直作用在屋顶上的荷载效应。

（6）温度荷载。根据《建筑结构荷载规范》GB 50009—2012，苏州地区月平均最高气温为 36℃，最低为 -5℃；考虑太阳辐射对屋面钢结构的影响为 10℃。综合以上条件，温度荷载取值如下：基准温度为 15～20℃；对屋盖钢结构最大升降温差为 ±30℃。

2.4.2.3 荷载组合

为了减少计算量，对荷载组合进行了简化，仅考虑静力工况下承载能力极限状态和正常使用极限状态的最不利组合，见表 2-11。

体育场荷载组合 表 2-11

承载能力极限状态	工况 1	1.2×恒荷载+1.4×活荷载/雪荷载-1.4×0.6×温度荷载
	工况 2	1.0×恒荷载+1.4×风荷载-1.4×0.6×温度荷载
正常使用极限状态	工况 3	1.0×恒荷载+1.0×活荷载/雪荷载+1.0×温度荷载
	工况 4	1.0×恒荷载+1.0×风荷载+1.0×温度荷载

经过计算，活荷载标准值大于雪荷载标准值，因此在后续计算中选取活荷载进行计算。

2.4.2.4 荷载简化

通过对原始模型进行分析，发现在环索节点上出现最大位移，因此在对有限元模型进行简化后，取环索节点为对象研究位移约束条件。同时，简化后的有限元模型单元划分数量较少，因此荷载也需要随之进行简化。将除自重和预应力以外的恒荷载、活荷载、雪荷载、风荷载等简化为节点荷载。

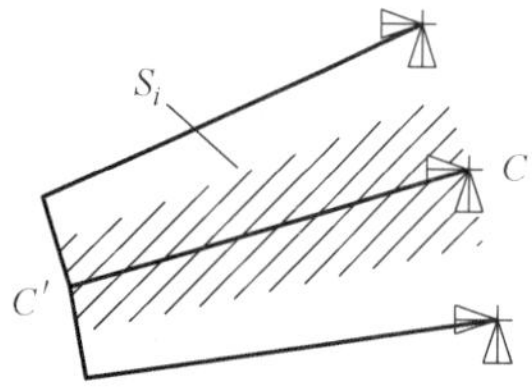

图 2-46 径向索荷载简化示意图

对于环索而言，将铸钢节点和环向马道荷载作为节点荷载直接施加在环索节点上。

对于径向索承受的径向马道荷载、膜拱恒载、不上人屋面及屋面设备活荷载、雪荷载和风荷载，如图 2-46 所示，首先计算径向索 CC' 在受荷面积 S_i 上所承受的总荷载 F_i；然后将 F_i 乘以调整系数 R，得到调整后的荷载 F_i'；最后将 F_i' 作为节点荷载加到该径向索端部节点 C'。

取调整系数 $R = 0.45$。经过简化后，仅环索节点受到节点荷载作用，荷载取值见表 2-12，以竖向向上为正。

环索节点荷载取值 表 2-12

环索节点编号	工况 1(kN)	工况 2(kN)	工况 3(kN)	工况 4(kN)
A'	-363.05	513.55	-270.72	301.63
B'	-365.04	517.18	-272.18	303.88
C'	-367.03	520.82	-273.64	306.13
D'	-365.04	517.18	-272.18	303.88

环索节点编号	工况 1(kN)	工况 2(kN)	工况 3(kN)	工况 4(kN)
E'	-362.48	512.52	-270.31	300.99
F'	-360.79	509.13	-269.07	299.08
G'(含径向马道)	-452.26	460.22	340.42	252.42
H'	-351.54	492.54	-262.30	288.63
J'	-338.21	468.23	-252.55	273.58
K'	-331.33	455.69	-247.52	265.81
L'	-328.88	451.21	-245.72	263.04

分别计算了实际荷载模型和简化荷载后的模型,对比结果见表 2-13 和表 2-14。由表 2-13可以看出,简化模型的索力误差小于 8%;由表 2-14 可以看出,简化模型的位移误差小于 5%。因此对荷载简化的方法是合理可行的。

实际模型与简化模型索力对比　　　　　　　　　　　　　表 2-13

拉索编号		工况 1 索力(kN)			工况 2 索力(kN)		
		实际模型	简化模型	误差(%)	实际模型	简化模型	误差(%)
径向索	AA'	4371	4180	4.36	4142	3840	7.28
	BB'	4354	4168	4.28	4164	3861	7.27
	CC'	4311	4108	4.71	4213	3881	7.89
	DD'	4641	4422	4.72	4626	4293	7.20
	EE'	5076	4844	4.56	5212	4880	6.37
	FF'	5216	4980	4.52	5548	5167	6.86
	GG'	5281	4960	6.09	5591	5241	6.26
	HH'	5576	5282	5.26	6097	5647	7.39
	JJ'	6221	5893	5.28	6800	6344	6.71
	KK'	6490	6143	5.35	7168	6678	6.84
	LL'	6434	6079	5.51	7163	6661	7.00
环索	AB	33973	32197	5.23	35824	33355	6.89
	BC	33898	32126	5.23	35735	33272	6.89
	CD	33761	31997	5.22	35570	33118	6.89
	DE	33576	31821	5.23	35336	32896	6.90
	EF	33361	31616	5.23	35044	32615	6.93
	FG	33153	31420	5.23	34743	32333	6.94
	GH	32978	31254	5.23	34484	32087	6.95
	HJ	32859	31141	5.23	34279	31896	6.95
	JK	32787	31071	5.23	34131	31751	6.97
	KL	32752	31039	5.23	34049	31672	6.98

实际模型与简化模型位移对比 表 2-14

拉索	工况 3 最大位移(mm)			工况 4 最大位移(mm)		
	实际模型	简化模型	误差(%)	实际模型	简化模型	误差(%)
AA'	−2157	−2247	4.20	4648	4812	3.53
BB'	−2155	−2246	4.19	4638	4801	3.51
CC'	−2149	−2238	4.13	4605	4764	3.44
DD'	−2136	−2220	3.95	4545	4694	3.28
EE'	−2119	−2197	3.68	4462	4598	3.05
FF'	−2101	−2172	3.38	4370	4490	2.74
GG'	−2080	−2144	3.09	4270	4370	2.33
HH'	−2041	−2088	2.29	4181	4261	1.91
JJ'	−2008	−2040	1.61	4105	4165	1.47
KK'	−1987	−2011	1.19	4058	4106	1.19
LL'	−1981	−2002	1.04	4042	4086	1.10

2.4.3 遗传算法优化

2.4.3.1 分析模型

体育场挑蓬轮辐式单层索网的有限元模型如图 2-47（a）所示。取索网第一象限的 1/4 结构进行说明。在环索节点 $A'\sim J'$ 施加 2.4.2.3 节的 4 种荷载工况。

在优化时将支座最高点 A 和最低点 L 设为固定，支座高差与结构原始模型相同，取 25m。

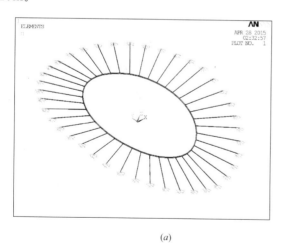
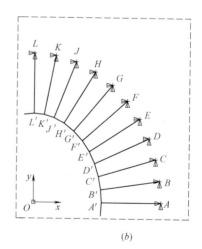

(a)   (b)

图 2-47 苏州奥体中心体育场索网结构示意图

（a）索网有限元模型示意图；（b）1/4 索网平面示意图

各节点 x、y 坐标见表 2-15。

苏州奥体中心体育场索网节点坐标　　　　表 2-15

支座节点	x 坐标 （mm）	y 坐标 （mm）	环索节点	x 坐标 （mm）	y 坐标 （mm）
A	115000	0	A'	61000	0
B	113739.6	19205.4	B'	60302.1	11385.8
C	109980.1	38081.8	C'	58172.6	22835
D	103785.9	56305.1	D'	54610.6	34084.1
E	95113.3	73481.4	E'	49706.9	44491.6
F	83860.6	89088.9	F'	43394.5	53895.8
G	70298.7	102737.9	G'	35620.4	62251.6
H	54763.5	114090.4	H'	26778.3	69135.6
J	37608	122793.2	J'	17756.5	73960
K	19146.1	128182.1	K'	8927.8	76683.9
L	0	130000	L'	0	77573.2

2.4.3.2　约束条件

（1）节点位移约束条件。通过 2.3.3 节 "轮辐式单层索网初始形态创建方法" 得到的初始几何位形仅有预应力作用，在自重作用下将产生位移。以 "索网自重＋预应力" 作用下的位形为基准状态 ［图 2-52（b）］，将结构在工况 3 和工况 4 的位移 ［图 2-52（e），图 2-52（f）］减去基准状态的位移得到荷载工况下的真实变形量。

根据《索结构技术规程》JGJ 257—2012，曲面索网自初始预应力状态之后的最大挠度与跨度之比不宜大于 1/200。但是根据苏州奥体中心体育场设计报告，风荷载下最大位移 2869mm，按照悬挑 54m 来考虑的话，挠度达到 1/19。为与原设计方案对比，在对苏州奥体中心体育场索网进行初始形态优化时，位移约束限值取悬挑跨度的 1/20。

（2）拉索应力约束条件。本工程选用 1670 级全封闭索，根据式（2-23），拉索的最大应力不超过 835MPa。

2.4.3.3　遗传算法优化分析

1）遗传算法第一轮优化分析

本工程的优化变量包括：索网支座节点 $B'\sim K'$ 的 z 坐标，索网的预应力基值 H_C 以及预张力调整系数 μ。变量取值范围：$z\in[0，25000]$，$H_C\in(10000，100000)$，$\mu\in(2，4)$。

采用罚函数对违反约束条件的个体进行惩罚。调节惩罚严厉性的参数 $\alpha=0.01$；$\beta=30$。

使用遗传算法，选取不同的种群规模分别对该算例进行 3 次运算。规定使用随机方式产生初始种群，当连续 20 代不出现更优的个体时提前终止运算。3 次运算选用的参数见表 2-16。

按照流程进行选择、交叉、变异等遗传操作，达到终止条件时停止运算。3 次运算的结果见表 2-17 和表 2-18，第 3 次得到的结果最优，体育场索网的最轻质量为 403767.9kg，满足所有约束条件。第 3 次优化后的索网形状和荷载效应如图 2-48 所示。

苏州奥体中心体育场索网第一轮优化运算参数　　　　表 2-16

运算次数		第 1 次	第 2 次	第 3 次
初始种群	规模	480	600	600
	子种群数量	16	20	20
	子种群中个体数量	30	30	30
编码方式		浮点数编码	浮点数编码	浮点数编码
遗传操作	交叉概率	1	1	1
	变异概率	0.1	0.1	0.1
最优个体保留比例		10%	10%	10%
子种群迁移	迁移代数	10	10	10
	迁移率	20%	20%	20%
最大遗传代数		100	100	100

苏州奥体中心体育场索网遗传算法第一轮优化结果　　　　表 2-17

运算次数	第 1 次	第 2 次	第 3 次
终止代数	100	100	100
终止原因	达到最大代数	达到最大代数	达到最大代数
最轻质量(kg)	415858.6	417710.0	403767.9
$z_A/z_{A'}$(mm)	25000/12599	25000/12657	25000/13717
$z_B/z_{B'}$(mm)	22657/12439	23115/12497	23806/13572
$z_C/z_{C'}$(mm)	19653/12004	16782/12053	20783/13151
$z_D/z_{D'}$(mm)	12076/11356	12121/11473	14556/12518
$z_E/z_{E'}$(mm)	9440/10699	12096/10885	10747/11838
$z_F/z_{F'}$(mm)	9040/10087	11574/10263	9732/11198
$z_G/z_{G'}$(mm)	8945/9501	10601/9588	9683/10598
$z_H/z_{H'}$(mm)	8945/8942	4224/8887	9650/10037
$z_J/z_{J'}$(mm)	7096/8429	3839/8398	7823/9535
$z_K/z_{K'}$(mm)	0/8011	3839/8109	2325/9139
$z_L/z_{L'}$(mm)	0/7877	0/7974	0/8987
H_C(kN)	2.3483×10^4	2.3599×10^4	2.2809×10^4
μ	2.7988	2.7886	2.6557
径向索 AA' 截面积(mm²)	8826	8868	8536
径向索 BB' 截面积(mm²)	8762	8818	8511
径向索 CC' 截面积(mm²)	8672	8662	8423
径向索 DD' 截面积(mm²)	9298	9344	9037
径向索 EE' 截面积(mm²)	10415	10467	10116
径向索 FF' 截面积(mm²)	10836	10891	10527
径向索 GG' 截面积(mm²)	10878	10934	10567

续表

运 算 次 数	第1次	第2次	第3次
径向索 HH' 截面积（mm²）	11539	11641	11209
径向索 JJ' 截面积（mm²）	12947	13056	12579
径向索 KK' 截面积（mm²）	13634	13590	13202
径向索 LL' 截面积（mm²）	13528	13599	13184
环索 $A'B'$ 截面积（mm²）	70308	70656	68292
环索 $B'C'$ 截面积（mm2）	70154	70504	68140
环索 $C'D'$ 截面积（mm²）	69858	70183	67851
环索 $D'E'$ 截面积（mm²）	69391	69713	67410
环索 $E'F'$ 截面积（mm²）	68831	69175	66867
环索 $F'G'$ 截面积（mm²）	68326	68694	66371
环索 $G'H'$ 截面积（mm²）	67958	68343	66011
环索 $H'J'$ 截面积（mm²）	67733	68061	65788
环索 $J'K'$ 截面积（mm²）	67600	67898	65655
环索 $K'L'$ 截面积（mm²）	67492	67827	65559

第一轮优化后索网的应力和位移　　　　　　　　　　表 2-18

运算次数	第1次		第2次		第3次	
荷载工况	工况3	工况4	工况3	工况4	工况3	工况4
最大位移（mm）	−1699	2697	−1705	2696	−1705	2699
荷载工况	工况1	工况2	工况1	工况2	工况1	工况2
AA' 应力（MPa）	835	642	835	646	829	711
BB' 应力（MPa）	773	704	834	648	821	719
CC' 应力（MPa）	821	658	710	770	835	707
DD' 应力（MPa）	654	818	653	821	728	811
EE' 应力（MPa）	693	778	744	734	716	820
FF' 应力（MPa）	733	741	759	719	752	785
GG' 应力（MPa）	744	730	824	660	775	763
HH' 应力（MPa）	780	697	661	811	710	731
JJ' 应力（MPa）	820	660	737	740	834	708
KK' 应力（MPa）	647	819	796	686	727	808
LL' 应力（MPa）	728	744	640	829	697	835
$A'B'$ 应力（MPa）	738	734	740	736	769	767
$B'C'$ 应力（MPa）	738	734	741	735	770	766
$C'D'$ 应力（MPa）	740	733	742	733	771	766
$D'E'$ 应力（MPa）	741	731	743	732	772	764
$E'F'$ 应力（MPa）	742	730	743	733	773	763
$F'G'$ 应力（MPa）	741	731	742	734	773	764
$G'H'$ 应力（MPa）	740	732	743	733	772	764
$H'J'$ 应力（MPa）	740	732	744	732	772	765
$J'K'$ 应力（MPa）	742	731	744	732	773	764
$K'L'$ 应力（MPa）	744	728	744	732	775	761

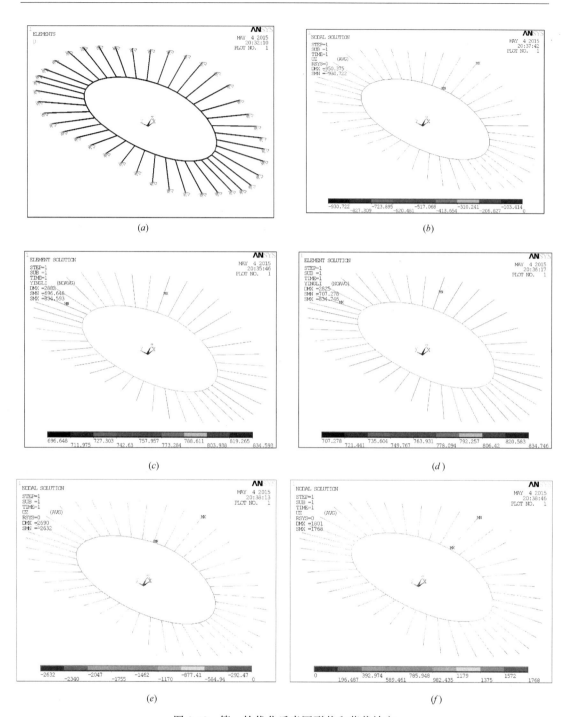

图 2-48 第一轮优化后索网形状和荷载效应

（*a*）优化后的索网形状；（*b*）仅自重和预应力作用的索网位形（mm）；（*c*）荷载工况 1 索网应力（MPa）；

（*d*）荷载工况 2 索网应力（MPa）；（*e*）荷载工况 3 索网位移（mm）；（*f*）荷载工况 4 索网位移（mm）

图 2-49 给出 3 次运算中每代最优个体质量随代数的进化曲线；图 2-50 给出 3 次运算中每代全部个体质量平均值随代数的进化曲线。

经过优化，索网最轻质量为 403767.9kg，用钢量为 12.78kg/m^2。

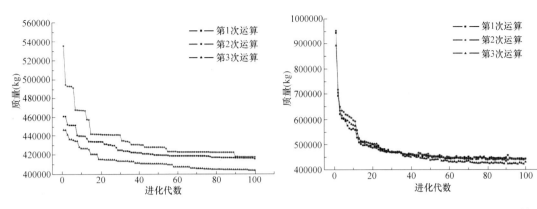

图 2-49 苏州体育场索网第一轮优化每代最优个体质量进化曲线

图 2-50 苏州体育场索网第一轮优化每代个体质量平均值进化曲线

经过研究，发现本次优化结果有以下特点：

（1）轮辐式单层索网的环索索力远大于径向索。对于苏州奥体中心体育场索网，环索截面积约为径向索的 5～8 倍，环索总重约为径向索的 1.3 倍。这是由轮辐式单层索网特殊的形状中间开孔的几何位形决定的，由于同节点的环索和径向索夹角较小（略大于 90°），为了平衡径向索索力而产生的环索索力很大，因此环索截面远大于径向索。

（2）轮辐式单层索网的环索索力较为平均，径向索索力差异较大。对于苏州奥体中心体育场索网，环索截面规格基本相同，最大差异为 4.17%；长轴径向索截面积约为短轴的 1.6 倍。这是由于长轴处圆弧曲率半径小，环索和径向索的夹角大于短轴，为了平衡环索索力，长轴处径向索的索力较大。

（3）第 3 次运算结果的索网 z 坐标变化如图 2-51 所示，支座节点的 z 坐标变化按以下模式分布（下文简称"模式 1"）：模式 1 中支座节点的 z 坐标变化并不流畅，短轴附近的支座节点 $A\sim C$ 的标高很高；节点 $C\sim E$ 的标高下降较为明显；中间部分的支座节点

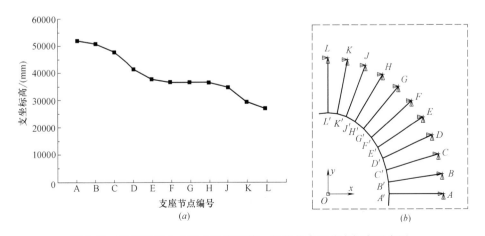

图 2-51 苏州奥体中心体育场索网第一轮优化支座节点标高示意图

（a）支座节点标高示意图；（b）1/4 索网平面示意图

$E \sim H$ 较为平缓，基本位于同一平面；在支座节点 H 处发生明显下降；长轴附近支座节点 K 和节点 L 的标高很低。

认为模式 1 由以下原因导致：

① 由于环索占索重比例较大，当中间部分的支座较平时，环索较为平坦，环索节点高差仅 4730mm，因此环索索长较短，整体用钢量较小。

② 短轴附近的支座较高而长轴附近的支座均较低，这是由于承重索和稳定索需要较大的高差抵抗竖向荷载。

2）遗传算法第二轮优化分析

然而，由图 2-48（a）和图 2-51（a）可以发现，1）节中第 3 次运算结果的索网支座节点坐标变化并不流畅，索网形态与传统设计理念有一定差距；另外，优化后径向索应力变化范围为 697～835MPa，环索为 761～775MPa，材料利用尚不充分。

因此，本节在约束条件中加入拉索材料充分利用条件，对拉索的最小应力低于 800MPa 的个体，采用罚函数进行惩罚，提高拉索材料利用率。

本工程的优化变量包括：索网支座节点 $B' \sim K'$ 的 z 坐标，索网的预应力基值 H_C 以及预张力调整系数 μ。变量取值范围：$z \in [0, 25000]$，$H_C \in (10000, 100000)$，$\mu \in (2, 4)$。

采用罚函数对违反约束条件的个体进行惩罚。调节惩罚严厉性的参数 $\alpha = 0.01$；$\beta = 30$。

使用遗传算法，选取不同的种群规模分别对该算例进行 2 次运算。规定使用随机方式产生初始种群，当连续 20 代不出现更优的个体时提前终止运算。2 次运算选用的参数见表 2-19：

苏州奥体中心体育场索网第二轮优化运算参数　　　　　　　　　表 2-19

运算次数		第 1 次	第 2 次
初始种群	规模	600	600
	子种群数量	20	20
	子种群中个体数量	30	30
编码方式		浮点数编码	浮点数编码
遗传操作	交叉概率	1	1
	变异概率	0.1	0.1
最优个体保留比例		10%	10%
子种群迁移	迁移代数	10	10
	迁移率	20%	20%
最大遗传代数		100	100

按照流程进行选择、交叉、变异等遗传操作，达到终止条件时停止运算。2 次运算的结果见表 2-20 和表 2-21，第 2 次得到的结果最优，体育场索网的最轻质量为 393964.0kg，满足所有约束条件。第 2 次优化后的索网形状和荷载效应如图 2-52 所示。

苏州奥体中心体育场索网遗传算法第二轮优化结果 　　表 2-20

运算次数	第 1 次	第 2 次
终止代数	100	100
终止原因	达到最大代数	达到最大代数
最轻质量(kg)	394376.8	393964.0
$z_A/z_{A'}$ (mm)	25000/13151	25000/13946
$z_B/z_{B'}$ (mm)	24347/12998	24853/13803
$z_C/z_{C'}$ (mm)	22373/12540	23402/13364
$z_D/z_{D'}$ (mm)	19088/11810	20747/12648
$z_E/z_{E'}$ (mm)	14385/10885	16923/11712
$z_F/z_{F'}$ (mm)	9005/9856	11586/10618
$z_G/z_{G'}$ (mm)	4687/8839	5906/9474
$z_H/z_{H'}$ (mm)	2124/7976	2092/8466
$z_J/z_{J'}$ (mm)	1345/7379	0/7752
$z_K/z_{K'}$ (mm)	856/7041	0/7367
$z_L/z_{L'}$ (mm)	0/6923	0/7244
H_C (kN)	2.2203×10^4	2.2148×10^4
μ	2.5276	2.5120
径向索 AA' 截面积(mm²)	8327	8281
径向索 BB' 截面积(mm²)	8318	8288
径向索 CC' 截面积(mm²)	8252	8237
径向索 DD' 截面积(mm²)	8870	8867
径向索 EE' 截面积(mm²)	9866	9866
径向索 FF' 截面积(mm²)	10245	10220
径向索 GG' 截面积(mm²)	10316	10282
径向索 HH' 截面积(mm²)	10977	10962
径向索 JJ' 截面积(mm²)	12318	12339
径向索 KK' 截面积(mm²)	12832	12837
径向索 LL' 截面积(mm²)	12758	12737
环索 $A'B'$ 截面积(mm²)	66476	66310
环索 $B'C'$ 截面积(mm²)	66335	66167
环索 $C'D'$ 截面积(mm²)	66078	65909
环索 $D'E'$ 截面积(mm²)	65714	65556
环索 $E'F'$ 截面积(mm²)	65253	65126
环索 $F'G'$ 截面积(mm²)	64772	64679
环索 $G'H'$ 截面积(mm²)	64365	64274
环索 $H'J'$ 截面积(mm²)	64071	63958
环索 $J'K'$ 截面积(mm²)	63893	63747
环索 $K'L'$ 截面积(mm²)	63812	63654

第二轮优化后索网的应力和位移 表 2-21

运算次数	第 1 次		第 2 次	
荷载工况	工况 3	工况 4	工况 3	工况 4
最大位移(mm)	−1707	2698	−1712	2700
荷载工况	工况 1	工况 2	工况 1	工况 2
AA'应力(MPa)	835	767	817	792
BB'应力(MPa)	835	768	835	774
CC'应力(MPa)	835	768	835	774
DD'应力(MPa)	834	769	834	776
EE'应力(MPa)	815	788	835	775
FF'应力(MPa)	782	820	810	799
GG'应力(MPa)	770	830	773	833
HH'应力(MPa)	774	825	776	830
JJ'应力(MPa)	801	799	776	829
KK'应力(MPa)	812	789	810	797
LL'应力(MPa)	782	817	813	794
$A'B'$应力(MPa)	800	799	804	802
$B'C'$应力(MPa)	800	799	804	802
$C'D'$应力(MPa)	801	798	804	802
$D'E'$应力(MPa)	801	798	804	802
$E'F'$应力(MPa)	802	797	805	801
$F'G'$应力(MPa)	804	796	806	800
$G'H'$应力(MPa)	804	795	807	799
$H'J'$应力(MPa)	804	795	808	798
$J'K'$应力(MPa)	804	795	808	798
$K'L'$应力(MPa)	804	795	807	799

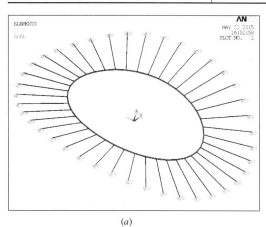
(a)

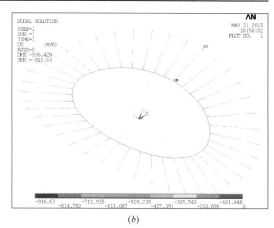
(b)

图 2-52　第二轮优化后索网形状和荷载效应（一）

（*a*）优化后的索网形状；（*b*）仅自重和预应力作用的索网位形（mm）

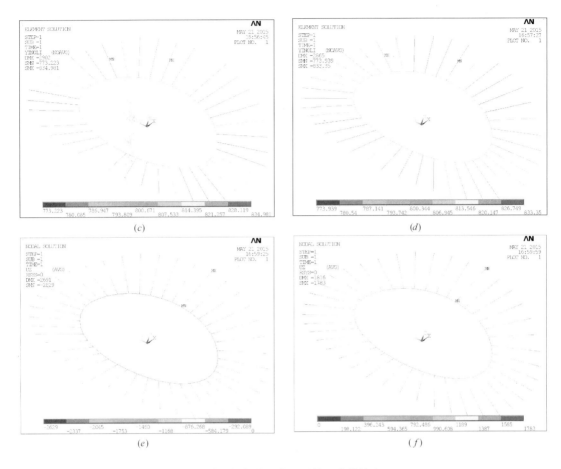

图 2-52 第二轮优化后索网形状和荷载效应（二）

(c) 荷载工况 1 索网应力（MPa）；(d) 荷载工况 2 索网应力（MPa）；

(e) 荷载工况 3 索网位移（mm）；(f) 荷载工况 4 索网位移（mm）

图 2-53 给出 2 次运算中每代最优个体质量随代数的进化曲线；图 2-54 给出 2 次运算中每代全部个体质量平均值随代数的进化曲线。

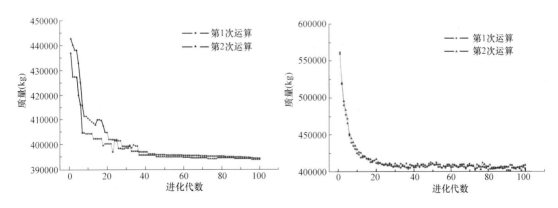

图 2-53 苏州奥体中心体育场索网第二轮优化
每代最优个体质量进化曲线

图 2-54 苏州奥体中心体育场索网第二轮优化
每代个体质量平均值进化曲线

经过优化，索网最轻质量为 393964.0kg，用钢量为 12.47kg/m²，经济指标好，具备较高的工程参考价值。

经过研究，发现本次优化结果有以下特点：

第 2 次运算结果的索网 z 坐标变化如图 2-55 所示，支座节点的 z 坐标变化按以下模式分布（下文简称"模式 2"）：模式 2 中支座节点的 z 坐标变化较为流畅，其中短轴附近的支座节点 $A \sim C$ 的标高较高；节点 $C \sim H$ 的标高下降较为明显；长轴附近支座节点 $J \sim L$ 的标高很低。

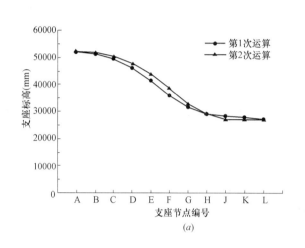
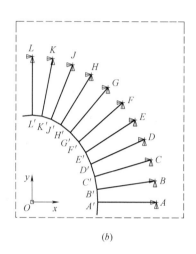

(a)　　　　　　　　　　　　　　　　(b)

图 2-55　苏州奥体中心体育场索网第二轮优化支座节点标高示意图

(a) 支座节点标高示意图；(b) 1/4 索网平面示意图

可以发现，1) 节中模式 1 和本节模式 2 的索网位形存在较大差异，主要由以下原因导致：

模式 2 环索节点高差为 6702mm，大于模式 1 的 4730mm，环索索长较长；但由于模式 2 支座节点的 z 坐标变化均匀，拉索应力变化较为均匀，其中径向索应力变化范围为 773 ~ 835MPa，环索为 798 ~ 808MPa，因此模式 2 中材料利用更加充分，尽管环索索长较长，但仍能促使整体用钢量更低。

经过优化分析，证明本节添加拉索材料充分利用条件是可行的，可以使得结构质量更轻；也能提高拉索材料利用率；另外，还可以使支座标高变化更加美观，更符合常规设计理念。

经过研究，发现模式 1 和模式 2 均可以得到使索网用钢量较低的初始形态，但经过对比，模式 2 中得到的索网初始形态用钢量更低，材料利用率更高，且优化后支座标高变化美观，整体形态与常规建筑设计理念相符。

2.4.3.4　原始模型对比

本节针对苏州体育场索网，采用原始方案支座节点坐标建立几何模型，仅将初始预张力基值 H_C 以及预张力调整系数 μ 作为优化变量，采用遗传算法对初始预应力水平进行优化，将优化结果与 2.4.3.3 第 2 轮运算结果进行对比，原始方案与 2.4.3.3 第 2 轮优化结果的索网 z 坐标对比，如图 2-56 所示。

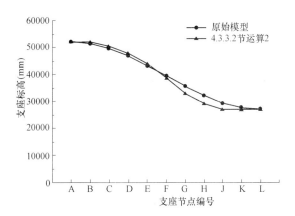

图 2-56 原始方案与 2.4.3.3 第二轮优化
结果的索网 z 坐标对比图

苏州奥体中心体育场索网的支座原始坐标见表 2-22，其中支座节点的 x、y、z 坐标和环索节点的 x 和 y 坐标固定，通过"轮辐式单层索网初始形态创建方法"寻找纯预应力初始态环索节点的 z 坐标。变量取值范围：$H_C \in$（10000，100000]，$\mu \in$（2，5]。

苏州奥体中心体育场原始模型节点坐标   表 2-22

支座 节点	x 坐标 （mm）	y 坐标 （mm）	Z 坐标 （mm）	环索 节点	x 坐标 （mm）	y 坐标 （mm）
A	115000	0	25000	A'	61000	0
B	113739.6	19205.4	24388	B'	60302.1	11385.8
C	109980.1	38081.8	22611	C'	58172.6	22835
D	103785.9	56305.1	19844	D'	54610.6	34084.1
E	95113.3	73481.4	16359	E'	49706.9	44491.6
F	83860.6	89088.9	12496	F'	43394.5	53895.8
G	70298.7	102737.9	8633	G'	35620.4	62251.6
H	54763.5	114090.4	5149	H'	26778.3	69135.6
J	37608	122793.2	2385	J'	17756.5	73960
K	19146.1	128182.1	611	K'	8927.8	76683.9
L	0	130000	0	L'	0	77573.2

使用随机方式产生初始种群，初始种群规模为 100，分 10 个子种群，每个子种群包含 10 个个体；个体采用浮点数编码；交叉概率为 1，变异概率为 0.2；每代保留最优的 10% 父代个体；每隔 10 代进行种群间的信息交换，迁移率取 20%；最大遗传代数为 100 代，规定连续 20 代不出现更优的个体时终止运算。采用罚函数对违反约束条件的个体进行惩罚。调节惩罚严厉性的参数 $\alpha = 0.01$；$\beta = 30$。

原始模型优化结果与 2.4.3.3 第 2 轮运算的结果对比见表 2-23 和表 2-24。原始模型优化后质量最轻为 399999.6kg，比 2.4.3.3 第二轮优化结果重了 1.53%。

经过对比发现，索网高差和索网的初始预应力水平对索网用钢量影响较大，高低点之间的支座节点坐标对索网用钢量影响不大,但当支座节点 z 坐标变化均匀时,拉索应力变化较为均匀,材料利用更充分,可以减少屋盖用钢量。

因此对轮辐式单层索网可按以下流程进行设计:

(1) 按照常规建筑设计的"支座标高流畅变化"原则设计整体形态;

(2) 采用"轮辐式单层索网初始形态创建方法"寻找纯预应力初始态环索节点 z 坐标;

(3) 将初始预张力基值 H_C 以及预张力调整系数 μ 作为优化变量,采用改进的遗传算法寻找合适的初始预应力水平。

苏州奥体中心体育场索网优化结果对比 表 2-23

运 算 次 数	原始模型优化结果	2.4.3.3.2 轮优化结果
终止代数	100	100
终止原因	达到最大代数	达到最大代数
最轻质量(kg)	399999.6	393964.0
$z_A/z_{A'}$(mm)	25000/14417	25000/13946
$z_B/z_{B'}$(mm)	24388/14280	24853/13803
$z_C/z_{C'}$(mm)	22611/13873	23402/13364
$z_D/z_{D'}$(mm)	19844/13223	20747/12648
$z_E/z_{E'}$(mm)	16359/12395	16923/11712
$z_F/z_{F'}$(mm)	12496/11447	11586/10618
$z_G/z_{G'}$(mm)	8633/10450	5906/9474
$z_H/z_{H'}$(mm)	5149/9527	2092/8466
$z_J/z_{J'}$(mm)	2385/8826	0/7752
$z_K/z_{K'}$(mm)	611/8407	0/7367
$z_L/z_{L'}$(mm)	0/8267	0/7244
H_C(kN)	2.2533×10^4	2.2148×10^4
μ	2.5144	2.5120
径向索 AA' 截面积(mm²)	8411	8281
径向索 BB' 截面积(mm²)	8405	8288
径向索 CC' 截面积(mm²)	8346	8237
径向索 DD' 截面积(mm²)	8989	8867
径向索 EE' 截面积(mm²)	10019	9866
径向索 FF' 截面积(mm²)	10398	10220
径向索 GG' 截面积(mm²)	10444	10282
径向索 HH' 截面积(mm²)	11111	10962
径向索 JJ' 截面积(mm²)	12513	12339
径向索 KK' 截面积(mm²)	13076	12837
径向索 LL' 截面积(mm²)	12996	12737
环索 $A'B'$ 截面积(mm²)	67465	66310

运 算 次 数	原始模型优化结果	2.4.3.3.2轮优化结果
环索 $B'C'$ 截面积（mm^2）	67314	66167
环索 $C'D'$ 截面积（mm^2）	67036	65909
环索 $D'E'$ 截面积（mm^2）	66651	65556
环索 $E'F'$ 截面积（mm^2）	66184	65126
环索 $F'G'$ 截面积（mm^2）	65728	64679
环索 $G'H'$ 截面积（mm^2）	65352	64274
环索 $H'J'$ 截面积（mm^2）	65067	63958
环索 $J'K'$ 截面积（mm^2）	64868	63747
环索 $K'L'$ 截面积（mm^2）	64766	63654

优化后索网的应力和位移对比　　　　表 2-24

运算次数	原始模型优化结果		2.4.3.3.2轮优化结果	
荷载工况	工况 3	工况 4	工况 3	工况 4
最大位移（mm）	−1713	2699	−1712	2700
荷载工况	工况 1	工况 2	工况 1	工况 2
AA' 应力（MPa）	835	771	817	792
BB' 应力（MPa）	833	773	835	774
CC' 应力（MPa）	828	778	835	774
DD' 应力（MPa）	821	785	834	776
EE' 应力（MPa）	812	794	835	775
FF' 应力（MPa）	804	802	810	799
GG' 应力（MPa）	799	806	773	833
HH' 应力（MPa）	796	808	776	830
JJ' 应力（MPa）	793	810	776	829
KK' 应力（MPa）	790	813	810	797
LL' 应力（MPa）	789	814	813	794
$A'B'$ 应力（MPa）	803	800	804	802
$B'C'$ 应力（MPa）	803	800	804	802
$C'D'$ 应力（MPa）	803	799	804	802
$D'E'$ 应力（MPa）	804	799	804	802
$E'F'$ 应力（MPa）	804	799	805	801
$F'G'$ 应力（MPa）	805	798	806	800
$G'H'$ 应力（MPa）	805	797	807	799
$H'J'$ 应力（MPa）	806	797	808	798
$J'K'$ 应力（MPa）	807	796	808	798
$K'L'$ 应力（MPa）	807	796	807	799

2.4.4 小结

对苏州奥体中心体育场鞍形轮辐式单层索网结构的初始形态进行了优化，主要工作内容如下：

（1）对苏州奥体中心体育场的工程概况和拉索材料作了简要叙述，选用1670级全封闭索。

（2）对苏州奥体中心体育场索网模型进行了合理简化并建立有限元模型。

（3）详细介绍了设计时需要考虑结构所承受的荷载，选取四种荷载工况进行优化设计，并将荷载简化为节点荷载，经过对比，简化模型的索力误差小于8%，位移误差小于5%。

（4）采用改进的遗传算法对苏州奥体中心体育场索网进行了初始形态优化，优化后质量最轻为393964kg，每平方米用钢量为12.47kg，经济指标好，具备较高的工程参考价值。

（5）通过优化研究，发现轮辐式单层索网有以下特点：

① 轮辐式单层索网的环索索力远大于径向索。

② 轮辐式单层索网的环索索力较为平均，径向索索力差异较大。

③ 最优结果的支座节点的z坐标变化较为流畅；短轴附近的支座节点标高较高，中间段节点标高下降较为明显，长轴附近支座节点标高很低。

（6）经过研究，可以通过改进的遗传算法对轮辐式单层索网结构初始形态进行优化，优化后整体形态与常规建筑设计理念相符。且索网用钢量更低，材料利用率更高。

（7）对原始方案几何模型的初始预应力水平进行优化。原始模型优化后质量最轻为399999.6kg，比2.4.3.3第2轮节优化结果重了1.53%。索网高差和索网的初始预应力水平对索网用钢量影响较大，高低点之间的支座节点坐标对索网用钢量影响不大，但当支座节点z坐标变化流畅时，拉索应力变化较为均匀，材料利用更充分，可以减少屋盖用钢量。因此对轮辐式单层索网可按以下流程进行设计：

① 按照常规建筑设计的"支座标高流畅变化"原则设计整体形态；

② 采用"轮辐式单层索网初始形态创建方法"寻找纯预应力初始态环索节点z坐标；

③ 将初始预张力基值H_C以及预张力调整系数μ作为优化变量，采用改进的遗传算法寻找合适的初始预应力水平。

2.5 总结

索网结构由于造型美观、自重小、便于施工，近年来备受建筑师们的青睐。然而，索网结构具有拉索必须保持受拉，结构本身不具备几何刚度，需要找到特定的预应力分布才能维持几何位形等问题，目前对于索网结构形态优化问题所做的研究工作尚较少。针对鞍形轮辐式单层索网结构，采用改进的遗传算法对初始形态进行了优化，具体工作内容和结论如下：

（1）研究对象为鞍形轮辐式单层索网结构，结构的平面投影为椭圆形；结构与荷载均具有中心对称性，荷载为竖向节点荷载；周圈为支座节点，支座为固定铰支座。由于悬索结构优化具有多设计参数、目标函数无法形成显式函数的问题，选取遗传算法作为主要研究方法。

（2）介绍了自适应全局优化概率搜索算法——遗传算法，对遗传算法的基本组成部分进行了详细阐述；针对悬索结构的特点，设计了采用改进并行策略和最佳保留策略的遗传算法；设计了使用 MATLAB 调用 ANSYS 进行遗传操作的方法，解决了两种软件信息交换的关键问题并编制了相应程序，经过十杆平面桁架算例验证，优化思路可行。

（3）建立了采用改进的遗传算法对轮辐式单层索网进行初始形态优化研究的流程，选择了合适的遗传操作算子；建立了索网的简化模型，确定了以最小投资为优化目标，以结构形态、拉索截面和索网初始预应力为优化变量，并对优化变量进行了合理简化，提高优化效率。

（4）对轮辐式单层索网的初始形态特性进行了研究，根据"共节点的三根索共面"这一原则，设计了此种索网的几何初始位形创建方法，减少了变量数目；另外，采用迭代法确定索网初始预应力比例，并编制了相关程序。

（5）对多个悬索结构算例进行了优化研究，验证了采用遗传算法对轮辐式单层索网初始形态进行优化的可行性，并得到以下结论：

① 轮辐式单层索网支座最高点和最低点的高差越大，索网质量越轻。

② 较大的种群规模可以提高群体多样性，增加找到更优结果的概率。

③ 优化结果的好坏与遗传参数的选取有很大关系，需要通过数次试算确定适合各算例的参数，才能得到较好的优化结果。

（6）对苏州奥体中心体育场索网模型进行了合理简化；选取四种荷载工况进行优化，并将荷载简化为节点荷载，简化模型的索力误差小于 8%，位移误差小于 5%。

（7）采用改进的遗传算法对苏州奥体中心体育场索网进行了初始形态优化，优化后质量最轻为 393964.0kg，用钢量为 12.47kg/m²，经济指标好，具备一定的工程参考价值。

（8）通过优化研究，发现轮辐式单层索网有以下特点：

① 轮辐式单层索网的环索索力远大于径向索。

② 轮辐式单层索网的环索索力较为平均，径向索索力差异较大。

③ 最优结果的支座节点的 z 坐标变化较为均匀，短轴附近的支座节点标高较高；中间段节点标高下降较为明显；长轴附近支座节点标高很低。

（9）对原始方案几何模型的初始预应力水平进行优化。原始模型优化后质量最轻为 399999.6kg，仅比 2.4.3.3. 节优化结果重了 1.53%。索网高差和索网的初始预应力水平对索网用钢量影响较大，高低点之间的支座节点坐标对索网用钢量影响不大，但当支座节点 z 坐标变化流畅时，拉索应力变化较为均匀，材料利用更充分，可以减少屋盖用钢量。因此对轮辐式单层索网可按以下流程进行设计：

① 按照常规建筑设计的"支座标高流畅变化"原则设计整体形态。

② 采用"轮辐式单层索网初始形态创建方法"寻找纯预应力初始态环索节点 z 坐标；将初始预张力基值 H_C 以及预张力调整系数 μ 作为优化变量，采用改进的遗传算法寻找合适的初始预应力水平。

3 单层索网结构设计关键技术

3.1 高应力索抗腐蚀试验研究和数值分析

当单层索网结构用于游泳馆等腐蚀环境时，其高应力状态下的抗腐蚀性能，根据国际标准化组织 ISO 发布的《钢结构防护涂料系统的防腐蚀保护》ISO 12944 中对于环境腐蚀性的划分，处于 C4（高）腐蚀环境。本次试验的目的是获取 600MPa 预应力条件下无涂装和有涂装封闭拉索在游泳馆腐蚀环境下的锈蚀速度、锈蚀形态和锈后力学性能，从而获得其锈蚀速度及不同锈蚀阶段相应的力学性能。

3.1.1 试验必要性分析

理论上，高钒拉索抗腐蚀能力远高于一般镀锌拉索，但国内高钒拉索缺乏在游泳馆高氯气环境项目中成功应用的经验，国际上亦鲜有具实际指导意义的案例。

高钒螺旋索孔隙率较高且处于高应力工作状态，鉴于 Cl 的穿透能力特别强，拉索工作环境相当不利。因此，其抗腐蚀能力是需要重点关注的问题。

游泳馆在夏季空调关闭后，室内温度升高，拉索处于高温、高湿、高氯（次氯酸、盐酸和氯气）环境；冬季空调开启时，易结露，拉索处于高湿、高氯环境。同时，拉索处于高应力工作状态。为了考察全封闭索在高应力、泳池环境下的抗腐蚀性能，为是否采取附加防腐措施提供依据，进行了拉索腐蚀试验。

3.1.2 技术路线

本次试验包括恒温恒湿腐蚀试验和中性盐雾加速腐蚀试验。通过进行无应力无涂装拉索的恒温恒湿腐蚀试验，模拟表面已累积了一定含量氯离子的无应力拉索在游泳馆环境条件下的腐蚀，分析无涂装无预应力拉索的早期腐蚀规律，获取其早期锈蚀速度；进行无应力无涂装拉索、预应力无涂装拉索和预应力有涂装拉索的中性盐雾环境中的腐蚀试验，获取三者在人工强加速腐蚀条件下的腐蚀行为。

分析对比无应力无涂装拉索在恒温恒湿环境条件和中性盐雾环境条件下的早期腐蚀行为和相关性，推测无应力无涂装拉索在真实游泳馆环境下的中后期腐蚀速度。在此基础上，分析对比无应力无涂装和预应力无涂装拉索在中性盐雾腐蚀下的腐蚀速度相关性，推测预应力无涂装拉索在真实游泳馆环境下的中后期腐蚀速度。

取不同锈蚀率索丝的腐蚀后试件进行 3D 激光扫描，并进行力学拉伸试验，获得锈后索丝的锈蚀形貌和极限承载力。结合索丝的腐蚀速度和锈后力学性能试验，对拉索的腐蚀速度和力学性能退化规律进行预测。

3.1.3 游泳馆腐蚀环境调查

东方体育中心游泳馆和苏州奥体中心游泳馆功能设计相似，泳池消毒方式相同，泳池水温、空调排风等室内环境控制参数也相同。为获取游泳馆腐蚀环境的环境参数，对东方体育中心游泳馆的腐蚀环境进行现场调查。

对东方体育中心游泳馆泳池水和训练馆的泳池结构表面的凝结水分别取样，测量水中氯离子含量。结果表明泳池水中氯离子含量相对较高，约 200mg/L；结构表面的凝结水中氯离子含量约为泳池水氯离子含量的一半（100mg/L），但也有一份冷凝水样中氯离子含量比泳池水还高 50%，可达 317.28mg/L。

于 2016 年 3 月 14～16 日，在层高较低的训练馆内部布点进行温度和湿度监测，期间泳池水 2h 控温、地暖 24h 运行、排风系统晚间 13h 运行、空调 24h 运行的使用条件下，游泳人数较少。监测结果表明训练池内部空气中的温度比较均匀和稳定，一般介于 24～26℃；相对湿度一般介于 80%～90% 之间，个别位置相对较低（约 60%），边壁结构（墙、钢梁等）的表面水冷凝现象明显。

于 2016 年 3 月 16～18 日，在层高较高的比赛馆内部布点进行温度和湿度监测，期间泳池水 24h 控温、地暖 24h 运行、排风系统 2h 运行、空调未运行，游泳人数少。监测结果表明，比赛馆内空气中，温度一般介于 21～26℃，并随室外温度变化；馆内相对湿度一般介于 60%～80% 之间，受室外环境影响较小，调查期间比赛馆结构表面未观察到水冷凝现象。

3.1.4 拉索、索头、索夹的概况

3.1.4.1 拉索的组成

本次试验的拉索为 40mm 直径全封闭索（图 3-1），由 77 股索丝绞合而成，横截面如图 3-2 所示。其最外层（O层）为 Z 形锌铝合金镀层索丝，22 股；次外层（C层）为横截面较最外层索丝小的 Z 形锌铝合金镀层索丝，25 股。核心层（CO层）由四层不同直径的圆形镀锌索丝所组成，共 30 股。最外层和次外层为全封闭的 Z 形索丝，截面面积之和约

图 3-1　40mm 全封闭拉索

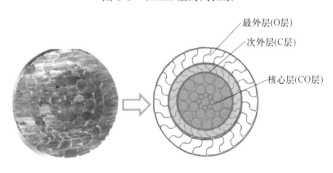

图 3-2　封闭拉索截面

最外层(O层)
次外层(C层)
核心层(CO层)

占拉索总截面面积（不考虑拉索截面中空隙的面积）的74.43％。核心层圆形索丝间具有孔隙，采用防腐蚀复合物填充，其中圆形索丝截面面积占拉索总截面面积（不考虑拉索截面中空隙的面积）的25.57％。

3.1.4.2 索丝基材与镀层的化学成分

对拉索最外层（O层）索丝的基材进行化学成分分析（GB/T 20123—2006，GB/T4336—2002①），定性分析结果见表3-1，表明基材为合金钢。

Z型索丝基材的化学成分 表3-1

元素	C	S	Si	Mn	P	Ni	Cr	Mo	Cu	Al
所占相对密度(%)	0.77	0.003	0.29	0.66	0.009	0.025	0.074	0.013	0.019	0.029

对镀层表面成分进行能谱定性和半定量分析 GB/T 17359—2012，JB/T 6842，结果见表3-2和图3-3所示，表明镀层为 $Zn_{95}Al_5$ 合金。

镀层元素分析 表3-2

元 素	W_t(%)	A_t(%)
O	0.21	0.8
Al	4.1	9.32
Zn	95.7	89.88
Matrix	Correction	ZAF

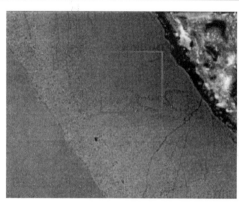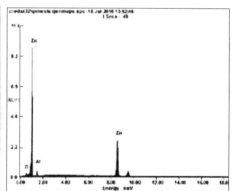

图3-3 Z型索丝能谱分析结果

3.1.4.3 索丝镀层的厚度

随机截取最外层索丝的一段试样，对其横截面进行镶嵌、磨抛等处理后置于光学显微镜下进行观察（GB/T 6462—2005），可见试样表面的镀层如图3-4所示。随机截取的另一最外层Z形索丝试样，镶嵌磨抛后通过电镜扫描进行观察，获取索丝截面形状及各位置处对应的电镜扫描图像如图3-5和图3-6所示。其中，各编号的扫描图像如图3-7所示，图3-5中的截面右侧边缘对应于图3-2中整个拉索截面的外表面。扫描电镜观察表明：镀层外轮廓边缘总体平滑，但镀层厚度较不均匀。截面的两个内凹阴角处镀层厚度最大，可

---

① 现行规范为《钢铁及合金 硫含量的测定 感应炉燃烧后红外吸收法》GB/T 223.85—2009，《钢铁及合金总碳含量的测定 感应炉燃烧后红外吸收法》GB/T 223.86—2009，《碳素钢和中低合金钢 多元素含量的测定 火花放电原子发射光谱法（常规法）》GB/T 4336—2016。

达 152μm（图 3-7 中图像 5、15、16）。外凸阳角处的镀层厚度最薄，一般介于 20~40μm 之间，但最薄处为 5μm（图 3-7 中图像 11、21、22），图像 9 处镀层厚度为 0，这可能是试样截断时的损伤或索丝原有局部缺陷所造成；索丝外表面侧（多股绞合成拉索后直接暴露于环境的那一侧）的镀层中间厚两边低，整体厚度介于 19~90μm 之间（图 3-7 中图像 11 和 12）。

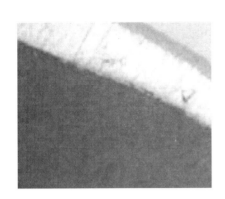

图 3-4　最外层 Z 形索丝截面的镀层光学显微镜成像

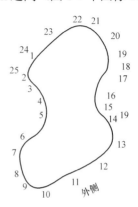

图 3-5　最外层 Z 形索丝截面的形状与电镜扫描图像的对应位置

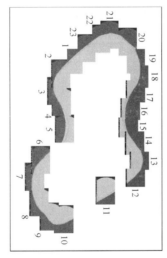

图 3-6　未锈蚀时最外层的 Z 形索丝镀层的电镜扫描照片合成图

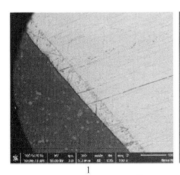
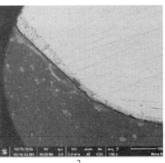
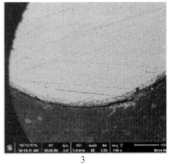

图 3-7　最外层的 Z 形索丝镀层的电镜扫描成像（一）

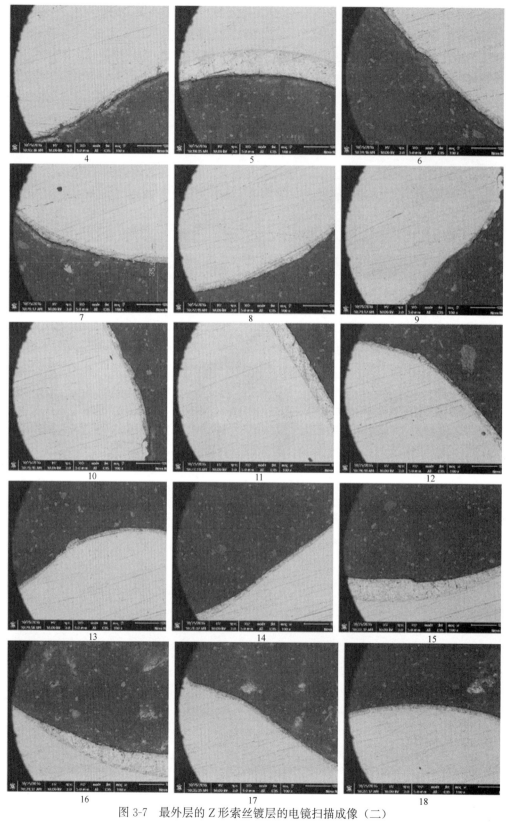

图 3-7　最外层的 Z 形索丝镀层的电镜扫描成像（二）

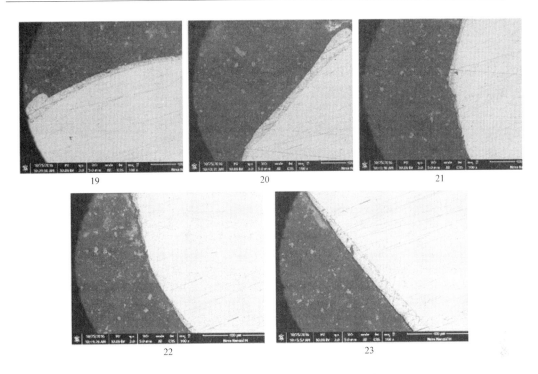

19　　　　　　　　　　20　　　　　　　　　　21

22　　　　　　　　　　　　　23

图 3-7　最外层的 Z 形索丝镀层的电镜扫描成像（三）

3.1.4.4　索丝的初始截面特征

抽取未锈蚀的 20cm 拉索和 50cm 拉索各一根，分别从其中随机取 3 根最外层（O 层）、3 根次外层（C 层），总共 12 根索丝。索丝表面清洗等处理进行 3D 激光扫描，获取三维实体模型。开发程序分析索丝 3D 模型（图 3-8、图 3-9）的横截面面积及其沿长度方向的分布（图 3-10、图 3-11），获取了索丝的平均横截面面积，最小横截面面积，横截面面积不均匀系数等统计参数，见表 3-3。可知：

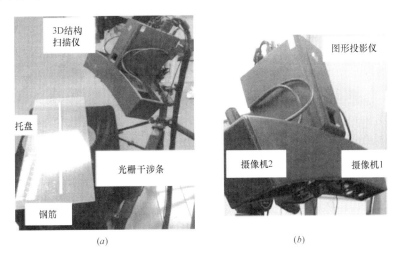

（a）　　　　　　　　　　　　　　（b）

图 3-8　3D 激光扫描装置

（a）试件扫描；（b）主成像设备

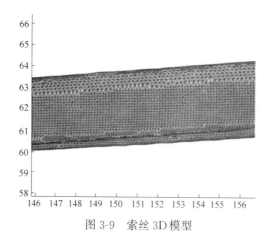

图 3-9　索丝 3D 模型

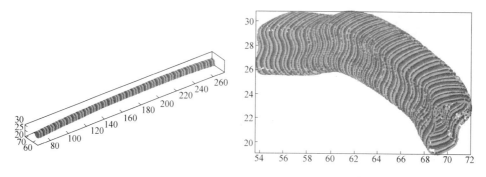

图 3-10　索丝横截面沿长度方向的分布

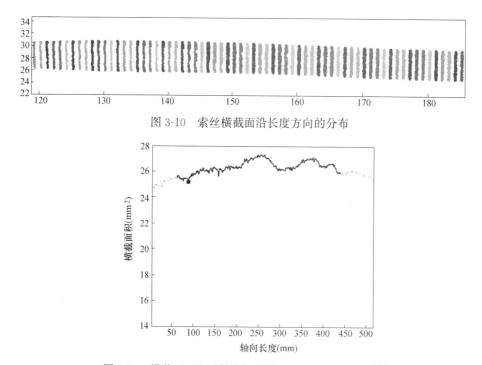

图 3-11　横截面面积随轴线标距分布图（Y-S-XL01 试样）

（1）最外层的索丝的截面较次外层索丝截面大。最外层平均截面积为 27.39mm^2，次外层索丝平均截面面积为 10.07mm^2，最外层索丝截面面积为次外层的 2.7 倍。平均截面面积为考虑不同索丝试件长度不同以后的加权平均截面面积，并且剔除了索丝两端 6cm（为索丝拉伸试验中两端夹持段的长度）。

（2）次外层（C 层）索丝的截面大小更不均匀。最外层索丝截面面积变异系数 δ 的平均值为 0.018；次外层索丝截面面积变异系数 δ 的平均值为 0.028，单根的截面面积变异系数 δ 最大可达 0.0414。最外层索丝截面不均匀系数 R（平均截面面积与最小截面面积的比值）的平均值为 1.035；次外层索丝截面面积不均匀系数 R 为 1.038，单根的截面面积不均匀系数 R 最大可达 1.028。

未锈蚀索丝截面特征参数　　　　　　　　　　表 3-3

试件编号*	长度（mm）	长度均值（mm）	截面面积 A**（mm²）	加权截面面积 $\overline{A}$**（mm²）	A 的变异系数 δ	δ 均值	最小截面面积 $A_{\min}$（mm²）	最小截面面积均值 $\overline{A}_{\min}$（mm²）	截面不均匀系数 $R(\overline{A}/A_{\min})$	R 的均值
WL01	512.11		27.48		0.0211		26.36		1.042	
WL02	511.79	513.86	27.67		0.0228		26.47		1.045	
WL03	517.68		26.78	27.39	0.0133	0.018	26.18	26.496	1.023	1.028
WD01	207.14		27.54		0.0105		27.15		1.014	
WD02	207.08	207.47	28.02		0.0109		27.46		1.020	
WD03	208.21		27.72		0.0107		27.18		1.020	
WLC1	512.20		9.96		0.0271		9.42		1.058	
WLC2	512.02	511.91	10.29		0.0414		9.71		1.060	
WLC3	511.52		10.55	10.25	0.0190	0.028	10.19	9.798	1.036	1.038
WDC1	206.88		9.24		0.0320		8.94		1.033	
WDC2	207.31	207.29	10.68		0.0206		10.47		1.020	
WDC3	207.69		10.60		0.0147		10.37		1.022	

注：1. *表中 WL01 表示未锈蚀（W）的 50cm 长（L）最外层（O）索丝中的第 1 根；WD01 表示未锈蚀（W）的 20cm 长（D）最外层（O）索丝中的第 1 根；WLC1 表示未锈蚀（W）的 50cm 长（L）次外层（C）索丝中的第 1 根；WDC1 表示未锈蚀（W）的 20cm 长（D）次外层（C）索丝中的第 1 根；截面平均值为去除两段 6cm 夹紧端后横截面积的加权平均值；余同理。

2. **加权截面 $\overline{A}$ 为将索丝两端各 60mm 长度（之后力学拉伸的夹具夹持长度）忽略后的统计平均截面。

3.1.4.5 索丝力学性能

在电液伺服试验机上进行拉伸试验（图 3-12），获取索丝的极限强度。由于索丝强度高，截面特殊，故采取技术措施使索丝试件在拉伸时在有效段断裂，获取索丝试样的抗拉极限承载力。根据 3D 激光扫描获得的截面面积计算索丝的抗拉强度，见表 3-4。可知：

（1）索丝未锈蚀时，次外层（C 层）索丝的极限强度较最外层（O 层）索丝高。次外层索丝平均强度 $f_{\overline{A}}$（极限承载力/平均截面积）的均值为 1684MPa、最小截面强度 $f_{A_{\min}}$（极限承载力/最小截面积）的均值为 1748MPa，断裂处截面强度 f_{cr}（极限承载力/断裂处截面面积）的均值为 1634MPa，比最外层索丝的平均强度 $f_{\overline{A}}$（1631MPa）、最小截面强度 $f_{A_{\min}}$（1676MPa）和断裂处截面强度 f_{cr} 分别高 3.2%、4.3% 和 1.4%。

（2）索丝未锈蚀时，次外层索丝的强度变异性比最外层大。次外层平均强度 $f_{\overline{A}}$、最

小截面强度 $f_{A_{min}}$ 和断裂处截面强度 f_{cr} 的最大偏差分别可达 11.40％、10.84％ 和

图 3-12 索丝力学拉伸试验

10.58％；而最外层的最大偏差则相应为较小的 4.10％、3.64％ 和 5.08％。

（3）未锈蚀索丝的极限强度随截面面积的增大而线性减小。分别统计回归最外层和次外层索丝的平均极限强度和平均截面面积的关系（图 3-13）、最小极限强度和最小截面的关系（图 3-14）以及断裂处截面强度和断裂处截面的关系（图 3-15），发现平均极限强度和平均截面面积之间、最小极限强度和索丝最小截面面积之间以及断裂处截面强度和断裂处截面面积之间均具有很好的线性相关关系，即随索丝截面面积增大索丝强度反而线性降低。

（4）采用断裂处横截面计算拉索强度与通过最小横截面和平均横截面面积计算而来的强度相比较差异不大（图 3-16），总体而言，与平均横截面面积强度相近，部分试件其断裂处强度略小于最小横截面面和平均横截面面积强度。

未锈蚀索丝拉伸试验结果　表 3-4

索丝编号	极限承载力 F_u(kN)	平均极限强度 $f_{\overline{A}}$ ($F_u/\overline{A}$) (MPa)	$f_{\overline{A}}$ 均值 (MPa)	$f_{\overline{A}}$ 相对均值的偏差	最小截面面极限强度 $f_{A_{min}}$ (F_u/A_{min}) (MPa)	$f_{A_{min}}$ 均值(MPa)	$f_{A_{min}}$ 相对均值的偏差	断裂处截面极限强度 f_{cr} (F_u/A_{cr}) (MPa)	f_{cr} 均值 (MPa)	f_{cr} 相对均值的偏差
WLO1	44.734	1628	1631	−0.20％	1697	1676	1.25％	1656	1634	1.34％
WLO2	44.977	1625		−0.35％	1699		1.38％	1607		−1.66％
WLO3	45.471	1698		4.10％	1737		3.64％	1717		5.08％
WDO1	44.477	1615		−0.99％	1638		−2.27％	1613		−1.27％
WDO2	44.9	1603		−1.75％	1635		−2.44％	1607		−1.63％
WDO3	44.847	1618		−0.82％	1650		−1.56％	1603		−1.86％
WLC1	16.961	1702	1684	1.11％	1801	1748	3.04％	1694	1656	2.30％
WLC2	17.075	1660		−1.43％	1758		0.58％	1598		−3.45％
WLC3	17.272	1637		−2.78％	1696		−3.00％	1617		−2.35％
WDC1	17.325	1876		11.40％	1938		10.84％	1831		10.58％
WDC2	17.202	1611		−4.32％	1643		−6.01％	1587		−4.14％
WDC3	17.141	1617		−3.98％	1653		−5.45％	1607		−2.95％

3.1.4.6 索头及索夹

全封闭拉索 40mm 的两端为连接索头（图 3-17），索头通过销钉（图 3-18）与结构连接，索头产品信息标称其表面为热浸锌镀层。产品信息标称索头和销钉的表面为热浸锌镀层。图 3-19 为 40mm 全封闭拉索与索头（包括销钉）的连接照片。本试验所用索夹如图 3-20所示，表面进行防腐涂层处理。

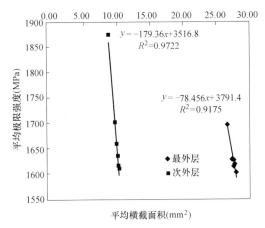

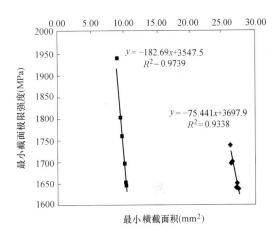

图 3-13 索丝平均极限强度与平均截面积的关系   图 3-14 索丝最小截面极限强度与最小截面积的关系

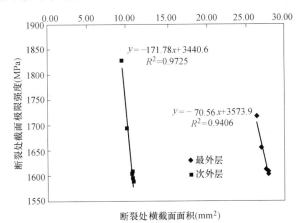

图 3-15 索丝断裂处截面面限强度与断裂处截面面积的关系

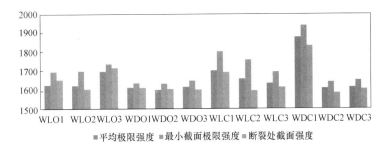

图 3-16 三种不同强度对比

图 3-17 40mm 全封闭拉索的索头

图 3-18 销钉

图 3-19 拉索、索头和索夹的连接图

图 3-20 试验所用索夹

3.1.5 恒温恒湿弱腐蚀试验

3.1.5.1 游泳馆环境拉索表面氯离子含量

泳池水中主要氯离子来源于泳池消毒所使用的钠法漂精粉，漂精粉与泳池水反应后部分氯离子通过各种途径进入游泳馆空气中，由于自然沉降作用或空气中水分冷凝作用部分氯离子附着于结构表面，以上作用持续发生，结构表面氯盐不断累积，当结构表面同时具有足够的水分和氧气时，结构构件（如拉索）开始腐蚀。

东方体育中心游泳馆未采用本试验的封闭拉索，因此无法通过现场调查直接获取拉索在游泳馆长期服役条件下表面所累积的氯盐含量。本次试验中通过将拉索浸泡 5% 氯化钠溶液（约为冷凝水氯盐含量的 100 倍）中 24h，之后自然风干，近似认为此时拉索表面氯离子含量为其在游泳馆腐蚀环境下长期累积的程度。

3.1.5.2 恒温恒湿腐蚀试验的环境控制因素

通过恒温恒湿弱腐蚀试验，模拟游泳馆典型腐蚀环境条件下拉索表面累积了一定量的侵蚀介质（氯离子）后的腐蚀。根据对东方体育中心游泳馆的环境调查，游泳馆室内温度一般介于 22~26℃ 之间，相对湿度主要介于 50%~90% 之间。已有研究和试验表明，相对高的温度和湿度条件下氯盐对金属的腐蚀速度较快。结合现场调查，本试验的恒温恒湿弱腐蚀试验的试验环境温度设为 25℃，相对湿度设为 90%。

3.1.5.3 试件种类

恒温恒湿弱腐蚀试验的试件有两种，包括 20cm 长的拉索 10 根（图 3-21 左侧）和拉索最外层 Z 形索丝 30 根（图 3-21 右侧，编号为 t××，×× 为两位数字的编号）。20cm 拉索用于模拟游泳馆大气环境中拉索的真实腐蚀情况，此时拉索中的最外层索丝外侧表面直接与环境接触而腐蚀，而其余表面则因受相邻索丝的阻挡作用从而腐蚀环境与外侧表面有所区别；编号为 t×× 的拉索最外层索丝则用于为测试当最外层索丝所有外表面均直接暴露于环境时的腐蚀情况。

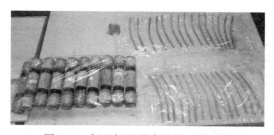

图 3-21 恒温恒湿弱腐蚀的两种试件

3.1.5.4　表面氯离子累积的试验模拟

为模拟游泳馆环境中拉索表面的氯离子累积，将 20cm 拉索及 Z 形索丝做好标记后放入 5％氯化钠桶中静置 24h（图 3-22），24h 后将试件从桶中取出，静置在通风环境中晾干，然后在恒温恒湿箱（图 3-23）内的碳纤维架上放置好试样，并控制 25℃和 90％的恒温恒湿条件（图 3-24），开始进行试验。试验箱内的试件如图 3-25 和图 3-26 所示。

图 3-22　5％氯化钠溶液浸泡 24h

图 3-23　恒温恒湿箱

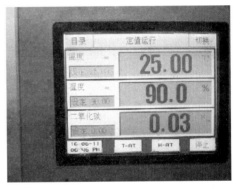

图 3-24　温湿度和相对湿度显示器

图 3-25　恒温环境下的 20cm 拉索

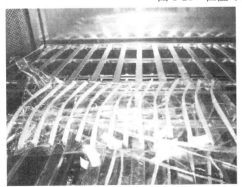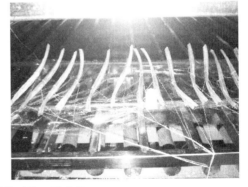

图 3-26　恒温环境下的 Z 形索丝

3.1.5.5 腐蚀试验拉索变化分析

1）索丝的失重

恒温恒湿试验第42d、51d、83d、115d、293d、321d和348d别取出2～3根索丝，打磨掉表面锈蚀产物后称重，结果见表3-5，可见与锈蚀前相比的索丝在各阶段的平均质量变化率分别为−0.41%、−0.61%、−0.91%、−1.19%、−1.05%和−1.51%，表明随着时间的增加，索丝表面锈蚀程度逐渐增大。由失重计算的索丝质量损失率平均值随时间变化趋势如图3-31中菱形点所示（索丝试样编号为t××）。

恒温恒湿试验索丝失重 表3-5

腐蚀天数 （d）	试件 编号	暴露时间 （d）	长度 （mm）	称重 （g）	原始质量 （g）	质量变化率 （%）	质量变化率 均值（%）
42	t28	42	205.3	43.76	43.97	−0.49	−0.41
	t30		205.1	43.57	43.71	−0.33	
51	t24	51	204.5	43.29	43.44	−0.35	−0.61
	t26		206.5	43.84	43.12	−0.37	
	t29		206.9	42.64	43.12	−1.10	
83	t16	83	205.0	43.14	43.73	−1.36	−0.91
	t20		203.7	43.10	43.67	−1.29	
	t22		203.2	43.24	43.27	−0.08	
115	t13	115	205.5	43.67	44.19	−1.18	−1.19
	t14		209.2	43.66	44.17	−1.15	
	t15		205.2	43.26	43.81	−1.24	
293	t17	293		43.34	43.78	−1.23	−1.05
	t19			42.80	43.12	−0.98	
	t21			43.17	43.49	−0.93	
321	t11	321		43.19	43.88	−1.57	−1.51
	t7			43.91	44.56	−1.47	
	t8			43.41	44.07	−1.51	
348	t23	348		43.23	43.39	−0.37	−1.18
	t25			43.14	43.79	−1.48	
	t1			43.61	44.35	−1.68	

注：质量变化率＝（称重−原始质量）/原始质量×100%。

2）索丝锈蚀产物

利用扫描电子显微镜观察恒温恒湿42d试件外表面的镀层及腐蚀产物，如图3-27（a）所示，可见表面稍有片状、条状和坑状的锈坑或缺陷。采用EDAX能谱仪对其进行化学成分元素定性及半定量分析，能谱测试结果见图3-27（b）和表3-6。相比未锈蚀前表面镀层（图3-3和表3-2），索丝表面新增氯元素，表明氯离子侵入镀层并与金属反应生成氯盐或含氯化合物；新增O元素含量5.82%，表明索丝表面锌铝镀层已发生氧化反应；新增0.5%的C元素，表明金属氧化物应已在索丝表面的水分中水解，并与空气中二氧化碳

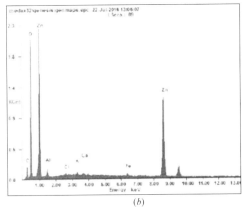

(a) (b)

图 3-27　索丝的能谱分析结果
(a) 形貌和能谱分析点；(b) 能谱曲线

反应生成碳酸根。

锈蚀镀层元素分析　　　　　　　　　　　　表 3-6

元　　素	Wt(%)	At(%)
C	0.5	2.18
O	5.82	19.07
Al	2.25	4.38
Cl	0.51	0.76
K	0.69	0.93
Ca	0.49	0.64
Fe	1.1	1.03
Zn	88.63	71.02
Matrix	Correction	ZAF

3）拉索密度计算

根据恒温恒湿索条数据获得不同拉索对应的密度（表 3-7），可见其密度变异性较小，为此取平均值 0.0078g/mm³。

拉索密度计算　　　　　　　　　　　　表 3-7

拉索序号	质量(g)	体积(mm³)	密度(g/mm³)	均值(g/mm³)	密度变化率(%)
t16	43.14	5559	0.0078		−0.20%
t20	43.10	5474	0.0079		1.28%
t22	43.24	5638	0.0077	0.0078	−1.36%
t13	43.67	5602	0.0078		0.25%
t14	43.66	5612	0.0078		0.05%
t15	43.26	5566	0.0078		−0.02%

4）锈蚀索丝的镀层厚度

93

随机截取腐蚀 123d 的最外层索丝试样的一段，镶嵌磨抛后利用扫描电镜进行观察，获得的索丝截面形状及各位置处对应的电镜扫描图像如图 3-28 和图 3-29 所示。其中各编号的扫描图像如图 3-30 所示，图 3-28 的截面底部边缘对应于图 3-2 中整个拉索截面的外表面。观察表明：相对未锈蚀索丝（图 3-5～图 3-7），镀层边缘明显不平滑，但镀层厚度较不均匀。截面的两个内凹阴角处镀层厚度最大，可达 $227\mu m$（图 3-30 中图像 10）。外凸阳角处的镀层厚度最薄，一般介于 $22～118\mu m$ 之间，但最薄处为 $22\mu m$（图 3-30 中图像 6、9、16、17、13）；索丝外表面侧（多股绞合成拉索后直接暴露于环境的那一侧）的镀层厚度中间大，两边小，整体厚度介于 $47～158\mu m$ 之间（见图 3-30 中图像 7 和 8）。

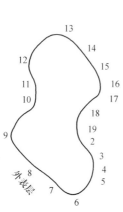

图 3-28　恒温恒湿 123d 最外层索丝截面
的形状与电镜扫描图像的对应位置

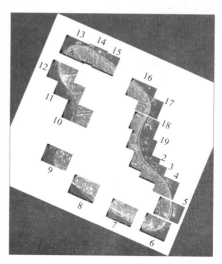

图 3-29　恒温恒湿试验 123d 的最外层索丝镀层的
电镜扫描照片合成图

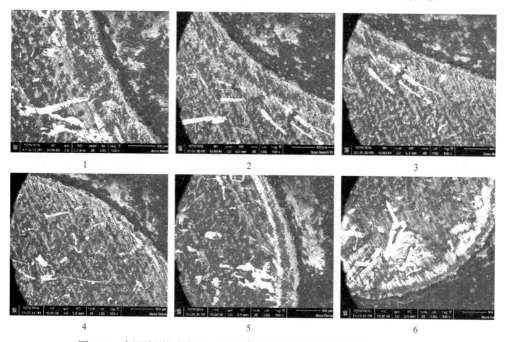

图 3-30　恒温恒湿试验 123d 的最外层索丝镀层的电镜扫描照片（一）

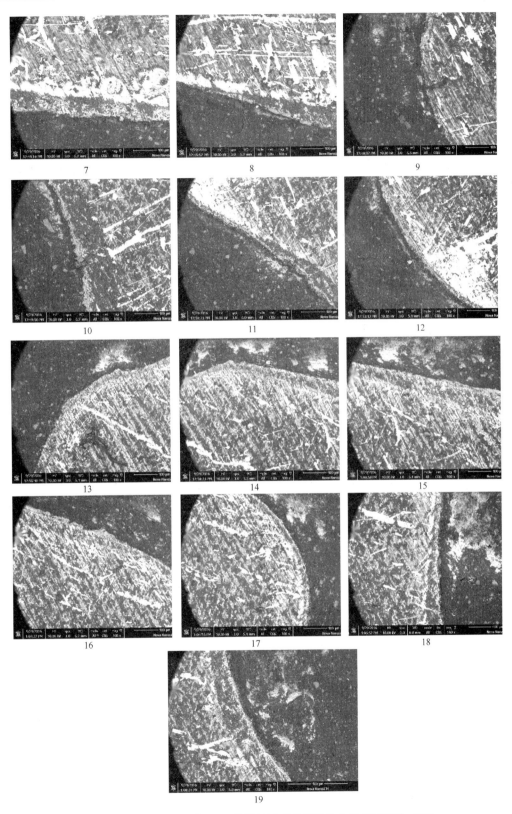

图 3-30 恒温恒湿试验 123d 的最外层索丝镀层的电镜扫描照片（二）

5）锈蚀索丝的截面特征参数

恒温恒湿试验 83d 和 115d 后，分别取单独锈蚀的索丝 3 根（83d 对应编号为 t16，t20 和 t22，115d 对应 t13，t14 和 t15，详见表 3-8），20cm 拉索中的最外层索丝 3 根（83d 对应编号为 HDO-1WR2，HDO-2WR2 和 HDO-3WR2；115d 对应 HDO-1WR3，HDO-2WR3 和 HDO-3WR3）和次外层索丝 3 根（83d 对应编号为 HDC-1WR2，HDC-2WR2 和 HDC-3WR2；115d 对应 HDC-1WR3，HDC-2WR3 和 HDC-3WR3）。对各个索丝进行 3D 激光扫描和分析后，获取的锈蚀后索丝形貌特征参数见表 3-8。表中，平均截面变化率 η_A 定义为腐蚀后索丝试样的平均截面面积相对于锈蚀前对应层索丝的加权平均截面面积 $\overline{A}$（表 3-3）的变化百分率，用于表征锈蚀前后索丝平均截面面积的变化比率；最小截面变化率 $\eta_{A_{min}}$ 定义为腐蚀后索丝试样的最小截面面积相对锈蚀前对应层索丝的最小截面面积 A_{min}（表 3-3）的变化比率，用于表征锈蚀前后索丝最小截面积的变化比率。由表 3-8 可见：

（1）恒温恒湿腐蚀后索丝的截面不均匀系数与锈蚀前基本一致（表 3-3），次外层索丝截面面积变异性仍大于最外层索丝。次外层为 0.025～0.036，最外层为 0.018～0.020 之间。

（2）恒温恒湿腐蚀后次外层平均截面变化率高于最外层。腐蚀后 115d 后次外层 η_A 为 1.63%，大于最外层 η_A 的 0.84%～1.53%。

3.1.5.6 恒温恒湿腐蚀环境下单独锈蚀索丝的锈蚀速率

恒温恒湿腐蚀工况下，腐蚀不同天数后的索丝试样（编号为 t××，拆离拉索进行腐蚀）的质量损失率平均值（表 3-5）如图 3-31 中菱形点所示。

可见，腐蚀前期（115d 前），重量损失率平均值与腐蚀时间呈良好的线性相关关系，可认为重量损失率与腐蚀时间成正比，腐蚀系数为拟合直线的斜率，即 0.0107%/d。整个拉索段一起腐蚀拉索试样的最外层索丝在不同腐蚀时间测得的平均截面损失率和最小截面损失率（表 3-8）分别如图 3-31 中菱形点所示三角形点和正方形点，这些点有些离散，根据前述分析应是由于索条初始截面面积不均匀所造成。但对这些散点进行线性拟合，可见平均截面变化率拟合曲线与质量损失率相对应，斜率为 0.0098%/d 仅比质量损失速度 0.0107%/d 小 8.4%，可认为两者一致。最小截面损失率则相对质量损失率拟合曲线快得多，斜率达 0.0311%/d，从图 3-32 可见各腐蚀时间点不同索丝的质量损失散点分布均处于最小截面损失率拟合曲线的下方。可见，通过 3D 扫描获取的锈后索丝平均截面相对于未锈蚀的基准索丝（表 3-3）的平均截面变化率可用于表征索丝的质量损失率，即索丝的平均锈蚀程度；最小截面损失率可作为考虑锈蚀随机性后平均截面损失率的上限。

腐蚀 115d 后，腐蚀速度大幅降低（图 3-31）。趋势曲线接近于斜率为零的直线。经对拉索进行观察，原因包括两个方面：（1）随着锈蚀率增大，锈蚀产物覆盖索丝表面，造成锈蚀速度下降；（2）锈蚀过程中，表面索丝表面含有的氯离子由于箱内空气流动等原因而脱落，索丝表面氯离子含量逐渐减少，索丝腐蚀速度逐渐变慢。考虑到原因（2），这里以 321d 锈蚀率和原锈蚀速度双折线（图 3-31 绿色虚线）折点的连线作为 115d 以后锈蚀速度。

综合以上，可认为恒温恒湿腐蚀环境下单独锈蚀的最外层索丝早期（115d 前）的锈蚀速度基本为线性，为 0.0107%/d，后期（115d 后）腐蚀速度下降，为 0.00155%/d。

恒温恒湿腐蚀试验的索丝形貌

表 3-8

腐蚀天数	索丝编号*	长度 l (mm)	l 均值 (mm)	截面面积 A 变异系数 δA	δA 均值	平均截面积 Ā (mm²)	Ā 均值 (mm²)	平均截面变化率 ηĀ Ā/锈前A-1 (%)	(均值)	最小截面积 Amin (mm²)	Amin (mm²)	最小截面变化率 ηAmin Āmin/锈前A-1 (%)	(均值)	截面不均匀系数 R (Ā/Amin)	R 的均值
51d	t29	203.04	203.04	0.0081	0.008	27.15	27.15	-0.88	-0.88	26.66	26.66	-2.67	-2.67	1.018	1.018
	HDO-1WR2	205.14	204.77	0.0123	0.013	26.95	27.38	-1.61	-0.01	26.39	26.74	-3.65	-2.38	1.021	1.024
	HDO-2WR2	205.03		0.0136		28.05		2.42		27.25		-0.52		1.030	
	HDO-3WR2	204.14		0.0118		27.16		-0.85		26.57		-2.98		1.022	
	HDC-1WR2	204.79	204.72	0.0248	0.020	10.51	10.45	2.56	1.91	10.14	10.08	-1.05	-1.66	1.037	1.036
83d	HDC-2WR2	204.37		0.0160		10.43		1.76		10.03		-2.17		1.040	
	HDC-3WR2	205.01		0.0202		10.40		1.42		10.07		-1.76		1.032	
	t16	204.95	203.95	0.0128	0.011	27.09	27.21	-1.09	-0.01**	26.56	26.68	-3.01	-2.09**	1.020	1.020
	t20	203.74		0.0083		26.87		-1.91		26.42		-3.52		1.017	
	t22	203.17		0.0122		27.68		1.08		27.07		-1.17		1.023	
115d	HDO-1WR3	209.20	207.57	0.0064	0.008	27.31	27.16	-0.28	-0.84	26.92	26.63	-1.71	-2.77	1.014	1.020
	HDO-2WR3	206.41		0.0089		27.10		-1.06		26.40		-3.60		1.026	
	HDO-3WR3	207.09		0.0087		27.07		-1.18		26.57		-2.99		1.019	
	HDC-1WR3	205.70	205.53	0.0106	0.012	10.06	10.08	-1.88	-1.63	9.85	9.84	-3.92	-4.05	1.021	1.025
	HDC-2WR3	205.45		0.0071		10.13		-1.22		9.96		-2.87		1.017	
	HDC-3WR3	205.44		0.0175		10.07		-1.80		9.70		-5.36		1.038	
	t13	205.53	206.64	0.0081	0.008	27.03	26.97	-1.32	-1.53	26.40	26.44	-3.61	-3.46	1.024	1.020
	t14	209.16		0.0066		27.01		-1.38		26.74		-2.80		1.014	
	t15	205.23		0.0102		27.08		-1.12		26.83		-3.96		1.022	

注：
1. * 表中索丝编号 HDO—×××表示恒温恒湿腐蚀试验（H）中 20cm拉索（D）中取出的最外（O）层索丝；HDC—×××表示恒温恒湿腐蚀试验（H）中 20cm拉索（D）中直接进行暴露试验的索丝；t××表示恒温恒湿腐蚀试验中 20cm拉索（D）中取出的次（D）中取出的最外（O）层索丝。
2. ** 表示该平均截面变化率平均值或最小截面变化率平均值未考虑 t20 索丝的影响，因为该索丝的极限强度明显偏低，怀疑其内部有较大缺陷。

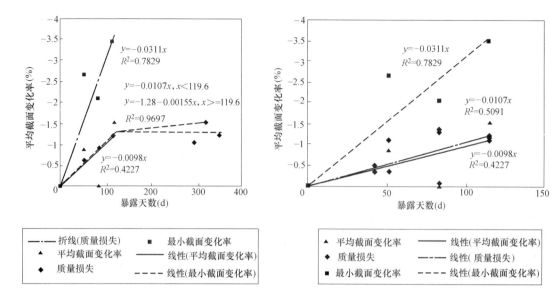

图 3-31 恒温恒湿腐蚀环境下独立腐蚀索
丝（编号 t××）的质量变化和截面变化

图 3-32 恒温恒湿腐蚀环境下独立腐蚀索丝
（编号 t××）的质量变化和最小截面变化率的关系

3.1.5.7　恒温恒湿腐蚀环境下拉索不同层索丝的锈蚀速率

将表 3-8 中腐蚀不同时间后的 20cm 拉索中最外层索丝（83d 对应编号为 HDO-1WR2，HDO-2WR2 和 HDO-3WR2；115d 对应 HDO-1WR3，HDO-2WR3 和 HDO-3WR3）的平均截面变化率和最小截面变化率分别进行线性拟合，结果如图 3-33 所示。根据前文分析，将锈蚀后索丝相对于基准索丝（表 3-3）的平均截面变化率可作为索丝锈蚀程度的表征指标，因此可以认为 20cm 拉索中最外层索丝的锈蚀速率为 0.0049%/d。低于独立进行锈蚀的最外层索条，约为其腐蚀速度的 50%。

将表 3-8 中 20cm 拉索中的次外层索丝 3 根（83d 对应编号为 HDC-1WR2，HDC-2WR2 和 HDC-3WR2；115d 对应 HDC-1WR3，HDC-2WR3 和 HDC-3WR3）的平均截面变化率和最小截面变化率与腐蚀时间关系曲线进行线性拟合，如图 3-34 所示。可认为 20cm 拉索次外层索丝的锈蚀速率为平均截面锈蚀速率为 0.0014%/d。腐蚀速度低于独立腐蚀的索条，也低于拉索中的最外层索条。

3.1.5.8　锈蚀索丝的力学性能

在电液伺服试验机上进行拉伸试验以获取索丝的极限强度。采取技术措施使索丝试件拉伸时在非夹持端的有效段内断裂，获取索丝试样的抗拉极限承载力。根据 3D 激光扫描获得的截面面积计算索丝的抗拉强度，见表 3-9。对表 3-9 中独立腐蚀的最外层索丝试件、拉索试件中的最外层索丝、拉索试件中的次外层索丝的各种极限强度与腐蚀时间关系进行线性拟合，对拟合结果进行分析：

（1）恒温恒湿腐蚀条件下，单独锈蚀的最外层索丝的名义强度（定义为锈蚀后不考虑锈蚀引起的截面面积不变化计算得到的极限强度）、最小截面极限强度、平均极限强度均随腐蚀时间的增加反而有所升高（图 3-35），其中名义强度升高最小。

（2）恒温恒湿腐蚀条件下，拉索试样的最外层索丝的平均极限强度和最小截面极限强度均随腐蚀时间的增加稍有降低，而名义强度则基本无变化（图 3-36）。

恒温恒湿腐蚀后索丝力学性能试验结果

表 3-9

暴露天数 (d)	试件编号	抗拉承载力 F_u (kN)	平均极限强度 f_A (F_u/A)(MPa)	f_A均值 (MPa)	平均极限强度变化率 β_A $\frac{f_A}{锈前 f_A}-1$ (%)	β_A均值 (%)	最小截面极限强度 f_{Amin} (F_u/A_{min})(MPa)	f_{Amin}均值 (MPa)	最小截面极限强度变化率 β_{Amin} $\frac{f_{Amin}}{锈前 f_{Amin}}-1$ (%)	β_{Amin}均值 (%)
51	t29	44.592	1643	1643	0.700	0.700	1673	1673	-0.199	-0.920
	HDO-1WR2	44.364	1646	1621	0.932	-0.65	1681	1660	0.307	-0.98
	HDO-2WR2	44.803	1597		-2.081		1644		-1.892	
	HDO-3WR2	43.938	1618		-0.803		1654		-1.347	
	HDC-1WR2	17.677	1681	1663	-0.139	-1.26	1743	1723	-0.312	-1.45
	HDC-2WR2	17.204	1649		-2.048		1715		-1.872	
	HDC-3WR2	17.227	1657		-1.590		1711		-2.152	
83	t16	45.272	1671	1650	2.461	1.15	1704	1685	1.679	-0.53
	t20	42.409	1579		-3.224		1605		-4.242	
	t22	45.088	1629		-0.153		1666		-0.616	
	HDO-1WR3	44.426	1627	1653	-0.273	1.36	1650	1686	-1.543	0.60
	HDO-2WR3	44.737	1651		1.217		1694		1.090	
	HDO-3WR3	45.532	1682		3.136		1714		2.247	
	HDC-1WR3	16.904	1680	1685	-0.190	0.07	1716	1728	-1.824	-1.18
	HDC-2WR3	16.899	1669		-0.884		1697		-2.920	
	HDC-3WR3	17.166	1705		1.278		1769		1.215	
115	t13	45.403	1680	1665	2.995	2.05	1720	1698	2.606	1.29
	t14	45.195	1674		2.640		1698		1.290	
	t15	44.071	1639		0.507		1675		-0.038	

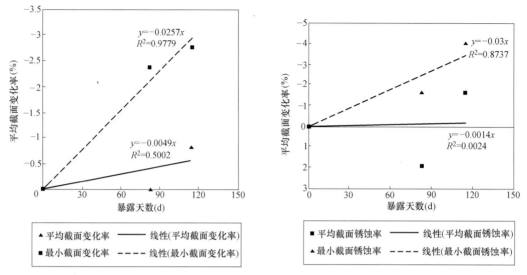

图 3-33　恒温恒湿腐蚀拉索的最外层索丝截面变化率　图 3-34　恒温恒湿腐蚀拉索的次外层索丝截面变化率

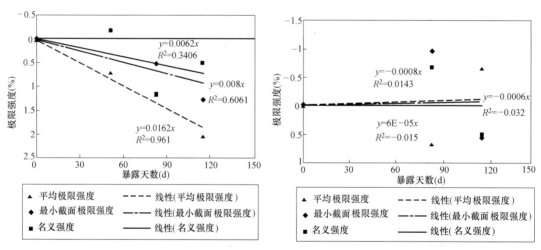

图 3-35　恒温恒湿条件下单独锈蚀索丝的极限强度变化　图 3-36　恒温恒湿条件下拉索中最外层索丝的极限强度变化

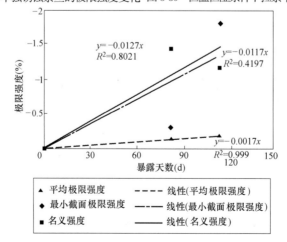

图 3-37　恒温恒湿条件下拉索中次外层索丝的极限强度变化

（3）恒温恒湿腐蚀条件下，拉索试样的次外层索丝的平均极限强度和最小截面极限强度均随腐蚀时间的增加稍有降低，而名义强度则稍有增加（图 3-37）。

3.1.6 中性盐雾加速腐蚀试验

3.1.6.1 试件与安装

进行中性盐雾加速试验的试件包括涂装预应力拉索（TS-1、TS-2 和 TS-3）和无涂装预应力拉索（WS-1、WS-2 和 WS-3）各 3 根，无涂装无应力拉索 10 根（W1～W10），试件编号分别见表 3-10。此外，监测拉索预应力的对应力传感器编号见表 3-11。

中性盐雾试验的试件编号 表 3-10

应力状态				无应力状态				
涂装	TS-1	TS-2	TS-3	W-6	W-7	W-8	W-9	W-10
无涂装	WS-1	WS-2	WS-3	W-1	W-2	W-3	W-4	W-5

注：TS、WS 为 1.2m 的预应力长索，W 为 50cm 短索。

预应力拉索力传感器编号 表 3-11

试件编号	TS-1	TS-2	TS-3	WS-1	WS-2	WS-3
传感器编号	1513684	1513687	1513686	1513681	1513680	1513685

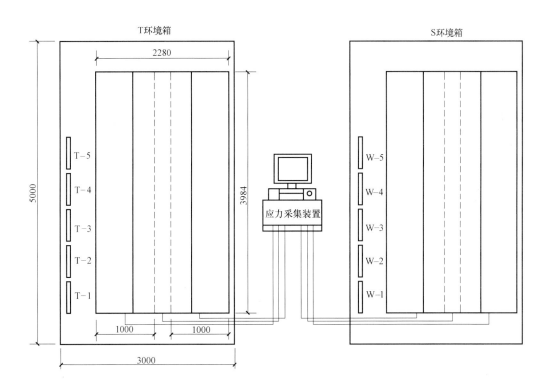

图 3-38 中性盐雾加速腐蚀试验的试件布置平面图

为保证盐雾可以自由均匀沉降在试件表面上，试件之间不相互叠放，保证各个试件的表面沉降均匀性，试件布置如图 3-38、图 3-39 所示。

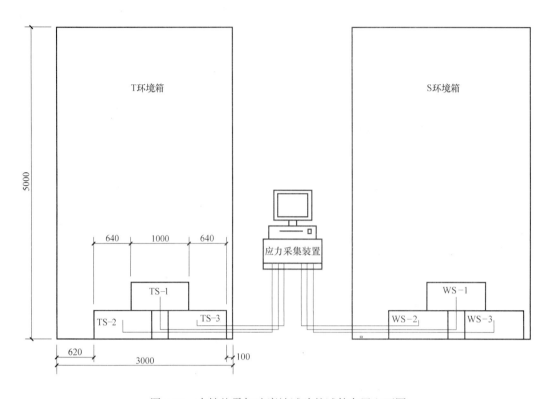

图 3-39　中性盐雾加速腐蚀试验的试件布置立面图

在拉索反力架两端安装力传感器，在另一端通过千斤顶对预应力拉索施加 600MPa 的预应力，预应力值通过力传感器读取和控制（图 3-40）。施加预应力后的拉索及反力架如图 3-41 所示。将拉索及反力架按图 3-38 和图 3-39 所示，安装至同济大学工程结构耐久性试验室的盐雾模拟环境箱内（图 3-42）。经除锈和防锈漆涂抹（图 3-43）后，再采用薄膜包裹保护，以避免反力架腐蚀破坏和造成拉索预应力损失。无应力无涂装的短拉索两端再进行树脂涂覆包裹，试验段采用酒精清洗后放入环境箱（图 3-44）。对涂装和无涂装的预应力拉索表面同样进行清洗，最终拉索及反力架如图 3-45 所示。

图 3-40　预应力拉索的预应力施加

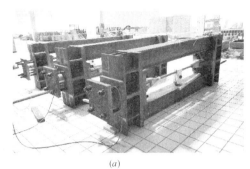

(a) (b)

图 3-41 已施加预应力的拉索及反力架
(a) 无涂装预应力拉索；(b) 涂装预应力拉索

图 3-42 预应力拉索进入环境室   图 3-43 反力架除锈与防锈漆涂装

图 3-44 无涂装无预应力短索   图 3-45 反力架薄膜保护

3.1.6.2 盐雾加速腐蚀试验环境控制参数

中性盐雾加速腐蚀试验根据《人造气氛腐蚀试验》GB/T 10125—2012 和《轻工产品金属镀层和化学处理层的耐腐蚀试验方法 中性盐雾试验（NSS）法》QB/T 3826—1999 确定环境控制参数，见表 3-12。

中性盐雾加速腐蚀试验的试验参数   表 3-12

盐雾箱内温度	35 ± 2℃
盐雾沉降的速度	经 24h 喷雾后，每个收集器所收集的溶液应为 1～2mL/（h 80cm²）
氯化钠浓度	50 ± 10g/L
pH 值范围	6.5～7.2
相对湿度	100%

在盐雾箱内按计划放置好试样，并确认盐雾收集速度和条件在规定范围内才开始试验。试验过程中，记录拉索预应力变化、环境箱中的温湿度变化以及拉索中的应力变化值。

3.1.6.3 无应力拉索的锈蚀现象

无应力拉索直到 80d 左右时才观察到表面有较明显的红色锈蚀产物。分别在中性盐雾试验进行的第 67d 和第 75d，取出 50cm 长无应力拉索（图 3-46）。首先，在拉索表面有锈蚀痕迹位置处刮取盐结晶及锈蚀产物混合物粉末样品，称为外层粉末样品；然后，拆开各层索丝，再在最外层和次外层 Z 形索丝交界面上刮取表面锈蚀产物样品，称为内层粉末样品。样品如图 3-47 所示。

图 3-46 无应力拉索表面锈蚀情况 　图 3-47 67d 无应力拉索的外层粉末样品和表层粉末样品

对 67d 盐雾腐蚀无应力拉索的粉末样品研磨后，置于 BrukerD8AdvanceX 射线衍射仪中进行物相分析，靶材为 CuKa，2θ，扫描范围为 $5°\sim90°$，步长为 0.03，内层和外层粉末样品的测试结果分别如图 3-48 和图 3-49 所示。可见：（1）67d 无应力拉索锈蚀产物的主要成分均为 Zn 和 Al 的氧化物或化合物，并未检测到 Fe 元素，表明该试样锈蚀应还仅限于镀层，尚未发展至合金钢基体；（2）外层样品的锈蚀产物含量高于内层样品。

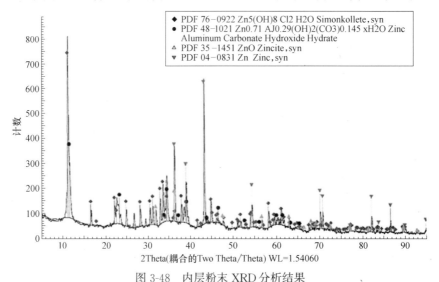

图 3-48 内层粉末 XRD 分析结果

3.1.6.4 锈蚀无应力拉索的镀层厚度

随机截取盐雾腐蚀 133d 的最外层索丝试样的一段，经镶嵌磨抛后利用扫描电镜观察

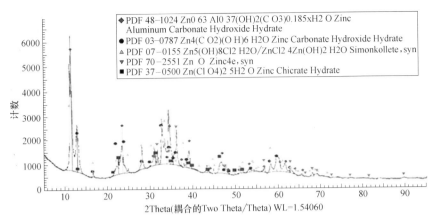

图 3-49　外层样品 XRD 分析结果

索丝截面。获得索丝截面形状及各位置处对应的电镜扫描图像如图 3-50 和图 3-51 所示。其中各编号的扫描图像如图 3-52 所示，图 3-50 的截面底部边缘对应于图 3-2 中整个拉索截面的外表面。电镜扫描观察表明：

（1）盐雾腐蚀 133d 最外层索丝的镀层厚度沿截面外边缘分布不均匀。截面的两个内凹阴角处镀层厚度最大，可达 $356\mu m$（图 3-52 中图像 2、10、11、18 和 19）。外凸阳角处的镀层厚度最薄，一般介于 $14\sim242\mu m$ 之间，最薄处为 $14\mu m$（图 3-52 中图像 3、7、8、12、15、16、17 和 20）。索丝外表面侧（多股绞合成拉索后直接暴露于环境的一侧）的镀层厚度也不均匀，外表面侧相对平直，整体厚度介于 $22\sim89\mu m$ 之间（见图 3-52 中图像 12、13 和 14），但相比未锈蚀索丝的外表面侧，该平直段的中间部分的厚度甚至比平直段两端薄，镀层表面凹凸不平，具有明显的被腐蚀形成的坑蚀形貌。

（2）索丝截面镀层的外轮廓线不平滑。图 3-52 中镀层的外边缘形状很不规则，镀层的内侧和外侧的灰度值不一，这是镀层表面受到不均匀腐蚀后的典型特征。

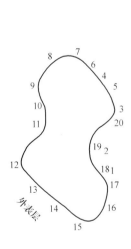

图 3-50　盐雾腐蚀 133d 后无应力拉索最外层索丝截面的形状与电镜扫描图像的对应位置

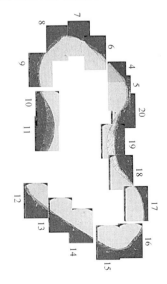

图 3-51　盐雾腐蚀 133d 后无应力拉索最外层索丝镀层的电镜扫描照片合成图

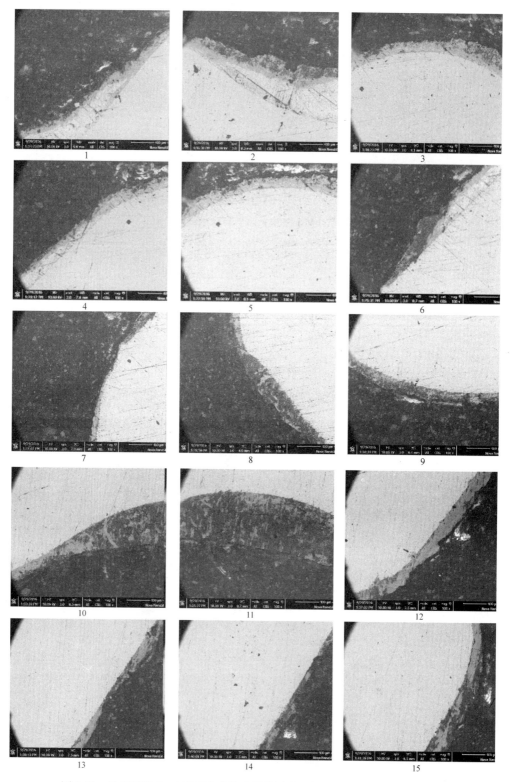

图 3-52　盐雾腐蚀 133d 后无应力拉索最外层索丝镀层的电镜扫描照片（一）

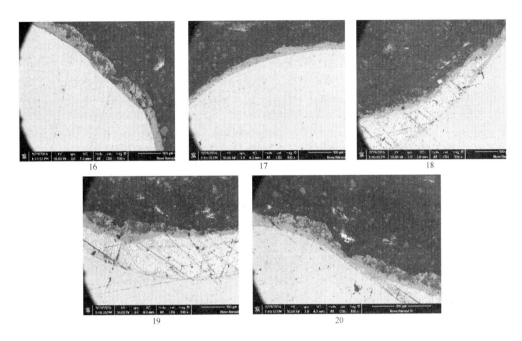

16　　17　　18

19　　20

图 3-52　盐雾腐蚀 133d 后无应力拉索最外层索丝镀层的电镜扫描照片（二）

3.1.6.5　锈蚀无应力拉索的截面特征参数

中性盐雾腐蚀 67d、75d、133d 和 477d 后，50cm 拉索中的最外层索丝 3 根（67d 对应编号为 XLO1-1，XLO2-1 和 XLO3-1，75d 对应 XLO1-2，XLO2-2 和 XLO3-2，133d 对应 XLO1-3，XLO2-3 和 XLO3-3，477d 对应 XLO1-4，XLO2-4，XLO3-4，XLO4-4，XLO5-4，XLO6-4，详见表 3-13），50cm 拉索中的次外层索丝 3 根（67d 对应编号为 XLC1-1，XLC2-1 和 XLC3-1，75d 对应 XLC1-2，XLC2-2 和 XLC3-2，133d 对应 XLC1-3，XLC2-3 和 XLC3-3，477d 对应 XLC1-4，XLC2-4，XLC3-4，XLC4-4，XLC5-4，XLC6-4，详见表 3-13）。对各个索丝进行 3D 激光扫描和分析后，获取的锈蚀后索丝形貌特征参数见表 3-14。根据中性盐雾试验后锈蚀索丝形貌参数可见：

（1）67d 到 133d 后盐雾腐蚀后无应力的拉索索丝的截面积变异性（δ_A）相比锈蚀前（表 3-3）变大，同时次外层索丝的变异性仍大于最外层索丝。锈蚀后最外层索丝的截面积不均匀系数 R 相比锈蚀前（表 3-3）变小，同时次外层索丝不均匀系数相比锈蚀前变大，且仍大于最外层索丝。次外层从 1.026 增大到为 1.044～1.05，最外层从 1.035 增大到 1.088～1.172 之间。但是 477d 后盐雾腐蚀后无应力的拉索索丝的截面面积变异性（δ_A）相比锈蚀前（表 3-3）反而降低，同时次外层索丝的变异性仍大于最外层索丝。锈蚀后最外层索丝和次外层索丝的截面面积不均匀系数 R 相比锈蚀前（表 3-3）变小，同时相比锈蚀前降低，且仍大于最外层索丝。次外层从 1.026 减少到为 1.021，最外层从 1.035 变到 1.034。

（2）随着腐蚀时间增加，次外层和最外层索丝的截面面积明显减小。

3.1.6.6　锈蚀无应力拉索的索丝锈蚀速率

表 3-13 中，拉索最外层索丝的平均截面变化率和最小截面变化率与腐蚀时间的关系曲线如图 3-53 所示。根据前文分析可认为盐雾腐蚀环境下无应力拉索最外层索丝的锈蚀

速率早期较快，后期逐渐放缓。根据腐蚀速度回归曲线预测，40 年后索丝截面锈蚀 20.9%。

表3-13中，拉索次外层索丝的平均截面变化率和最小截面变化率与腐蚀时间的关系曲线如图3-54所示。根据前文分析可认为盐雾腐蚀环境下无应力拉索次外层索丝的锈蚀速率同样是早期较快，后期逐渐放缓。按照回归的锈蚀速率，索丝40年锈蚀率为13.7%。

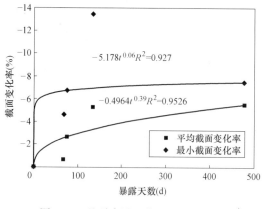

图 3-53　盐雾腐蚀环境下无应力拉索
最外层索丝的锈蚀速率

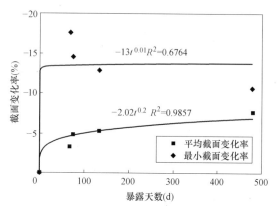

图 3-54　盐雾腐蚀环境下无应力拉索
次外层索丝的锈蚀速率

3.1.6.7　锈蚀无应力拉索的力学性能

在电液伺服试验机上进行力学拉伸试验以获取索丝的极限强度，根据 3D 激光扫描获得的截面面积计算索丝的抗拉强度，见表3-13、表3-14。对表3-14中盐雾腐蚀环境下无应力拉索最外层索丝和次外层索丝的各种极限强度与腐蚀时间关系进行线性拟合，对拟合结果进行分析如下：

（1）无应力拉索的最外索丝在盐雾腐蚀环境下，随腐蚀时间增加，名义极限强度几乎保持不变，而平均极限强度和最小截面极限强度反而有所提高。这可解释为索丝镀层被腐蚀，索丝截面面积减小，但镀层对索丝的极限强度影响不大，故名义强度保持不变，但采用实际测量平均截面面积和最小面积分别计算得到的平均极限强度和最小截面极限强度则变大，甚至大于腐蚀前（图3-55）。

（2）次外层索丝的名义极限强度随腐蚀时间增长稍有减小，而平均截面极限强度和最小截面极限强度有所升高。这同样可解释为镀层被腐蚀，索丝截面面积变小，但镀层腐蚀对索丝强度降低影响不大（图3-56）。

3.1.6.8　有应力拉索的锈蚀

试验进行的第 13d，发现有应力拉索 WS-2 出现多处锈蚀痕迹，如图 3-57 所示。试验进行的第 42d，发现有应力拉索 WS-3 出现多处锈蚀，如图 3-58 所示。此后，腐蚀产物逐渐增加，136d 时红色锈蚀产物十分明显，如图 3-59 所示。

3.1.6.9　锈蚀有应力拉索的镀层厚度

盐雾试验 70d 和 136d，从盐雾环境中取出有应力拉索，截取约 50cm 长拉索（切割位置如图 3-60 中左侧虚框），用于分析盐雾腐蚀下有应力拉索的腐蚀情况。此外，从拉索与索夹连接处截取大致 20cm 长的一段拉索（如图 3-60 右侧虚框），用于分析与索夹连接处的有应力拉索的腐蚀情况。

表3-13

无应力锈蚀索丝的截面特征参数

腐蚀天数 (d)	索丝编号*	长度 l(mm)	l均值 (mm)	截面积A变异系数 δ_A	δ_A均值	平均截面面积 $\bar{A}$(mm²)	$\bar{A}$均值 (mm²)	平均截面变化率 $\bar{\eta}$ $\bar{A}$/锈前$\bar{A}$-1 (%)	最小截面面积 A_{min}(mm²)	A_{min}均值 (mm²)	最小截面变化率 η_{min} A_{min}/锈前$\bar{A}$-1 (%)	截面不均匀系数 $R(\bar{A}/A_{min})$	R的均值
67	XLO1-1	511.36		0.0131		27.40		0.06		26.51		-3.19	1.0335	
	XLO2-1	518.06	516.04	0.0220	0.017	27.42	27.205	0.10	-0.67	26.11	26.119	-4.65	1.0499	1.042
	XLO3-1	518.70		0.0157		26.80		-2.16		25.73		-6.06	1.0415	
	XLC1-1	518.56		0.0446		9.85		-3.91		8.54		-16.71	1.1537	
	XLC2-1	515.40	517.12	0.0558	0.049	9.91	9.913	-3.31	-3.30	8.43	8.459	-17.72	1.1752	1.172
	XLC3-1	517.40		0.0469		9.98		-2.69		8.41		-18.01	1.1868	
75	XLO1-2	516.55		0.0150		26.56		-3.03		25.80		-5.81	1.0296	
	XLO2-2	516.65	516.46	0.0200	0.017	26.91	26.655	-1.76	-2.68	25.52	25.535	-6.82	1.0543	1.044
	XLO3-2	516.19		0.0172		26.50		-3.25		25.29		-7.67	1.0479	
	XLC1-2	515.89		0.0454		9.56		-6.78		8.37		-18.38	1.1421	
	XLC2-2	515.08	515.39	0.0308	0.037	9.78	9.750	-4.55	-4.89	9.05	8.759	-11.76	1.0817	1.114
	XLC3-2	515.21		0.0335		9.91		-3.32		8.86		-13.53	1.1181	
133	XLO1-3	516.94		0.0206		26.32		-3.88		24.91		-9.05	1.0568	
	XLO2-3	517.49	517.20	0.0160	0.020	25.66	25.934	-6.32	-5.10*	24.60	24.75*	-10.19	1.0431	1.05
	XLO3-3	517.17		0.0240		25.82		-5.73		21.57		-21.23	1.1968	
	XLC1-3	517.48		0.0227		9.64		-5.98		9.01		-12.14	1.0700	
	XLC2-3	517.17	517.50	0.0317	0.030	9.95	9.709	-2.90	-5.29	8.95	8.927	-12.65	1.1115	1.088
	XLC3-3	517.84		0.0346		9.53		-6.99		8.82		-13.96	1.0811	

续表

腐蚀天数 (d)	索丝编号*	长度 l(mm)	l 均值 (mm)	截面积 A 变异系数 δA	δA 均值	平均截面面积 Ā(mm²)	Ā 均值 (mm²)	平均截面变化率 η̄ = Ā/锈前Ā −1 (%)	最小截面面积 Amin(mm²)	Amin 均值 (mm²)	最小截面变化率 ηAmin = Amin/锈前Ā −1 (%)	截面不均匀系数 R(Ā/Amin)	R 的均值
477	XLO1-4	491.86		0.0143		25.95		−5.25	25.05		−8.54	1.0360	
	XLO2-4	492.47		0.0172		26.01		−5.03	25.35		−7.46	1.0263	
	XLO3-4	499.52	495.75	0.0080	0.010	26.00	25.883	−5.06	25.49	25.349	−6.92	1.0200	1.021
	XLO4-4	497.48		0.0068		26.15		−4.52	25.67		−6.26	1.0186	
								−5.496			−7.445		
	XLO5-4	498.84		0.0067		24.88		−9.16	24.61		−10.14	1.0109	
	XLO6-4	494.35		0.0092		26.30		−3.97	25.92		−5.35	1.0146	
	XLC1-4	498.26		0.0120		9.60		−6.35	9.28		−9.52	1.0350	
	XLC2-4	498.72		0.0130		9.45		−7.77	9.15		−10.77	1.0336	
	XLC3-4	494.89	496.22	0.0224	0.017	9.36	9.465	−8.69	9.07	9.154	−11.54	1.0323	1.034
	XLC4-4	493.90		0.0172		9.26		−9.69	8.98		−12.43	1.0313	
								−7.670			−10.701		
	XLC5-4	499.01		0.0088		9.88		−3.61	9.61		−6.24	1.0280	
	XLC6-4	492.54		0.0299		9.23		−9.91	8.85		−13.71	1.0440	

注：* 由于 XLO3-3 索丝的最小截面相比其他试件明显偏小，故剔除该试件后计算平均截面锈蚀率和最小截面锈蚀率的平均值。

无应力锈蚀索丝力学性能试验结果　　　　　表 3-14

暴露天数(d)	试件编号	抗拉承载力 F_u (kN)	平均极限强度 $f_{\bar{A}}$ ($F_u/\bar{A}$)(MPa)	$f_{\bar{A}}$均值 (MPa)	平均极限强度变化率 $\beta_{\bar{A}}$ $\frac{f_{\bar{A}}}{锈前 f_{\bar{A}}}-1$(%)	$\beta_{\bar{A}}$均值(%)	最小截面极限强度 f_{Amin} (F_u/A_{min})(MPa)	f_{Amin}均值 (MPa)	最小截面极限强度变化率 β_{Amin} $\frac{f_{Amin}}{锈前 f_{Amin}}-1$(%)	β_{Amin}均值(%)
67	XLO1-1	45.211	1650	1654	1.1459	1.399	1705	1723	1.7318	2.788
	XLO2-1	45.307	1653		1.3144		1735		3.5138	
	XLO3-1	44.467	1659		1.7374		1728		3.1178	
	XLC1-1	17.082	1734	1713	2.9954	1.749	2001	2007	14.4404	14.827
	XLC2-1	16.882	1703		1.1584		2002		14.4942	
	XLC3-1	16.979	1702		1.0927		2020		15.5476	
75	XLO1-2	45.095	1698	1692	4.0945	3.718	1748	1766	4.2985	5.364
	XLO2-2	45.505	1691		3.6811		1783		6.3780	
	XLO3-2	44.679	1686		3.3772		1767		5.4165	
	XLC1-2	16.976	1776	1747	5.5100	3.772	2029	1947	16.0585	11.355
	XLC2-2	16.954	1733		2.9106		1874		7.2072	
	XLC3-2	17.17	1732		2.8966		1937		10.7985	
133	XLO1-3	44.54	1692	1712*	3.7286	4.929*	1788	1797*	6.6774	7.205*
	XLO2-3	44.416	1731		6.1293		1806		7.7332	
	XLO3-3	45.353	1757		7.6934		2102		25.4285	
	XLC1-3	16.93	1757	1754	4.3306	4.175	1880	1907	7.5165	9.085
	XLC2-3	16.986	1707		1.3555		1897		8.5036	
	XLC3-3	17.151	1799		6.8377		1945		11.2354	

注：由于 XLO3-3 索丝的最小截面相比其他试件明显偏小，故剔除该试件后计算平均极限强度和最小截面强度的平均值。

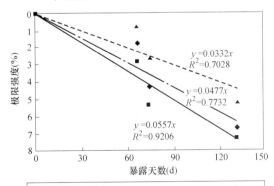

图 3-55 盐雾腐蚀条件下拉索中最外层索丝的极限强度变化

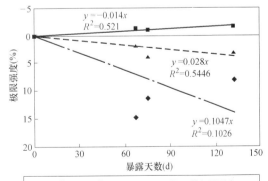

图 3-56 盐雾腐蚀条件下拉索中次外层索丝的极限强度变化

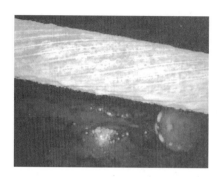

图 3-57　拉索 WS-2 锈蚀形态（13d）

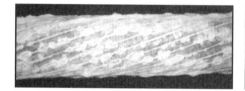

图 3-58　拉索 WS-3 锈蚀形态（42d）　　　　图 3-59　拉索 WS-2 锈蚀形态（136d）

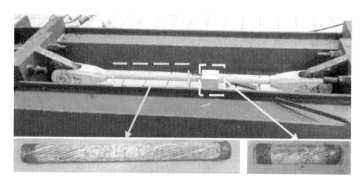

图 3-60　盐雾腐蚀环境下有应力 50cm 拉索试样和 20cm 拉索试样的取样位置

　　从盐雾腐蚀 136d 有应力 50cm 拉索的最外层索丝中随机截取一段索丝试样，经镶嵌磨抛后利用扫描电镜观察索丝截面，获取索丝的截面形状及截面各位置处对应的电镜扫描图像的编号如图 3-61 和图 3-62 所示。其中各编号的扫描图像如图 3-63 所示，图 3-61 中截面底部边缘对应于图 3-2 中整个拉索截面的外侧表面。扫描电镜观察表明：

　　（1）沿截面周边的镀层厚度较不均匀。截面的两个内凹阴角处镀层厚度最大，可达 $158\mu m$（图 3-63 中图像 1、4、16 和 17）。外凸阳角处的镀层厚度最薄，一般介于 0～$113\mu m$ 之间（图 3-63 中图像 8、9、10、11、3、6、5、2、4、23、21、20、19），靠近索丝外侧的外凸角处（图 3-63 中图像 19）镀层厚度为 $0\mu m$。索丝外表面侧（多股绞合成拉索后直接暴露于环境的一侧）的镀层厚度几乎全为 0（图 3-63 中图像 20、21 和 22），表明有应力拉索的外层索丝镀层基本完全被腐蚀掉。

　　（2）未被完全腐蚀的镀层外轮廓线不平滑，而镀层被完全腐蚀的外表面侧表面则相对光滑。镀层未被完全腐蚀的部分截面外轮廓线呈不规则形状。外表面侧上的镀层已大部分消失（图 3-63 中图像 20、21 和 22），可见已被盐雾完全腐蚀，并应已腐蚀到索丝基材，被腐蚀的基材表面较为光滑。

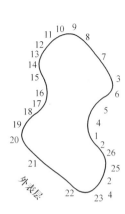

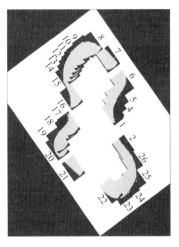

图 3-61　盐雾腐蚀 136d 后有应力拉索最外层
索丝截面的形状与电镜扫描图像的对应位置

图 3-62　盐雾腐蚀 136d 后有应力拉索最外层
索丝镀层的电镜扫描照片合成图

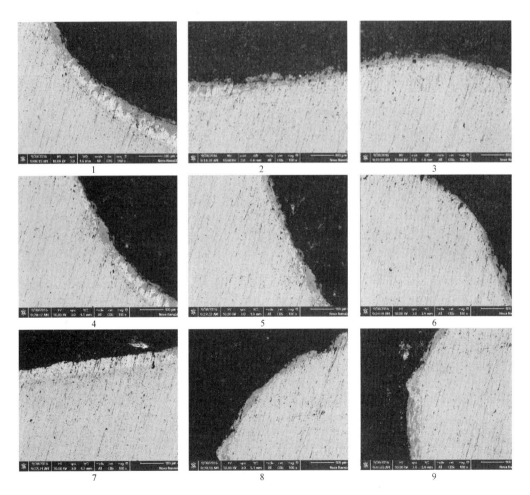

图 3-63　盐雾腐蚀 136d 后有应力拉索最外层索丝镀层的电镜扫描照片（一）

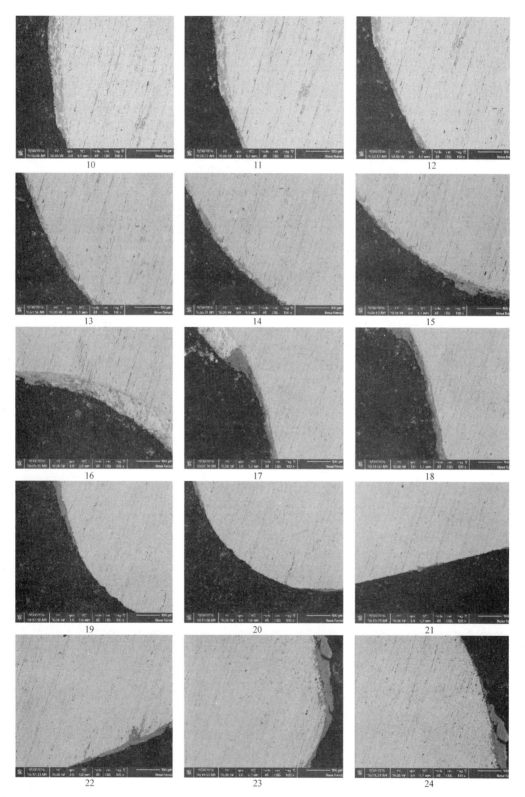

图 3-63　盐雾腐蚀 136d 后有应力拉索最外层索丝镀层的电镜扫描照片（二）

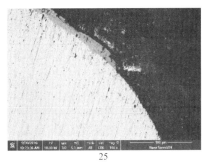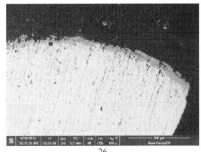

图 3-63　盐雾腐蚀 136d 后有应力拉索最外层索丝镀层的电镜扫描照片（三）

3.1.6.10　锈蚀有应力拉索的截面特征参数

1）非索夹处索丝截面特征参数

中性盐雾腐蚀 70d、136d 和 477d 后，抽取 50cm 有应力拉索中的最外层索丝 3～6 根（70d 对应编号为 Y-S-XLO1，Y-S-XLO2 和 Y-S-XLO3，136d 对应 Y-2-XLO1，Y-2-XLO2 和 Y-2-XLO3，477d 对应 Y-3-XLO1，Y-3-XLO2，Y-3-XLO3，Y-3-XLO4，Y-3-XLO5 和 Y-3-XLO6，详见表 3-15），次外层索丝 3～6 根（70d 对应编号为 Y-S-XLC1，Y-S-XLC2 和 Y-SXLC3，136d 对应 Y-2-XLC1，Y-2-XLC2 和 Y-2-XLC3，477d 对应 Y-3-XLC1，Y-3-XLC2，Y-3-XLC3，Y-3-XLC4，Y-3-XLC5 和 Y-3-XLC6，详见表 3-15）。对各个索丝进行 3D 激光扫描和分析，获取的锈蚀后索丝形貌特征参数见表 3-15，可知：

（1）中性盐雾腐蚀 70d、136d 后盐雾腐蚀环境下的锈后索丝截面面积变异性相比锈蚀前（表 3-3）变大，同时次外层索丝的变异性大于最外层索丝。锈蚀后最外层索丝的截面积不均匀系数 R 相比锈蚀前（表 3-3）变大，次外层从 1.026 增大到为 1.112～1.137，最外层从 1.035 增大为 1.064～1.071，次外层索丝不均匀系数仍大于最外层索丝；中性盐雾腐蚀 477d 后盐雾腐蚀环境下的锈后索丝截面面积变异性相比锈蚀前（表 3-3）降低，同时次外层索丝的变异性大于最外层索丝，但 477d 锈蚀后最外层索丝的截面面积不均匀系数 R 相比锈蚀前（表 3-3）变大，次外层从 1.026 增大到 1.045，最外层从 1.035 增大为 1.058，次外层索丝不均匀系数仍大于最外层索丝。

（2）随腐蚀时间增长，次外层和最外层索丝截面减小。

2）索夹处索丝截面特征参数

从有应力拉索中与索夹连接处的 20cm 拉索中的最外层索丝抽取 3～6 根（70d 对应编号为 Y-S-XDO1，Y-S-XDO2 和 Y-S-XDO3，136d 对应 Y-2-XDO1，Y-2-XDO2 和 Y-2-XDO3，477d 对应 Y-3-XDO1，Y-3-XDO2，Y-3-XDO3，Y-3-XDO4，Y-3-XDO5 和 Y-3-XDO6，详见表 3-16），次外层索丝 3～6 根（70d 对应编号为 Y-S-XDC1，Y-S-XDC2 和 Y-S-XDC3，136d 对应 Y-2-XDC1，Y-2-XDC2 和 Y-2-XDC3，477d 对应 Y-3-XDC1，Y-3-XDC2，Y-3-XDC3，Y-3-XDC4，Y-3-XDC5 和 Y-3-XDC6，详见表 3-16）。对各个索丝进行 3D 激光扫描和分析后，获取的锈蚀后索丝形貌特征参数见表 3-15，可见与索夹连接处的有应力索丝锈后的截面面积变异性与锈蚀前（表 3-3）大致接近。

3.1.6.11　锈蚀有应力拉索的索丝锈蚀速率

1）非索夹处索丝锈蚀速率

表 3-15、表 3-16 中拉索最外层索丝的平均截面变化率和最小截面变化率与腐蚀时间

的关系曲线如图 3-64 所示。盐雾腐蚀环境下有应力拉索最外层索丝的锈蚀速率随时间逐渐变缓，可按幂函数拟合回归。根据回归曲线预测，40 年锈蚀 55%。

表 3-15、表 3-16 中拉索次外层索丝的平均截面变化率和最小截面变化率与腐蚀时间的关系曲线如图 3-65 所示。盐雾腐蚀环境下有应力拉索次外层索丝平均锈蚀速率可按直线进行拟合，锈蚀速度为恒定的 0.0476%/d，根据该回归速度预测，次外层索丝 5.8 年完全锈蚀。

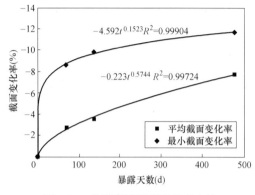
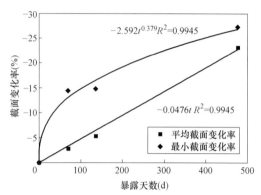

图 3-64　盐雾腐蚀环境下有应力拉索最外层索丝的锈蚀速率　　图 3-65　盐雾腐蚀环境下有应力拉索次外层索丝的锈蚀速率

2）与索夹连接处索丝锈蚀速率

有应力拉索与索夹连接处的最外层索丝和次外层索丝在盐雾腐蚀环境下锈蚀速率分别如图 3-66 和图 3-67 所示。最外层拉索锈蚀速率相对低，40 年后锈 1.55%，次外层的腐蚀速度更低，接近零。最外层的腐蚀速度比有应力拉索中其他一般暴露部位的腐蚀速度低一个数量级。

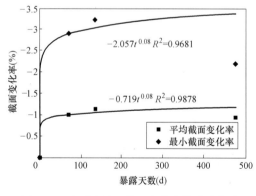
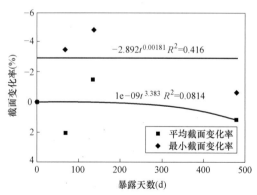

图 3-66　盐雾腐蚀环境下有应力拉索中与索夹连接处的最外层索丝锈蚀速率　　图 3-67　盐雾腐蚀环境下有应力拉索中与索夹连接处的次外层索丝锈蚀速率

3.1.6.12　锈蚀有应力拉索的力学性能

1）非索夹处索丝

在电液伺服试验机上进行力学拉伸试验以获取索丝极限强度，根据 3D 激光扫描获得的截面面积计算索丝的抗拉强度见表 3-17。对表 3-17 中盐雾腐蚀环境下有应力拉索最外层索丝和次外层索丝的各种极限强度与腐蚀时间关系进行线性拟合，可知：

50cm有应力锈蚀索丝的截面特征参数 表3-15

腐蚀天数(d)	索丝编号*	长度 l(mm)	l均值(mm)	截面面积A变异系数 δ_A	δ_A均值	平均截面面积 $\bar{A}$(mm²)	$\bar{A}$均值(mm²)	平均截面变化率 $\eta_{\bar{A}}$ $\bar{A}$/锈前$\bar{A}$-1(%)	均值	最小截面积 A_{min}(mm²)	A_{min}均值(mm²)	最小截面变化率 η_{Amin} A_{min}/锈前$\bar{A}$-1(%)	均值	截面不均匀系数 R($\bar{A}/A_{min}$)	R的均值
70	Y-S-XLO1	518.15	518.06	0.0225	0.021	26.16	26.63	-4.49	-2.76	24.60	25.03	-10.17	-8.61	1.0632	1.064
	Y-S-XLO2	518.11		0.0259		26.66		-2.68		24.68		-9.89		1.0801	
	Y-S-XLO3	517.91		0.0149		27.08		-1.11		25.81		-5.77		1.0495	
	Y-S-X1C1	517.16	517.17	0.0493	0.042	9.92	9.96	-3.20	-2.80	8.82	8.76	-13.99	-14.51	1.1254	1.137
	Y-S-X1C2	515.93		0.0424		9.97		-2.70		8.77		-14.40		1.1368	
	Y-S-X1C3	518.41		0.0353		10.00		-2.49		8.70		-15.13		1.1489	
136	Y-2-XLO1	515.62	515.84	0.0229	0.024	26.09	26.42	-4.75	-3.54	24.51	24.67	-10.51	-9.92	1.0644	1.071
	Y-2-XLO2	515.57		0.0245		26.91		-1.74		25.22		-7.93		1.0672	
	Y-2-XLO3	516.35		0.0241		26.26		-4.13		24.28		-11.33		1.0812	
	Y-2-X1C1	516.33	516.11	0.0347	0.036	9.39	9.71	-8.41	-5.31	8.38	8.73	-18.27	-14.80	1.1207	1.112
	Y-2-X1C2	515.63		0.0362		9.91		-3.34		9.00		-12.23		1.1013	
	Y-2-X1C3	516.38		0.0369		9.82		-4.18		8.83		-13.90		1.1129	
447	Y-3-XLO1	500.42	501.62	0.0219	0.015	25.30	25.27	-7.62	-7.74	23.71	24.19	-13.42	-11.68	1.0670	1.045
	Y-3-XLO2	499.96		0.0108		25.44		-7.11		24.52		-10.46		1.0374	
	Y-3-XLO3	500.71		0.0069		25.61		-6.51		24.98		-8.81		1.0253	
	Y-3-XLO4	501.58		0.0123		25.40		-7.26		24.51		-10.49		1.0361	
	Y-3-XLO5	503.41		0.0205		24.68		-9.89		23.28		-15.02		1.0603	
	Y-3-XLO6	503.62		0.0147		25.18		-8.07		24.13		-11.90		1.0435	
	Y-3-X1C1	502.08	504.65	0.0266	0.033	8.27	7.88	-19.35	-23.12	7.81	7.46	-23.86	-27.27	1.0592	1.058
	Y-3-X1C2	505.05		0.0185		8.11		-20.88		7.81		-23.77		1.0379	
	Y-3-X1C3	504.85		0.0480		7.79		-24.04		7.27		-29.10		1.0713	
	Y-3-X1C4	505.67		0.0246		7.64		-25.44		7.34		-28.38		1.0411	
	Y-3-X1C5	505.56		0.0354		7.82		-23.76		7.46		-27.27		1.0483	
	Y-3-X1C6	504.69		0.0449		7.67		-25.23		7.05		-31.25		1.0876	

20cm索夹处有应力锈蚀索丝的截面特征参数　　表3-16

腐蚀天数(d)	索丝编号*	长度 l(mm)	l均值(mm)	截面面积A变异系数 δA	δA均值	平均截面面积 Ā(mm²)	Ā均值(mm²)	平均截面变化率 η=Ā/锈前Ā−1(%)	η均值(%)	最小截面积 Amin(mm²)	Amin均值(mm²)	最小截面变化率 ηAmin=Amin/锈前Ā−1(%)	截面不均匀系数 R(Ā/Amin)	R的均值
70	Y-S-XDO1	206.52		0.0120		26.81		−2.13		26.09		−4.74	1.0274	
	Y-S-XDO2	208.19	207.01	0.0146	0.015	27.24	27.10	−0.54	−1.06	26.30	26.21	−3.97	1.0358	1.034
	Y-S-XDO3	206.31		0.0176		27.25		−0.50		26.24		−4.20	1.0386	
	Y-S-XDC1	207.68		0.0176		10.37		1.19		9.85		−3.87	1.0526	
	Y-S-XDC2	207.13	207.56	0.0200	0.021	10.49	10.45	2.32	1.90	9.99	9.88	−2.57	1.0501	1.058
	Y-S-XDC3	207.88		0.0248		10.48		2.20		9.78		−4.57	1.0709	
136	Y-2-XDO1	203.30		0.0076		26.94		−1.62		26.30		−3.97	1.0244	
	Y-2-XDO2	202.75	202.97	0.0068	0.009	27.08	27.08	−1.13	−1.13	26.76	26.51	−2.28	1.0118	1.022
	Y-2-XDO3	202.85		0.0138		27.21		−0.64		26.45		−3.41	1.0288	
	Y-2-XDC1	199.66		0.0111		10.11		−1.34		9.82		−4.21	1.0300	
	Y-2-XDC2	199.36	199.35	0.0100	0.013	10.11	10.10	−1.36	−1.50	9.90	9.76	−3.40	1.0211	1.034
	Y-2-XDC3	199.03		0.0177		10.07		−1.79		9.57		−6.62	1.0517	
447	Y-3-XDO1	175.26		0.0045		27.07		−1.15		26.89		−1.82	1.0069	
	Y-3-XDO2	176.01		0.0030		26.87		−1.91		26.32		−3.90	1.0208	
	Y-3-XDO3	176.51		0.0035		26.89		−1.84		26.59		−2.92	1.0112	
	Y-3-XDO4	174.97	174.84	0.0032	0.003	27.31	27.13	−0.28	−0.93	26.87	26.79	−1.89	1.0164	1.011
	Y-3-XDO5	169.25		0.0026		27.52		0.48		27.04		−1.26	1.0050	
	Y-3-XDO6	177.05		0.0019		27.14		−0.92		27.01		−1.38	1.0047	
	Y-3-XDC1	177.14		0.0078		10.22		−0.35		9.96		−2.87	1.0260	
	Y-3-XDC2	177.58		0.0051		10.48		2.21		10.30		0.48	1.0173	
	Y-3-XDC3	177.44		0.0047		10.51		2.55		10.36		1.04	1.0149	
	Y-3-XDC4	177.30	176.53	0.0066	0.008	10.35	10.37	1.00	1.17	10.20	10.19	−0.48	1.0150	1.018
	Y-3-XDC5	176.87		0.0135		10.38		1.23		10.16		−0.87	1.0211	
	Y-3-XDC6	172.88		0.0084		10.29		0.36		10.16		−0.88	1.0125	

50cm有应力锈蚀索丝力学性能试验结果

表 3-17

暴露天数(d)	试件编号	抗拉承载力 F_u (kN)	平均极限强度 $f_{\overline{A}}$ $(F_u/\overline{A})$ (MPa)	$f_{\overline{A}}$均值 (MPa)	平均极限强度变化率 $\beta_{\overline{A}}$ $\frac{f_{\overline{A}}}{锈前 f_{\overline{A}}}-1$ (%)	$\beta_{\overline{A}}$均值 (%)	最小截面极限强度 f_{Amin} (F_u/A_{min}) (MPa)	f_{Amin}均值 (MPa)	最小截面极限强度变化率 β_{Amin} $\frac{f_{Amin}}{锈前 f_{Amin}}-1$ (%)	β_{Amin}均值 (%)
70	YS-XLO1	44.491	1701	1689	4.2757	3.528	1808	1797	7.8902	7.232
	Y-S-XLO2	45.206	1696		3.9747		1832		9.2891	
	Y-S-XLO3	45.21	1669		2.3349		1752		4.5167	
	Y-S-XLC1	17.244	1738	1726	3.2138	2.504	1956	1962	11.8689	12.243
	Y-S-XLC2	17.274	1732		2.8545		1969		12.6061	
	Y-S-XLC3	17.074	1708		1.4451		1962		12.2540	
136	Y-2-XLO1	45.388	1740	1701	6.6650	4.278	1852	1822	10.4841	8.676
	Y-2-XLO2	44.64	1659		1.6931		1770		5.6155	
	Y-2-XLO3	44.745	1704		4.4760		1842		9.9271	
	Y-2-XLC1	17.183	1830	1782	8.6918	5.841	2051	1981	17.3183	13.332
	Y-2-XLC2	17.283	1744		3.5911		1921		9.8789	
	Y-2-XLC3	17.406	1772		5.2405		1972		12.7975	

（1）盐雾试验下有应力拉索最外层索丝的名义极限强度和最小截面极限强度均有所提高，有不同程度的提高，平均极限强度有所降低。其中，名义极限强度的变化幅度最小（图 3-68）。

（2）次外层索丝的名义极限强度稍变小，平均极限强度和最小截面强度有增大趋势，平均极限强度拟合后变化率小，但总体变异性较大（图 3-69）。

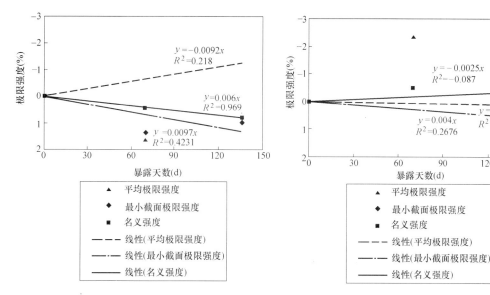

图 3-68　盐雾腐蚀条件下有应力拉索中最外层索丝的极限强度变化　　图 3-69　盐雾腐蚀条件下有应力拉索中次外层索丝的极限强度变化

2) 索夹处索丝

在电液伺服试验机上进行力学拉伸试验以获取应力拉索上与索夹连接处最外层和次外层索丝的极限强度，根据3D激光扫描获得索丝极限强度与腐蚀时间的线性拟合关系如表3-18所示，可知：随着腐蚀时间增长，最外层索丝名义强度平均极限强度和最小截面极限强度有所上升，平均极限强度有所下降；次外层索丝的三种极限强度变化均很小（图3-70、图3-71）。

20cm索夹处有应力锈蚀索丝力学性能试验结果 表3-18

暴露天数(d)	试件编号	抗拉承载力 F_u (kN)	平均极限强度 $f_{\bar{A}}$ $(F_u/\bar{A})$ (MPa)	$f_{\bar{A}}$均值 (MPa)	平均极限强度变化率 $\beta_{\bar{A}}$ $\frac{f_{\bar{A}}}{锈前 f_{\bar{A}}}-1$ (%)	$\beta_{\bar{A}}$均值 (%)	最小截面极限强度 f_{Amin} (F_u/A_{min}) (MPa)	f_{Amin}均值 (MPa)	最小截面极限强度变化率 β_{Amin} $\frac{f_{Amin}}{锈前 f_{Amin}}-1$ (%)	β_{Amin}均值 (%)
70	Y-S-XDO1	44.969	1678	1657	2.85	1.59	1724	1713	2.8336	2.207
	Y-S-XDO2	44.882	1648		1.01		1707		1.8157	
	Y-S-XDO3	44.847	1646		0.89		1709		1.9727	
	Y-S-XDC1	17.073	1646	1643	−2.24	−2.39	1732	1739	−0.9005	−0.550
	Y-S-XDC2	17.124	1633		−3.04		1714		−1.9311	
	Y-S-XDC3	17.305	1652		−1.90		1769		1.1811	
136	Y-2-XDO1	45.464	1687	1662	3.45	1.92	1729	1699	3.1268	1.341
	Y-2-XDO2	44.394	1639		0.51		1659		−1.0318	
	Y-2-XDO3	45.194	1661		1.81		1708		1.9292	
	Y-2-XDC1	17.306	1711	1707	1.63	1.37	1762	1765	0.8157	0.978
	Y-2-XDC2	17.145	1696		0.70		1731		−0.9657	
	Y-2-XDC3	17.251	1713		1.77		1802		3.0836	

3.1.6.13 索头和索夹的锈蚀

中性盐雾腐蚀70d左右，索头出现了较密集的锈蚀痕迹（图3-72）。腐蚀70d和136d后，分别将有应力拉索从盐雾箱中取出，对其进行应力卸除和切割。图3-73为136d腐蚀取出时整根拉索的照片，图3-74为索头的照片。可见经136d腐蚀的索头在U形开口边缘红色锈蚀痕迹明显。将70d和136d锈蚀索头的表面清除盐结晶物，并打磨掉疏松的表面锈蚀产物，分别如图3-75和图3-76所示，明显可见136d的索头锈蚀相对严重，主要集中于拉索与索头连接处及索头U形开口边缘，如图3-76中虚线范围所示。但由于索头本身尺寸大，故锈蚀率相对较小。

将盐雾腐蚀136d索头上的销钉取出，可见销钉外表面比较粗糙，并有淡红色锈蚀产物［图3-77（a）］，销钉侧面处与反力架连接处较光滑，直接暴露于腐蚀环境的侧面其他位置虽有少许锈蚀产物［图3-77（c）］，但腐蚀程度也很低。清除销钉表面的盐结晶和疏松腐蚀产物后，可见顶面和侧面均较为光滑，无明显的局部腐蚀［图3-77（b）和（d）］。

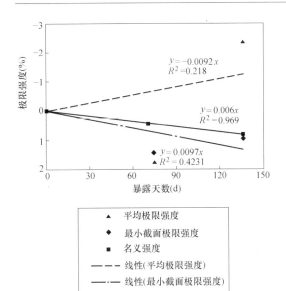

图 3-70 盐雾腐蚀条件下有应力拉索中与索夹
连接处的最外层索丝的极限强度变化

图 3-71 盐雾腐蚀条件下有应力拉索中与索夹
连接处的次外层索丝的极限强度变化

图 3-72 索头的锈蚀形态

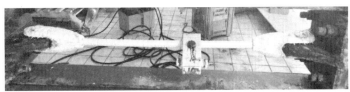

图 3-73 盐雾腐蚀 136d 后取出的有应力拉索（包括索头、销钉和索夹）

图 3-74 盐雾腐蚀 136d
未经处理的索头

图 3-75 盐雾腐蚀 70d
经表面除锈的索头

图 3-76 盐雾腐蚀 136d
经表面除锈的索头

(a)

(b)

(c)

(d)

图 3-77 盐雾腐蚀 136d 的索销

(a) 表面未处理的索销顶面；(b) 表面处理后的索销顶面；(c) 表面未处理的索销侧面；(d) 表面处理后的索销侧面

盐雾腐蚀 136d 的索夹取出时由于固定索夹的短拉索（并非有应力的试验拉索）的捆绑钢丝腐蚀严重，故表面有明显红色锈蚀痕迹，如图 3-78 （a）所示。索夹表面的白色防腐涂层表面完好，可判断锈蚀产物并非索夹表面锈蚀产生。检查索夹表面涂层发现盐雾腐蚀 136 后一个索夹片中部的涂膜有明显空鼓外凸现象，空鼓位置如图 3-78 （b）虚线所示范围，约为 10cm²。此外，索夹的一个螺栓洞口发生了涂膜破损，如图 3-78 （c）所示。

  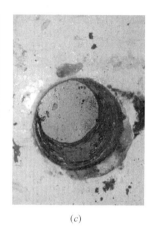

(a)　　　　　　　　　　(b)　　　　　　　　(c)

图 3-78　索夹处锈蚀情况

(a) 两片索夹的内侧；(b) 涂膜空鼓；(c) 洞口边缘涂膜破损

3.1.6.14　有涂层有应力拉索的锈蚀

带涂层的有应力拉索表面涂有灰色涂层，经 120d 的盐雾腐蚀试验后拉索表面基本无盐结晶附着和堆积的现象，如图 3-79 所示，这与图 3-73 中无涂层的有应力拉索在盐雾腐蚀过程中的表面氯盐结晶现象具有明显区别。本次试验的索头涂层仅涂部分，如图 3-80 所示，其中可见有涂层的灰色部分无任何锈蚀现象，无涂层的索头则表面堆积了白色氯盐结晶物，并有黄或红色腐蚀产物形成并在索头表面形成点状或条状痕迹。图 3-81 则为索

图 3-79　盐雾腐蚀 120d 有涂层有应力拉索的腐蚀（拉索）

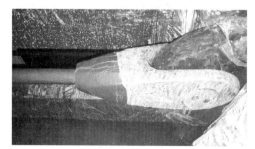

图 3-80　盐雾腐蚀 120d 有涂层有应力
拉索的腐蚀（索头处）

图 3-81　盐雾腐蚀 120d 有涂层有应力
拉索的腐蚀（索夹处）

夹（索夹的涂层无同涂装拉索的索夹）与拉索连接处的腐蚀情况，可见连接处同样无明显的氯盐结晶堆积，索夹和拉索均未观察到有明显腐蚀现象。

3.1.7 腐蚀速度分析与预测

3.1.7.1 不同腐蚀工况下索丝镀层锈蚀形态对比分析

对比未锈蚀（图 3-5 和图 3-6）、恒温恒湿环境腐蚀 123d（图 3-28 和图 3-29）、盐雾腐蚀 133d 无应力（图 3-50 和图 3-51）、盐雾腐蚀 136d 有应力（图 3-61 和图 3-62）的拉索最外层 Z 形索丝的截面镀层厚度，见表 3-19，可知：

（1）未锈蚀索丝的镀层厚度均值为 51μm，分布较为不均匀，沿截面圆周及纵向方向镀层厚度的变异性均较大。索丝截面的内凹阴角处的厚度最大，可达 227μm，外凸角处镀层厚度最小，可达 22μm，两者相差超过 10 倍。从已有的截面电镜扫描结果表明未锈蚀索丝截面镀层最厚处的厚度大可达 359μm，小可低至 227μm，大小相差 58%。

（2）索丝处于拉索外侧面的一侧锈蚀最严重。拉索外侧面指的是索丝绞合成拉索后直接暴露于环境的一侧。由表 3-19 可见，恒温恒湿及盐雾腐蚀后拉索的外侧面或靠近外侧面的外凸阳角处镀层厚度均最低，盐雾腐蚀环境下有应力索丝的外侧面镀层基本完全被腐蚀掉，可见索丝外侧面腐蚀速度最快。

（3）根据镀层表面光滑程度以及是否腐蚀至基材来综合判断，盐雾腐蚀 136d 有应力拉索和盐雾腐蚀 133d 无应力拉索腐蚀最严重，恒温恒湿腐蚀 123d 拉索次之。

不同腐蚀工况下拉索最外层索丝的镀层厚度　　表 3-19

腐蚀工况		未腐蚀	表面含氯离子的索丝经恒温恒湿腐蚀 123d	无应力拉索盐雾腐蚀 133d	600MPa 有应力拉索盐雾腐蚀 136d
示意图		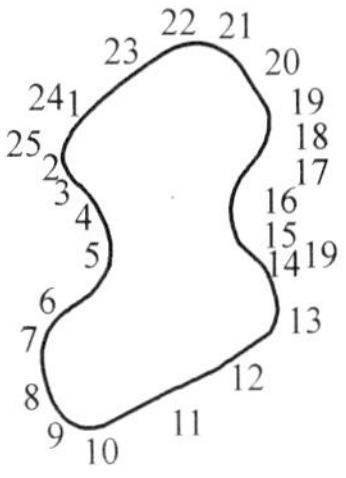	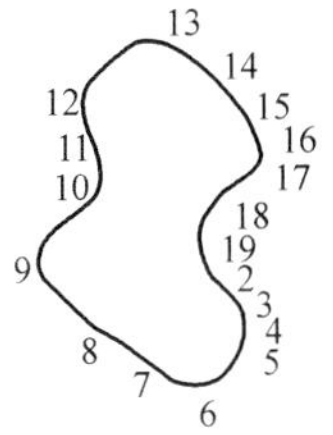	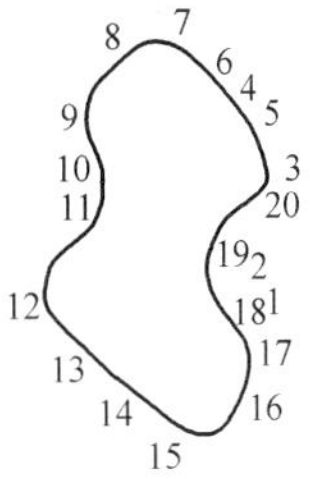	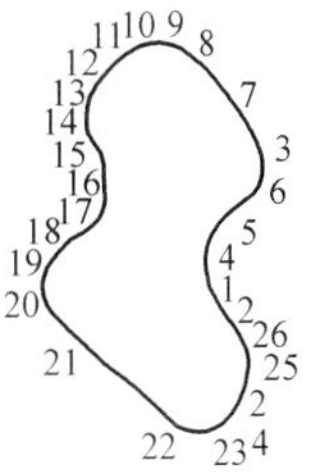
涂层最厚位置	编号	5	10	11	17
	位置描述	内凹处	内凹处	内凹处	内凹处
	厚度(μm)	152	227	359	158
涂层最薄位置	编号	8	9	7、14	21
	位置描述	外凸角、靠拉索外表面	外凸角、拉索外表面	外凸角、靠拉索内表面	外凸角及拉索外表面
	厚度(μm)	5	22	14	0

拉索外侧面	编号	11、12	7、8	12、13、14、15	21、22
	厚度(μm)	19～90	48～158	22～144	0～39
拉索内侧面	编号	1、21、22、23、24	14、15、16	4、5、6、7	2、3、7、8
	厚度(μm)	13～84	35～142	14～141	21～97

3.1.7.2 恒温恒湿试验环境下镀层损失速率

根据试件锈蚀前后的质量损失 Δm 结合式（3-1）可获得镀层损失速率：

$$v_{\mathrm{d}} = \frac{\Delta m}{\rho \overline{A}_{\mathrm{ou}} T_{\mathrm{text}}} \tag{3-1}$$

式中　ρ——镀层密度（近似用拉索密度代替）；

$\overline{A}_{\mathrm{ou}}$——平均表面积（mm²）；

T_{test}——测试时间（d）。从结果表 3-20 可见该镀层损失随暴露天数增长而提高。对其进行线性拟合（图 3-82），获得该镀层初期（115d 前）损失率为 0.1281μm/d；后半段（115d 以后）按 321d 测点拟合（不考虑 293d 和 348d 的实测结果）的锈蚀速率为 0.019μm/d。

以 115d 前的线性速度推算索丝镀层的锈蚀，则实测索丝镀层最大 359μm，7.7 年完全锈蚀；227μm 镀层厚度 4.9 年完全锈蚀；平均 51μm 镀层厚度 1.1 年完全锈蚀；最小 22μm 镀层厚度 0.5 年完全锈蚀，如表 3-21 中"线性速度"列所示。该预测的锈蚀速度明显比实际偏快，寿命比实际偏低，因为未考虑 115d 后锈蚀速度的下降。

当考虑 115d 镀层锈蚀下降，则实测索丝镀层最大 359μm，59.8 年完全锈蚀；227μm 镀层厚度 30.7 年完全锈蚀；平均 51μm 镀层厚度 36.3 年完全锈蚀；最小 22μm 镀层厚度 7.3 年完全锈蚀，如表 3-21 中"双折线速度"列所示。

镀层厚度损失计算　　　　表 3-20

拉索序号	暴露天数(d)	质量变化(g,锈后-锈前)	镀层厚度损失(μm)	均值(μm)
t28	42	−0.21	5.76	4.80
t30		−0.14	3.84	
t24	51	−0.15	4.11	7.22
t26		−0.16	4.39	
t29		−0.48	13.16	
t16	83	−0.59	16.17	10.92
t20		−0.57	15.62	
t22		−0.03	0.95	

拉索序号	暴露天数(d)	质量变化(g,锈后-锈前)	镀层厚度损失(μm)	均值(μm)
t13	115	−0.52	14.25	14.44
t14		−0.51	13.98	
t15		−0.55	15.08	
t17	293	−0.44	12.05	9.8
t19		−0.32	8.64	
t21		−0.32	8.65	
t11	321	−0.69	18.87	18.3
t7		−0.65	17.94	
t8		−0.66	18.21	
t23	348	−0.37	4.42	14.2
t25		−1.48	17.81	
t1		−1.68	20.40	

3.1.7.3　游泳馆环境下拉索表面氯离子累计时间预测

本次模拟游泳池环境的恒温恒湿腐蚀试验中,将拉索浸泡于5%氯化钠溶液(约为冷凝水氯盐含量的100倍)中24h,之后自然风干,认为此时拉索表面氯离子含量近似为其在游泳馆腐蚀环境下长期累积后程度。故恒温恒湿腐蚀试验中未考虑氯离子在索丝表面的累积过程,游泳池环境中该累积过程不短,故在此做根据浸泡后索丝表面氯离子含量,并借鉴与游泳馆环境类似的海洋大气环境中氯离子累积速度对该累积时间进行推测。试件表面单位面积

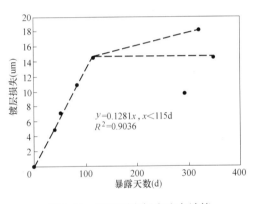

图3-82　镀层厚度损失速率计算

氯离子含量通过称重测得沉积在索条表面的氯离子质量除以试件表面积(取平均值4692mm²)计算。30根短拉索置于5%NaCl溶液中浸泡24h取出晾干后质量增量作计算得到的拉索表面氯离子含量如表3-22所示,平均氯离子含量为1.3×10^{-5} g/mm²。

不同厚度镀层的寿命预测(25℃环境温度、90%相对湿度条件下)　　表3-21

镀层特征	镀层厚度 μm	线性速度下完全 腐蚀需要时间 (a/年)	双折线速度下完全 腐蚀需要时间 (a/年)	考虑氯盐累积的双折 线速度下完全腐蚀 需要时间(a/年)
实测最大值	359	7.7	49.8	51.4
实测大值	227	4.9	30.7	32.2
实测平均值	51	1.1	5.2	6.7
实测最小值	22	0.5	1.1	2.5

根据 ISO 12944-2，游泳馆属于 C4 高腐蚀环境，相当于沿海地区中近海地带。已有调查表明，近海海洋大气中盐雾沉降速度与离海距离的关系如图 3-83 所示，由此获得不同近海距离处氯离子累积到本次试验中索条表面初始平均氯离子含量为 $0.000013 g/mm^2$ 所需的时间。认为游泳馆属于 C4 高腐蚀环境中氯离子累积速度近似于距海 20km 距离处环境，推测得到游泳馆环境中索条表面氯离子含量累积至本试验中试件表面氯盐含量需要 3.3 年。

3.1.7.4 游泳馆环境下镀层腐蚀速度

实际游泳馆环境下，拉索表面氯离子逐渐累积，并不断腐蚀。根据上述分析，认为游泳馆所在环境的盐雾沉降量速度为 $0.212 g/(mm^2 \cdot a)$，及拉索表面氯盐含量 $c(Cl)$ 以 $0.0000039 g/(mm^2 \cdot a)$ 速度线性累积，不同表面氯离子含量的镀层腐蚀速度关系如图 3-84 所示。由此结合基于恒温恒湿试验条件下获得的镀层腐蚀速度，对不同厚度镀层的寿命进行预测如表 3-21 中"考虑氯盐累积的双折线"列所示。计算表明，典型游泳馆 25℃ 环境温度、90% 相对湿度条件下（此环境条件对应层高较低的游泳馆，如东方体育中心的训练馆），$51\mu m$ 平均镀层厚度 6.7 年被完全腐蚀，$359\mu m$ 最大镀层厚度 51.4 年被完全腐蚀；$22\mu m$ 最小镀层厚度 2.5 年被完全腐蚀。

试件表面氯离子密度计算

表 3-22

编号	浸泡前质量（g）	晾干后质量（g）	NaCl（g）	表面氯离子重量(g)	表面氯离子含量（g/mm²）	均值（g/mm²）	密度变化率（%）
t1	44.35	44.46	0.11	0.07	0.000014		9%
t2	44.07	44.17	0.10	0.06	0.000012		4%
t3	44.63	44.75	0.12	0.07	0.000016		21%
t4	44.36	44.46	0.10	0.06	0.000013		1%
t5	44.38	44.48	0.10	0.06	0.000012		4%
t6	44.29	44.39	0.10	0.06	0.000013		2%
t7	44.56	44.68	0.12	0.07	0.000016		21%
t8	44.07	44.18	0.11	0.07	0.000014		6%
t9	44.31	44.44	0.13	0.08	0.000016		26%
t10	43.75	43.84	0.09	0.06	0.000012		6%
t11	43.88	43.99	0.11	0.07	0.000014	0.000013	10%
t12	43.90	43.99	0.09	0.05	0.000011		15%
t13	44.19	44.26	0.07	0.04	0.000008		35%
t14	44.17	44.28	0.11	0.06	0.000014		7%
t15	43.81	43.92	0.11	0.06	0.000014		7%
t16	43.73	43.79	0.06	0.04	0.000008		39%
t17	43.78	43.88	0.10	0.06	0.000013		1%
t18	43.52	43.62	0.10	0.06	0.000013		2%
t19	43.12	43.23	0.11	0.07	0.000014		9%
t20	43.67	43.78	0.11	0.07	0.000015		14%

续表

编号	浸泡前质量(g)	晾干后质量(g)	NaCl(g)	表面氯离子重量(g)	表面氯离子含量(g/mm²)	均值(g/mm²)	密度变化率(%)
t21	43.49	43.58	0.09	0.05	0.000011		11%
t22	43.19	43.27	0.08	0.05	0.000011		16%
t23	43.39	43.48	0.09	0.05	0.000011		13%
t24	43.44	43.52	0.08	0.05	0.000011		18%
t25	43.79	43.85	0.06	0.04	0.000008	0.000013	36%
t26	44.00	44.11	0.11	0.06	0.000014		5%
t27	43.96	44.07	0.11	0.06	0.000014		7%
t28	43.97	44.09	0.12	0.07	0.000016		22%
t29	43.12	43.24	0.12	0.07	0.000015		17%
t30	43.71	43.83	0.12	0.07	0.000015		16%

注：密度变化率（%）＝（试件表面氯离子密度－所有试件表面氯离子密度均值）/所有试件表面氯离子含量均值×100%。

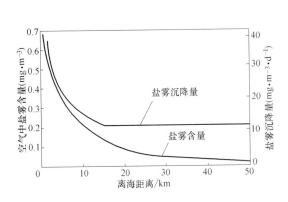

图 3-83 空气盐雾含量与盐雾沉降量和离海距离关系　　图 3-84 氯离子沉积时间预测

　　3.1.3 节中对东方体育中心游泳馆的环境调查表明，层高较低的训练馆内部相对湿度较高，为 80%～90%；层高较高的比赛馆内部相对湿度较低，在 60%～80% 之间。而本次恒温恒湿腐蚀试验中设置的环境相对湿度为 90%。因此反应的是层高较低游泳馆环境的拉索腐蚀。现根据已有国际学者的研究成果对于层高较高的游泳馆（认为相对湿度为相对较低的 80%）的拉索腐蚀速度进行预测。NathalieLeBozec 进行了 Galvan 镀层（与本次试验拉索镀层同）腐蚀的试验。试验表明镀层损失速率与温度呈现良好的线性关系（图 3-85）。根据该关系及环境温度 30℃、相对湿度 90% 腐蚀试验结果推测得到环境温度 25℃、相对湿度 90%Galvan 镀层在不同表面氯离子含量时的锈蚀速度如图 3-86 所示。基于此，综合本次试验获得的镀层锈蚀速率可拟合出镀层锈蚀速度与表面氯离子含量的关系如图 3-86 所示中幂函数虚线所示。由此回归公式可计算获得镀层在 80% 相对湿度和 8×10^{-7} g/mm² 表面氯离子含量条件下镀层锈蚀速度为 12.55μm/a。

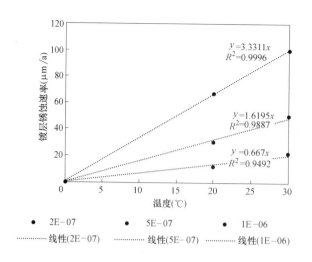

图 3-85　Nathalie 试验中 Galvan 镀层锈蚀速率与温度的关系

80％相对湿度和 $8×10^{-7}\,g/mm^2$ 表面氯离子含量条件下镀层锈蚀速度 $12.55\mu m/a$ 与 TomasProsek80％相对湿度条件下的 $5.29\mu m/mm^2/a$ 腐蚀速度试验结果进行拟合，如图 3-87所示。可见锈蚀速度对环境相对湿度十分敏感。80％相对湿度下同条件腐蚀的镀层腐蚀速度为 90％相对湿度时的 42％。

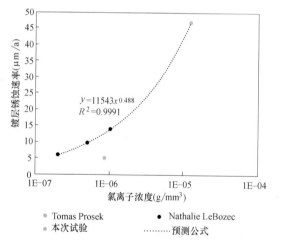

图 3-86　已有文献中 Galvan 镀层锈蚀速率
与表面氯离子含量的关系

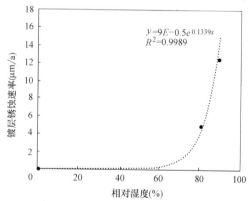

图 3-87　Galvan 镀层锈蚀速率与相对湿度的关系

由此，根据表 3-21 中 25℃环境温度、90％相对湿度条件下镀层寿命可推测 25℃环境温度、90％相对湿度条件下镀层寿命，结果表明在层高较高游泳馆（25℃环境温度、80％相对湿度）环境下，$51\mu m$ 平均镀层厚度 16.9 年被完全腐蚀，$359\mu m$ 最大镀层厚度 123.4 年被完全腐蚀；$22\mu m$ 最小镀层厚度 6.9 年被完全腐蚀，见表 3-23。

3.1.7.5　无应力拉索的腐蚀预测

将随机抽取的未锈蚀拉索中 6 根最外层和 6 根次外层索丝作为基准索丝（表 3-3），定义腐蚀后索丝的平均截面面积相对于基准索丝的平均截面面积的变化率为平均截面变化率，腐蚀后索丝最小截面面积相对于基准索丝的最小截面面积的变化率为最小截面变化率。根据前文 3.1.6.10 节中比较分析，认为平均截面变化率可表征索丝的质量损失率，即索丝的平均锈蚀程度。模拟游泳馆的恒温恒湿腐蚀环境试验结果表明：

不同厚度镀层的寿命预测（25℃环境温度、80%相对湿度条件下）　　　　表 3-23

镀层特征	镀层厚度（μm）	考虑氯盐累积的双折线速度下完全腐蚀需要时间（a/年）
实测最大值	359	123.4
实测大值	227	77.7
实测平均值	51	16.9
实测最小值	22	6.9

（1）单独锈蚀的最外层索丝早期（115d 前）的锈蚀速度基本为线性，为 0.0107%/d，后期（115d 后）腐蚀速度下降，为 0.00155/d。

（2）整根拉索试样次外层索丝的腐蚀速度可认为是 0.0028%/d。根据以上结果对 50 年的索丝腐蚀趋势预测如图 3-88 所示。整根拉索试样一起腐蚀的最外层索丝和次外层索丝的腐蚀速度分别为 0.0049%/d（图 3-33）和 0.0014%/d（图 3-34），但考虑到拉索两端有约一半的长度（图 3-21）被环氧保护而未被腐蚀，因此若整根拉索试样的试验腐蚀速度应相应增大一倍，故可认为整根拉索试样的最外层索丝与单独锈蚀的索丝的腐蚀速度一样，均为 0.0107%/d，因此可认为整根拉索试样次外层索丝的腐蚀速度为

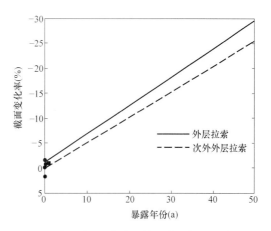

图 3-88　恒温恒湿腐蚀环境下索丝锈蚀速度预测

0.0028%/d。次外层索丝的锈蚀速度低于最外层，可解释为无应力条件下最外层封闭索丝具有良好的保护作用，次外层索丝腐蚀速度降低。恒温恒湿腐蚀环境下，随腐蚀时间的增长，各索丝的名义极限强度（定义为锈蚀后不考虑锈蚀引起的截面面积不变化计算得到的极限强度）基本保持不变，甚至稍有增加，如图 3-89 所示。随锈蚀率的增长，各索丝的名义极限强度反而有所增长（图 3-90）。

盐雾强腐蚀环境下无应力拉索最外层和次外层索丝锈蚀速率随时间发展变缓，回归曲线呈幂函数形式（图 3-53 和图 3-54）。根据以上结果对 50 年的索丝腐蚀趋势预测如图 3-91 所示，可见最外层索丝锈蚀速度总体高于次外层。盐雾强腐蚀环境下无应力拉索的最外层索丝的名义极限强度随腐蚀时间增长开始有小幅度上升，后相比未锈蚀时有所下降，总体基本保持不变；次外层索丝的名义极限强度则随腐蚀时间的增长有所下降，如图 3-92 所示。无应力拉索的最外层索丝名义极限强度随锈蚀率的增长基本保持不变；次外层索丝名义极限强度则随锈蚀率的增长有所下降，但下降斜率为 0.3456，小于 1，如图 3-93 所示。

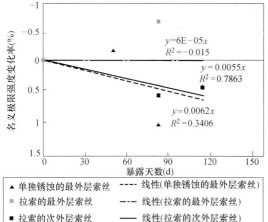

图 3-89 恒温恒湿弱腐蚀条件下索丝的名义
极限强度随腐蚀时间的变化规律

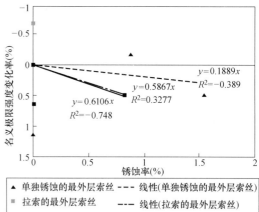

图 3-90 恒温恒湿弱腐蚀条件下索丝的名义
极限强度随锈蚀率变化规律

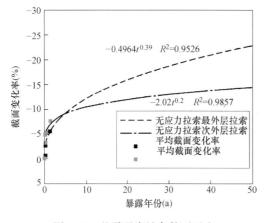

图 3-91 盐雾强腐蚀条件下无应
力索丝锈蚀速率预测

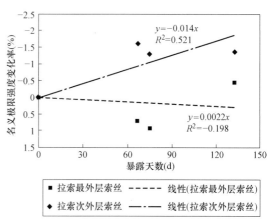

图 3-92 盐雾腐蚀条件下无应力拉索索
丝的名义极限强度随腐蚀时间的变化规律

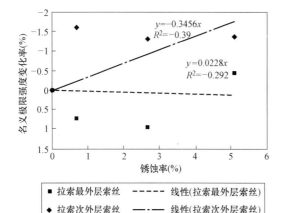

图 3-93 盐雾腐蚀条件下无应力拉索索丝的
名义极限强度随锈蚀率变化规律

由于本次恒温恒湿弱腐蚀试验和盐雾腐蚀强腐蚀试验中索丝的锈蚀程度都不高，故名义极限承载力随锈蚀程度增加的变化较小，锈蚀率小的时候甚至有所提高，但根据其他金属材料的大量试验表明，随着锈蚀程度的增大，名义极限承载力将会随试件横截面积的减小而减小，故在此将偏于安全地假设名义极限承载力的降低程度与索丝锈后截面面积减小率成正比。索丝锈蚀速度取恒温恒湿弱腐蚀下索丝（包括次外层和最外层）的锈蚀速度（图 3-88）作为游泳池实际环境下无应力索丝的锈蚀速度。最外层索丝、次外层索丝和核心层索丝在整根拉索中的横截面面积占比分别为51.9%、22.5%和25.6%。若不考虑索丝镀层和基材腐蚀速度的不同，假设拉索最外层和次外层索丝均以试验测定的速度匀速腐蚀，核心层的拉索由于有防腐填充物的保护假定其不腐蚀，则90%相对湿度和80%相对湿度的游泳池环境下无应力拉索的相对极限承载力（拉索极限承载力相对于未锈蚀时的极限承载力）随时间退化的预测曲线分别如图3-94和图3-95所示。预测结果表明，拉索在90%相对湿度和80%相对湿度的游泳池环境下锈蚀50年后的剩余承载力分别为79.0%和84.0%。

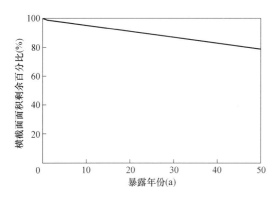

图3-94 恒温恒湿弱腐蚀环境下无应力拉索相对极限承载力退化预测曲线（90%相对湿度）

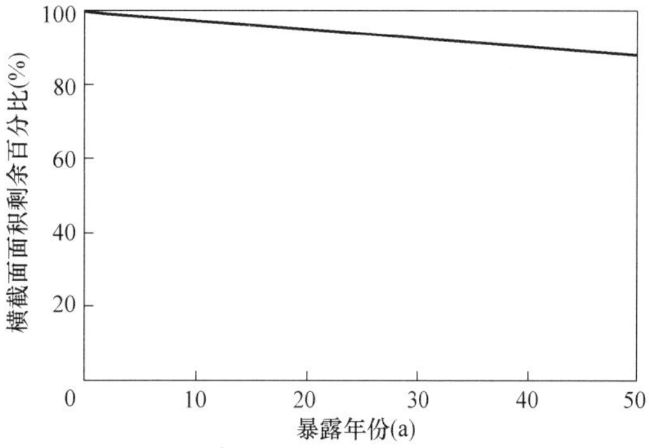

图3-95 恒温恒湿弱腐蚀环境下无应力拉索相对极限承载力退化预测曲线（80%相对湿度）

3.1.7.6 有应力拉索的腐蚀预测

盐雾强腐蚀环境下有应力拉索最外层索丝的锈蚀可用幂函数拟合（图3-64），次外层索丝的锈蚀可采用线性拟合（图3-65）。随锈蚀时间增长，次外层锈蚀速度越来越高，远高于最外层索丝（图3-96）。可解释为有应力拉索在应力作用下腐蚀速度加快。同时，试验中也观察到，由于本次试验拉索较短，施加高应力后造成封闭索丝受扭转作用造成外层索丝封闭作用减弱。

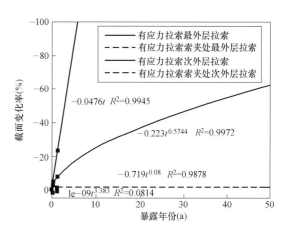

图3-96 盐雾强腐蚀条件下有应力索丝锈蚀速率预测

盐雾强腐蚀环境下有应力拉索的最外层索丝的名义极限强度随腐蚀时间和锈蚀率均有所上升；次外层索丝的名义极限强度随腐蚀时间和锈蚀率均基本保持不变（图3-97、图3-98）。

根据以上分析，可以认为：（1）名义极限承载力的降低程度与索丝锈后截面面积减小率成正比；（2）拉索最外层和次外层索丝的锈蚀速度如图3-96所示；（3）核心层的拉索由于有防腐填充物的保护不腐蚀，则90%相对湿度和80%相对湿度的游泳池环境下拉索的相对极限承载力（拉索极限承载力相对于未锈蚀时的极限承载力）随时间退化预测分别如图3-99（表3-24）和图3-100（表3-25）所示。可见，在第13年前拉索腐蚀速度较快，之后速度慢慢下降。90％相对湿度和80％相对湿度的游泳池环境下锈蚀50年后拉索的剩余承载力分别为45.06％和63.87％。

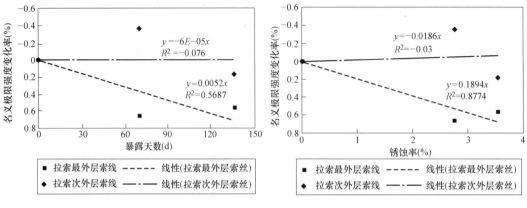

图 3-97　盐雾腐蚀条件下有应力拉索索丝名义
极限强度随腐蚀时间的变化规律

图 3-98　盐雾腐蚀条件下有应力拉索索丝名义
极限强度随锈蚀率变化规律

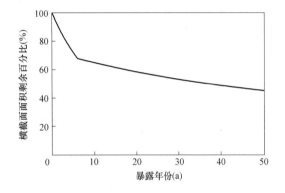

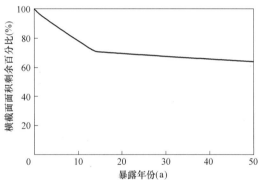

图 3-99　恒温恒湿弱腐蚀环境下有应力拉索
相对极限承载力退化预测曲线（90％相对湿度）

图 3-100　恒温恒湿弱腐蚀环境下有应力拉索
相对极限承载力退化预测曲线（80％相对湿度）

有应力拉索在恒温恒湿弱腐蚀条件下的极限承载力退化（$RH=90\%$）　　　表 3-24

时间 (a)	最外层索丝锈蚀率 (％)	次外层索丝锈蚀率 (％)	最外层索丝剩余极限承载力比 (％)	次外层剩余极限承载力比 (％)	核心层剩余极限承载力比 (％)	拉索相对极限承载力 (％)
0	0.00	0.00	100.00	100.00	100.00	100.00
1	3.43	3.91	96.57	96.09	92.66	92.66
2	5.11	7.82	94.89	92.18	87.07	87.07
3	6.45	11.73	93.55	88.27	81.83	81.83
4	7.60	15.64	92.40	84.36	76.76	76.76
5	8.64	19.55	91.36	80.45	71.81	71.81
6	9.60	22.50	90.40	77.50	67.90	67.90
7	10.49	22.50	89.51	77.50	67.01	67.01
8	11.32	22.50	88.68	77.50	66.18	66.18

续表

时间 (a)	最外层索 丝锈蚀率 (%)	次外层索 丝锈蚀率 (%)	最外层索丝剩余 极限承载力比 (%)	次外层剩余 极限承载力比 (%)	核心层剩余极 限承载力比 (%)	拉索相对极 限承载力 (%)
9	12.12	22.50	87.88	77.50	65.38	65.38
10	12.87	22.50	87.13	77.50	64.63	64.63
11	13.60	22.50	86.40	77.50	63.90	63.90
12	14.29	22.50	85.71	77.50	63.21	63.21
13	14.97	22.50	85.03	77.50	62.53	62.53
14	15.62	22.50	84.38	77.50	61.88	61.88
15	16.25	22.50	83.75	77.50	61.25	61.25
16	16.86	22.50	83.14	77.50	60.64	60.64
17	17.46	22.50	82.54	77.50	60.04	60.04
18	18.04	22.50	81.96	77.50	59.46	59.46
19	18.61	22.50	81.39	77.50	58.89	58.89
20	19.17	22.50	80.83	77.50	58.33	58.33
21	19.71	22.50	80.29	77.50	57.79	57.79
22	20.25	22.50	79.75	77.50	57.25	57.25
23	20.77	22.50	79.23	77.50	56.73	56.73
24	21.28	22.50	78.72	77.50	56.22	56.22
25	21.79	22.50	78.21	77.50	55.71	55.71
26	22.29	22.50	77.71	77.50	55.21	55.21
27	22.77	22.50	77.23	77.50	54.73	54.73
28	23.25	22.50	76.75	77.50	54.25	54.25
29	23.73	22.50	76.27	77.50	53.77	53.77
30	24.19	22.50	75.81	77.50	53.31	53.31
31	24.65	22.50	75.35	77.50	52.85	52.85
32	25.11	22.50	74.89	77.50	52.39	52.39
33	25.56	22.50	74.44	77.50	51.94	51.94
34	26.00	22.50	74.00	77.50	51.50	51.50
35	26.43	22.50	73.57	77.50	51.07	51.07
36	26.87	22.50	73.13	77.50	50.63	50.63
37	27.29	22.50	72.71	77.50	50.21	50.21
38	27.71	22.50	72.29	77.50	49.79	49.79
39	28.13	22.50	71.87	77.50	49.37	49.37
40	28.54	22.50	71.46	77.50	48.96	48.96
41	28.95	22.50	71.05	77.50	48.55	48.55
42	29.35	22.50	70.65	77.50	48.15	48.15
43	29.75	22.50	70.25	77.50	47.75	47.75

时间 (a)	最外层索 丝锈蚀率 (%)	次外层索 丝锈蚀率 (%)	最外层索丝剩余 极限承载力比 (%)	次外层剩余 极限承载力比 (%)	核心层剩余极 限承载力比 (%)	拉索相对极 限承载力 (%)
44	30.15	22.50	69.85	77.50	47.35	47.35
45	30.54	22.50	69.46	77.50	46.96	46.96
46	30.93	22.50	69.07	77.50	46.57	46.57
47	31.31	22.50	68.69	77.50	46.19	46.19
48	31.69	22.50	68.31	77.50	45.81	45.81
49	32.07	22.50	67.93	77.50	45.43	45.43
50	32.44	22.50	67.56	77.50	45.06	45.06

有应力拉索在恒温恒湿弱腐蚀条件下的极限承载力退化（$RH=80\%$）　　表 3-25

时间 (a)	最外层索 丝锈蚀率 (%)	次外层索 丝锈蚀率 (%)	最外层索丝剩 余极限承载力比 (%)	次外层剩余极限 承载力比(%)	核心层剩余极 限承载力比 (%)	拉索相对极 限承载力 (%)
0	0.00	0.00	100.00	100.00	100.00	100.00
1	1.44	1.64	98.56	98.36	96.92	96.92
2	2.14	3.28	97.86	96.72	94.57	94.57
3	2.71	4.93	97.29	95.07	92.37	92.37
4	3.19	6.57	96.81	93.43	90.24	90.24
5	3.63	8.21	96.37	91.79	88.16	88.16
6	4.03	9.85	95.97	90.15	86.12	86.12
7	4.40	11.49	95.60	88.51	84.10	84.10
8	4.76	13.13	95.24	86.87	82.11	82.11
9	5.09	14.78	94.91	85.22	80.13	80.13
10	5.41	16.42	94.59	83.58	78.18	78.18
11	5.71	18.06	94.29	81.94	76.23	76.23
12	6.00	19.70	94.00	80.30	74.29	74.29
13	6.29	21.34	93.71	78.66	72.37	72.37
14	6.56	22.50	93.44	77.50	70.94	70.94
15	6.82	22.50	93.18	77.50	70.68	70.68
16	7.08	22.50	92.92	77.50	70.42	70.42
17	7.33	22.50	92.67	77.50	70.17	70.17
18	7.58	22.50	92.42	77.50	69.92	69.92
19	7.82	22.50	92.18	77.50	69.68	69.68
20	8.05	22.50	91.95	77.50	69.45	69.45
21	8.28	22.50	91.72	77.50	69.22	69.22
22	8.50	22.50	91.50	77.50	69.00	69.00
23	8.72	22.50	91.28	77.50	68.78	68.78

时间 (a)	最外层索 丝锈蚀率 (%)	次外层索 丝锈蚀率 (%)	最外层索丝剩 余极限承载力比 (%)	次外层剩余极限 承载力比(%)	核心层剩余极 限承载力比 (%)	拉索相对极 限承载力 (%)
24	8.94	22.50	91.06	77.50	68.56	68.56
25	9.15	22.50	90.85	77.50	68.35	68.35
26	9.36	22.50	90.64	77.50	68.14	68.14
27	9.56	22.50	90.44	77.50	67.94	67.94
28	9.77	22.50	90.23	77.50	67.73	67.73
29	9.97	22.50	90.03	77.50	67.53	67.53
30	10.16	22.50	89.84	77.50	67.34	67.34
31	10.35	22.50	89.65	77.50	67.15	67.15
32	10.55	22.50	89.45	77.50	66.95	66.95
33	10.73	22.50	89.27	77.50	66.77	66.77
34	10.92	22.50	89.08	77.50	66.58	66.58
35	11.10	22.50	88.90	77.50	66.40	66.40
36	11.28	22.50	88.72	77.50	66.22	66.22
37	11.46	22.50	88.54	77.50	66.04	66.04
38	11.64	22.50	88.36	77.50	65.86	65.86
39	11.81	22.50	88.19	77.50	65.69	65.69
40	11.99	22.50	88.01	77.50	65.51	65.51
41	12.16	22.50	87.84	77.50	65.34	65.34
42	12.33	22.50	87.67	77.50	65.17	65.17
43	12.50	22.50	87.50	77.50	65.00	65.00
44	12.66	22.50	87.34	77.50	64.84	64.84
45	12.83	22.50	87.17	77.50	64.67	64.67
46	12.99	22.50	87.01	77.50	64.51	64.51
47	13.15	22.50	86.85	77.50	64.35	64.35
48	13.31	22.50	86.69	77.50	64.19	64.19
49	13.47	22.50	86.53	77.50	64.03	64.03
50	13.63	22.50	86.37	77.50	63.87	63.87

3.1.8　结论

根据试验结果及分析得到以下主要结论：

（1）经检测拉索的 Z 形索丝的基材为合金钢，镀层为 $Zn_{95}Al_5$ 合金。

（2）随机截取未锈蚀最外层索丝，经扫描电镜观察表明，未锈蚀的最外层 Z 形索丝镀层厚度较不均匀，截面的两个内凹阴角处镀层厚度最大，可达 $152\mu m$，甚至更大。外凸阳角处的镀层厚度最薄，一般介于 $20\sim40\mu m$ 之间，有缺陷处则镀层厚度可低于 $20\mu m$。

（3）3D 激光扫描和分析表明，未锈蚀的最外层平均截面面积为 27.39mm²，次外层索丝平均截面面积为 10.07mm²；次外层索丝的截面面积变异性较最外层大，最外层索丝截面不均匀系数 R（平均截面面积与最小截面面积的比值）平均值为 1.028，次外层索丝截面面积不均匀系数 R 平均值为 1.038。

（4）索丝拉伸试验表明，未锈蚀索丝的极限强度随截面面积的增大而线性减小，次外层（C 层）索丝的极限强度稍高于最外层（O 层）索丝，同时强度的变异性也更大。次外层索丝平均强度 f_A（极限承载力除于平均截面积）的均值为 1684MPa，最外层索丝的平均强度 f_A 为 1631MPa。次外层索丝和最外层索丝平均强度 f_A 最大偏差分别达 11.40％和 4.10％。

（5）对东方体育中心游泳馆泳池水和训练馆的泳池结构表面的凝结水分别取样调查，结果表明：泳池水中氯离子含量约为 200mg/L；结构表面的凝结水中氯离子含量约为泳池水氯离子含量的一半（100mg/L）或更高；在层高较低的训练馆内部空气中温度 24～26℃、相对湿度一般 80％～90％，边壁结构（墙、钢梁等）的表面水冷凝现象明显；在层高较高的比赛馆内部空气温度 21～26℃，相对湿度 60％～80％，结构表面未观察到水冷凝现象。

（6）进行恒温恒湿腐蚀试验以模拟层高低、湿度高的游泳馆环境中拉索和索丝的腐蚀，此环境对应游泳池环境中的相对严酷的腐蚀环境。将拉索及索丝试样放入 5％氯化钠桶中静置 24h 后晾干模拟氯离子在拉索表面的累积，之后进行温度 25℃、相对湿度 90％的恒温恒湿弱腐蚀试验。电镜扫描和成分分析均表明拉索的锈蚀产物主要成分为 Zn 和 Al 的氧化物或化合物。电镜扫描结果表明，最外层索丝的外侧面（即索丝绞合成拉索后直接暴露于环境的一侧）锈蚀最严重。

（7）结合试验结果的分析和预测表明，考虑索丝表面氯离子的累积时，90％相对湿度游泳池环境（25℃环境温度），51μm 平均镀层厚度 6.7 年被完全腐蚀，359μm 最大镀层厚度 51.4 年被完全腐蚀；22μm 最小镀层厚度 2.5 年被完全腐蚀。80％相对湿度游泳池环境下（25℃环境温度），51μm 平均镀层厚度 16.9 年被完全腐蚀，359μm 最大镀层厚度 123.4 年被完全腐蚀；22μm 最小镀层厚度 6.9 年被完全腐蚀。

（8）恒温恒湿腐蚀环境盐雾腐蚀环境下，锈蚀程度较低时（低于 3.5％时），锈蚀最外层索丝、拉索的最外层和次外层索丝的名义强度（定义为锈蚀后不考虑锈蚀引起的截面面积不变化计算得到的极限强度）随腐蚀时间的几乎保持不变，甚至稍有升高。

（9）结合试验结果的分析和预测表明，90％相对湿度和 80％相对湿度的游泳池环境下无应力拉索的相对极限承载力（拉索极限承载力相对于未锈蚀时的极限承载力）随时间退化的预测曲线分别如图 3-94 和图 3-95 所示。预测结果表明，拉索在 90％相对湿度和 80％相对湿度的游泳池环境下锈蚀 50 年后的剩余相对承载力分别为 79.0％和 84.0％。

（10）结合试验结果的分析和预测表明，90％相对湿度和 80％相对湿度的游泳馆环境中有应力（600MPa）拉索的相对极限承载力随时间退化预测分别如图 3-99（表 3-24）和图 3-100（表 3-25）所示。第 13 年前拉索腐蚀速度较快，之后速度逐渐下降，锈蚀 50 年后拉索的剩余相对承载力分别为 45.1％和 63.9％。

（11）索夹连接处的索丝锈蚀速率远低于拉索其他部位。其中，最外层的锈蚀速率为 0.0037％/d，速度比其他位置最外层索丝低一个数量级，说明索夹对拉索有一定的保护作用。

（12）盐雾强腐蚀136d的索头发生锈蚀，主要集中于拉索与索头连接处及索头U形开口边缘，但由于索头本身尺寸大，故锈蚀率相对很小；索头上销钉取出，表面有淡红色锈蚀产物，但腐蚀程度低。索夹表面的白色防腐涂层表面完整，但索夹片中部涂膜有$10cm^2$空鼓外凸，此外索夹的螺栓洞口处涂膜有破损。

（13）带涂层的有应力拉索表面涂有灰色涂层，经348d的盐雾腐蚀试验后拉索表面基本无盐结晶附着和堆积的现象，未发现拉索腐蚀，但观察到局部涂层有空鼓现象；索夹与拉索连接处同样无明显的氯盐结晶堆积和腐蚀现象。

3.1.9 建议

（1）建议游泳池设计时尽量采用高层高（如净高高于20m）。实际调查表明，标准运营条件下，层高低的游泳馆相对湿度高（80%～90%），层高高的相对湿度低（60%～80%），已有试验结果表明，80%相对湿度条件下高钒镀层的腐蚀速度是90%相对湿度条件下的腐蚀速度的42%。

（2）尽量杜绝拉索表面出现冷凝现象，或者其他部位形成的冷凝水滴落至拉索表面。如：a. 避免拉索受游泳馆外部环境或与外部环境连接的结构的影响而处于低温状态，造成周围空气过冷而冷凝；b. 避免游泳馆屋盖、外墙等结构构件形成冷凝水，若屋盖内侧或其他位置不可避免形成冷凝水，则应采取可靠的措施引导冷凝水排至安全位置，避免冷凝水滴落至拉索表面。建议重点在温度最低的凌晨，尤其是在冬天温度最低时，检查拉索是否形成冷凝现象，并采取措施避免。

（3）避免封闭拉索由于受力等原因内部受扭而张开。如：拉索段较短，且由于索头设计不合理，施加高预应力后在拉索内部形成扭转力，从而使拉索各索丝之间缝隙变大，形成有利于次外层及更内层的索丝腐蚀的不利条件。建议在拉索张拉后检查拉索的封闭程度，对封闭状况不好的拉索采取相应的密封措施，如进行表面涂装等有效措施。

（4）避免在拉索表面形成高温且高湿现象。已有试验表明，拉索腐蚀速度与温度成正比，温度越高腐蚀越快。因此，游泳馆设计和运营时均应采取措施避免拉索局部温度过高。

（5）建议游泳馆运营时进行温湿度长期监测。温湿度测点可布置于游泳馆不同高度和不同水平位置，在屋盖底部、重要拉索、怀疑有腐蚀危险的部位布置温湿度传感器，监测安装点附近空气温度和湿度，对相对湿度过高，从而有可能造成水蒸气冷凝，或长期温度或相对湿度过高的不利位置及时采取措施保证温度和相对湿度控制在相对低的水平，温度保证不长期高于30℃，拉索周围的空气相对湿度最好保证长期在80%以下。

（6）定期检查拉索表面氯离子含量，氯离子含量过高时进行有效清洗。氯离子含量检查可采用随机抽检和重点部位检查相结合的方法。重点部位的确定可在设计安装后根据情况确定，或在定期检查时根据拉索表面是否变得不光滑来进行初步判断选定。表面氯离子含量可采用清洁纱布在拉索表面多次擦洗后去离子水中浸泡析出氯离子，然后采用化学滴定或离了选择电极法测试拉索表面氯离子含量。考虑到索丝镀层最小厚度为$22\mu m$在90%相对湿度游泳馆环境下的预测寿命为2.5年，因此建议日常检查周期为3个月，全面检查周期为1年。当检查出氯离子含量高于$2\times10^{-7}g/mm^2$时（根据图3-86所示，$2\times$

10^{-7}g/mm²，25℃、90％相对湿度时腐蚀速度为 6μm/a），需要对拉索表面进行有效清洗。比如可采用去离子水或橡胶水对拉索进行清洗以排除侵蚀源。若整体清洗有困难，可对索头与索连接处、索头与结构连接处等重点区域进行。

（7）索头与索夹连接处存在一个数毫米宽的环形缝隙，此处若累积了一定氯离子后不易清洗，建议采用环氧或其他有效防水密封涂料进行填充，以免造成缝隙内拉索局部严重腐蚀。

（8）索头（包含销钉）建议采取涂层涂装进行保护。索头各处虽然较为厚重，但由于几何形状复杂，且包含销钉等附件，当被氯离子侵蚀后不像拉索一样相对较容易清理。故建议通过涂装进行保护，避免长期形成复杂环境而高速锈蚀。

（9）根据试验结果，348d 腐蚀试验后进行涂装的拉索基本不腐蚀，因此建议对明显处于不利位置的拉索、索头和索夹等采用类似的涂装进行防腐。持续 348d 的盐雾腐蚀试验中发现，涂装的局部会空鼓，因此可见涂装也存在一定的耐久性问题，建议在使用中注意定期检查涂装质量的下降程度，并采取对应的修补措施。

3.2 稳定性分析

单层索网与边界结构形成空间受力体系，边界结构与拉索互为弹性支承，无法同常规钢框架结构一样，按照规范查表得出其计算长度系数。因此，采用通用有限元程序 ANSYS，对结构进行了考虑几何非线性和材料非线性的整体稳定分析。

下文以苏州奥体中心体育场轮辐式单层索网结构和游泳馆正交单层索网体系为例，介绍考虑双非线性的结构整体稳定分析。

3.2.1 分析方法

非线性稳定分析采用通用有限元程序 ANSYS 进行。在分析过程中，对结构考虑双非线性：几何非线性和材料非线性，同时按结构的第一阶屈曲模态考虑规范规定的一定初始缺陷。分析中，外围钢环梁和 V 形柱采用 Beam188 单元，拉索采用 Link10 单元。同时，分析考虑了分为两个荷载步进行：第一荷载步计算预张应力和重力的作用（包括索头、索夹重力等），第二荷载步分析其余外荷载的作用。

3.2.2 材料本构关系

对于材质属性，屋盖钢结构采用 Q345C 和 Q390C 牌号钢材，其屈服强度标准值分别为 345N/mm² 和 390N/mm²，弹性模量 E＝206GPa，泊松比 μ＝0.30。其应力-应变关系曲线如图 3-101 和图 3-102 所示，其中体育场采用 Q345C 和 Q390C 牌号钢材，游泳馆采用 Q390C 牌号钢材。

3.2.3 苏州奥林匹克体育中心体育场轮辐式单层索网结构稳定性分析

3.2.3.1 荷载组合

在分析中，按规范的要求采用荷载的标准组合。在雪荷载和风荷载同时组合的工况中，考虑到组合较多，对其中的风荷载仅选取典型的和结构变形、受力较大的三个角度。分析中采取的荷载组合见表 3-26。

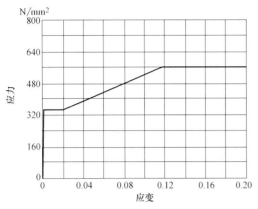

图 3-101 Q345 本构关系曲线

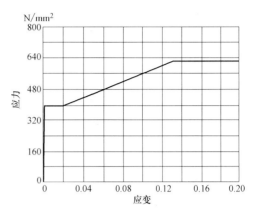

图 3-102 Q390 本构关系曲线

体育场分析用荷载组合表 1　　　　　　　　表 3-26

编号	荷载组合方式	第一阶屈曲因子	编号	荷载组合方式	第一阶屈曲因子
1.1	1.0D+1.0L	4.081	6.1	1.0D+0.7S32+1.0W60	8.484
2.1	1.0D+1.0S31	8.481	6.2	1.0D+0.7S32+1.0W62	6.926
2.2	1.0D+1.0S32	7.681	6.3	1.0D+0.7S32+1.0W65	6.966
2.3	1.0D+1.0S33	6.975	6.4	1.0D+0.7S33+1.0W60	7.857
2.4	1.0D+1.0S34	15.348	6.5	1.0D+0.7S33+1.0W62	5.544
2.5	1.0D+1.0S35	8.097	6.6	1.0D+0.7S33+1.0W65	6.763
3.1	1.0D+1.0W60	9.657	6.7	1.0D+0.7S34+1.0W60	8.915
3.2	1.0D+1.0W61	4.56	6.8	1.0D+0.7S34+1.0W62	7.48
3.3	1.0D+1.0W62	7.33	6.9	1.0D+0.7S34+1.0W65	7.689
3.4	1.0D+1.0W63	9.297	6.10	1.0D+0.7S35+1.0W60	9.174
3.5	1.0D+1.0W64	9.467	6.11	1.0D+0.7S35+1.0W62	7.626
3.6	1.0D+1.0W65	5.986	6.12	1.0D+0.7S35+1.0W65	8.121
4.1	1.0D+0.7L+1.0W60	8.1	7.1	1.0D+1.0S32+0.6W60	7.869
4.2	1.0D+0.7L+1.0W61	7.184	7.2	1.0D+1.0S32+0.6W62	7.25
4.3	1.0D+0.7L+1.0W62	7.184	7.3	1.0D+1.0S32+0.6W65	7.3
4.4	1.0D+0.7L+1.0W63	7.382	7.4	1.0D+1.0S33+0.6W60	7.135
4.5	1.0D+0.7L+1.0W64	7.972	7.5	1.0D+1.0S33+0.6W62	6.702
4.6	1.0D+0.7L+1.0W65	6.918	7.6	1.0D+1.0S33+0.6W65	7.101
5.1	1.0D+1.0L+0.6W60	7.429	7.7	1.0D+1.0S34+0.6W60	8.47
5.2	1.0D+1.0L+0.6W61	7.123	7.8	1.0D+1.0S34+0.6W62	7.015
5.3	1.0D+1.0L+0.6W62	7.109	7.9	1.0D+1.0S34+0.6W65	7.72
5.4	1.0D+1.0L+0.6W63	7.627	7.10	1.0D+1.0S35+0.6W60	5.332
5.5	1.0D+1.0L+0.6W64	7.382	7.11	1.0D+1.0S35+0.6W62	8.211
5.6	1.0D+1.0L+0.6W65	7.009	7.12	1.0D+1.0S35+0.6W65	8.644

由于风荷载的输入中并没有考虑对称位置，故在风荷载与雪荷载组合中，增加半跨不均匀雪荷载（S34、S35）的对称半跨布置（S34′、S35′），以包络最不利工况组合下结构的分析，见表 3-27，保证结构安全。

体育场分析用荷载组合表 2 表 3-27

编号	荷载组合方式	第一阶屈曲因子	编号	荷载组合方式	第一阶屈曲因子
6.21	1.0D+0.7S34′+1.0W60	8.618	7.21	1.0D+1.0S34′+0.6W60	8.378
6.22	1.0D+0.7S34′+1.0W62	7.152	7.22	1.0D+1.0S34′+0.6W62	8.047
6.23	1.0D+0.7S34′+1.0W65	7.23	7.23	1.0D+1.0S34′+0.6W65	7.805
6.24	1.0D+0.7S35′+1.0W60	8.808	7.24	1.0D+1.0S35′+0.6W60	9.698
6.25	1.0D+0.7S35′+1.0W62	7.032	7.25	1.0D+1.0S35′+0.6W62	7.721
6.26	1.0D+0.7S35′+1.0W65	6.823	7.26	1.0D+1.0S35′+0.6W65	7.358

3.2.3.2 典型荷载工况分析结果

对于恒、活的标准组合 1.0D+1.0L，采用通用有限元程序 ANSYS 进行静力屈曲分析所得第一阶屈曲因子为 4.081，对应的屈曲模态如图 3-103 所示。

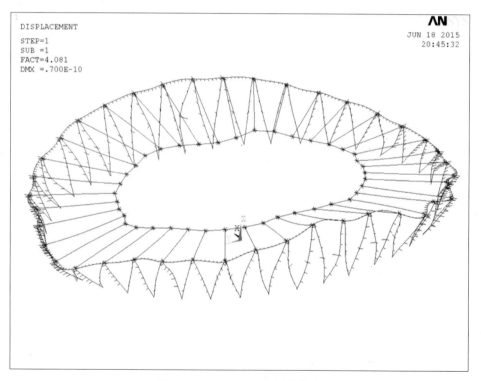

图 3-103 1.0D+1.0L 屈曲模态

按第一阶屈曲模态，赋予整体跨度 1/300 的初始缺陷，并进行几何非线性稳定分析。各典型节点的荷载-位移曲线如图 3-104 所示。

由荷载-位移曲线图可以发现，按弹塑性进行结构的非线性全过程分析时，结构的稳

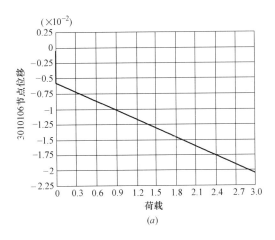
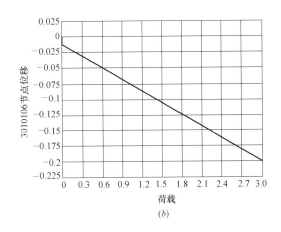

图 3-104　典型节点荷载位移曲线

定性极限承载力临界系数 $K>2.0$，满足规范相关要求。

在风荷载与雪荷载的组合中，增加半跨不均匀雪荷载（S34、S35）的对称半跨布置（S34′、S35′），以包络最不利工况组合下结构的分析，考虑屈曲因子越小结构稳定性越差，选取屈曲因子最小的荷载工况 1.0D＋0.7S35′＋1.0W65 工况为例，采用通用有限元程序 ANSYS 进行静力屈曲分析所得第一阶屈曲因子为 6.823，对应的屈曲模态如图3-105所示。

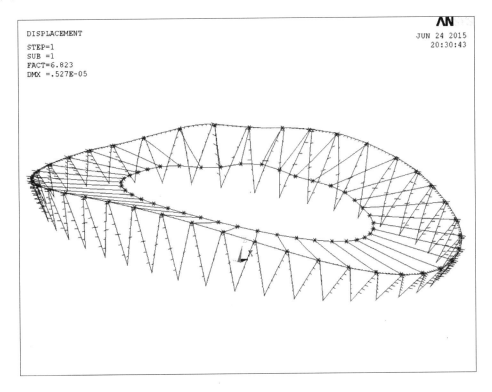

图 3-105　1.0D＋0.7S35′＋1.0W65 屈曲模态

按第一阶屈曲模态，赋予整体跨度 1/300 的初始缺陷，并进行几何非线性稳定分析。各典型节点的荷载-位移曲线如图 3-106 所示。

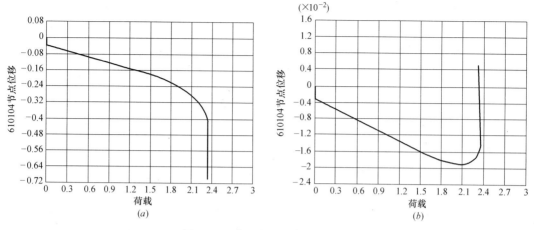

图 3-106 典型节点荷载位移曲线

由荷载-位移曲线图可以发现，按弹塑性进行结构的非线性全过程分析时，结构的稳定性极限承载力临界系数 $K>2.0$，满足规范相关要求。

3.2.4 苏州奥林匹克体育中心游泳馆正交单层索网结构稳定性分析

3.2.4.1 荷载组合

在分析中，按规范的要求采用荷载的标准组合。在雪荷载和风荷载同时组合的工况中，考虑到组合较多，对其中的风荷载仅选取典型的和结构变形、受力较大的三个角度。分析中采取的荷载组合如表 3-28 所示。

游泳馆分析用荷载组合表 1 　　　表 3-28

编号	荷载组合方式	第一阶屈曲因子	编号	荷载组合方式	第一阶屈曲因子
1.1	1.0D+1.0L	7.946	5.2	1.0D+1.0L+0.6W61	8.211
2.1	1.0D+1.0S31	8.511	5.5	1.0D+1.0L+0.6W64	8.209
2.2	1.0D+1.0S32	9.265	6.1	1.0D+0.7S31+1.0W60	10.804
2.3	1.0D+1.0S33	9.308	6.2	1.0D+0.7S31+1.0W61	9.424
3.1	1.0D+1.0W60	10.912	6.3	1.0D+0.7S31+1.0W64	9.426
3.2	1.0D+1.0W61	10.566	6.4	1.0D+0.7S32+1.0W60	11.052
3.3	1.0D+1.0W62	10.985	6.7	1.0D+0.7S33+1.0W60	11.08
3.4	1.0D+1.0W63	10.942	6.8	1.0D+0.7S33+1.0W61	9.996
3.5	1.0D+1.0W64	10.585	7.1	1.0D+1.0S31+0.6W60	9.493
3.6	1.0D+1.0W65	10.706	7.2	1.0D+1.0S31+0.6W61	8.768
4.1	1.0D+0.7L+1.0W60	10.409	7.3	1.0D+1.0S31+0.6W64	8.767
4.2	1.0D+0.7L+1.0W61	9.038	7.4	1.0D+1.0S32+0.6W60	10.301
4.3	1.0D+0.7L+1.0W64	9.039	7.7	1.0D+1.0S33+0.6W60	10.371
5.1	1.0D+1.0L+0.6W60	8.845	7.8	1.0D+1.0S33+0.6W61	9.598

另外，由于风荷载的输入中并没有考虑对称位置，故在风荷载与雪荷载的组合中，增加半跨不均匀雪荷载（S32、S33）的对称半跨布置（S32′、S33′），以包络最不利工况组合下结构的分析，见表3-29，保证结构安全。

游泳馆分析用荷载组合表2 表3-29

编号	荷载组合方式	第一阶屈曲因子	编号	荷载组合方式	第一阶屈曲因子
6.22	1.0D+0.7S32′+1.0W61	9.764	7.22	1.0D+1.0S32′+0.6W61	9.403
6.23	1.0D+0.7S32′+1.0W64	9.773	7.23	1.0D+1.0S32′+0.6W64	9.405
6.26	1.0D+0.7S33′+1.0W64	10.001	7.26	1.0D+1.0S33′+0.6W64	7.597

3.2.4.2 典型荷载工况分析结果

对于恒、活的标准组合1.0D+1.0L，采用通用有限元程序ANSYS进行静力屈曲分析所得第一阶屈曲因子为7.946，对应的屈曲模态如图3-107所示。

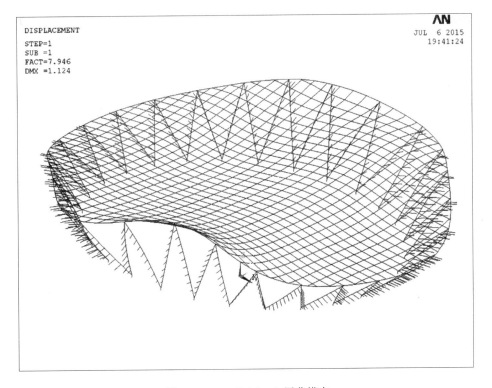

图3-107 1.0D+1.0L屈曲模态

按第一阶屈曲模态，赋予整体跨度1/300的初始缺陷，并进行几何非线性稳定分析。各典型节点的荷载-位移曲线如图3-108所示。

由荷载-位移曲线图可以发现，按弹塑性进行结构的非线性全过程分析时，结构的稳定性极限承载力临界系数 $K>2.0$，满足规范相关要求。

在风荷载与雪荷载的组合中，增加半跨不均匀雪荷载（S34、S35）的对称半跨布置（S34′、S35′），以包络最不利工况组合下结构的分析，考虑屈曲因子越小结构稳定性越

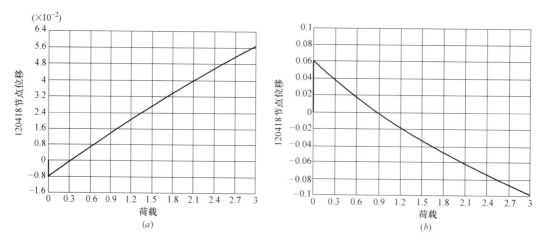

图 3-108　典型节点荷载位移曲线

差，选取屈曲因子最小的荷载工况 $1.0D+1.0S32'+0.6W61$ 为例，采用通用有限元程序 ANSYS 进行静力屈曲分析，计算得第一阶屈曲因子为 9.403，对应的屈曲模态如图 3-109 所示。

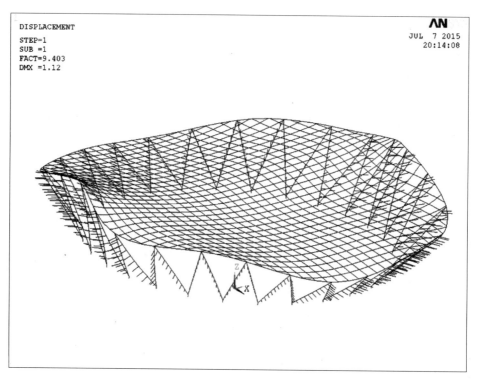

图 3-109　$1.0D+1.0S32'+0.6W61$ 屈曲模态

　　按第一阶屈曲模态，赋予整体跨度 1/300 的初始缺陷，并进行几何非线性稳定分析。各典型节点的位移曲线如图 3-110 所示。

　　由荷载-位移曲线图可以发现，按弹塑性进行结构的非线性全过程分析时，结构的稳定性极限承载力临界系数 $K>2.0$，满足规范相关要求。

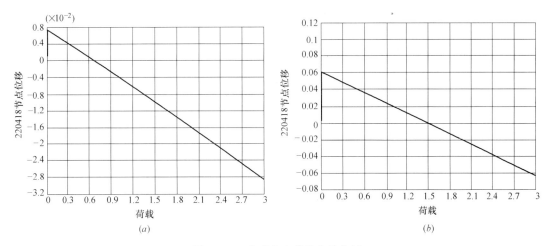

图 3-110 典型节点荷载位移曲线

3.3 附属结构适应单层索网超大变形研究

3.3.1 单层索网上附属结构适应索网超大变形分析

单层索网竖向刚度弱，风荷载下的竖向变形和加速度都很大，附属结构如径向马道、环向马道、径向排水管、环向排水槽、径向电缆沟等，需要重点考虑适应屋面大变形的能力。

附属结构设计中，细致分析了各静力工况下环向马道、径向排水管、环向排水槽的变形量，设置了大量滑动、转动连接以释放索网变形的不利影响。

本节以体育场轮辐式单层索网结构为例，介绍附属结构适应索网超大变形设计。

3.3.1.1 柔性索网结构在风荷载下的流固耦合性能研究

为考虑单层索网结构对屋面附属结构（如马道等）的影响，首先要精确计算索网结构正常使用阶段各个工况下的变形。

索网结构自重较轻，且多采用轻屋面构造，因而一般对于地震作用有较好的适应性。但索网对风荷载的作用十分敏感，风荷载往往是该类结构设计的主要控制荷载。传统上风的动力效应用等效静力风荷载来考虑，然而实际上风是与结构相互作用的，特别是对柔性索网结构而言，如果把风仅仅作为一种荷载，而忽略结构对风的耦合作用，将会导致与事实之间较大的差别，因此有必要基于流固耦合理论进行风致响应分析。

以苏州奥体中心体育场为研究对象，对典型轮辐式单层索网结构，采用气弹性风洞试验和数值分析两种方法，对单层索网结构在风荷载下的流固耦合性能进行研究。

实体模型采用 1:100 比例，如图 3-111 所示。通过在有限元软件 ANSYS 中反复试验算，最终设计出满足相似要求的气弹试验模型。弹模型试验风向为 0~345°，共 24 个风向。气弹试验模型顶部试验风速选取了 2m/s、3m/s、4m/s、5m/s（相当于 100 年重现期风速）四个工况，分别对应实际屋顶高度处风速 14.6m/s、21.8m/s、29.1m/s、36.4m/s。利用气弹试验结果，得到位移响应对应的阵风响应因子及起控制作用的风向，见表 3-30。

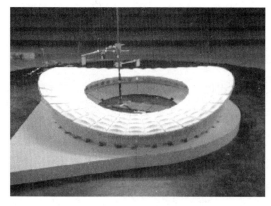

图 3-111　气弹性风洞试验模型

数值分析控制风向和阵风相应因子见表 3-31。

气弹性试验研究发现，除了屋盖挑棚悬挑端部分在试验风速下有较大振幅的测点，其脉动风压系数明显大于刚性模型测压试验结果外，其他位置差别较小，整体屋盖的风振系数为 1.81，小于数值分析的 1.86。

研究结果可为单层索网在风荷载下的流固耦合作用分析提供参考。

3.3.1.2　柔性索网结构考虑流固耦合作用的变形分析

单层索网结构刚度低，在极限荷载下的变形很大。以苏州奥体为例，考虑风荷载下的流固耦合作用后，各种工况下的内环竖向位移见表 3-32。由该表可见，在 90°风向角风荷载下的竖向位移最大值达到了 2.8m，超出规范限制很多，90°风向角风荷载下的内环竖向位移如图 3-112 所示。

气弹性试验控制风向和阵风相应因子　　　　　　　　　　表 3-30

响应类型	A 区域悬挑端竖向位移	B 区域悬挑端竖向位移	C 区域悬挑端竖向位移	D 区域悬挑端竖向位移
起控制作用的风向	75°	90°	90°	240°
阵风响应因子	2.20	2.11	1.81	1.80
响应类型	A 区域墙面水平位移	B 区域墙面水平位移	C 区域墙面水平位移	D 区域墙面水平位移
起控制作用的风向	0°、75°、90°、105°、180°、270°			
阵风响应因子	3.20			

数值分析控制风向和阵风相应因子　　　　　　　　　　表 3-31

响应类型	A 区域屋面悬挑端竖向位移	B 区域屋面悬挑端竖向位移	C 区域屋面悬挑端竖向位移	D 区域屋面悬挑端竖向位移
起控制作用的风向	75°	90°	90°	240°
阵风响应因子	2.33	2.14	1.86	2.01
响应类型	A 区域墙面水平位移	B 区域墙面水平位移	C 区域墙面水平位移	D 区域墙面水平位移
起控制作用的风向	0°、75°、90°、105°、180°、270°			
阵风响应因子	4.00（原结构） 3.50（修改方案 2B）			

竖向最大位移汇总 U_z（跨度为 260m）　　　　　　　　表 3-32

荷载工况	工况编号 LF	位移 U_z（mm）		跨度 L（m）	位移比
		Sofistik	SAP2000		
活载	1100	1521	1518	260	$L/171$
满雪荷载	1200	1408	1400	260	$L/185$
不均布雪荷载	1210	809	803	260	$L/321$
积雪荷载	1230	1708	1700	260	$L/152$

荷载工况	工况编号 LF	位移 U_z(mm)		跨度 L(m)	位移比
		Sofistik	SAP2000		
0°风荷载	1300	886	867	260	$L/293$
60°风荷载	1320	2395	2389	260	$L/109$
90°风荷载	1340	2869	2861	260	$L/91$
135°风荷载	1360	1923	1912	260	$L/135$
15°风荷载	1380	981	979.8	260	$L/265$
75°风荷载	1400	2820	2811	260	$L/92$
罕遇地震作用	—	777	765	260	$L/334$

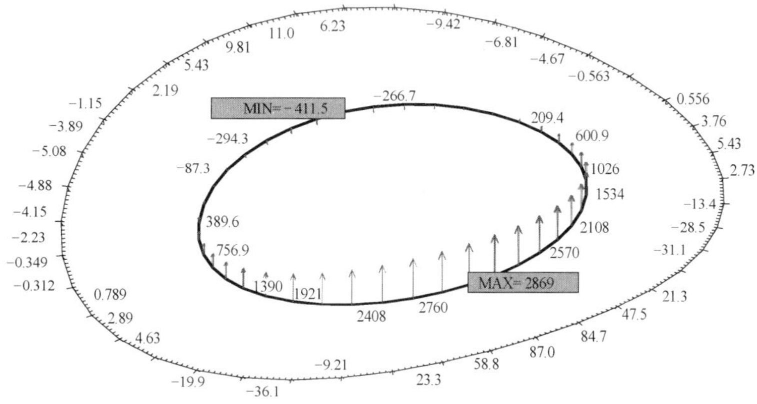

图 3-112　在 90°风向角风荷载下的内环竖向位移

3.3.1.3　环向马道的设计

为了满足建筑师对屋面效果的要求，体育场的马道舍弃了传统的"吊挂"形式，所有马道均采用上翻，使得看台上的观众并不能直接看到正上方的马道构件（图 3-113）。

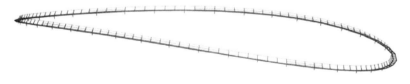

图 3-113　内环上翻马道三维图

由于内场效果灯光布置的要求，环向马道设计中，又分为两种情况：有灯光处和无灯光处，两者的受力要求完全不同，如图 3-114 所示。

有灯具跨和无灯具跨，相邻环索索夹上的支撑立柱间均通过内外两根"连接横梁"连接，横梁最大跨度达到近 12m。每跨横梁上三等分位置，设置两道栏杆立柱，以降低上层横向构件的跨度，如图 3-115 所示。

（1）连接横梁的设计

连接横梁是上翻马道受力的主要构件。其两侧均通过支撑立柱与环索索夹相连，在两端铰接的前提下，任何工况变形中横梁始终保持着与每节环索平行的状态。因此，横梁需

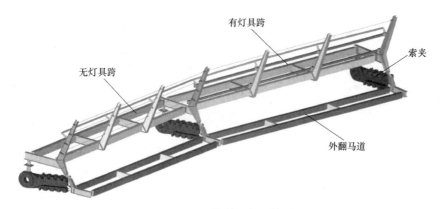

图 3-114 上翻单元榀三维图

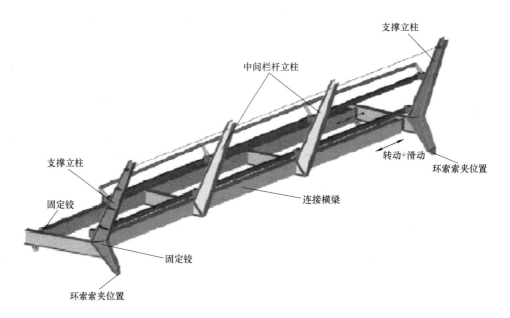

图 3-115 上翻马道构成分析图

设置的伸缩量值也即为各工况下，环索自身伸缩量的包络值，属于小值。所以，连接横梁与支撑立柱间的连接，一端采用固定铰，另一端采用铰接＋轴向滑动的形式即可，设计中预留了 2cm 的伸缩量。

（2）无灯光处马道设计

如前所述，栏杆立柱是设置在连接横梁上的。在这种结构体系下，当相邻索夹之间发生较大的竖向变形差时，由于栏杆立柱与横梁间刚接，其会随着横梁的位形变化发生一定的转角，造成两侧边跨产生较大的变形量。若按普通的三跨设置常规栏杆的做法，两边跨需要预留较大的伸缩量（图 3-116、图 3-117）。

这样的伸缩量会造成节点过长，而且项目中，这样的节点数量巨大，造成加工困难、建筑整体效果差，同时也增加了内环拉索处的负荷。

仔细研究单跨马道的变形机制后可以发现，发生竖向相对变形的前后，相邻索夹间的三段栏杆总长是基本保持不变的。因此设计中摒弃传统栏杆的做法，而改为单跨贯通的拉索。

拉索仅在索夹上支撑立柱处进行锚固，在中间两榀栏杆柱上，设置贯通圆孔让拉索穿过（即拉索与中间栏杆柱不发生任何力学关系）。

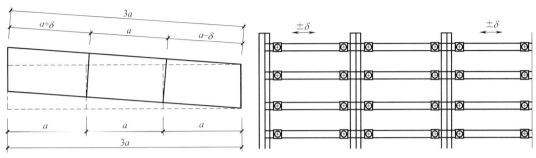

图 3-116　单榀变形机理图　　　　　　　图 3-117　传统栏杆设计思路

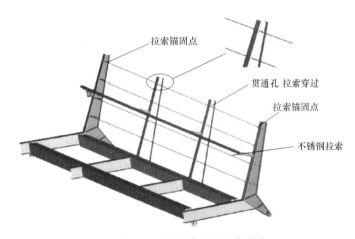

图 3-118　上翻马道无灯具跨设计

"拉索贯通孔"内壁需采取增设 EPDM 保护套等措施，以避免对索体的刮碰损伤。

拉索的设置，使得马道整体外观效果简洁，省去了繁多的栏杆释放节点。而拉索选用了不锈钢拉索，自身的弹性模量较低（为 $1.3 \times 10^5 \, \text{N/mm}^2$），且贯通后拉索长度最大达到 12m，因此使用过程中，每根拉索能适应的节点伸缩量非常可观，如图 3-118 所示。

（3）有灯光处马道设计

有灯具处，由于灯具荷载较大，而且风荷载会引起柔性屋面的风振效应，在往复的动力荷载下，一根 12m 长的通长横梁作为灯具支承将显得更为不利。因此，考虑将灯具梁在中间拉杆柱处分段，设置支撑节点。

灯具梁采用 80mm×60mm×4mm 的方钢管。通过前面章节的分析，由于栏杆柱与下层"连接横梁"的刚接，随着索夹位移引起的连接横梁转动、倾斜，中间跨灯具梁的长度是保持不变的，引起的仅是两侧边跨灯具梁的伸长、缩短。因此，中间跨灯具梁的两侧均设置为固定铰节点，而边跨灯具梁采用铰接＋轴向滑动的节点。

设计中，通过有限元的拟静力分析，发现灯具梁的最大伸缩量要达到 5cm 才能保证使用过程中的安全性。为了简化节点，降低节点长度，采用了两侧释放的形式，即每侧各确保±2.5cm 的伸缩量。

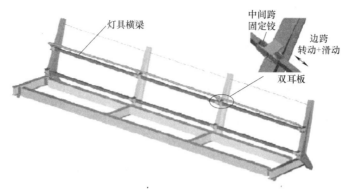

图 3-119　上翻马道有灯具跨设计

　　另外，由于灯具荷载大、数量多，且外倾角度较大，灯具梁上存在较大的扭矩，因此设计中采用双耳板形式，以使灯具梁在能够沿销轴转动、轴向伸缩的同时，有效地传递灯具产生的扭矩，如图 3-119 所示。

　　（4）栏杆扶手设计

　　考虑到上述分析，栏杆柱间伸缩量的影响，为避免繁琐、影响美观的节点，马道栏杆扶手在相邻栏杆柱间断开，采用分别从栏杆柱向外悬挑半跨的形式，以合理地满足变形量的要求。

3.3.1.4　径向马道的设计

　　通过分析发现，使用过程中，径向索的变形较大。因此，项目中完全取消了径向马道，利用膜结构本身可以承重的特点，在索上部设置覆盖保护膜从而形成自然的马道。检修人员仅需要在保护膜上铺设行走的塑料板就可以到达内侧环向马道上。

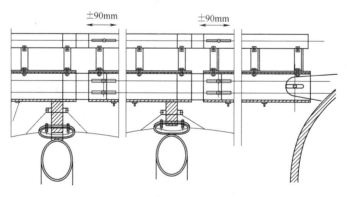

图 3-120　径向电缆沟槽设计

　　而对于电缆沟槽的设置，采用了一端铰接，一端铰接＋滑动的形式，但通过后面的分析可以发现，由于电缆沟设置在膜拱之上，高出径向索较多，径向索的变形重叠膜拱间的相对转角，引起了沟槽较大的变形量，设计中最大的滑动量达到了±90mm（图 3-120）。

3.3.1.5　附属构件变形需求分析

　　原则上说，如果在设计过程中采取有效的手段避免产生不必要的次应力，索膜结构的大变形并不会对附属的构件造成破坏。也正是基于此点，在上述设计中考虑了较多转动、滑动释放的节点。

　　为了分析这些节点的释放需求量，在整体模型中设置了非结构虚拟单元的连接，以方便对马道、电缆沟槽等附属结构的变形进行模拟，如图 3-121 所示。环向马道处虚拟连接的伸缩量变化如图 3-122 和图 3-123 所示，从图中可以看到每个虚拟单元的伸长和缩短。

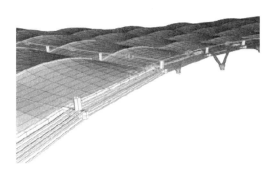 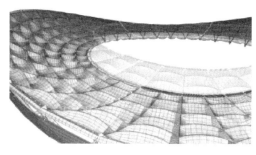

图 3-121　附属构件变形分析计算模型

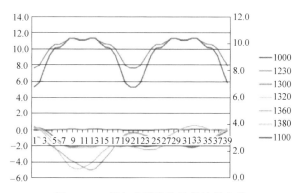

图 3-122　环向虚拟连接的伸缩量变化

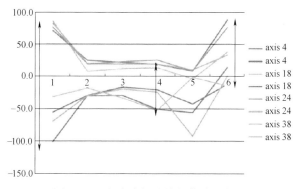

图 3-123　径向虚拟连接的伸缩量变化

　　可以发现，在柔性屋面巨大的竖向变形下，每个环向虚拟单元之间的轴向变化仅为 -5.0mm～$+11.3$mm。在内环马道的连接横梁上，设置了 ±20mm 的滑动量，确保了环向马道在使用过程中的安全性。

　　同样，分析径向虚拟单元的变形量可以看出，对每段的电缆沟构件采用 ±90mm 的伸缩量也是能满足使用要求的。

3.3.2 单层索网结构振动对附属结构的动力放大效应分析和风荷载时程分析

设计中，采用有限元软件对附属结构的受力及释放需求量进行了拟静力分析。在此前提下，还对附属结构进行了专项的风致响应分析。

分析采用时程分析法。分析中，首先将风荷载时程作为外荷载时程作用于主体结构的有限元模型上，采用瞬态分析方法得出主体结构的风致响应。然后以附属结构支座对应的各节点（如内环环索索夹）的三维位移时程为输入荷载，将位移时程加载到附属结构的支座上，对附属结构进行分析计算。

3.3.2.1 内环的风致响应

应用大型有限元软件 SAP2000 的瞬态分析方法计算了结构的风致响应，考虑了结构大变形引起的几何非线性效应。

（1）结构动力特性

图 3-124 给出了结构的部分振型，第一阶自振频率为 0.324Hz，第二阶自振频率为 0.346Hz，第三阶自振频率为 0.356Hz。

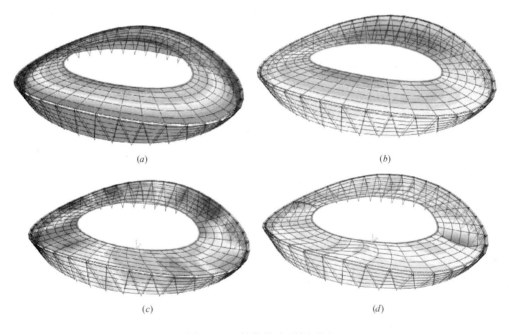

图 3-124　结构的主要振型

（a）第一阶振型：0.324Hz（3.09s）；（b）第二阶振型：0.346Hz（2.89s）；
（c）第三阶振型：0.356Hz（2.81s）；（d）第十阶振型：0.614Hz（1.63s）

（2）工况的选取

根据我国《建筑结构荷载规范》GB 50009—2012 和设计单位提供的资料，结构风振响应计算所取参数见表 3-33。

选取了风洞试验中 11 个典型风向下（0°、60°、75°、90°、105°、120°、135°、180°、225°、270°、315°）的工况进行计算。为了方便表达，将体育场结构分为几个区域，如图 3-125所示。

主要参数以及研究结果的引示 表 3-33

分析类型	平稳激励下非线性系统随机振动响应分析
风荷载来源	刚性模型测压风洞试验
结构参数来源	由上海建筑设计研究院有限公司提供
分析程序	大型有限元软件 SAP2000 的瞬态分析方法，考虑了结构大变形引起的几何非线性效应
基本风压及梯度风速度（50 年重现期）	0.45kPa,45.7m/s
基本风压及梯度风速度（100 年重现期）	0.50kPa,48.2m/s
地貌类型	B 类
风向角定义	图 3-112
结构的区域构成（关心的节点）	图 3-125
结构的前几阶振型图	图 3-124
阻尼比	2.0%
峰值因子	2.5
结构风致响应结果	—
附属结构的动力放大系数	A 区域悬挑端:1.57 B 区域悬挑端:1.56 C 区域悬挑端:1.42 D 区域悬挑端:1.66

（3）风致响应结果

为了分析苏州奥体中心体育场内环大变形对附属结构的影响，利用结构在不同风向下的响应，得到了加速度响应对应的动力放大系数及其控制作用的风向（见表 3-34，对应阻尼比为 2% 时的结果）。

表 3-34 中的响应类型与图 3-125 中的节点加速度分区相对应。通过对主体结构的风致效应时程分析发现，D 区域的加速度根方差最大，达到了 2.575m/s² 。

图 3-126 给出了对应于表 3-34 的响应平面外法向加速度脉动时程曲线和对应的功率谱密度曲线。

表 3-35 和表 3-36 分别提供了位移响应和速度响应及其控制作用的风向，以便对附属结构进行分析（对应阻尼比为 2% 时的结果）。

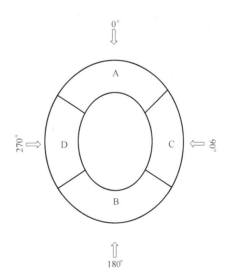

图 3-125 结构的区域构成（红色部分为屋盖悬挑端部，蓝色为墙面及外环梁）

各区域节点加速度响应及控制作用的风向　　　　表 3-34

响应类型	A区域屋面悬挑端竖向加速度	B区域屋面悬挑端竖向加速度	C区域屋面悬挑端竖向加速度	D区域屋面悬挑端竖向加速度
起控制作用的风向	105°	60°	105°	90°
加速度根方差 (m/s²)	2.226	2.209	1.644	2.575
动力放大系数	1.57	1.56	1.42	1.66

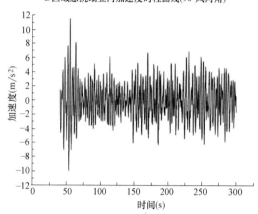
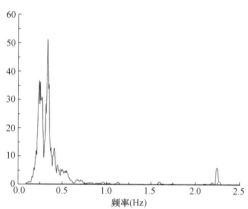

图 3-126　D 节点在控制风向下的加速度时程与频谱曲线

各区域节点位移响应及控制作用的风向　　　　表 3-35

响应类型	A区域屋面悬挑端竖向位移	B区域屋面悬挑端竖向位移	C区域屋面悬挑端竖向位移	D区域屋面悬挑端竖向位移
起控制作用的风向	105°	105°	90°	270°
位移(m)	2.641	2.901	3.405	2.492

各区域节点速度响应及控制作用的风向　　　　表 3-36

响应类型	A区域屋面悬挑端竖向速度	B区域屋面悬挑端竖向速度	C区域屋面悬挑端竖向速度	D区域屋面悬挑端竖向速度
起控制作用的风向	105°	105°	90°	105°
速度根方差 (m/s²)	1.276	1.108	0.867	1.439

（4）总结

为了分析悬挑端大变形对于附属结构的影响，以悬挑端竖向加速度为研究对象，表 3-34 分别给出了 A、B、C 和 D 四区域的加速度根方差和动力放大系数。其中，D 区域的加速度根方差和动力放大系数最大，为控制工况。

为了分析悬挑端大变形对于附属结构的影响，以悬挑端竖向位移为研究对象，对于A、B、C和D四区域而言，C区域的悬挑端竖向位移最大，达到3.405m，因此对于附属结构，请考虑此大位移的影响。

为了分析悬挑端大变形对于附属结构的影响，以悬挑端竖向速度为研究对象，对于A、B、C和D四区域而言，D区域的悬挑端竖向速度根方差最大，为1.439m/s，因此对于附属结构，请考虑此速度响应的影响。

3.3.2.2 环向上翻马道风致响应

（1）计算原理

基于SAP2000环向上翻马道模型，以体育场风致响应的内环索头处的三维位移时程为输入荷载，将位移时程加载到上翻马道的支座上，进行结构计算，如图3-127所示。

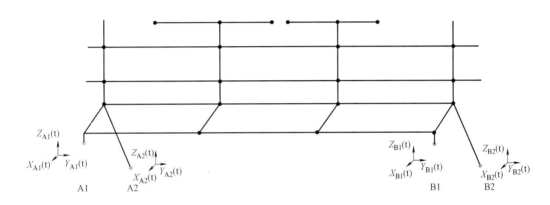

图 3-127 荷载输入图

根据我国《建筑结构荷载规范》GB 50009—2012和设计单位提供的资料，结构风振响应计算选取了风洞试验中8个典型风向下（0°、45°、90°、135°、180°、225°、270°、315°）的工况进行计算，如图3-128所示。

（2）风致响应结果

根据设计需求及结构自身特点，将环向上翻马道上可伸缩的节点分为两类，如图3-129所示。表3-37～表3-39给出了计算结果的统计值。图3-130给出了典型节点及单元计算结果的时程及功率谱曲线。

① 1 环向上翻马道的变形能力见表3-37。

② 2 环向上翻马道的受力能力见表3-38。

（3）总结

对于环向上翻马道节点伸缩量，第2类中

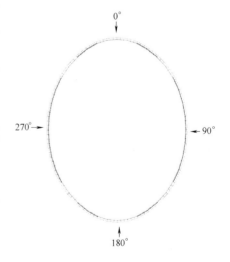

图 3-128 马道风向角图

1357、1353、1329、1333号节点的伸缩量较大，最大值达到3.3cm，控制工况为90°风向角，结构设计中应充分考虑。对于环向上翻马道的受力情况，各单元满足规范要求。34及33号单元中应力比最大处达到0.92，结构设计时应充分考虑。

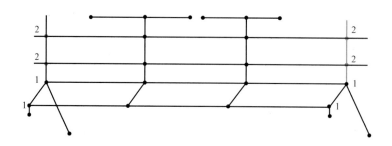

图 3-129　马道上可伸缩节点分类图

第 1 类节点前 10 个最大伸缩量　　　　　　　　　　　　　表 3-37

节点号	单元号	风向角(°)	平均值(cm)	脉动值(cm)	最大伸缩量(cm)
26	88	90	0.50	0.20	1.0
56	133	90	0.50	0.20	1.0
58	136	90	0.59	0.18	1.0
60	139	90	0.39	0.23	1.0
72	157	90	−0.38	0.23	1.0
6	58	90	0.48	0.17	1.0
18	76	90	0.35	0.23	0.9
20	79	90	0.32	0.22	0.8
72	157	45	−0.20	0.20	0.7
18	76	225	0.25	0.18	0.7

第 2 类前 10 个最大伸缩量　　　　　　　　　　　　　表 3-38

节点号	单元号	风向角(°)	平均值(cm)	脉动值(cm)	最大伸缩量(cm)
1357	1711	90	1.30	0.81	3.3
1353	1708	90	−1.20	0.72	3.0
1329	1697	90	−1.18	0.73	3.0
1333	1699	90	−1.45	0.62	3.0
1317	1692	90	1.00	0.61	2.5
1321	1694	90	1.00	0.50	2.2
1357	1711	270	−1.21	0.42	2.2
1353	1708	270	0.85	0.46	2.0
1333	1699	270	0.78	0.49	2.0
1341	1703	270	0.69	0.44	1.8

所有工况下最大的 10 个正应力			表 3-39
单元号	计算值（MPa）	规范值（MPa）	应力比
34	285	310	0.92
33	283	310	0.92
18	280	310	0.90
38	278	310	0.90
39	275	310	0.89
40	275	310	0.89
5	273	310	0.88
14	273	310	0.88
35	273	310	0.88

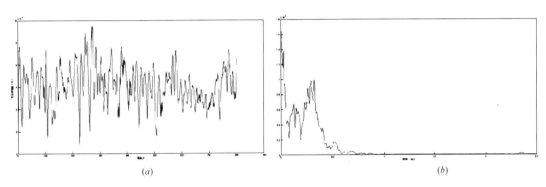

（a） （b）

图 3-130 典型单元在控制风向下单元的正应力时程与频谱曲线

（a）88 节点伸缩量的时程曲线；（b）88 节点伸缩量的功率谱曲线

3.3.2.3 环向上翻马道风致响应

（1）计算原理

基于 SAP2000 环向外翻马道模型，以报告第一部分体育场风致响应的内环索头处的三维位移时程为输入荷载，将位移时程加载到外翻马道的支座上，进行结构计算，如图 3-131 所示。

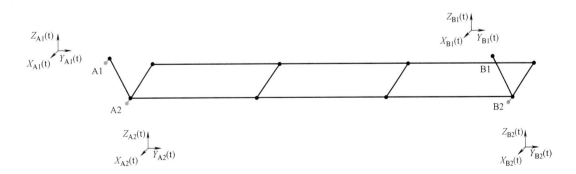

图 3-131 荷载输入图

157

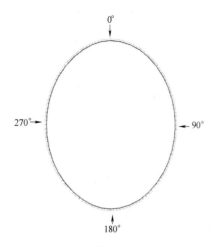

图 3-132　外翻马道风向角图

根据《建筑结构荷载规范》GB 50009—2012 和风洞试验的资料，结构风振响应计算选取了风洞试验中 8 个典型风向下（0°、45°、90°、135°、180°、225°、270°、315°）的工况进行计算，如图 3-132 所示。

（2）风致响应结果

环向外翻马道局部模型如图 3-133 所示，红色节点为其上可伸缩的节点。表 3-40 和表 3-41 给出了节点伸缩量及单元应力的计算结果统计值，图 3-134 给出了典型节点及单元计算结果的时程及功率谱曲线。

① 1 环向外翻马道的变形能力见表 3-40。

② 2 环向外翻马道的受力能力见表 3-41。

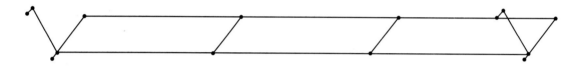

图 3-133　外翻马道上可伸缩节点位置图

可伸缩节点前 10 个最大伸缩量　　　　表 3-40

节点号	单元号	风向角(°)	平均值(cm)	脉动值(cm)	最大伸缩量(cm)
91	96	90	1.10	0.36	2.0
90	95	90	0.72	0.40	1.7
89	94	90	0.61	0.36	1.5
111	116	90	0.55	0.34	1.4
110	115	90	0.59	0.30	1.3
86	91	90	0.54	0.32	1.3
87	92	90	0.53	0.30	1.3
111	116	270	0.53	0.30	1.3
107	112	90	0.50	0.28	1.2
109	114	315	0.52	0.26	1.2

所有工况下最大的 10 个正应力　　　　表 3-41

单元号	计算值(MPa)	规范值(MPa)	应力比
153	48	310	0.15
113	46	310	0.15
134	45	310	0.15
114	45	310	0.15

单元号	计算值（MPa）	规范值（MPa）	应力比
297	45	310	0.15
296	44	310	0.14
334	43	310	0.14
335	41	310	0.13
95	40	310	0.13

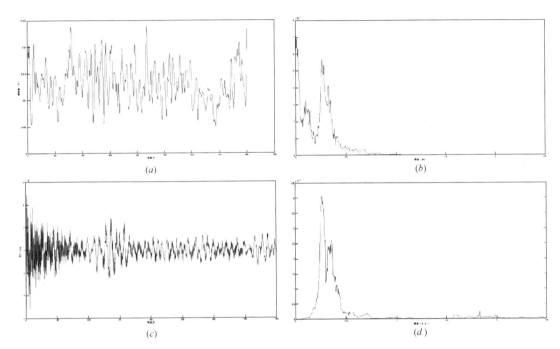

图 3-134　典型单元在控制风向下单元的正应力时程与频谱曲线

（a）91 节点伸缩量的时程曲线；（b）91 节点伸缩量的功率谱曲线；

（c）153 单元最大正应力处的时程曲线；（d）153 单元最大正应力处的功率谱曲线

（3）总结

对于环向外翻马道节点伸缩量，91、90、89 号节点的伸缩量较大，最大值达到 2.0cm，控制工况为 90°风向角。对于环向外翻马道的受力情况，各单元的应力满足规范要求。153 号单元中应力比最大处为 0.15。

3.3.3　单层索网上直立锁边刚性屋面适应索网超大变形分析

3.3.3.1　适用于大变形索网的直立锁边刚性屋面设计

单层索网结构竖向刚度弱，以游泳馆为例，恒载下的变形为 429mm，屋面活载下的变形为 431m，恒载加活载标准值下的挠度为（429+431）/107000＝1/124；风荷载（285°风荷载）下最大变形为 451mm，挠度为 1/237，结构变形远超规范要求。采用膜材等柔性屋面覆盖材料可以良好地适应主体结构大变形（表 3-42），风荷载下屋面位移如图 3-135

所示。但室内场馆如体育馆、游泳馆常需要采用保温、吸声、排水效果更好的直立锁边刚性屋面体系，其如何适应柔性单层索网大变形是设计难点之一。

竖向最大位移汇总 U_z （跨度为107m）   表 3-42

荷载工况	工况编号 LF	位移 U_z(mm)		跨度 L(m)	位移比
		Sofistik	SAP2000		
恒载	1000	0.001	4.48	107	—
活载	1100	367	367	107	$L/292$
满雪荷载	1200	332	332	107	$L/322$
不均布雪荷载	1210	334	335	107	$L/320$
195°风荷载	1300	228	225	107	$L/469$
285°风荷载	1310	451	444	107	$L/237$
75°风荷载	1320	317	314	107	$L/338$
150°风荷载	1330	372	369	107	$L/288$
300°风荷载	1340	444	438	107	$L/241$
315°风荷载	1350	411	404	107	$L/260$
X 向罕遇地震作用	—	39.7	42.76	107	$L/2695$
Y 向罕遇地震作用	—	106.2	100.31	107	$L/1007$
Z 向罕遇地震作用	—	198.5	198.14	107	$L/539$

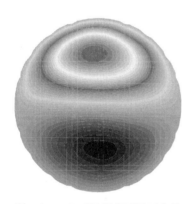

图 3-135 285°风荷载下屋面位移

本结构在常规直立锁边体系基础上进行了创新设计。屋面体系主要受力构件从下至上包括：索夹上方连接板，主檩条，次檩条，铝合金滑移固定座，直立锁边板。在整体模型中设置非结构虚拟单元，模拟主檩条、次檩条端部滑动节点滑动量，设置长圆孔进行释放，如图3-136所示。

在整体模型中索网上方设置正交两向弱弹簧进行分析，弹簧常数为 $1×10^{-9}$ kN/m，如图3-137所示。模拟主檩条、次檩条、压型金属板端部滑动节点在施工和正常使用中的极限滑动量，如图3-138所示。按照此滑动量进行屋面附属结构设计，保证主体结构大变形对屋面次结构的影响通过转动和滑动连接得以释放。

直立锁边板通长，其平面内外的转动能力较难通过计算模拟，因此，设计了屋面系统大变形试验。按照索网模型选择4个 X 向最大转角组合，4个 Y 向最大转角组合，对网格点进行位移加载，在每个变形加载后进行水密性试验。

3.3.3.2 刚性屋面大变形水密性试验

1）试验目的

苏州奥体中心金属屋面覆盖在超轻的索网结构屋面上，可能承受屋面大变形的效应，应确保金属屋面系统能够适应建筑主体结构变形能力，并满足金属屋面水密性的要求。

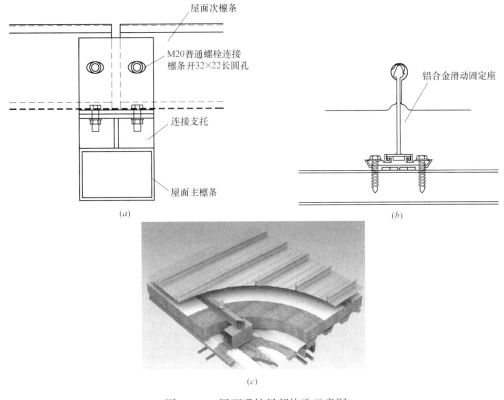

图 3-136 屋面系统局部构造示意图

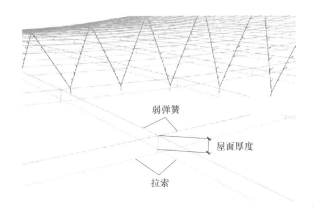

图 3-137 次结构滑动量计算模型

根据试验目的的要求，本试验索网模型选取 2×2 区格，网格尺寸 3.3m×3.3m，将索网之外的所有屋面组件包括隔汽、保温层等安装在试验支架上，保证试验条件与实际工程一致。首先按照计算的索网模型最不利变形，对网格点进行位移加载，在每个变形加载后的不利形状下进行水密性试验。水密性试验依据《建筑幕墙》GB/T 21086—2007 附录Ⅳ的要求和步骤，进行现场淋水试验，通过现场检验，达到检验金属屋面大变形下水密性的目的。

2）技术路线

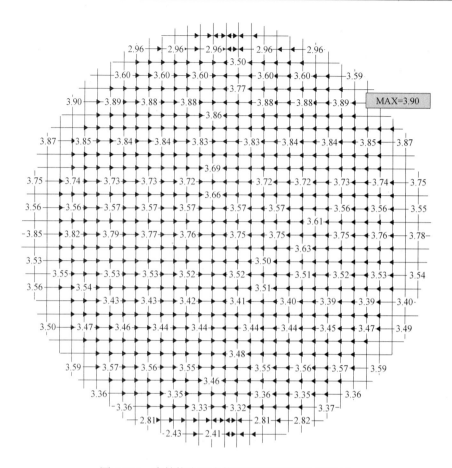

图 3-138　次结构在正常使用极限状态下的滑动量

通过试验检验大变形位移加载试验后的金属屋面水密性，为此，确定如下技术路线，以对节点的可靠性做出判断：

（1）根据计算确定的金属屋面各组合变形结果，提出试件各个节点的变形；

（2）在试验中基于位移控制，进行位移加载，模拟金属屋面系统适应建筑主体结构大变形的过程；

（3）每次加载之后，在每个加载变形位置进行现场淋水试验，检验金属屋面在大变形情况下的水密性，记录渗漏情况。

3）试验方案

（1）试件设计

试验样板区域建议可按图 3-139 红色方框所示区域选取 2×2 区格，具体见第 3.4 节。试验试件应按照金属屋面施工图 1：1 的比例制作。试验样板跨越 3 个横索索夹和 3 个竖索索夹，单元示意图如图 3-140 所示，其一维位形示意图如图 3-141 所示。

（2）位移加载方案

由图 3-141 和图 3-142 可知，游泳馆金属屋面系统的大变形下的形状由索网屋面索夹的竖向变形控制。本试验方案设计了一种支点可变化的位移加载装置，用以模拟索夹的竖向变形，从而实现试件不同的大变形位形。

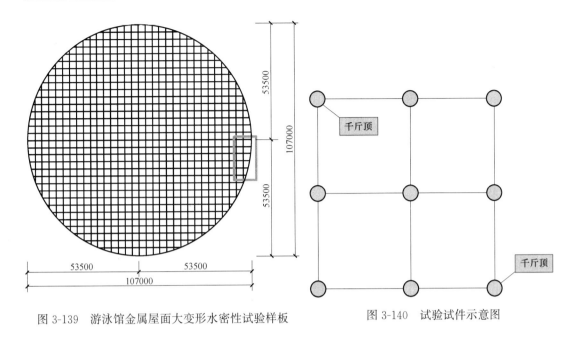

图 3-139 游泳馆金属屋面大变形水密性试验样板

图 3-140 试验试件示意图

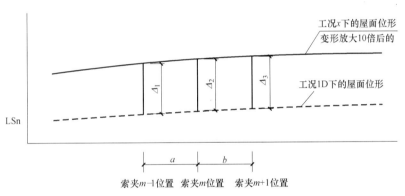

图 3-141 试验试件位形一维示意图

该加载装置由 9 个支点组成，位置对应于试验试件所在结构上的 9 个索夹。如图 3-140 所示，其中红色支点为固定支点，其余 8 个蓝色支点为可变支点，变形采用油压加载装置实现。油压加载装置采用穿心式千斤顶，图 3-143 显示了千斤顶简图，型号 YDC240QX 型，千斤顶公称推力 240kN，行程 200mm。推力符合试验要求。从第 3.4 节可知，8 个变形支点变形值普遍超过 200mm 行程，因此试验方案设计了金属屋面初始位置，通过预先换顶工序实现。

位移加载时，根据 8 个可变支点与固定点的相对位移差，调节千斤顶行程，采用位移计测量油压加载装置位移变化量，实现试验试件的变形位形。加载装置示意如图 3-144 所示。

（3）水密性试验方案

采用喷嘴（如 B-25，型号为♯6.030）。此喷嘴与 19.05mm 的水管连在一起，且配有一控制阀和一个压力计。喷嘴处的水压应为 200～235kPa。考虑到屋面保温层等吸水性，采用加有墨汁的水进行喷淋试验。

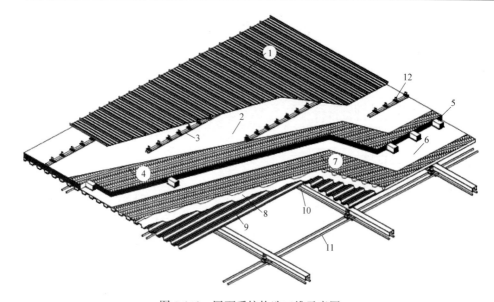

图 3-142　屋面系统构造三维示意图

1—直立锁边板；2—防水透气膜；3—Z型次檩条；4—岩棉；5—主次檩条连接板；

6—PVC卷材隔汽层；7—玻璃丝纤维吸声棉；8—防水隔气膜；9—压型金属板；

10—主檩条；11—铝合金滑动固定座

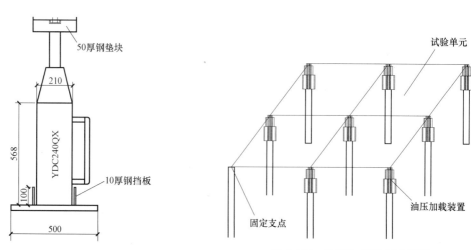

图 3-143　千斤顶型号及连接构造（单位：mm）　　　图 3-144　位移加载装置示意图

在金属屋面试件上侧，选定长度为 1.5m 的接缝，在距试件表面约 0.7m 处，沿与试件表面垂直的方向对准待测接缝进行喷水，连续往复喷水 5min。同时，在试件内侧检查任何可能的渗水。如果未发现有任何漏水，则转入下一个待测的部位。

选取屋面中部的 10 条接缝作为测试部位进行喷水，对有渗水现象出现的部位，应记录其位置。注意，试件周边应设置有组织排水措施，避免喷淋排水与渗水漏水混淆。

所有试验完毕，应拆卸金属屋面上层面板，检查屋面保温层是否存在墨渍，进一步验证金属屋面的水密性。

4）工况建议

根据计算分析，本试验选取 8 个工况进行试验，选取方案如下：

（1）选取依据

工况建议分析依据为设计提供几何模型；设计提供所有组合下变形。

（2）选取原则

拟从所有组合中找到竖向相对变形最不利的区格及对应组合，在此区格基础上针对性选取 2×2 区格，认定该区格在该组合下为不利情况。

（3）选取方法

① 双层交错索网模型分 X 向索和 Y 向索；

② 以索相交点两侧索段角度变化差为判断依据，初始角度为 LF1000 组合为初始状态；各组合下的索段夹角为各工作状态角度；

③ 给出 4 个 X 向最大角度变化的位置及组合，该点作为试验中间点位置；同样，给出 4 个 Y 向最大角度变化的位置及组合；

④ 提出最不利区格位置及对应组合。

图 3-145 所示为试验点编号，表 3-43 和图 3-146所示为建议的 8 个工况的索网位置及组合号。表 3-44 为各组合试验点的竖向位移，即将表 3-43所示各点变形通过对称性和旋转转换为 g 点固定的形式。

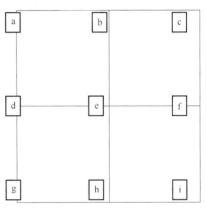

图 3-145　试验点竖向位移编号

最不利区格及组合　　　　　　　　　　　　　表 3-43

方向	图示	组合号	组合描述	角度差
X	图 3-145(a)	86	1D+0.7S31+1W63	0.0138745
		92	1D+0.7S32+1W63	0.0136896
	图 3-145(b)	86	1D+0.7S31+1W63	0.0136212
		92	1D+0.7S32+1W63	0.0133957
Y	图 3-145(c)	88	1D+0.7S31+1W65	0.0143341
		84	1D+0.7S31+1W61	0.0141245
		87	1D+0.7S31+1W64	0.0140356
		27	1D+0.6T+1W65	0.0139363

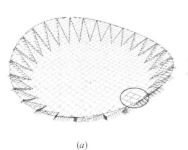　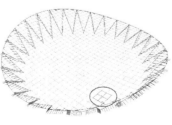　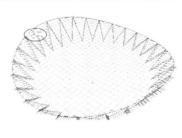

(a)　　　　　　　　　　(b)　　　　　　　　　　(c)

图 3-146　建议工况的索网网格位置

工况加载点加载位移　　　　　　　　　　　　表 3-44

实验工况	实际工况	工况加载点加载位移(mm)								
		a	b	c	d	E	f	g	h	i
1	86	196.19	228.74	250.94	91.666	126.88	160.64	0.0	0.49	44.10
2	92	223.68	262.08	289.17	102.43	142.26	180.74	0.0	0.86	48.53
3	86	188.28	241.26	279.36	108.40	173.95	224.18	0.0	76.79	138.29
4	92	224.77	288.78	336.66	125.08	200.76	260.02	0.0	85.44	155.42
5	88	174.00	213.93	250.46	83.15	121.87	164.70	0.0	2.53	49.72
6	84	196.83	237.75	272.32	92.48	132.91	175.15	0.0	3.02	51.32
7	87	185.48	226.33	262.32	87.68	127.34	169.96	0.0	5.83	50.40
8	27	195.25	239.50	279.84	91.64	133.54	179.39	0.0	−11.80	52.01

考虑千斤顶行程 200mm，不满足表 3-44 的需求，故通过换顶工序将金属屋面事先置于斜平面，各千斤顶换顶高度见表 3-45。经过换顶操作后，各点在各控制工况下的加载变形值见表 3-46。

各点位垫高高度　　　　　　　　　　　　表 3-45

点位	a	b	c	d	e	f	g	h	i
高度(mm)	182.4	212.4	242.4	122.4	152.4	182.4	0.0	0.0	92.4

注：各点 2.4m 余数为增加的千斤顶顶部垫板 2.4mm，i 点未垫，g、h 点未换顶。

工况加载点实际设计加载位移　　　　　　　　　　　　表 3-46

实验工况	实际工况	工况加载点加载位移(mm)								
		a	b	c	d	e	f	g	h	i
1	86	73.79	76.34	68.54	29.27	34.48	38.24	0.00	60.49	14.10
2	92	101.28	109.68	106.77	40.03	49.86	58.34	0.00	60.86	18.53
3	86	65.88	88.86	96.96	46.00	81.55	101.78	0.00	136.79	108.29
4	92	102.37	136.38	154.26	62.68	108.36	137.62	0.00	145.44	125.42
5	88	51.60	61.53	68.06	20.75	29.47	42.30	0.00	62.53	19.72
6	84	74.43	85.35	89.92	30.08	40.51	52.75	0.00	63.02	21.32
7	87	63.08	73.93	79.92	25.28	34.94	47.56	0.00	65.83	20.40
8	27	72.85	87.10	97.44	29.24	41.14	56.99	0.00	48.20	22.01

5）试验结果

（1）试验记录

① 对各点位根据工况进行顶升，顶升后进行淋水试验。各工况下顶升高度见表 3-47。

工况加载点实际现场加载位移   表 3-47

实验工况	实际工况	工况加载点加载位移(mm)								
		a	b	c	d	e	f	g	h	i
1	86	74.60	76.96	68.15	30.27	35.67	37.62	0.00	60.13	13.02
2	92	101.90	109.79	107.16	39.12	49.50	58.47	0.00	60.14	18.11
3	86	64.06	88.07	95.35	46.85	80.30	101.39	0.00	137.20	109.63
4	92	101.75	135.85	154.33	62.42	108.11	137.85	0.00	145.50	126.09
5	88	51.31	61.19	69.12	20.36	30.12	43.87	0.00	62.31	19.94
6	84	74.88	86.05	89.91	30.81	40.32	52.68	0.00	63.26	21.04
7	87	62.84	73.46	79.12	25.00	35.25	47.64	0.00	66.17	20.59
8	27	72.65	86.87	97.30	29.45	41.24	56.33	0.00	48.55	22.57

② 顶升后进行淋水试验，各工况下各接缝的漏水情况见表 3-48，表中"√"表示漏水，"×"表示不漏水，没有对边缘 1、2、13、14 接缝进行淋水试验。

各接缝漏水情况   表 3-48

接缝\工况	1	2	3	4	5	6	7	8	9	10	11	12	13	14
86			×	×	×	×	×	×	×	×	×	×		
92			×	×	×	×	×	×	×	×	×	×		
86			×	×	×	×	×	×	×	×	×	×		
92			×	×	×	×	×	×	×	×	×	×		
88			×	×	×	×	×	×	×	×	×	×		
84			×	×	×	×	×	×	×	×	×	×		
87			×	×	×	×	×	×	×	×	×	×		
27			×	×	×	×	×	×	×	×	×	×		

（2）试验现场照片

根据表 3-47、表 3-48 可知，实际试验过程与试验设计相差较小，最终没有任何接缝有漏水情况出现，各次淋水试验后屋面上下照片见表 3-49。

各阶段试验现场情况   表 3-49

试验前试件

加载工况	

6）试验结论

本报告讨论了苏州奥体体育中心游泳馆金属屋面大变形水密性试验。金属屋面试件在历经的 8 个大变形的位形上，按照《建筑幕墙》GB/T 21086—2007 附录 IV 的要求和步骤进行了现场淋水试验。现场未发现屋面下层面板的渗水现象。拆除直立锁扣板后，防水透气膜未见墨渍。

试件在大变形下，在《建筑幕墙》GB/T 21086—2007 的喷淋要求下，未发现水密性问题。

3.4　关键结构节点设计与研究

3.4.1　游泳馆双向双索创新索夹

3.4.1.1　节点介绍

正交单层索网常采用双向双索，索夹分为上、中、下三层，苏州奥体体育中心游泳馆设计中，由于现场特殊的场地环境，游泳馆拉索的安装创新地采用溜索的形式：先进行 32 组下层承重索的溜索安装，再进行稳定索的安装、张拉。特殊的施工形式，需要在地面上将下层和中层索夹与稳定索固定。设计中，在索夹的顶板和中板之间增设一个螺母，并在顶板的底面和中间板的顶面设置圆形槽孔，如图 3-147 所示。

索夹材料选用 G20Mn5QT，屈服强度标准值 380N/mm²，且满足 C 级冲击韧性要求。索夹铸造后须对索孔等位置进行二次机械加工打磨，以满足精度要求（图 3-148、图 3-149）。

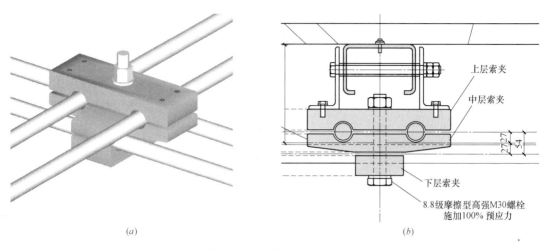

图 3-147　结构索夹示意图

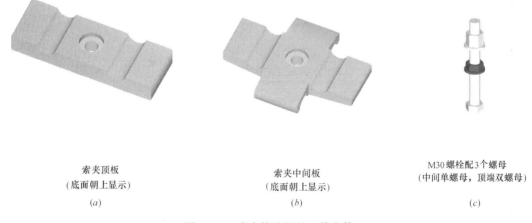

图 3-148　索夹构造调整三维实体

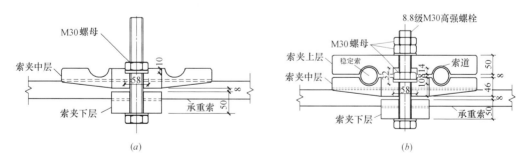

图 3-149　索夹构造图

对创新索夹进行了有限元分析和抗滑移试验，结果表明，新型索夹能满足施工和使用各个工况下的受力和抗滑移要求。

3. 4. 1. 2　游泳馆索夹抗滑移试验

（1）索夹分布及构造

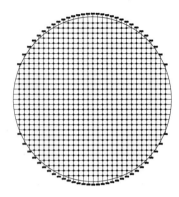

图 3-150　游泳馆索夹分布图

承重索与稳定索相交处通过索夹连接，其分布如图 3-150 所示。

索夹由上中下三层，通过一根 10.9s 级 M30 摩擦型高强度螺栓把稳定索和承重索夹紧。索夹材料采用 GS20Mn5V，屈服强度标准值为≥385N/mm²，且满足 C 级抗冲击韧性要求。其化学性能及力学指标参照欧洲及德国标准 DIN EN 10213 的规定，同时为了满足精度要求，索夹铸造后须对索孔道等位置进行二次机械打磨。为了保护索体，对索夹表面进行热喷锌处理。M30 高强度螺栓设计预紧力为 280kN。索夹三维实体和构造示意图如图 3-151 所示。

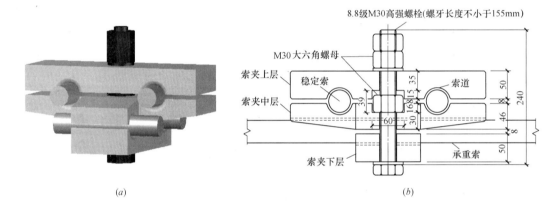

(a)　　　　　　　　　　　　　　　　(b)

图 3-151　游泳馆索夹三维实体及构造示意图
(a) 三维实体图；(b) 构造示意图（单位：mm）

（2）试验目的

试验共包括两个子试验：高强度螺栓应力松弛试验和索夹抗滑移极限承载力试验。

高强度螺栓的应力松弛包括两部分：高强度螺栓自身应力松弛和高强度螺栓、索夹和拉索组装件的应力松弛。高强度螺栓自身应力松弛试验是对试件施加试验力，保持初始应变、变形或位移恒定，测定其应力随时间的变化关系；组装件的应力松弛，是指当组装件组装完成后，高强度螺栓轴拉力随工序和时间的变化关系。

索夹抗滑移试验主要是通过模拟索夹实际工作环境，考虑预紧力损失的时间效应，研究索体在张拉情况下索夹抗滑移极限承载力的大小。

（3）试验方案

① 试验材料和设备

高强度螺栓应力松弛试验用螺栓为长度为 310mm 的 10.9s 级 M30 高强度螺栓，共 3 根；为了测量索夹拉索张拉过程中高强度螺栓轴拉力的变化，在螺栓上设置压力传感器，因而对螺栓进行加长设计，设计长度为 450mm，试验螺栓图如图 3-152 所示。

图 3-152　试验螺栓

　　索夹抗滑移试验承载力试验一共采用 3 个索夹，4 根直径为 40mm 的设有 Galfan 涂层的全封闭索，试验拉索图如图 3-153 所示。试验材料和规格见表 3-50。

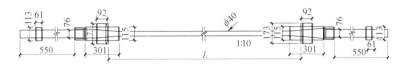

图 3-153　试验拉索（单位：mm）

试验材料表　　　　　　　　　　　　表 3-50

材料名称	规格	长度（mm）	数量	备注
螺栓 1	M30，10.9s 级	310	3	高强度螺栓应力松弛试验
螺栓 2	M30，10.9s 级	450	3	索夹抗滑移试验
承重索	布鲁克 Galfan 索	3160	2	
稳定索	布鲁克 Galfan 索	2860	2	

　　试验设备包括张拉用穿心式千斤顶、顶推用千斤顶及配套油泵，试验仪器包括游标卡尺、位移计、压力传感器及 DH3816N 静态应变测试分析仪。

　　试验前对压力传感器和千斤顶在试验室压力试验机上进行标定，以确定压力传感器的灵敏度系数和千斤顶油压对应的顶推力或张拉力。

　　为了模拟现场索夹的工作状态，专门设计相应的反力架。试验反力架由水平摆放的主反力架与竖直摆放的副反力架组成，反力架三维图如图 3-154 所示。

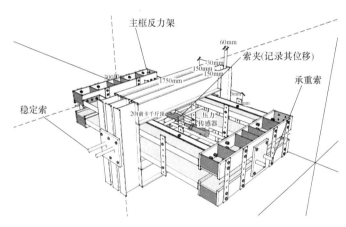

图 3-154　抗滑移试验反力架三维图

② 试验内容和试验方法

a. 高强度螺栓应力松弛试验

　　对 3 根 10.9s 级 M30 摩擦型高强度螺栓试件进行应力松弛试验。通过两端安设方形垫板（厚度为 20mm）的穿心式压力传感器，采用液压千斤顶张拉的方式对 M30 高强度螺栓施加预紧力，当预拉力达到设计值以后，设置数据自动采集系统每隔 60s 读取穿心式压力传感器的测量数据一次，连续采样测试 3d，确定高强度螺栓轴拉力的时程曲线，计算应力松弛系数（图 3-155、图 3-156）。

171

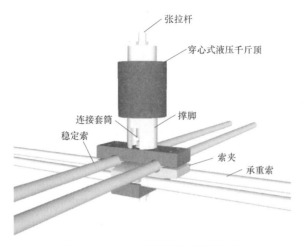

图 3-155　M30 高强度螺栓预紧工装

图 3-156　高强度螺栓轴拉力采集系统

b. 索夹抗滑移试验

为保证每次试验索体表面的完整，将试验分为 3 个试件组。每个试件组中的索夹和高强度螺栓均是新的，而且索夹夹持的索体位置也不同。每个试件组包含两个工况：沿承重索方向顶推和沿稳定索方向顶推。试验工况如图 3-157 所示。

（4）试验过程

① 安装反力架

按照设计图样将反力架组装好，反力架组装完成后的状态如图 3-158 所示。

② 安装索夹

索夹的安装包括了索夹与拉索的安装，以及安装穿心式压力传感器和千斤顶，安装流程如图 3-159 所示。具体步骤如下：

a. 拆卸主、副反力架，并将承重索吊装就位，重新组装好主反力架；

b. 在承重索上安装索夹的底板、中间板、M30 高强螺杆和中间螺母，安装高强度螺

172

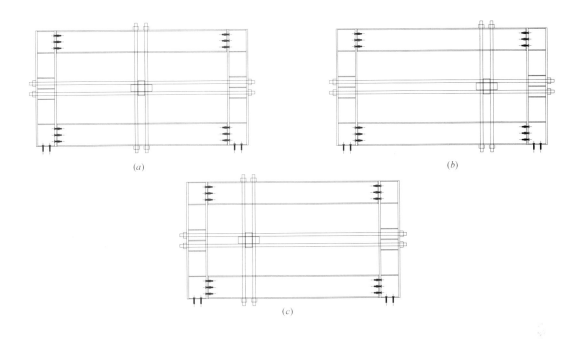

图 3-157 游泳馆索夹抗滑及试验工况图

(*a*) 工况一；(*b*) 工况二；(*c*) 工况三

栓预紧工装，通过千斤顶对高强度螺栓施加 280kN 的预紧力，拧紧中间螺母后拆除预紧工装，螺栓预紧工装如图 3-155 所示；

c. 将稳定索吊装就位，安装索夹顶板，并在加长的高强度螺栓上安装压力传感器和高强度螺栓预紧工装，通过千斤顶对高强度螺栓施加预紧力，超拧 10%，即 308kN；

d. 拆除预紧工装，吊装副反力架。

③ 张拉拉索

设计对索夹抗滑移极限承载力试验的要求为：对索夹施加预紧力，使其固定在主索上，

图 3-158 抗滑试验反力架照片

主索应被张紧，大约 $660N/mm^2$ 的应力施加在索上，即单根拉索最大张拉力为 750kN。当安装完索夹后，使用 100t 穿心式千斤顶对拉索分 2 级张拉，因为承重索和稳定索各有 2 根，且同时张拉，所以需要 2 台穿心式千斤顶。

具体步骤如下：

a. 在索夹安装完成后，首先张拉承重索，然后张拉稳定索，如图 3-160 所示；

b. 拉索分 2 级张拉至最大张拉力，并在每次张拉后测量索夹两侧索体直径，并记录压力传感器的数值；

c. 完成张拉后锚固拉索端部。

图 3-159　索夹安装流程图

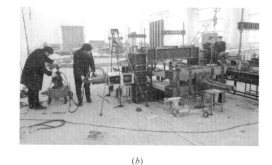

(a)　　　　　　　　　　　　　　　　　(b)

图 3-160　拉索张拉照片

(a) 张拉承重索；(b) 张拉稳定索

④ 索体直径测量

使用宽钳口游标卡尺分别对索夹两侧索体进行水平方向（H 向）和竖直方向（V 向）的直径测量，以观察其变化规律，如图 3-161 所示。

在拉索未张拉、每次分级张拉结束等可能引起拉索直径变化的关键节点对索径进行测量，选择索夹两端及靠近反力架的索体位置作为测点。

⑤ 位移计布置

将位移计底座安装在拉索上，设置 3 个位移计，分别测定索夹上、中、下层的相对位移，位移计布置图如图 3-162 所示。

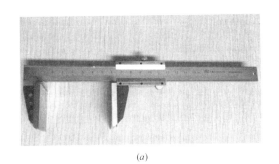
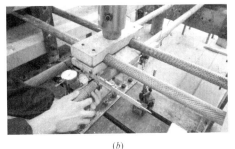

(a)　　　　　　　　　　　　　　　(b)

图 3-161　拉索直径测量照片

(a) 宽钳口游标卡尺；(b) 拉索直径测量照片

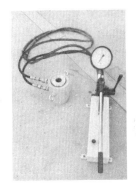

图 3-162　位移计布置照片　　　　　图 3-163　顶推用千斤顶

⑥ 顶推加载

采用 1 台 40t 千斤顶对试验索夹顶推，顶推用千斤顶如图 3-163 所示。

在顶推用千斤顶与索夹之间安设量程为 50t 压力传感器，采用油压表读数和压力传感器测量值双控的方法进行加载过程控制，并对顶推用千斤顶施加的顶推力进行实时监测。

每个试件分别沿承重索方向和稳定索方向进行顶推加载，顶推示意图如图 3-164 所示。共分为六个工况：试件组 1-1（承重索方向）、试件组 1-2（稳定索方向）、试件组 2-1（承重索方向）、试件组 2-2（稳定索方向）、试件组 3-1（承重索方向）、试件组 3-2（稳定索方向）。

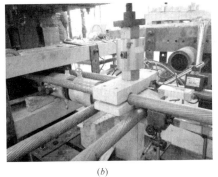

(a)　　　　　　　　　　　　　　　(b)

图 3-164　顶推工况

(a) 沿承重索方向顶推；(b) 沿稳定索方向顶推

顶推索夹，先按 1t/级进行顶推，当索夹出现微小位移时按 0.5t/级进行顶推加载，直至索夹滑动，索夹顶推过程中通过静态应变测试分析仪读取顶推力以及索夹的滑移量。当一次试验完成后，拆卸装置，为下一次试验进行准备。

（5）试验结果和分析

① 拉索直径

索径测点处在不同加载工况下的索径见表 3-51～表 3-53，表中差值为 750kN 张拉力作用下的索径与无应力状态下索径的差值，测点 1、4 位于拉索靠近反力架，测点 2、3 位于索夹两端。

不同加载工况下试件组 1 索径统计（mm）　　表 3-51

索编号	加载工况	测点 1	测点 2	测点 3	测点 4	均值
承重索-1	0	41.26	41.29	41.16	41.23	41.24
	承重索 375kN	41.07	41.08	41.04	41.08	41.07
	承重索 750kN	41.02	40.98	40.95	41	40.99
	差值	−0.24	−0.31	−0.21	−0.23	−0.25
承重索-2	0	41.23	41.22	41.16	41.19	41.20
	承重索 375kN	41.07	41.06	41.05	41.08	41.07
	承重索 750kN	40.95	40.99	40.98	41	40.98
	差值	−0.28	−0.23	−0.18	−0.19	−0.22
稳定索-1	0	41.23	41.24	41.17	41.2	41.21
	稳定索 375kN	41.1	41.06	41.01	41.05	41.06
	稳定索 750kN	41	40.94	40.98	40.98	40.98
	差值	−0.23	−0.3	−0.19	−0.22	−0.24
稳定索-2	0	41.24	41.22	41.24	41.21	41.23
	稳定索 375kN	41.08	41.11	41.07	41.06	41.08
	稳定索 750kN	41.03	41.04	40.98	40.99	41.01
	差值	−0.21	−0.18	−0.26	−0.22	−0.22

不同加载工况下试件组 2 索径统计（mm）　　表 3-52

索编号	加载工况	测点 1	测点 2	测点 3	测点 4	均值
承重索-1	0	41.13	41.07	41.07	41.09	41.09
	承重索 375kN	41.14	40.97	41.02	41	41.03
	承重索 750kN	40.99	40.92	40.95	40.92	40.95
	差值	−0.14	−0.15	−0.12	−0.17	−0.15
承重索-2	0	41.13	41.11	41.17	41.15	41.14
	承重索 375kN	41	41	40.98	41.03	41.00
	承重索 750kN	40.91	40.94	40.96	40.93	40.94
	差值	−0.22	−0.17	−0.21	−0.22	−0.21

索编号	加载工况	测点1	测点2	测点3	测点4	均值
稳定索-1	0	41.15	41.27	41.1	41.13	41.16
	稳定索375kN	41	41.01	40.98	41.02	41.00
	稳定索750kN	40.96	40.96	40.93	40.93	40.95
	差值	−0.19	−0.31	−0.17	−0.2	−0.22
稳定索-2	0	41.2	41.1	41.2	41.15	41.16
	稳定索375kN	41.06	40.92	41.07	41.04	41.02
	稳定索750kN	40.94	40.82	40.99	40.94	40.92
	差值	−0.26	−0.28	−0.21	−0.21	−0.24

不同加载工况下试件组3索径统计 (mm)　　　　表3-53

索编号	加载工况	测点1	测点2	测点3	测点4	均值
承重索-1	螺栓未张拉	41.17	41.11	41.11	41.15	41.14
	螺栓张拉	41.19	41.04	41.14	41.12	41.12
	承重索375kN	41.01	41	40.97	40.97	40.99
	承重索750kN	40.99	40.96	40.96	40.87	40.95
	差值	−0.18	−0.15	−0.15	−0.28	−0.19
承重索-2	螺栓未张拉	41.14	41.14	41.16	41.18	41.16
	螺栓张拉	41.15	41.18	41.11	41.14	41.15
	承重索375kN	40.97	40.98	41.01	40.97	40.98
	承重索750kN	40.95	40.97	40.96	40.94	40.96
	差值	−0.19	−0.17	−0.2	−0.24	−0.20
稳定索-1	螺栓未张拉	41.14	41.09	41.1	41.09	41.11
	螺栓张拉	41.05	41.12	41.16	41.14	41.12
	稳定索375kN	40.95	40.97	40.96	41.01	40.97
	稳定索750kN	40.94	40.91	40.95	40.9	40.93
	差值	−0.2	−0.18	−0.15	−0.19	−0.18
稳定索-2	螺栓未张拉	41.17	41.14	41.13	41.09	41.13
	螺栓张拉	41.17	41.15	41.19	41.11	41.16
	稳定索375kN	41.05	40.98	41.03	40.96	41.01
	稳定索750kN	41.03	40.93	40.94	40.86	40.94
	差值	−0.14	−0.21	−0.19	−0.23	−0.19

从表3-51~表3-53可见，拉索实际直径比工程直径略大，但是差值很小；拉索直径随着索力的增加而减小。

② 高强度螺栓应力松弛

a. 高强度螺栓自身应力松弛

对于进行应力松弛试验的各高强度螺栓，其轴拉力在终拧后随时间变化的曲线如图

3-165 所示。

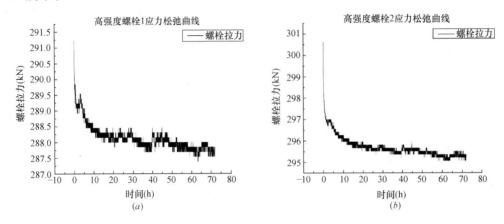

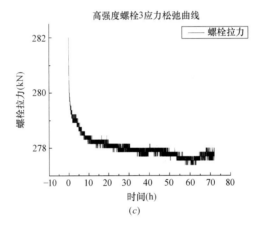

图 3-165 M30 高强度螺栓应力松弛曲线

(*a*) M30-1；(*b*) M30-2；(*c*) M30-3

各螺栓的轴拉力、预紧力损失百分数和松弛百分数见表 3-54～表 3-56。

M30 高强度螺栓 1 应力松弛数据表   表 3-54

项目 \\ 时间	0	1h	2h	4h	8h	1d	2d	3d
轴拉力(kN)	291.23	289.23	289.08	289.08	288.46	288.31	288	287.69
预紧力损失百分数(%)	—	0.69	0.74	0.74	0.95	1.00	1.11	1.22
松弛百分数(%)	—	56	61	61	78	82	91	100

M30 高强度螺栓 2 应力松弛数据表   表 3-55

项目 \\ 时间	0	1h	2h	4h	8h	1d	2d	3d
轴拉力(kN)	300.6	297.16	296.87	297.01	296.27	295.67	295.67	295.22
预紧力损失百分数(%)	—	1.14	1.24	1.19	1.44	1.64	1.64	1.79
松弛百分数(%)	—	−64	−69	−67	−80	−92	−92	−100

M30 高强度螺栓 3 应力松弛数据表 表 3-56

时间 项目	0	1h	2h	4h	8h	1d	2d	3d
轴拉力(kN)	282	279.38	279.08	279.08	278.46	278	277.69	277.69
预紧力损失百分数(%)	—	0.93	1.04	1.04	1.26	1.42	1.53	1.53
松弛百分数(%)	—	61	68	68	82	93	100	100

从图 3-165 可得，试验螺栓轴拉力随时间逐渐减小，初期减小较快，之后逐渐变慢，最后趋于某一固定值。

从表 3-54～表 3-56 可得，对于所有试验螺栓，螺栓终拧后 3d 预紧力损失百分数在 1.2%～1.8%，平均值为 1.5%；螺栓终拧后 2h 时预紧力损失值占 3d 预紧力损失值的大部分，均超过 60%；螺栓终拧后 1d 时预紧力损失值占 3d 预紧力损失值的绝大部分。

b. 拉索张拉及变形时间效应导致的高强度螺栓预紧力损失

以游泳馆索夹为例，高强度螺栓紧固力在拉索张拉各阶段及静置 19h 后的数值见表 3-57，可见拉索张拉引起的高强度螺栓预紧力损失具有时间效应，拉索张拉导致的高强度螺栓预紧力损失值为 27.8%。

拉索张拉和变形时间效应导致的高强度螺栓预紧力损失 表 3-57

阶段	高强度螺栓紧固力(kN)	损失值(kN)	损失百分比(%)
0	308.2	—	—
承重索张拉 50%	297.4	10.8	3.5
承重索张拉 100%	287.3	20.9	6.8
稳定索张拉 50%	276.6	31.6	10.3
稳定索张拉 100%	265.5	42.7	13.9
静置 19h 后	222.4	85.8	27.8

③ 索夹抗滑移极限承载力及综合摩擦系数

根据试验加载过程中的位移计记录的索夹相对位移，绘制出上、中、下盖板滑移量与千斤顶加载力之间的曲线，如图 3-166 所示。

不同工况下千斤顶顶推力、高强度螺栓有效紧固力及索夹抗滑综合摩擦系数见表 3-58。

索夹抗滑移极限承载力及综合摩擦系数 表 3-58

试件组和工况	抗滑移极限承载力(kN)	高强度螺栓有效紧固力(kN)	摩擦系数
1-1	95.3	223.28	0.426818
1-2	92.1	220.74	0.417233
平均值			0.422026
2-1	95.2	227.46	0.418535
2-2	101.7	232.39	0.437626
平均值			0.428081
3-1	139.2	260.75	0.533845
3-2	134.1	245.67	0.545854
平均值			0.539849

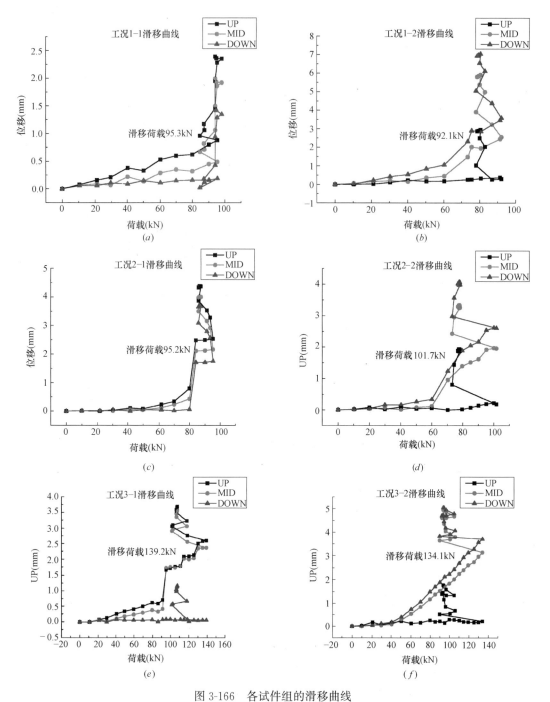

图 3-166 各试件组的滑移曲线

(a) 试件组 1-1；(b) 试件组 1-2；(c) 试件组 2-1；(d) 试件组 2-2；(e) 试件组 3-1；(f) 试件组 3-2

从表 3-58 和图 3-166 可见：试件组 1、2 的试验结果比较接近，而试件组 3 的试验结果较大，而试验组对应的螺栓有效紧固力也较大；相同组件下承重索方向和稳定索方向的抗滑移极限承载力非常接近；索夹沿径向索方向和稳定索方向的抗滑移极限承载力分别取试件组 1、2 的平均值，即 95.2kN 和 96.9kN。游泳馆索夹的综合摩擦系数为 0.417~0.546。

④ 索夹与索体滑移面

图 3-167 所示为试验前索夹孔道与全封闭索表面的照片，图 3-168 和图 3-169 所示为索夹滑移后索夹孔道与全封闭索表面的照片。

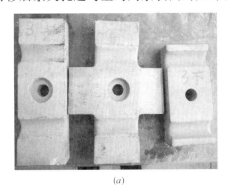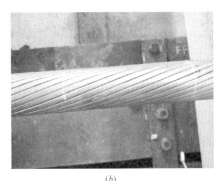

（a）　　　　　　　　　　　　　　（b）

图 3-167　顶推前索夹与拉索表面照片

（a）顶推前索夹孔道；（b）顶推前拉索表面

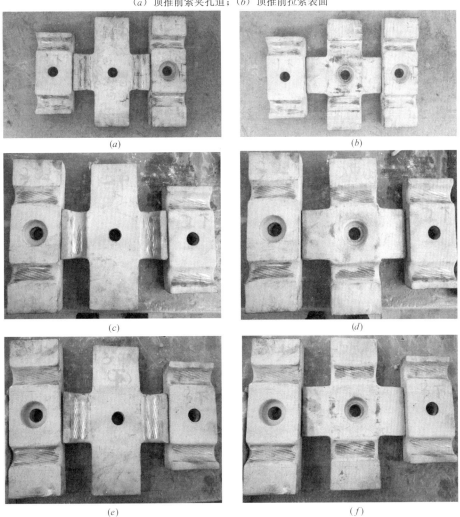

图 3-168　索夹滑移后索夹孔道照片

（a）试件组 1-1；（b）试件组 1-2；（c）试件组 2-1；（d）试件组 2-2；（e）试件组 3-1；（f）试件组 3-2

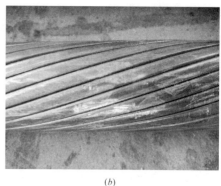

(a) (b)

图 3-169　索夹滑移后拉索表面照片
(a) 试验后索体表面 1；(b) 试验后索体表面 2

从图 3-168 可见：索夹的孔道内，与索体接触的部位有明显的与索体表面螺旋钢丝相对应的压痕；试件组 1 和试件组 2 的索夹与索体的接触情况类似，所以两者的综合摩擦系数接近；试件组 3 的索夹与索体的接触比试件组 1、2 更加充分，所以试件组 3 的综合摩擦系数比试件组 1、2 大。

从图 3-169 可见，索体表面出现明显刮痕。

（6）实验结论

① M20 和 M27 高强度螺栓自身 2d 应力松弛系数分别为 1.4%～3.6% 和 2.4%～6.1%，M30 高强度螺栓自身 3d 的应力松弛系数为 1.2%～1.8%；高强度螺栓的预紧力损失速率随时间减慢，最后趋于稳定。

② 沿承重索方向顶推游泳馆索夹时，顶板、中间板先出现滑移，然后底板出现滑移，最后三层盖板同步滑移直至滑移失效；沿稳定索方向顶推游泳馆索夹时，底板、中间板先出现滑移，然后顶板出现滑移，最后三层盖板同步滑移直至滑移失效。

③ 游泳馆索夹沿承重索方向和沿稳定索方向的抗滑移极限承载力分别为 95.2kN 和 96.9kN，同一组件两个方向的抗滑移极限承载力非常接近；游泳馆索夹的综合摩擦系数为 0.417～0.546。

④ 全封闭索-索夹与索体的接触为面接触，接触相对充分，但是由于索夹加工精度不一，在高强度螺栓紧固力作用下，索夹与索体的接触情况有所差异，有时差异很大，进而影响索夹的抗滑移极限承载力，因而要注意控制索夹的加工精度，尤其是索孔道的加工精度。

3.4.1.3　游泳馆索夹抗滑移极限承载力有限元分析

1）分析思路

图 3-170 所示为试验索夹有限元模型，索夹试验抗滑移极限承载力有限元模拟分析的主要思路如下：

（1）为便于建模计算，对几何模型进行简化；

（2）选择适当的材料特性和单元类型赋予模型组件；

（3）划分网格，对接触位置进行细分；

（4）识别模型中的潜在接触对，并定义相应的接触对；

（5）求解，对有限元模型施加合理的约束条件和对应工况下的荷载，对其进行分步求解计算。

为抓住主要因素，便于建模，对几何模型进行以下简化：

（1）将全封闭索简化成等直径的匀质实心圆柱体；

（2）省略了螺栓连接副的垫片和螺纹细节，螺帽和螺母直接与索夹接触。

2）材料本构关系

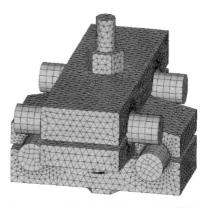

图 3-170　游泳馆试验索夹有限元模型

为简化计算，模型组件中各种材料的应力—应变曲线均采用二折线模型，如图 3-171 所示，其中 E_s 为弹性模量；f_y，f_u 分别为屈服强度和极限强度。材料进入弹塑性阶段后，具有一定的强化特性，强化阶段的弹性模量为 αE，α 系数取为 3%，达到抗拉极限强度后，材料强度不再增加。

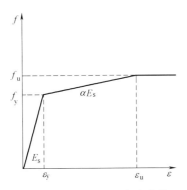

图 3-171　材料应力-应变曲线

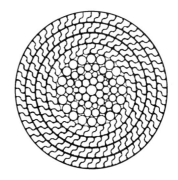

图 3-172　全封闭索截面

由于在几何模型中对全封闭索的横截面进行了简化（图 3-172），使得索体内部的空隙不再存在，为了使两者的变形一致，以轴向刚度不变为原则，对分析模型中的索体轴向弹性模量进行折减；为了便于简化计算，对径向刚度也采用面积折减。以 $\phi100$ 规格的全封闭索为例，其公称金属断面积为 6760mm^2，径向和轴向等效弹性模量分别以 $2.06\times10^5\text{MPa}$ 和 $1.6\times10^5\text{MPa}$ 作为等效前弹性模量，按照式（3-2）进行折减，等效轴向和径向弹性模量分别为 125GPa 和 157GPa。分析模型中各材料特性见表 3-59。

$$E_e = \frac{EA}{A_c} \tag{3-2}$$

式中　E——等效前弹性模量；

　　　A——有限元模型中拉索截面面积；

　　　E_e——计算模型中拉索的等效弹性模量；

　　　A_e——为等效横截面面积。

3）单元选择及网格划分

索夹抗滑移极限承载力有限元模拟共采用 4 种单元类型：

（1）SOLID95 单元，索夹、拉索和高强度螺栓组件均采用此单元。该单元为 3D-20

节点单元，每个节点有 X、Y、Z 三个方向的位移自由度，能够施加温度荷载，具有塑性、蠕变、应力刚度、大变形和大应变能力。

模型中的材料特性

表 3-59

名称	材料	f_y(MPa)	σ_b(MPa)	弹性模量(轴向) E(GPa)	径向弹性模量	泊松比 μ
索夹盖板	G20Mn5	385	500	206	—	0.3
高强度螺栓	20MnTiB	900	—	206	—	0.3
$\phi40$ 拉索	镀锌钢丝	1670	—	122	157	0.3
$\phi100$ 拉索	镀锌钢丝	1670	—	125	161	0.3

（2）接触单元 TARGE170，3-D 面单元，用来模拟接触对中的目标面，索夹孔道内壁、上下表面和螺栓孔内壁均为目标面。

（3）接触单元 CONTA174，3-D 面单元，用来模拟接触对中的接触面，全封闭索表面和高强度螺栓面为接触面。

（4）预拉伸单元 PRETS179，模拟高强度螺栓的预紧力。

划分网格时，为得到理想的有限元模型，采取控制单元线长，局部加密的划分策略，对索孔道和索体接触位置进行单元加密。因为在接触对的设置中，接触面应为划分细网格面，而目标面为划分粗网格面，据此原则将全封闭索和高强度螺栓的网格划分适当加密。

4）约束及荷载施加

在索夹节点的有限元分析中，需对节点的具体约束形式进行合理确定，从而实现与实际（试验）情况相似的边界条件，即限制模型的刚体位移的同时不产生次内力。

根据试验工序和加载制度对分析模型进行分步求解，并把每个荷载步分为若干个荷载子步。

（1）高强度螺栓的预紧力。采用预拉伸单元施加，设定荷载子步数为 2，在第一荷载子步施加预紧力，在第二荷载子步将预紧力锁定；同时考虑到高强度螺栓自身的应力松弛，对预紧力进行折减。

（2）全封闭索索力。在拉索自由端面施加法向的均布面荷载（拉力），设定荷载子步数实现均匀分级加载。

（3）顶推力。于拉索固定侧，在索夹主体，或索夹压盖板与主体上施加均布面荷载（压力），设置荷载子步数实现均匀分级加载。

（4）游泳馆索夹

① 工况一：施加高强度螺栓预紧力。拉索两端全部约束住，对 M30 高强度螺栓施加预紧力至 301.84kN（考虑高强度螺栓自身应力松弛 2%）；

② 工况二：张拉承重索。双索采取异侧张拉，即对于索夹一侧的两根索，一根固定，另外一根张拉，另一侧反之；将各索分 4 级张拉至 750kN，每级均为 187.5kN；

③ 工况三：张拉稳定索。双索采取异侧张拉，即对于索夹一侧的两根索，一根固定，另外一根张拉，另一侧反之；将各索分 40 级张拉至 750kN，每级均为 187.5kN；

④ 工况四：沿承重索方向顶推加载。对稳定索固定端仅约束其轴向自由度，对承重索固定端约束所有自由度，对承重索张拉端约束除轴向以外的自由度，其约束情况如图

3-173（a）所示；顶推荷载作用在顶板和中间板的短边侧面；

⑤ 工况五：沿稳定索方向顶推加载。对承重索固定端仅约束其轴向自由度，对稳定索固定端约束所有自由度，对稳定索张拉端约束除轴向以外的自由度，其约束情况如图 3-173（b）所示；顶推荷载作用在底板和中间板的短边侧面。

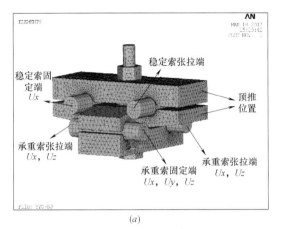
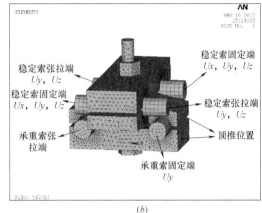

（a）　　　　　　　　　　　　　　（b）

图 3-173　游泳馆索夹约束及加载示意图
（a）沿承重索方向顶推；（b）沿稳定索方向顶推

5）分析结果

（1）抗滑移极限承载力与位移

全封闭索和游泳馆索夹之间的摩擦系数分别取 0.18、0.19、0.20、0.21、0.22，按照 4.3.4.2 节所述荷载工况进行计算求解，各模型的抗滑移极限承载力见表 3-60。试验所得游泳馆索夹沿承重索和稳定索方向的抗滑移极限承载力分别为 95.2kN 和 96.9kN，从图 3-174 可知，当 $\mu=0.18\sim0.19$ 时，抗滑移极限承载力与试验结果基本一致，且沿承重索和稳定索方向的抗滑移极限承载力相同。

游泳馆索夹不同摩擦系数下的抗滑移极限承载力　　　　　　表 3-60

序号	摩擦系数 μ	沿承重索方向抗滑移极限承载力（kN）	沿稳定索方向抗滑移极限承载力（kN）
1	0.18	90	95
2	0.19	100	100
3	0.20	105	105
4	0.21	110	110
5	0.22	115	115

$\mu=0.18$ 时，当顶推荷载达到索夹的抗滑移极限承载力时，其滑动位移云图如图 3-174所示，位移-顶推力曲线如图 3-175 所示。

从图 3-175 可得，游泳馆索夹在沿承重索方向顶推力的作用下，顶板首先出现位移，之后中间板出现位移，接着顶板、中间板与高强度螺栓贴紧，顶板、中间板和高强度螺栓沿顶推方向同步滑动，当高强度螺栓贴紧底板时，索夹整体与高强度螺栓沿顶推方向同步滑移，直至索夹抗滑失效；在沿稳定索方向顶推力作用下，底板首先出现位移，之后中间板出现位移，接着底板、中间板与高强度螺栓贴紧，底板、中间板和高强度螺栓沿顶推方

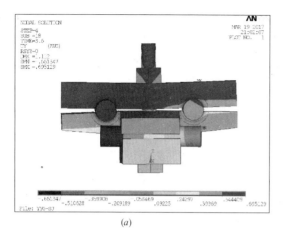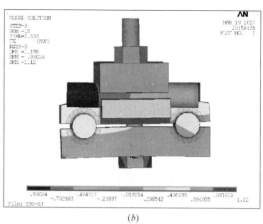

图 3-174　$\mu=0.18$ 时游泳馆索夹沿顶推方向的位移云图（mm）
（a）沿承重索方向；（b）沿稳定索方向

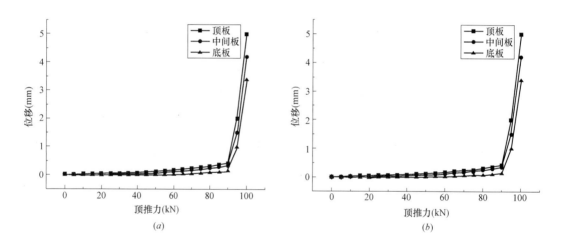

图 3-175　$\mu=0.18$ 时游泳馆索夹位移-顶推力曲线
（a）沿承重索方向顶推；（b）沿稳定索方向顶推

向同步滑动，当高强度螺栓贴紧顶板时，索夹整体与高强度螺栓沿顶推方向同步滑移，直至索夹抗滑失效；分析结果与试验现象一致。

（2）紧固压力分布不均匀系数

获取不同摩擦系数下，分析模型的抗滑移极限承载力 F_{fc} 和与之对应的高强度螺栓有效紧固力的平均值 $\overline{P}$，通过式（3-3）得到索夹的紧固压力分布不均匀系数 k，见表 3-61。

$$F_{fc}=k\mu\overline{P} \tag{3-3}$$

式中　F_{fc}——索夹抗滑移极限承载力；

　　　μ——摩擦系数；

　　　$\overline{P}$——有效紧固力平均值。

游泳馆索夹在不同摩擦系数下的紧固压力分布不均匀系数　　　　表 3-61

序号	μ	$4 \times P_0$(kN)	$4 \times \overline{P}$(kN)	承重索方向 F_{fe}(kN)	稳定索方向 F_{fe}(kN)	k_1	k_2
1	0.18	301.8	217.4	90	95	2.43	2.30
2	0.19	301.8	217.4	100	100	2.42	2.42
3	0.20	301.8	217.4	105	105	2.41	2.41
4	0.21	301.8	217.4	110	110	2.41	2.41
5	0.22	301.8	217.4	115	115	2.40	2.40

从表 3-61 可得，游泳馆索夹沿承重索方向的紧固压力分布不均匀系数的平均值为 2.42，沿稳定索方向紧固压力分布不均匀系数的平均值为 2.39，比规范中的建议取值 2.8 小；当 $\mu=0.18$ 时，索夹与拉索接触面的应力分布如图 3-176 所示。

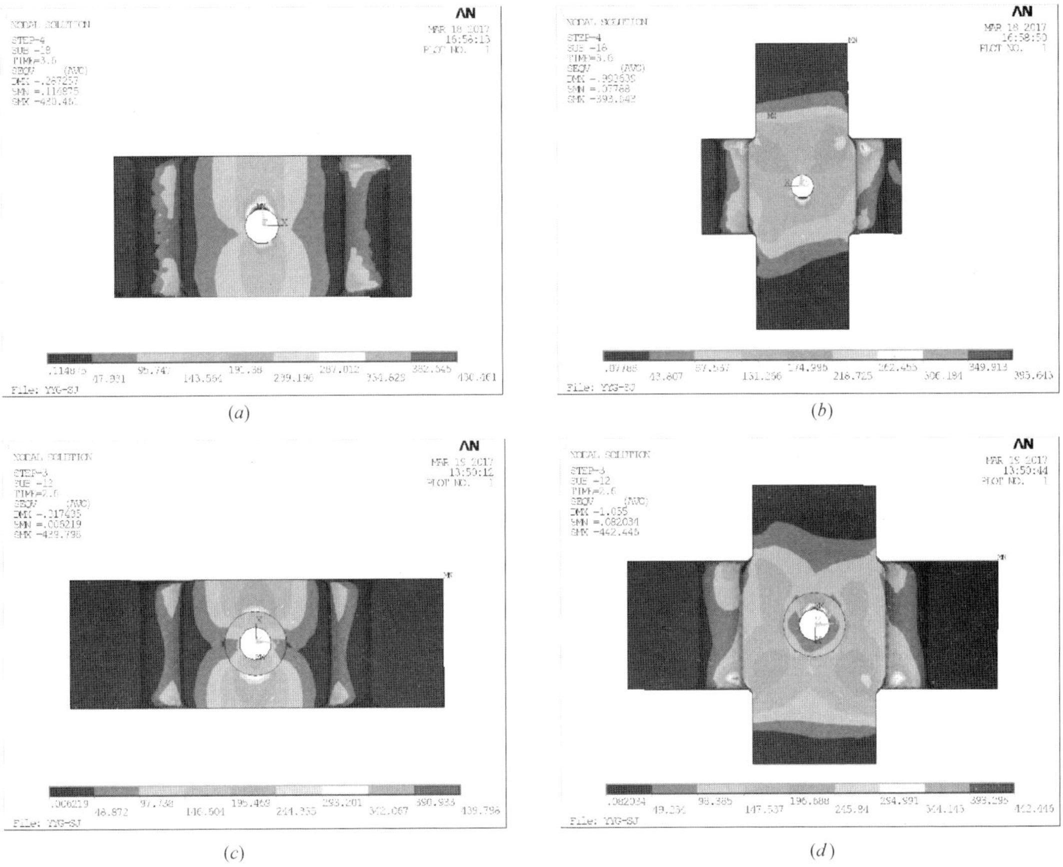

图 3-176　$\mu=0.18$ 时游泳馆索夹索孔道应力云图（MPa）

（a）底板孔道；（b）中间板与承重索接触孔道；（c）顶板孔道；（d）中间板与稳定索接触孔道

（3）高强度螺栓预紧力损失

在全封闭索张拉过程中，连接索夹的高强度螺栓会发生预紧力损失，单根 M30 高强度螺栓紧固力随分级张拉的变化曲线如图 3-177 所示。

从图 3-177 可得，M30 高强度螺栓紧固力随张拉力的增加而减小，且呈线性变化。索

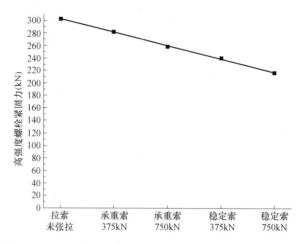

图 3-177　M20 高强度螺栓紧固力随拉索张拉力的变化曲线

夹安装结束至拉索张拉到 750kN，在已考虑高强度螺栓自身应力松弛的情况下，M30 高强度螺栓预紧力损失百分数为 27.7％。

6）试验结果与有限元分析结果对比分析

（1）索夹各部件的位移规律一致

游泳馆索夹各部件的位移规律：在沿承重索方向顶推力作用下，顶板首先出现位移，之后中间板出现位移，接着顶板、中间板与高强度螺栓贴紧，顶板、中间板和高强度螺栓沿顶推方向同步滑动，当高强度螺栓贴紧底板时，索夹整体与高强度螺栓沿顶推方向同步滑移，直至索夹抗滑失效；在沿稳定索方向顶推力作用下，底板首先出现位移，之后中间板出现位移，接着底板、中间板与高强度螺栓贴紧，底板、中间板和高强度螺栓沿顶推方向同步滑动，当高强度螺栓贴紧顶板时，索夹整体与高强度螺栓沿顶推方向同步滑移，直至索夹抗滑失效。

（2）高强度螺栓紧固力随拉索张拉变化规律一致

以游泳馆索夹中的 M30 高强度螺栓为例，试验结果与有限元分析结果得到的高强度螺栓紧固力均随拉索索力增大而线性减小，且最终损失百分数非常接近，分别为 27.8％和 28.2％，误差为 1.4％。

（3）紧固压力分布不均匀系数

通过有限元模拟得到的紧固压力分布不均匀系数见表 3-62，可见单侧利用高强度螺栓连接的索夹的 k 值比两侧利用高强度螺栓连接的索夹小，即两侧利用高强度螺栓连接的索夹与拉索索体接触更加充分。

试验索夹模型的摩擦系数与紧固压力分布不均匀系数　　　　　　　　　表 3-62

索夹名称	μ	$4 \times \overline{P}$(kN)	F_{fc}(kN)	k
游泳馆索夹（承重索方向）	0.185	217.4	95	2.36
游泳馆索夹（稳定索方向）	0.18	217.4	95	2.43

通过对比试验结果与有限元分析结果，可得以下结论：

① 索夹各部件随顶推力的位移规律一致，即通过高强度螺栓副连接的索夹，滑移首

先出现在顶推力作用的部件，当累积滑移量达到一定程度时，索夹与高强度螺栓贴紧，之后索夹整体沿顶推方向同步滑移，直至滑移失效。

② 高强度螺栓紧固力随拉索张拉变化规律一致，即高强度螺栓紧固力随拉索索力增大而线性减小，且最终损失百分数非常接近。

单侧利用高强度螺栓连接的索夹的 k 值比两侧利用高强度螺栓连接的索夹小，即两侧利用高强度螺栓连接的索夹与拉索索体接触更加充分。

3.4.1.4　索夹顶板承载力有限元分析

索夹顶板底面增加圆形孔槽后，削弱了顶板面积，因此进行实体有限元分析。

1）分析思路与目的

采用通用有限元分析软件 ANSYS12.0 进行节点弹塑性有限元分析，分级加载。跟踪应力和位移随加载倍数的变化，确定承载力以及关键阶段的应力分布和变形状况，掌握应力屈服区域及应力扩散途径，为工程运用提供理论依据。

2）分析方法与原则

本节点有限元分析共分 5 级加载，每级加载 100kN，共加载 500kN；加载时，通过在高强度螺栓的螺母与索夹接触的区域内施加均布面荷载以模拟螺栓的压力。分析原则如下：

（1）节点有限元分析采用实体单元 Solid95，每个单元共 20 个节点，每个节点 3 个自由度。考虑到计算精度要求和计算工作量的大小，按照 Smartsize 尺寸等级 3 智能划分实体单元，节点共 17 万单元（图 3-178）。

（2）材料应力—应变模型采用二折线模型，屈服准则为 Von Mises 准则。材料弹性应力状态下的弹性模量 $E=2.06×10^5 \text{N/mm}^2$；屈服后的弹性模量取初始弹性模量的 3%，即 $E'=6180\text{N/mm}^2$；泊松比 $\mu=0.3$；屈服强度根据《钢结构设计标准》（GB 50017—2017）取 390MPa。

（3）有限元分析时，通过施加较少的附加约束排除相应的刚体位移。

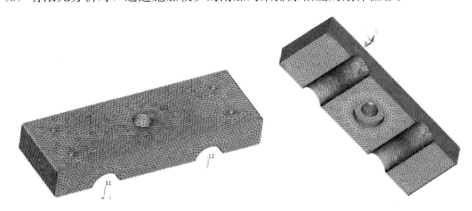

图 3-178　有限元模型

3）应力云图和变形图

（1）索夹节点加载至 100kN 的等效应力 Z 向位移云图如图 3-179、图 3-180 所示。

（2）索夹节点加载至 300kN 的等效应力云图、Z 向位移云图如图 3-181、图 3-182 所示。

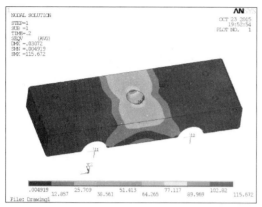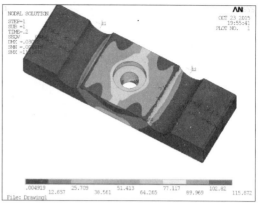

图 3-179　等效应力云图（MPa）

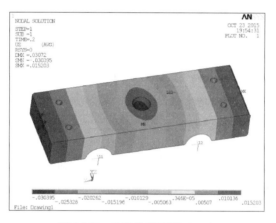

图 3-180　*Z* 向位移云图（mm）

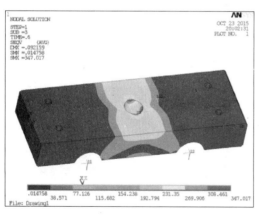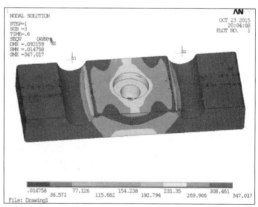

图 3-181　等效应力云图（MPa）

（3）索夹节点加载至 500kN 的等效应力云图、*Z* 向位移云图如图 3-183、图 3-184 所示。

4）索夹节点模型的关键点应力和竖向位移随加载过程变化

选取节点模型上应力和位移最大的点，分析其应力和竖向位移随加载过程变化曲线。

关键点位置、应力-荷载曲线及位移-荷载曲线分别如图 3-185、图 3-186 所示。

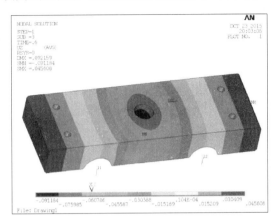

图 3-182　Z 向位移云图（mm）

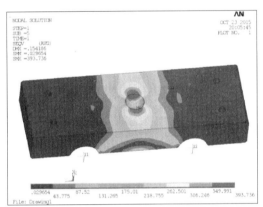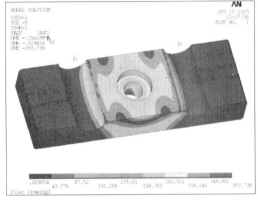

图 3-183　等效应力云图（MPa）

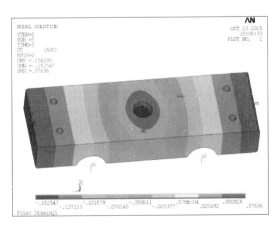

图 3-184　Z 向位移云图（mm）

可见：加载值达到 400kN 时，荷载-应力曲线出现拐点，局部开始屈服；根据荷载-位移曲线，加载至 500kN 的过程中关键点的位移随荷载线性增加，局部屈服并未对刚度产生大的影响（图 3-185、图 3-186）。

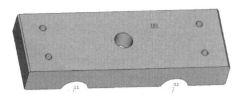

图 3-185 关键点（位移）编号示意图

5）结论

（1）加载至 100kN 时，节点名义最大等效应力为 115.7MPa，最大变形量为 -0.03mm，出现在节点中心螺栓孔周边处。此时，索夹节点完全处于弹性状态。

（2）加载至 300kN（即螺栓预紧力）时，节点名义最大等效应力为 347.0MPa，最大变

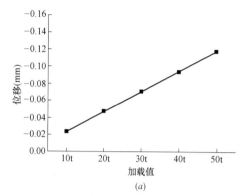

(a)

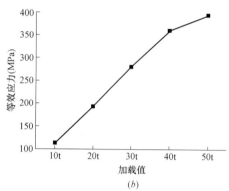

(b)

图 3-186　点 1 位移和应力随加载过程变化曲线

形量为 -0.09mm，出现在节点中心螺栓孔周边处。此时，索夹节点依然处于弹性状态。

（3）加载至 500kN 时，节点名义最大等效应力为 393.7MPa，最大变形量为 -0.15mm，出现在节点中心螺栓孔周边处。此时，索夹节点局部进入屈服状态。

根据荷载-位移曲线，加载至 500kN 的过程中关键点的位移随荷载线性增加，局部屈服并未对刚度产生大的影响，索夹顶板可以满足承载力要求。

3.4.2　体育场环索创新索夹

3.4.2.1　节点介绍

轮辐式单层索网径向索与环向索连接索夹，是结构最关键的节点。因其形状复杂，常采用整体铸造，缺点是铸造难度大，可靠度低，甚至在国外出现了断裂的严重事故。

本文采取创新索夹形式，核心区采用高强钢材，索夹区域采用铸造，两者整体焊接，发挥了钢材强度高、性能可靠、造价低的优势，最大程度地降低了铸造难度，提高了节点可靠性。

内环索的连接节点由下面两部分构成：中间的耳板及加强板由轧制钢板 Q390 构成，铸钢件上设置了凹槽用于放置及固定内环索，采用 G20Mn5 QT，见图 3-187。

所有的铸钢件均采用统一的几何尺寸，浇铸成型后进行机械加工，从而便于与下部不同角度的中间耳板进行连接，而上部依然能保证对环索进行可靠固定。在加工过程中，将侧边多余的铸钢件切

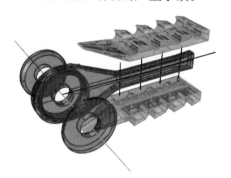

图 3-187　索夹构造图

除，既美观又经济合理，如图 3-188 所示。

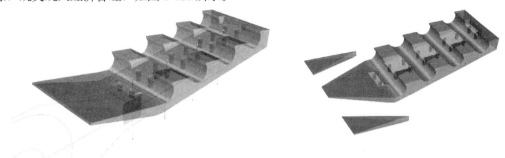

图 3-188　铸钢部分

3.4.2.2　体育场索夹性能试验

1）试验目的

试验共包括三个子试验：高强度螺栓扭力系数测定试验、高强度螺栓自身应力松弛试验和索夹抗滑移极限承载力试验。

现场高强度螺栓的施拧是通过机械扭力扳手，而不同规格的高强度螺栓的扭力系数是不一样的，所以需要对同一批螺栓中的样品进行扭力系数测定试验，为现场施工提供指导。

高强度螺栓自身应力松弛试验是对试件施加试验力，保持初始应变、变形或位移恒定，测定其应力随时间的变化关系。

索夹抗滑移试验主要是通过模拟索夹实际工作环境，考虑预紧力损失的时间效应，研究索体在张拉情况下索夹抗滑移极限承载力的大小。

2）试验方案

（1）试验材料和设备

高强度螺栓应力松弛试验对象共两组：M20 和 M27 摩擦型高强度螺栓，其中 M20 共 3 根，长度为 300mm；M27 共 4 根，长度为 360mm，共两种规格：入孔深度5.3cm 和 3.4cm，每种规格各两根，分别命名为深 1、深 2、浅 1 和浅 2。所有螺栓均为 10.9s 级，螺栓设计图如图 3-189 所示。

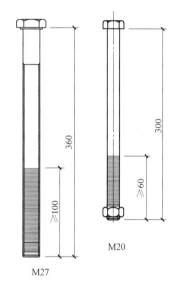

图 3-189　应力松弛试验螺栓（单位：mm）

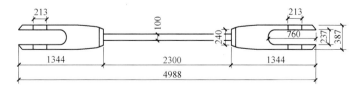

图 3-190　试验拉索（单位：mm）

索夹抗滑移极限承载力试验一共采用 2 个环索索夹、2 个径向索索夹及配套螺栓，1根直径为 100mm 的设有 Galfan 涂层的全封闭索（图 3-190）。试验材料规格详见表 3-63。

体育场索夹抗滑试验材料表 表 3-63

材料名称	规格	长度(mm)	数量	备注
螺栓 1	M20,10.9s 级	300	3	高强度螺栓应力松弛试验
螺栓 2	M27,10.9s 级	300	4	
拉索	布鲁克 Galfan 索	2200	1	索夹抗滑移试验
环索索夹	G20Mn5QT/Q390C	—	2	
径向索索夹	G20Mn5QT	—	2	

试验设备包括液压拉力试验机、顶推用千斤顶及配套油泵，试验仪器包括游标卡尺、位移计、压力传感器及 DH3816N 静态应变测试分析仪。

试验前对压力传感器和千斤顶在试验室压力试验机上进行标定，以确定压力传感器的灵敏度系数和千斤顶油压对应的顶推力，如图 3-191 所示。

试验采用卧式液压拉力试验机，其最大拉力为 19600kN，其照片如图 3-192 所示。

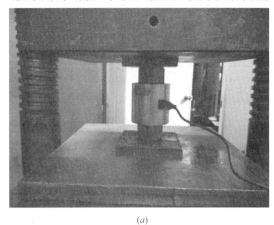

(a)   (b)

图 3-191　设备标定图

(a) 压力传感器标定；(b) 200t 压力试验机

(a)   (b)

图 3-192　卧式液压张拉机

(a) 液压张拉部位；(b) 试验槽

（2）试验内容和试验方法

① 高强度螺栓扭力系数测定试验

使用机械扭力扳手对高强度螺栓分级施拧（图 3-193），每一级使用穿心式压力传感器测量螺栓轴拉力，其试验装置如图 3-194 所示。通过式（3-4）计算出每一级的扭力系数，最后得到各螺栓试件的扭力系数。

$$K = \frac{T}{Pd} \tag{3-4}$$

式中　K——高强度螺栓扭力系数；

　　　T——扭矩；

　　　P——高强度螺栓预紧力；

　　　d——高强度螺栓直径。

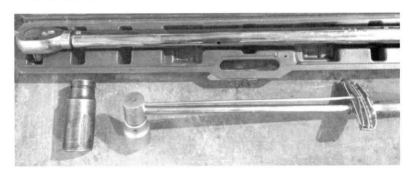

图 3-193　机械扭力扳手照片

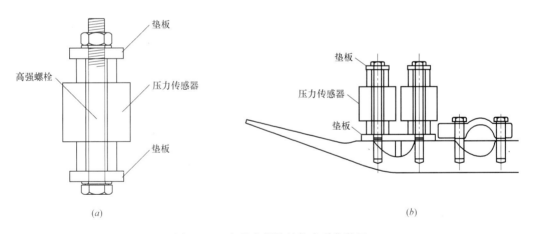

图 3-194　高强度螺栓轴拉力采集装置

（a）M20 高强度螺栓；（b）M27 高强度螺栓

② 高强度螺栓自身应力松弛试验

对 3 根 10.9s 级 M20 摩擦型高强度螺栓试件、4 根 10.9s 级 M27 摩擦型高强度螺栓试件进行应力松弛试验。应力松弛测定系统同扭力系数测定试验。终拧后，每隔 60s 读取穿心式压力传感器的测量数据，确定高强度螺栓轴拉力的时程曲线，计算应力松弛系数，试验采集系统如图 3-195 所示。

由于压盖板表面不平整，无法安放压力传感器，因而索夹滑移时的高强度螺栓轴拉力

图 3-195　高强度螺栓轴拉力采集系统

通过机械扭力扳手确定。

③ 索夹抗滑移试验

为保证试验索体表面的完整，将试验分为 4 个试件组。每个试件组中的索夹和高强度螺栓均是新的，而且索夹夹持的索体位置也不同，试件组布置如图 3-196 所示。

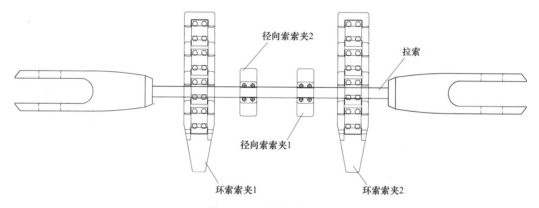

图 3-196　试件组布置图

试验共分四步，具体流程见：

a. 工况一：在索头部位安装顶推用反力架，使用前卡式千斤顶顶推环索索夹 2 直至索夹在索体上滑动，如图 3-197 所示；

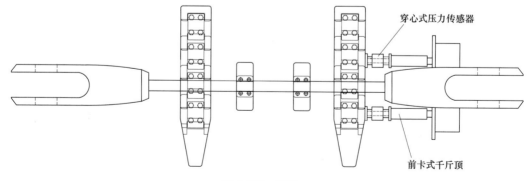

图 3-197　工况一

b. 工况二：拆除环索索夹 2，再次利用索头部位的顶推用反力架，使用前卡式千斤顶顶推径向索索夹 1 直至索夹在索体上滑动，如图 3-198 所示；

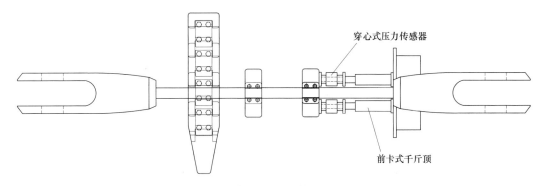

图 3-198 工况二

c. 工况三：将环索索夹 2 和径向索索夹 1 靠紧索头，将其作为反力架，使用前卡式千斤顶顶推径向索索夹 2 直至索夹在索体上滑动，如图 3-199 所示；

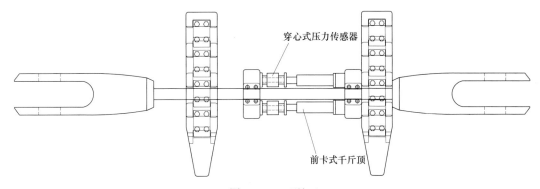

图 3-199 工况三

d. 工况四：将环索索夹 2 和径向索索夹 1、2 靠紧索头，将其作为反力架，使用前卡式千斤顶顶推环索索夹 1 直至索夹在索体上滑动，如图 3-200 所示。

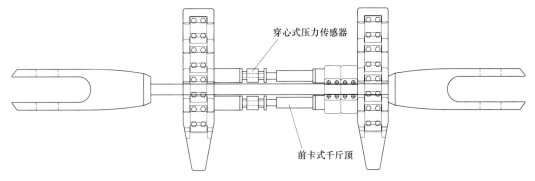

图 3-200 工况四

3）试验过程

（1）安装拉索和索夹

在卧式液压拉力试验机上安装拉索，如图 3-201（a）所示，在拉索松弛状态下安装索夹，如图 3-201（b）所示，使用机械扭力扳手对高强度螺栓施加预紧力，超拧 10%，即 M20 高强度螺栓预紧力为 121kN，M27 高强度螺栓预紧力为 242kN。索夹安装完成后照片如图 3-202 所示。

图 3-201　安装拉索和索夹照片	图 3-202　索夹安装完成图
（a）安装拉索；（b）安装索夹	

（2）张拉拉索

设计对索夹抗滑移极限承载力试验的要求为：对索夹施加预紧力，使其固定在主索上，主索应被张紧，大约 660N/mm² 的应力施加在索上，最大张拉力约为 4462kN。当安装完索夹后，使用卧式液压拉力试验机对拉索分两级张拉，张拉力分别为：2231kN 和 4462kN。

（3）索体直径测量

使用宽钳口游标卡尺分别对索夹两侧索体进行水平方向（H 向）和竖直方向（V 向）的直径测量，以观察其变化规律，图 3-203 所示为测量用宽钳口游标卡尺和测量照片。

在拉索未张拉、每次分级张拉结束等可能引起拉索直径变化的关键节点对索径进行测量。

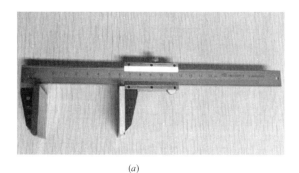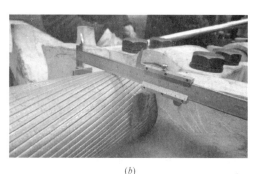

图 3-203　拉索直径测量

（a）宽钳口游标卡尺；（b）拉索直径测量照片

（4）位移计布置

将位移计底座安装在拉索上，设置 2 个位移计，分别测定压盖板和主体相对索体的位移，位移计布置如图 3-204 所示。

（5）顶推加载

采用两台并联的 24t 前卡式千斤顶（图 3-205）顶推试验索夹。在千斤顶与索夹之间安设量程为30t的穿心式压力传感器，采用油压表读数和压力传感器测量值双控的方法进行加载过程控制，并对千斤顶施加的顶推力进行实时监测。

顶推索夹，先按2t/级进行顶推，当索夹出现微小位移时按1t/级进行顶推加载，直至索夹滑动，索夹顶推过程中通过静态应变测试分析仪读取顶推力以及索夹的滑移量。当一次试验完成后，拆卸装置，为下一次试验进行准备，顶推加载如图3-206所示。

图3-204 位移计布置照片

图3-205 顶推用前卡式千斤顶照片

图3-206 顶推加载示意图

4）试验结果和分析

（1）拉索直径

各索夹两侧拉索直径数据见表3-64~表3-67。

环索索夹1处索径统计（mm） 表3-64

拉索索力(kN)		0	2231	4462	索径变化值
左	H	102.12	102.02	101.88	0.24
	V	102.00	102.02	101.76	0.24
右	H	101.96	101.84	101.70	0.26
	V	102.12	101.90	101.72	0.40
平均值					0.285

环索索夹2处索径统计（mm） 表3-65

拉索索力(kN)		0	2231	4462	索径变化值
左	H	102.2	102.14	101.86	0.34
	V	101.98	101.96	101.70	0.28
右	H	102.06	102.00	101.82	0.24
	V	101.96	101.90	101.78	0.18
平均值					0.26

径向索索夹 1 处索径统计（mm）　　　　　表 3-66

拉索索力(kN)		0	2231	4462	索径变化值
左	H	102.00	102.04	101.84	0.16
	V	101.88	101.90	101.64	0.24
右	H	102.10	102.02	101.88	0.22
	V	101.92	101.88	101.88	0.04
平均值					0.16

径向索索夹 2 处索径统计（mm）　　　　　表 3-67

拉索索力(kN)		0	2231	4462	索径变化值
左	H	101.96	101.98	101.9	0.06
	V	101.86	101.94	101.64	0.22
右	H	102.16	102.10	101.80	0.36
	V	101.80	101.78	101.78	0.02
平均值					0.16

注：H—水平方向；V—竖直方向。

从表 3-64～表 3-67 可见，拉索实际直径比公称直径略大，但是差值很小；拉索直径随着索力的增加而减小。

（2）高强度螺栓扭力系数

对 M20 高强度螺栓按 40N·m/级施拧，对 M27 高强度螺栓按 200N·m/级施拧，测定各自的扭力系数。试验数据分别见表 3-68 和表 3-69。

M20 高强度螺栓扭力系数　　　　　表 3-68

螺栓序号	扭矩(N·m)	200	240	280	320	360	400	平均值
1	螺栓拉力(kN)	64.33	72.00	88.00	96.06	103.27	120.29	—
	扭力系数	0.155	0.167	0.159	0.167	0.174	0.166	0.165
2	螺栓拉力(kN)	54.43	61.13	71.10	81.60	94.00	119.72	—
	扭力系数	0.184	0.196	0.197	0.196	0.191	0.167	0.189
3	螺栓拉力(kN)	62.95	72.00	83.00	92.48	102.57	122.67	—
	扭力系数	0.159	0.167	0.169	0.173	0.175	0.163	0.168

M27 高强度螺栓扭力系数　　　　　表 3-69

	扭矩(N·m)	200	400	600	800	1000	平均值
深1	螺栓轴力(kN)	38.2	80.0	109.0	141.4	182.6	—
	扭力系数	0.194	0.185	0.204	0.210	0.203	0.198
深2	螺栓轴力(kN)	42.7	77.5	112.8	145.0	192.8	—
	扭力系数	0.173	0.191	0.197	0.204	0.192	0.191
浅1	螺栓轴力(kN)	38.0	75.6	117.2	152.7	188.7	—
	扭力系数	0.195	0.196	0.190	0.194	0.196	0.194

扭矩(N·m)		200	400	600	800	1000	平均值
浅2	螺栓轴力(kN)	34.0	81.2	118.2	147.4	200.5	—
	扭力系数	0.218	0.182	0.188	0.201	0.185	0.197

从表3-68可见，M20高强度螺栓扭力系数在不同扭矩下较为稳定，1号和3号螺栓扭力系数非常接近，2号螺栓在200～360N·m扭矩时，扭力系数较大，但在400N·m时扭力系数与1号、3号螺栓扭力系数接近。3根高强度螺栓的扭力系数分别为0.165、0.189和0.168，取0.166作为M20高强度螺栓的扭力系数。

从表3-69可见，各类型M27高强度螺栓在不同扭矩下的扭力系数较为稳定，其平均值分别为0.198、0.191、0.194和0.197，取0.195作为M27高强度螺栓的扭力系数。

（3）高强度螺栓自身应力松弛

① M20高强度螺栓

对于进行应力松弛试验的各高强度螺栓，其轴拉力在终拧后随时间变化的曲线如图3-207所示。

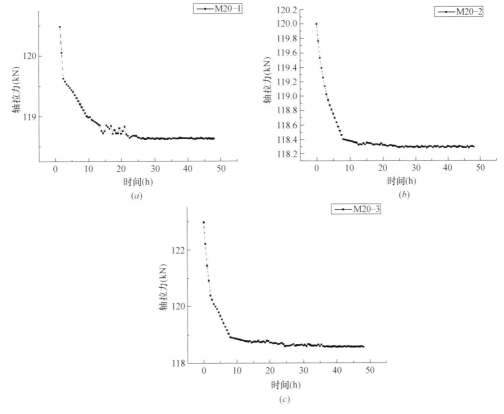

图3-207 M20高强度螺栓应力松弛曲线

(a) M20-1；(b) M20-2；(c) M20-3

预紧力损失百分数为当前预紧力损失值与预紧力的比值，取2d时的轴拉力损失值作为基数，松弛百分数为各时间点的损失值与2d时的损失值的比值百分数。各螺栓的轴拉力、预紧力损失百分数和松弛百分数见表3-70～表3-72。

M20 高强度螺栓 1 应力松弛数据表　　　表 3-70

时间 项目	0	1h	2h	4h	8h	1d	2d
轴拉力(kN)	120.48	119.62	119.53	119.40	119.10	118.64	118.62
预紧力损失百分数(%)	—	0.71	0.79	0.9	1.14	1.53	1.54
松弛百分数(%)		46	51	58	74	99	100

M20 高强度螺栓 2 应力松弛数据表　　　表 3-71

时间 项目	0	1h	2h	4h	8h	1d	2d
轴拉力(kN)	120.00	119.53	119.25	118.87	118.40	118.30	118.3
预紧力损失百分数(%)	—	0.39	0.62	0.94	1.33	1.42	1.42
松弛百分数(%)	—	28	44	66	94	100	100

M20 高强度螺栓 3 应力松弛数据表　　　表 3-72

时间 项目	0	1h	2h	4h	8h	1d	2d
轴拉力(kN)	122.95	121.43	120.38	119.91	118.92	118.67	118.57
预紧力损失百分数(%)	—	1.24	2.09	2.47	3.28	3.48	3.56
松弛百分数(%)	—	35	59	69	92	98	100

从图 3-207 可得，试验螺栓轴拉力随时间逐渐减小，初期减小较快，之后逐渐变慢，最后趋于某一固定值。

从表 3-70～表 3-72 可得，对于所有试验螺栓，螺栓终拧后 2d 预紧力损失百分数为 1.4%～3.6%，平均值为 2.2%；螺栓终拧后 1d 时预紧力损失值占 2d 预紧力损失值的绝大部分。

② M27 高强度螺栓

对于进行应力松弛试验的各高强度螺栓，其轴拉力在终拧后随时间变化的曲线如图 3-208 所示。

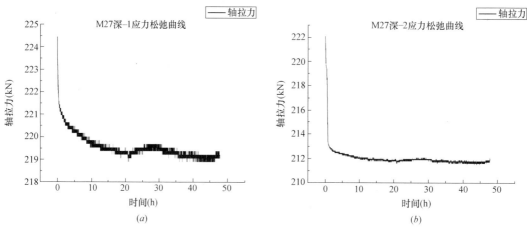

图 3-208　M27 高强度螺栓应力松弛曲线（一）

(a) M27 深-1；(b) M27 深-2

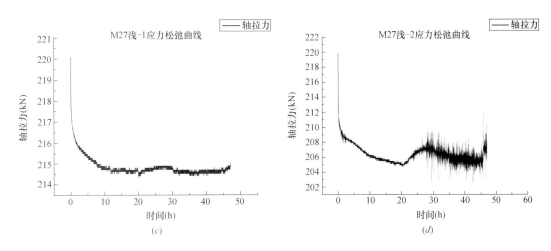

图 3-208　M27 高强度螺栓应力松弛曲线（二）

（c）M27 浅-1；（d）M27 浅-1

各螺栓的轴拉力、预紧力损失百分数和松弛百分数见表 3-73～表 3-76。

M27 高强度螺栓——深 1 应力松弛表　　　表 3-73

时间 项目	0	1h	2h	3h	8h	1d	2d
轴拉力(kN)	224.44	221.11	220.63	220.32	220.00	219.52	219.05
预紧力损失百分数(%)	—	1.48	1.70	1.84	1.98	2.19	2.40
松弛百分数(%)		62	71	76	82	91	100

M27 高强度螺栓——深 2 应力松弛表　　　表 3-74

时间 项目	0	1h	2h	4h	8h	1d	2d
轴拉力(kN)	222.08	213.11	212.64	212.45	212.08	211.89	211.89
预紧力损失百分数(%)	—	4.04	4.25	4.34	4.50	4.59	4.59
松弛百分数(%)		88	93	95	98	100	100

M27 高强度螺栓——浅 1 应力松弛表　　　表 3-75

时间 项目	0	1h	2h	4h	8h	1d	2d
轴拉力(kN)	220.1	216.44	215.96	215.48	215.00	214.81	214.81
预紧力损失百分数(%)	—	1.66	1.88	2.10	2.32	2.40	2.40
松弛百分数(%)		69	78	87	96	100	100

M27 高强度螺栓——浅 2 应力松弛表　　　表 3-76

时间 项目	0	1h	2h	4h	8h	1d	2d
轴拉力(kN)	219.91	209.10	208.70	207.90	206.89	206.49	206.49
预紧力损失百分数(%)	—	4.92	5.10	5.46	5.92	6.10	6.10
松弛百分数(%)		81	84	89	97	100	100

从图 3-208 可得，试验螺栓轴拉力随时间逐渐减小，初期减小较快，之后逐渐变慢，最后趋于某一固定值。

从表 3-73～表 3-76 可得，对于所有试验螺栓，螺栓终拧后 2d 预紧力损失百分数为 2.4%～6.1%，平均值为 3.9%；螺栓终拧后 2h 时预紧力损失值占 2d 预紧力损失值的大部分，均超过 60%；螺栓终拧后 1d 时预紧力损失值占 2d 预紧力损失值的绝大部分。

（4）索夹抗滑移极限承载力及综合摩擦系数

根据试验加载过程中的位移计记录的索夹相对位移，绘制出上盖板、索夹滑移量与千斤顶加载力曲线如图 3-209 所示。

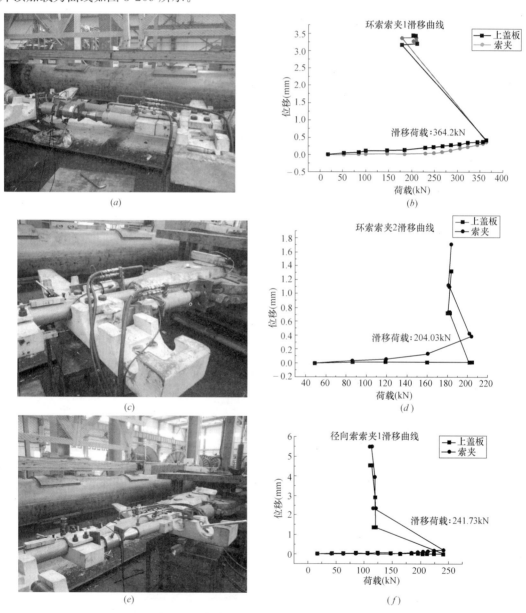

图 3-209　各索夹顶推照片及滑移曲线（一）

（a）环索索夹 1 顶推照片；（b）环索索夹 1 滑移曲线；（c）环索索夹 2 顶推照片；（d）环索索夹 2 滑移曲线；
（e）径向索索夹 1 顶推照片；（f）径向索索夹 1 滑移曲线

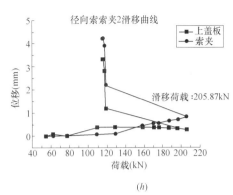

(g)　　　　　　　　　　　　　　　(h)

图 3-209　各索夹顶推照片及滑移曲线（二）

(g) 径向索索夹 2 顶推照片；(h) 径向索索夹 2 滑移曲线

从图 3-209 可见，环索索夹主体首先出现滑动，当主体与压盖板贴紧后，索夹与高强度螺栓在顶推力作用下同步滑动，直至滑移失效；径向索索夹的主体首先出现滑动，当与高强度螺栓贴紧后与压盖板同步滑动，直至滑移失效。

在顶推之前使用机械扭力扳手测定高强度螺栓的紧固力，当索夹开始滑移时，记录顶推力。不同工况下千斤顶顶推力、高强度螺栓有效紧固力及索夹抗滑综合摩擦系数见表 3-77。

索夹抗滑移极限承载力及综合摩擦系数　　　　　　　　　　　　　表 3-77

试件组	抗滑移极限承载力(kN)	高强度螺栓有效紧固力(kN)	综合摩擦系数
环索索夹 1	364.2	537.3	0.678
环索索夹 2	204.03	537.3	0.380
径向索索夹 1	241.73	360	0.669
径向索索夹 2	205.87	360	0.569

从表 3-77 可见，环索索夹 1 抗滑移极限承载力为 364.2kN，环索索夹 2 为 204.03kN，相差比较大，由图 3-211 可知，环索索夹 2 的孔道加工精度较低，与索体表面接触很不充分，导致索夹抗滑移极限承载力与环索索夹 1 相差较大，因而取 364.2kN 作为环索索夹的抗滑移极限承载力；径向索索夹 1、2 的抗滑移极限承载力分别为 241.73kN、205.87kN，较为接近，取两者的平均值即 223.8kN 作为径向索索夹的抗滑移极限承载力。体育场环索索夹、径向索索夹的综合摩擦系数分别为 0.678、0.569～0.669。

（5）索夹与索体滑移面

图 3-210 所示为试验前索夹孔道与全封闭索表面的照片，图 3-211 和图 3-212 所示为索夹滑移后索夹孔道与全封闭索表面的照片。

从图 3-211 可得，索夹与全封闭索之间的接触属于面接触，但是由于索夹的加工精度不一样，各索夹与索体的接触情况不一样；环索索夹 2 与索体贴合明显不充分，导致该索夹抗滑移极限承载力较小，径向索索夹 1、2 与索体的接触情况类似，因而两者的抗滑移极限承载力较为接近。

从图 3-212 可得，索体表面极小部位出现刮痕。

图 3-210　顶推前索夹与拉索表面照片

(*a*) 顶推前索夹孔道；(*b*) 顶推前拉索表面

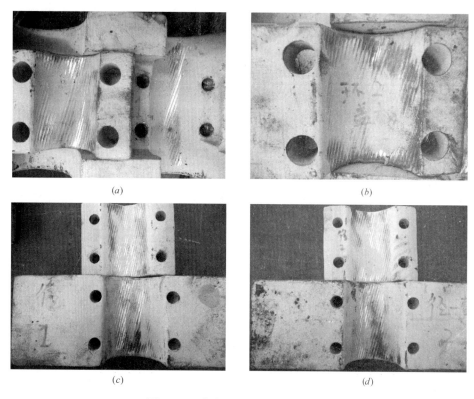

图 3-211　索夹滑移后索夹孔道照片

(*a*) 环索索夹 1；(*b*) 环索索夹 2；(*c*) 径向索索夹 1；(*d*) 径向索索夹 2

5）实验结论

（1）M20 和 M27 高强度螺栓自身 2d 应力松弛系数分别为 1.4%～3.6% 和 2.4%～6.1%，M30 高强度螺自身 3d 的应力松弛系数为 1.2%～1.8%；高强度螺栓的预紧力损失速率随时间减慢，最后趋于稳定。

（2）对于体育场环索索夹，主体首先出现滑动，当主体与压盖板贴紧后在顶推力的作用下同步滑动直至滑移失效；体育场径向索索夹，主体先滑移一段很小的距离，之后贴紧

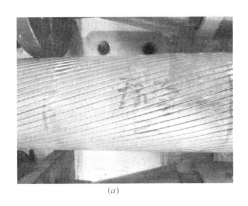 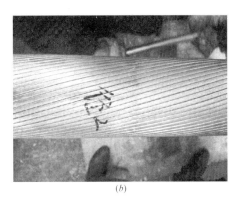

(*a*)　　　　　　　　　　　　　　　(*b*)

图 3-212　索夹滑移后拉索表面照片

(*a*) 环索索夹 2；(*b*) 径向索夹 2

高强度螺栓，高强度螺栓、主体与压盖板三者同步滑动直至滑移失效。

（3）体育场环索索夹的抗滑移极限承载力为 364.2kN，径向索索夹的抗滑移极限承载力为 223.8kN；体育场环索索夹、径向索索夹和游泳馆索夹的综合摩擦系数分别为 0.678、0.569～0.669。

3.4.2.3　体育场环索索夹极限承载力试验研究

1）试验索夹

环索索夹由上下铸钢件和中间耳板组成，铸钢件材质为 G20Mn5QT，中间耳板的材质为 Q390C。环索索夹上下铸钢件和中间耳板通过焊缝连接，并通过螺栓与盖板连接。环索结构索夹构造详如图 3-213 所示。

在该环索索夹极限承载能力试验中，在满足试验条件的基础上，为了尽可能模拟实际索夹受力情况，考察索夹铸钢和焊缝的受力性能，需连同索夹铸钢件一起铸造上下共四块耳板（如图 3-213 中加粗线部分），并通过销轴与反力架直接连接。其构造示意图如图 3-213所示。

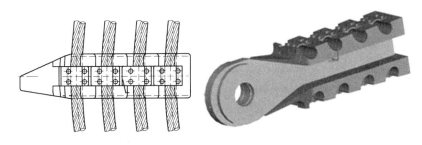

图 3-213　工程环索索夹构造图

2）试验内容和方法

通过静力加载试验，测定索夹在极限拉力（14500kN）作用下的应力变化情况，验证极限承载力下的安全性。

（1）反力架和加载设备

试验索夹通过耳板和销轴与反力架相连。通过四台 YCW400B 千斤顶顶推反力架，对试验索夹施加拉力，见图 3-214～图 3-216。

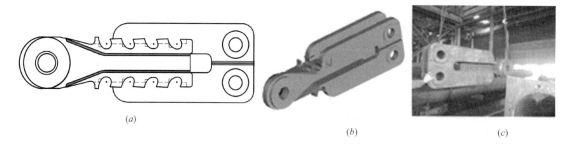

图 3-214　试验环索索夹构造图

(a) 平面图；(b) 三维实体图；(c) 索夹现场照片

本次试验最大拉力取拉索最小破断力 14500kN。加载设备选用四台 YCW400B 型穿心式千斤顶，四台千斤顶顶推能力达到 16000kN。试验前采用与其配套的精密压力表在试验室专业设备上对其进行标定，以保证油泵压力表的读数与千斤顶的张拉力准确对应。

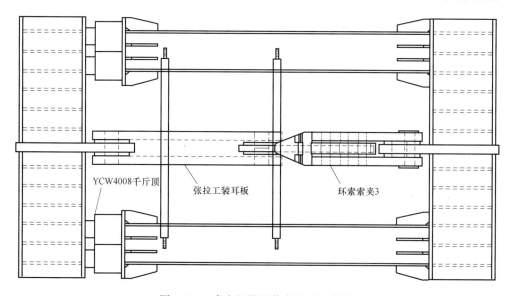

YCW4008千斤顶　　张拉工装耳板　　环索索夹3

图 3-215　索夹极限承载力试验示意图

(a)　　　　　(b)

图 3-216　加载试验总装照片（一）

(a) 反力架；(b) 试验索夹

图 3-216　加载试验总装照片（二）

（c）千斤顶；（d）油泵

（2）监测仪器

监测加载过程中试验索夹的应力、位移变化情况。采用电阻式三向应变花监测索夹表面应变，采用位移计监测索夹表面相对位移，采用 DH3816N 静态应变测试分析仪自动采集数据，并将数据存储在计算机中，如图 3-217 所示。

图 3-217　数据来源

① 三向应变片的测点布置如图 3-218、图 3-219 所示。

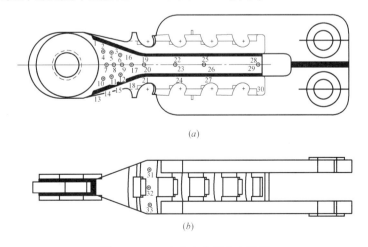

(a)

(b)

图 3-218　三向应变片测点布置图

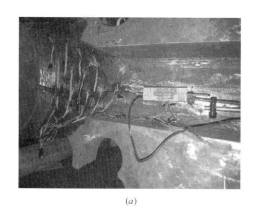

(a) (b)

图 3-219　三向应变片测点布置图

(a) 中间板应变片布置（部分）；(b) 索孔道应变片布置

② 位移测点

在试验索夹端部安设位移传感器（最小分度为 0.005mm），以测量试验过程中索夹的相对位移。位移测点布置及位移计布置分别如图 3-220、图 3-221 所示。

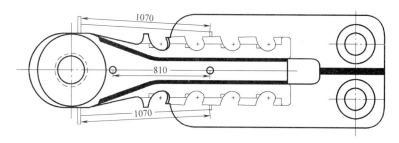

图 3-220　位移测点布置示意图（单位：mm）

图 3-221　位移计布置图

（3）试验工况

试验分加载和卸载两阶段。加载共分 11 级，卸载共分 7 级，见表 3-78。试验时逐级加载和逐级卸载，每级荷载稳压 2min 后读取数据。

加载与卸载各级推力　　　　　　　　表 3-78

工况	工况编号	荷载(kN)
加载	1	2000
	2	4000
	3	6000
	4	8000
	5	10000
	6	11000
	7	12000
	8	13000
	9	13500
	10	14000
	11	14500
卸载	12	13000
	13	10000
	14	8000
	15	6000
	16	4000
	17	2000
	18	0

3）试验数据和结果

（1）索夹应力随荷载的变化见表 3-79，可见：除去测点 2、9、29、31、33 的数据无效外，其他测点的应力均随荷载的增大而增大；高应力区主要集中在中间板的过渡段；最大等效应力位于焊缝部位的测点 16，达到 350MPa，未达到材料屈服强度 390MPa，索夹处于弹性应力状态。

（2）在加载过程中位移监测数据无明显变化。

（3）加载过程中千斤顶油压能正常上升，在每级持载时千斤顶油压稳定，未见明显油压衰减的现象。

（4）卸载后，除了测点 15（57MPa）和测点 16（72MPa）之外，其他测点的残存应力都铰低。

（5）卸载后观察索夹表面，未见明显损伤，如图 3-222 所示。

综上，试验索夹能承受 14500kN 的拉力。

部分测点在不同荷载下的等效应力（MPa）　　　　　　表 3-79

加载	测点 4	测点 6	测点 8	测点 14	测点 16	测点 18	测点 24	测点 26	测点 28
0t	0	0	0	0	0	0	0	0	0
200t	18.1	26.7	15.1	15.9	35.9	5.7	2.9	13.2	2.9
400t	38.5	60.6	38.4	42.3	76.8	14.0	4.6	27.4	7.0
600t	55.6	92.9	59.1	68.4	115.7	22.6	5.9	41.5	11.1
800t	75.1	125.9	82.0	98.2	155.1	31.3	7.2	55.4	12.9
1000t	93.8	159.3	105.9	129.4	193.7	40.9	6.0	67.0	15.0

续表

加载	测点 4	测点 6	测点 8	测点 14	测点 16	测点 18	测点 24	测点 26	测点 28
1100t	102.2	178.2	119.7	146.8	213.8	46.5	6.7	74.4	16.0
1200t	111.8	199.0	136.0	166.7	235.8	55.0	7.4	82.4	17.1
1300t	123.1	222.5	153.5	188.7	266.3	64.9	7.9	91.0	18.1
1350t	124.6	231.2	159.1	195.6	283.7	68.6	8.7	94.8	18.6
1350t2	103.9	220.5	144.8	186.6	278.2	67.9	10.3	94.4	17.1
1400t	111.3	231.9	153.7	198.1	294.3	71.0	11.6	98.3	17.5
1450t	121.6	249.6	167.7	219.4	349.9	79.2	12.4	104.9	17.9
卸载	测点 4	测点 6	测点 8	测点 14	测点 16	测点 18	测点 24	测点 26	测点 28
1300t	114.5	238.3	159.0	209.1	337.9	75.9	12.3	100.4	16.8
1000t	63.2	150.4	94.1	130.0	240.7	49.6	9.7	61.2	6.9
800t	63.4	149.5	93.8	130.0	239.9	49.7	10.1	61.0	6.7
600t	44.2	115.9	69.4	100.2	201.6	39.9	10.6	46.7	2.8
400t	25.0	79.7	43.7	70.4	161.4	30.1	12.0	30.7	−2.2
200t	9.8	45.8	21.0	42.6	121.3	21.8	13.0	15.1	−9.4
0	4.4	5.7	0.2	13.1	72.2	19.3	13.9	−1.5	−7.7

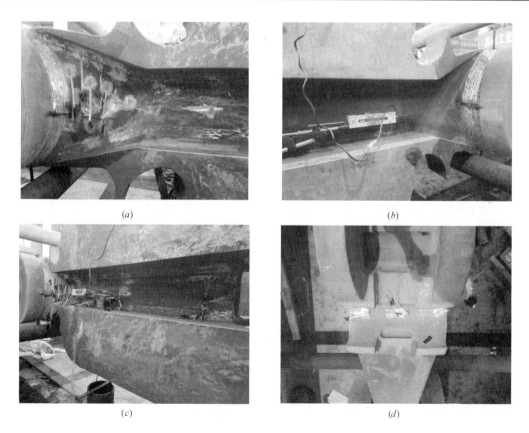

(a)　　　　　(b)

(c)　　　　　(d)

图 3-222　卸载后试验索夹照片

3.4.2.4　体育场索夹抗滑移极限承载力有限元分析

1）分析思路

图 3-223 所示为试验索夹有限元模型，材料本构关系与游泳馆建模时相同，不赘述。

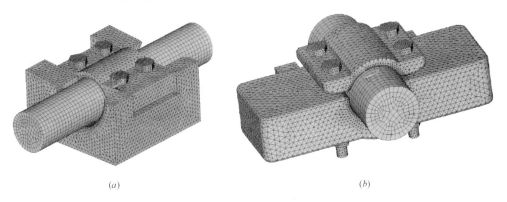

(a)　　　　　　　　　　　　　　　　　　　(b)

图 3-223　体育场试验索夹有限元模型

(a) 体育场环索索夹；(b) 体育场径向索索夹

2）单元选择及网格划分

索夹抗滑移极限承载力有限元模拟共采用 3 种单元类型：

（1）SOLID95 单元，索夹、拉索和高强度螺栓组件均采用此单元。该单元为 3D-20 节点单元，每个节点有 X、Y、Z 三个方向的位移自由度，能够施加温度荷载，具有塑性、蠕变、应力刚度、大变形和大应变能力。

（2）接触单元 TARGE170，3-D 面单元，用来模拟接触对中的目标面，索夹孔道内壁、上下表面和螺栓孔内壁均为目标面。

（3）接触单元 CONTA174，3-D 面单元，用来模拟接触对中的接触面，全封闭索索表面和高强度螺栓面为接触面。

（4）预拉伸单元 PRETS179，模拟高强度螺栓的预紧力。

划分网格时，为得到理想的有限元模型，采取控制单元线长，局部加密的划分策略，对索孔道和索体接触位置进行单元加密（图 3-224）。因为在接触对的设置中，接触面应为划分细网格面，而目标面为划分粗网格面，据此原则将全封闭索和高强度螺栓的网格划分适当加密（图 3-225）。

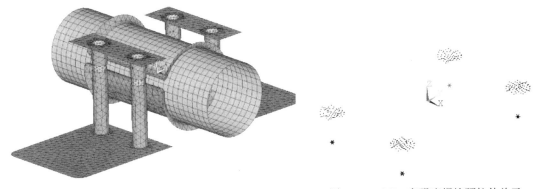

图 3-224　体育场径向索索夹接触对接处　　　　图 3-225　M20 高强度螺栓预拉伸单元

3）体育场环索索夹和径向索索夹约束及荷载施加

工况一：施加高强度螺栓预紧力。拉索两端全部约束住，分别对 M20 和 M27 高强度螺栓施加预紧力至 116.16kN 和 227.24kN（考虑高强度螺栓自身应力松弛 M20：4％，M27：6％）；

工况二：拉索张拉。约束拉索固定端全部自由度和张拉端除轴向以外的自由度，分 4 级张拉至 4462kN，每级均为 1115.5kN；

工况三：顶推加载。顶推力作用在索夹主体上，分别按照 13.3kN/级（环索索夹）和 10kN/级（径向索索夹）加载（图 3-226）。

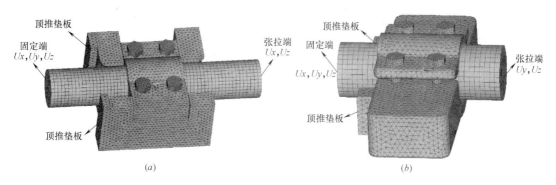

图 3-226　体育场索夹约束及加载示意图
(a) 体育场环索索夹；(b) 体育场径向索索夹

4）分析结果

（1）体育场环索索夹

① 抗滑移极限承载力与位移

全封闭索和体育场环索索夹之间的摩擦系数分别取 0.20、0.21、0.22、0.23、0.24、0.25，按照 4.3.4.1 节所述荷载工况进行计算求解，各模型的抗滑移极限承载力见表 3-80。试验所得环索索夹抗滑移极限承载力为 364.2kN，从表 3-80 可知，当 $\mu=0.24$ 时，抗滑移极限承载力与试验结果基本一致。

体育场环索索夹抗滑移极限承载力及对应的摩擦系数　　　　表 3-80

序号	摩擦系数 μ	抗滑移极限承载力（kN）
1	0.20	306.7
2	0.21	320
3	0.22	333.3
4	0.23	346.7
5	0.24	360
6	0.25	386.7

$\mu=0.20$ 和 $\mu=0.24$ 时，当顶推荷载达到索夹的抗滑移极限承载力，其滑动位移云图如图 3-227 和图 3-228 所示，$\mu=0.24$ 时位移-顶推力曲线如图 3-229 所示。

从图 3-229 可得，体育场环索索夹在顶推力作用下，主体先发生微小滑动，当其累积滑移达到一定程度时，主体和压盖板贴紧，索夹整体同步沿顶推方向滑动，直至索夹抗滑

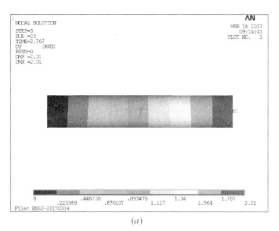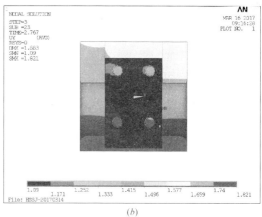

(a)　　　　　　　　　　　　　(b)

图 3-227　μ＝0.20 时体育场拉索与环索索夹沿顶推方向的位移云图（mm）

(a) 拉索；(b) 索夹

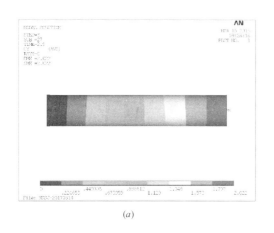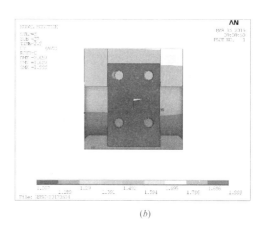

(a)　　　　　　　　　　　　　(b)

图 3-228　μ＝0.24 时体育场拉索与环索索夹沿顶推方向的位移云图（mm）

(a) 拉索；(b) 索夹

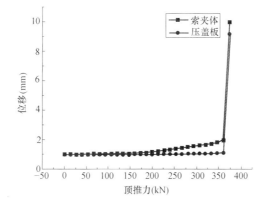

图 3-229　μ＝0.24 时体育场环索索夹位移-顶推力曲线

失效，与试验现象一致；当摩擦系数增大时，索夹抗滑失效时的位移增大。

② 紧固压力分布不均匀系数

获取不同摩擦系数下，分析模型的抗滑移极限承载力 F_{fc} 和与之对应的高强度螺栓有效紧固力的平均值 $\overline{P}$，通过式（3-3）计算得到索夹的紧固压力分布不均匀系数 k 见表3-81。

体育场环索索夹在不同摩擦系数下的紧固压力分布不均匀系数　　　表3-81

序号	μ	$4\times P_0(kN)$	$4\times\overline{P}(kN)$	$F_{fc}(kN)$	k
1	0.20	909.0	565.4	306.7	2.71
2	0.21	909.0	565.4	320	2.70
3	0.22	909.0	565.4	333.3	2.68
4	0.23	909.0	565.4	346.7	2.67
5	0.24	909.0	565.4	360	2.65
6	0.25	909.0	565.4	386.7	2.74

从表3-81可得，体育场环索索夹的紧固压力分布不均匀系数的平均值为2.69，比规范中的建议取值2.8小；当 $\mu=0.24$ 时，紧固压力分布不均匀系数为2.65，索夹与拉索接触面的应力分布如图3-230所示。

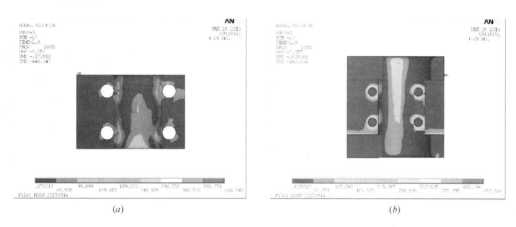

图3-230　$\mu=0.24$ 时体育场环索索夹索孔道应力云图（MPa）
（a）压盖板孔道；（b）索夹体孔道

③ 高强度螺栓预紧力损失

在全封闭索张拉过程中，连接索夹的高强度螺栓会发生预紧力损失，单根 M27 高强度螺栓紧固力随拉索张拉的变化曲线如图3-231所示。

从图3-231可得，M27 高强度螺栓紧固力随张拉力的增加而减小，且呈线性变化。索夹安装结束至拉索张拉到4462kN，在已考虑高强度螺栓自身应力松弛的情况下，M27 高强度螺栓预紧力损失百分数为35.2%。

（2）体育场径向索索夹

① 抗滑移极限承载力与位移

全封闭索和体育场径向索索夹之间的摩擦系数分别取 0.20、0.21、0.22、0.23、0.24、0.25，按照4.3.4.1节所述荷载工况进行计算求解，各模型的抗滑移极限承载力见表3-82。试验所得径向索索夹抗滑移极限承载力为223.8kN，从表3-82可知，当 $\mu=0.24$ 时，抗滑移极限承载力与试验结果基本一致。

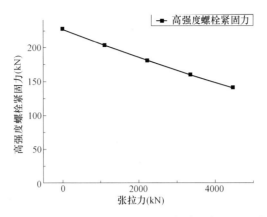

图 3-231 M27 高强度螺栓紧固力随拉索张拉的变化曲线

体育场径向索索夹不同摩擦系数下的抗滑移极限承载力　　　表 3-82

序　号	摩擦系数 μ	抗滑移极限承载力（kN）
1	0.20	180
2	0.21	190
3	0.22	200
4	0.23	210
5	0.24	220
6	0.25	230

$\mu=0.20$ 和 $\mu=0.24$ 时，当顶推荷载达到索夹的抗滑移极限承载力，其滑动位移云图如图 3-232 和图 3-233 所示，$\mu=0.24$ 时位移-顶推力曲线如图 3-234 所示。

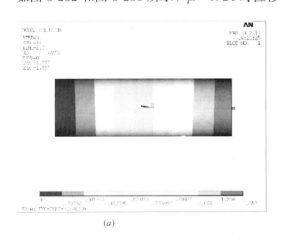

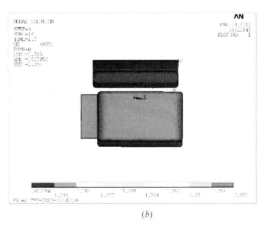

(a)　　　　　　　　　　　　　　　　　(b)

图 3-232 $\mu=0.20$ 时体育场拉索与径向索索夹沿顶推方向的位移云图（mm）
(a) 拉索；(b) 索夹

从图 3-234 可得，体育场径向索索夹在顶推力的作用下，主体先发生微小滑动（如图 3-234a-b 段），当其累积滑移达到一定程度时，高强度螺栓螺杆与索夹贴紧（如图 3-234b-c 段），索夹整体同步沿顶推方向滑动（如图 3-234c-d 段），直至索夹抗滑失效，与试验现

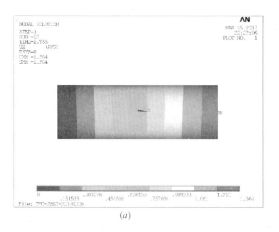 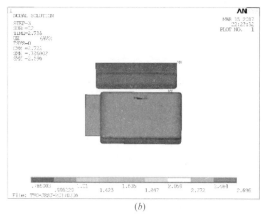

(a)　　　　　　　　　　　　　　(b)

图 3-233　$\mu=0.24$ 时体育场拉索与径向索索夹沿顶推方向的位移云图（mm）

(a) 拉索；(b) 索夹

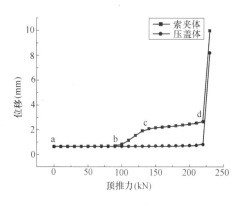

图 3-234　$\mu=0.24$ 时体育场径向索
索夹位移-顶推力曲线

象吻合；当摩擦系数增大时，索夹抗滑失效时的位移增大。

同时可以看出初始滑动时索体与索夹的一个接触面发生滑动，此时对应的顶推力为 90kN，索夹抗滑失效时索体与索夹的两个接触面同时发生滑动，此时对应的顶推力为 220kN，可以近似认为两个接触面的抗滑承载力相等。

② 紧固压力分布不均匀系数

获取不同摩擦系数下，分析模型的抗滑移极限承载力 F_{fc} 和与之对应的高强度螺栓有效紧固力的平均值 $\overline{P}$，通过式（3-3）计算得到索夹的紧固压力分布不均匀系数 k 见表 3-83。

体育场径向索索夹在不同摩擦系数下的紧固压力分布不均匀系数　　　表 3-83

序号	μ	$4 \times P_0$(kN)	$4 \times \overline{P}$(kN)	F_{fc}(kN)	k
1	0.20	464.6	298.2	180	3.02
2	0.21	464.4	298.2	190	3.03
3	0.22	464.4	298.2	200	3.05
4	0.23	464.4	298.2	210	3.06
5	0.24	464.4	298.2	220	3.07
6	0.25	464.4	298.2	230	3.08

从表 3-83 可得，体育场径向索索夹的紧固压力分布不均匀系数的平均值为 3.05，比规范中的建议取值 2.8 大；当 $\mu=0.24$ 时，紧固压力分布不均匀系数为 3.07，索夹与拉索接触面的应力分布如图 3-235 所示。

③ 高强度螺栓预紧力损失

在全封闭索张拉过程中，连接索夹的高强度螺栓会发生预紧力损失，单根 M20 高强

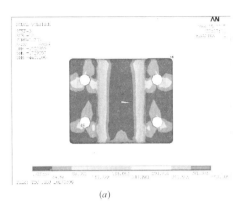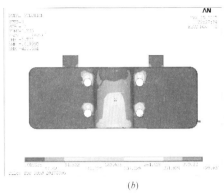

(a)　　　　　　　　　　　　　　(b)

图 3-235　μ=0.24 时体育场径向索索夹索孔道应力云图（MPa）
(a) 压盖板孔道；(b) 索夹体孔道

度螺栓紧固力随拉索张拉的变化曲线如图 3-236 所示。

从图 3-236 可得，M20 高强度螺栓紧固力随张拉力的增加而减小，且呈线性变化。索夹安装结束至拉索张拉到 4462kN，在已考虑高强度螺栓自身应力松弛的情况下，M20 高强度螺栓紧固力损失百分数为 36.4%。

5）试验结果与有限元分析结果对比分析

（1）索夹各部件的位移规律一致

体育场环索索夹各部件的位移规律：在顶推力的作用下，主体先发生微小滑动，当其累积滑移达到一定程度时，主体和压盖板贴紧，索夹整体沿顶推方向同步滑动，直至索夹抗滑失效。

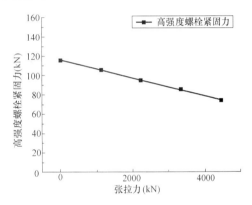

图 3-236　M20 高强度螺栓紧固力随
拉索张拉的变化曲线

体育场径向索索夹各部件的位移规律：在顶推力的作用下，主体先发生微小滑动，当其累积滑移达到一定程度时，高强度螺栓螺杆与索夹贴紧，索夹整体沿顶推方向同步滑动，直至索夹抗滑失效。

（2）紧固压力分布不均匀系数

通过有限元模拟得到的紧固压力分布不均匀系数见表 3-84，可见单侧利用高强度螺栓连接的索夹的 k 值比两侧利用高强度螺栓连接的索夹小，即两侧利用高强度螺栓连接的索夹与拉索索体接触更加充分。

试验索夹模型的摩擦系数与紧固压力分布不均匀系数　　　　表 3-84

索夹名称	μ	$4 \times \overline{P}$(kN)	F_{fc}(kN)	k
体育场环索索夹	0.24	565.4	360	2.65
体育场径向索索夹	0.24	298.2	220	3.07

3.4.2.5　试验结果与有限元分析对比结论

（1）索夹各部件随顶推力的位移规律一致，即通过高强度螺栓副连接的索夹，滑移首先出现在顶推力作用的部件，当累积滑移量达到一定程度时，索夹与高强度螺栓贴紧，之后索夹整体沿顶推方向同步滑移，直至滑移失效。

（2）高强度螺栓紧固力随拉索张拉变化规律一致，即高强度螺栓紧固力随拉索索力增大而线性减小，且最终损失百分数非常接近。

（3）单侧利用高强度螺栓连接的索夹的 k 值比两侧利用高强度螺栓连接的索夹小，即两侧利用高强度螺栓连接的索夹与拉索索体接触更加充分。

3.4.3 适应基础沉降差异的创新柱脚节点设计

3.4.3.1 节点介绍

索网边界一般采用刚性结构，其对于基础沉降较为敏感，为了减小基础沉降差的影响，适当弱化边界结构的刚度。对边界结构的设置进行了方案优化的比较，让特定部位的立柱承受指定的荷载。

以苏州奥体为例，外圈倾斜的 V 形柱在空间上形成了一个刚度良好的圆锥形空间壳体结构，直接支撑设置于顶部的受压环梁。

最高 40m 的 V 形柱和环梁形成了刚度巨大的桁架，其展开面如图 3-237 所示，其对于基础沉降较为敏感，为了减小基础沉降差的影响，结构柱的设置进行了方案优化的比较，让特定部位的立柱承受指定的荷载，图 3-238 为 1/4 局部的立柱布置图，所有节点均绕径向和环向铰接。

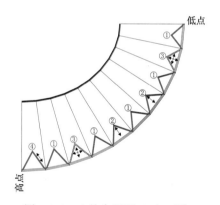

图 3-237　V 形柱和环梁展开面　　　　图 3-238　立柱布置图（1/4 对称）

柱脚节点 1，柱承受屋盖、幕墙竖向荷载，承受径向和环向水平荷载；

柱脚节点 2 竖向滑动，柱不承受屋盖竖向荷载，但承受幕墙竖向荷载并传递给上方环梁及边上 V 型柱，承受径向与环向水平荷载；

柱脚节点 3 竖向和环向滑动，柱不承受屋盖竖向荷载，但承受幕墙竖向荷载，柱承受径向水平荷载，但不承受环向水平荷载；

柱脚节点 4 单肢柱竖向滑动，该单肢柱不承受屋盖竖向荷载，但承受幕墙竖向荷载，承受径向和环向水平荷载。

部分柱边界条件的释放，在满足结构刚度需要的前提下，减小了基础沉降差异对钢屋盖结构受力的影响，节约了用钢量。设置向心关节轴承支座的效果对比分析如图 3-239 所示。

220

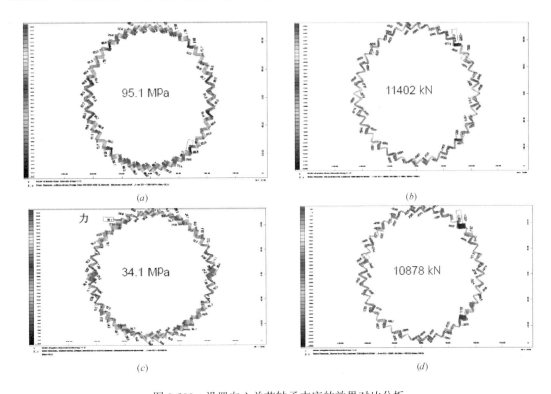

图 3-239 设置向心关节轴承支座的效果对比分析

(a) 所有支座不放松时，由沉降差造成的柱应力；(b) 所有支座不放松时，承载力极限状态下柱轴力；

(c) 目前的方案，由沉降差造成的柱应力；(d) 目前的方案，承载力极限状态下柱轴力

柱脚节点 2、3、4 均采用关节轴承，并进行了创新设计，完成了有限元分析和节点试验，并申请了专利，如图 3-240 所示。

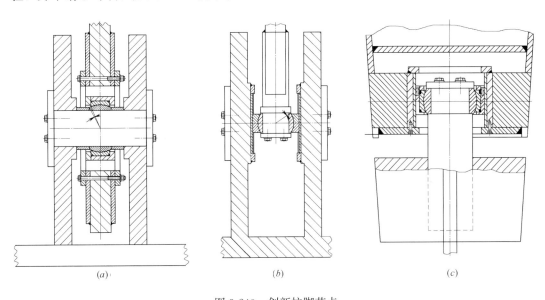

图 3-240 创新柱脚节点

(a) 创新节点 ZZ02；(b) 创新节点 ZZ03；(c) 创新节点 ZZ04

节点2，可上下滑移的关节轴承节点。针对不承受竖向荷载的支座，开发出可上下滑移的关节轴承节点。该节点从结构上创新，对常规的固定式关节轴承节点的功能进行升级，在承受径向载荷（垂直销轴）和轴向载荷（沿销轴方向）的同时，还增加了上下滑移的功能，保证节点的传力可靠，并创造性地应用双金属材料板作为滑移面来减少滑移面的摩擦系数，相配合的滑移面采用镀硬铬技术，提高其耐磨能力，确保节点的可靠滑移。

节点3，可上下左右滑移的关节轴承节点。针对仅承受径向荷载的支座，开发出可双轴滑移的关节轴承节点。该节点除了双向转动外，还具备双轴滑移（平面内滑移）的功能，实现五个自由度，很好地满足复杂的空间受力结构体系的多维度应力释放的要求，创造性地解决困扰建筑行业多年的技术难题。该滑移节点技术，在业内属于首创，形成核心知识产权，并获得国家发明专利授权。节点设计过程中，采用有限元仿真分析进行各零件的强度校核，确保设计安全可靠。此外，节点还通过同济大学钢与轻型结构研究室足尺加载试验，节点的各项性能指标满足设计要求（滑动摩擦系数实测值0.17），技术成熟可靠，并成功在苏州奥体中心项目得以应用。

节点4，可上下滑移的关节轴承铰接套筒节点。针对单柱不承受竖向荷载的支座，考虑到空间的限制，开发出一种结构紧凑的可上下滑移的关节轴承铰接套筒节点，并利用关节轴承的双向转动特性，有效地释放2800kN·m的附加弯矩，极大地简化了节点的连接方式，既提高节点连接的可靠性，又大大降低了用钢量，实现绿色设计的目标。节点设计过程中，采用有限元仿真分析进行各零件的强度校核，确保设计安全可靠。此外，节点还通过同济大学钢与轻型结构研究室足尺加载试验，节点的各项性能指标满足设计要求（滑动摩擦系数实测值0.19），技术成熟可靠，并成功在苏体项目得以应用。

3.4.3.2 关节轴承节点试验研究

为了满足复杂的受力形式，苏州奥体中心体育场的柱脚节点采用了可以上下左右滑动的关节轴承铰支座，但滑动机制过多大大增加了支座的复杂性和不确定性，需要通过足尺试验来进行验证。

图3-241 静力及拟静力试验系统

试验应达到以下目标：

（1）验证关节轴承节点是否满足设计承载力要求以及测试节点的强度储备；

（2）考察节点的滑动性能，根据试验结果对节点的连接构造提出建议。

本实验采用的是同济大学嘉定校区多功能振动台试验室的静力及拟静力试验系统（图3-241），该系统拥有可以双向滑动的滑轨，能有效地释放加载端的水平约束。该系统轨道梁连接在两边小梁上，通过调整小梁高度来控制轨道梁高度，从而实现轨道梁上伺服作动器与下方试验节点的可靠连接。

1）ZZ02试验

（1）节点试件设计及安装

为实现对节点施加径向和切向两向荷载、并考虑到时间进度要求，设计了一种自平衡加载体系

222

（图 3-242）。对于切向荷载，利用千斤顶直接施加在中耳板外伸连接件上，荷载直接作用于轴承上；同时，为了防止千斤顶底部和中耳板外伸连接件之间的摩擦力限制节点受荷时的滑动，采用不锈钢板和聚四氟乙烯板作为二者的接触面（图 3-243）。对于径向荷载，由于无法直接在轴承上施加荷载，故将荷载施加于中耳板上，并在中耳板上加载梁另一侧用自平衡反力支撑抵住（图 3-244），千斤顶作用在轴承和加载梁的中点，其加载模型和计算模型如图 3-245 所示。径向方向同样应防止千斤顶和反力支撑之间的摩擦力限制节点受荷后的竖向滑动，因此在千斤顶底部与反力架的接触面和加载梁端面与反力支撑的接触面均设置不锈钢板和聚四氟乙烯板，以此来达到减小系统摩擦力的目的。

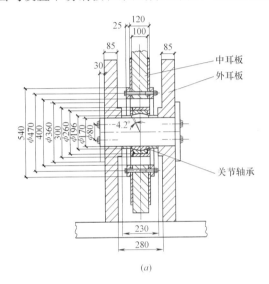 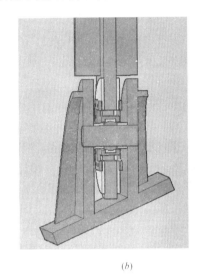

(a) (b)

图 3-242　SZTY-ZZ02 节点示意图

（a）SZTY-ZZ02 节点装配图（单位：mm）；（b）SZTY-ZZ02 节点三维图

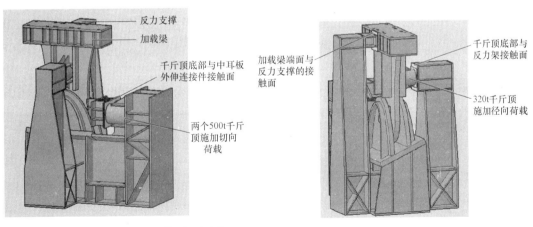

图 3-243　节点自平衡加载体系正视图　　　　图 3-244　节点自平衡体系左视图

　　为测试节点竖向滑动性能，将上述自平衡体系放置在装有两个 150t 伺服作动器的静力及拟静力试验系统中，伺服作动器与中耳板顶部加载梁相连（图 3-246）。当千斤顶施加径向和切向荷载时，使用两个伺服作动器同步位移加载测出系统总摩擦力。

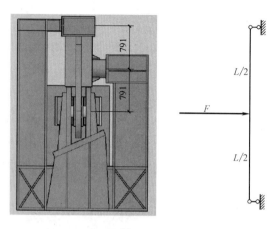

图 3-245　节点径向受力模型（单位：mm）　　　　图 3-246　节点装配示意图

（2）加载制度

正式加载前进行预加载，检验加载和测试系统是否正常。正式加载时，每级加载完毕后，等待 1min，记录应变片和位移计的读数。

本试验加载分为两部分：摩擦性能测试、受力性能测试。摩擦性能测试每加载一级保持千斤顶施加荷载不变，同时伺服作动器采用位移加载测定摩擦系数；每一级测试过程中，千斤顶施加荷载不变，伺服作动器竖向往复位移加载 3 次，往复移动距离为 60mm（1.0 级和 1.1 级为 20mm）。受力性能测试中采用力控制加载，按照设计荷载的一定比例进行加载，以其设计荷载值 N_d 为基准，按照 $0.2N_d$、$0.4N_d$、$0.6N_d$、$0.8N_d$、$1.0N_d$、$1.2N_d$、$1.4N_d$、$1.6N_d$、$1.7N_d$、$1.8N_d$、$1.9N_d$、$2.0N_d$ 加载，直至加载至破坏或两倍设计荷载。具体加载步骤见表 3-85。

ZZ02 加载制度　　　　　　　　　　　　　　　　　表 3-85

加载说明	加载等级	设计荷载　　加载比例	加载方向		
			竖向（kN）	径向（kN）	切向（kN）
				600	3500
预加载	Pre1	0.1		60	350
	Pre2	0.2		120	700
	Pre3	0.3		180	1050
卸载为 0					
测试滑动性能	1	0.2		120	700
	H1	±30mm			
	2	0.4		240	1400
	H2	±30mm			
	3	0.6		360	2100
	H3	±30mm			

加载说明	加载等级	设计荷载 / 加载比例	加载方向		
			竖向(kN)	径向(kN)	切向(kN)
				600	3500
测试滑动性能	4	0.8		480	2800
	H4		±30mm		
	5	0.9		540	3150
	H5		±30mm		
	6	1.0		600	3500
	H6		D20mm		
	7	1.1		660	3850
	H7		D20mm		
卸载为 0					
测试承载性能	1	0.2		120	700
	2	0.4		240	1400
	3	0.6		360	2100
	4	0.8		480	2800
	5	1		600	3500
	6	1.2		720	4200
	7	1.4		840	4900
	8	1.6		960	5600
	9	1.7		1020	5950
	10	1.8		1080	6300
	11	1.9		1140	6650
	12	2.0		1200	7000

注：表中径向荷载为实际作用在轴承上荷载值，千斤顶实际加载值应由计算模型反算得出。

（3）测试方案

测点布置主要有三类：一是单向应变片，主要用来反算反力架支撑端工字钢所受轴力；二是三向应变片，主要测量节点区域的应力变化和发展规律；三是位移计，用以监控节点的空间变位。测点布置前，首先采用有限元软件 Abaqus 进行预分析，根据分析结果布置应变片和位移计。

① 应变片布置

为了中耳板上截面弯矩，在千斤顶和轴承之间的中耳板截面布置一圈18个单向应变片 S1-S9、S13-S21；在中耳板上沿着切向受力方向对称布置单向片 S10-S12、S22-S24（图 3-247）。在反力支撑端箱型截面上布置12个单向片 S25-S36，以此来检测反力支撑端所受轴力（图 3-248）。

根据初步有限元分析判断，轴承压盖上布置三向片 Tb 系列（图 3-249），以监控盖板上应力较大区域的应变发展状况。

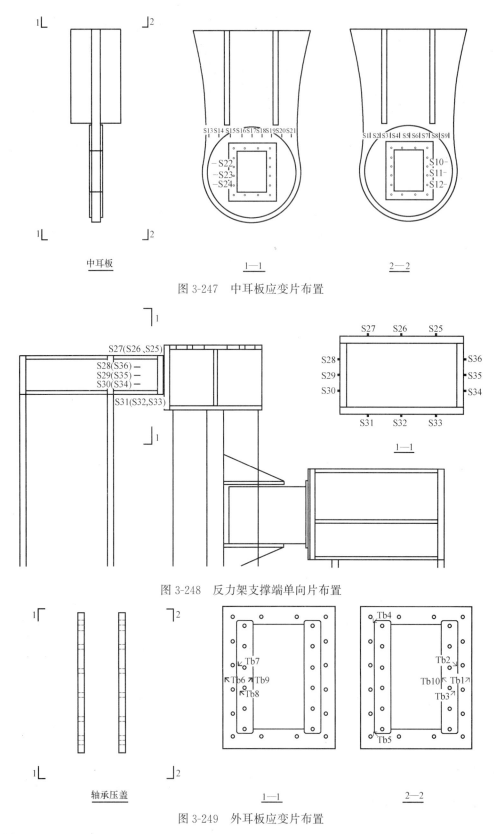

中耳板

1—1

2—2

图 3-247　中耳板应变片布置

图 3-248　反力架支撑端单向片布置

轴承压盖

1—1

2—2

图 3-249　外耳板应变片布置

由于构造原因，应变片无法布置在定位套应力最大的区域，因此在定位套最大应变区域附近布置三向片 Tc 系列来检测定位套上应力发展变化情况（图 3-250）。

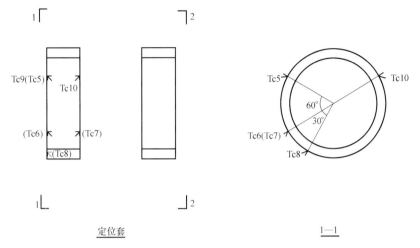

定位套   1—1

图 3-250 定位套应变片布置

② 位移计布置

本次试验共布置 10 个位移计，其中 D1、D2 测量中耳板竖向滑动位移；D3、D4 监测中耳板扭转变形；D5、D6 测量切向荷载的对中情况；D8 检测中耳板切向变形；D9、D10 检测中耳板平面外变形。位移计的具体布置如图 3-251 所示。

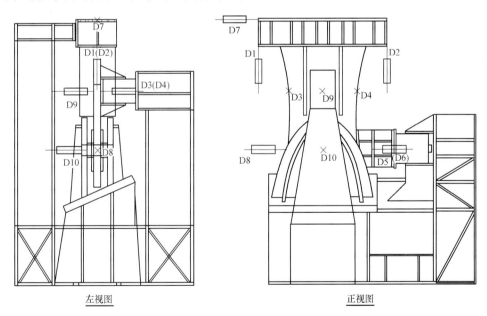

左视图   正视图

图 3-251 位移计布置

（4）试验结果

① 加载系统验证

本试验中径向荷载无法直接施加于节点上，故采用千斤顶在中耳板上施加荷载，并在中耳板顶端加载梁处设置反力支撑，从而间接实现对轴承施加径向荷载。由于千斤顶加载点位于反力支撑面和轴承的中点，理论上千斤顶施加的荷载均分至轴承和反力支撑；但实际加载过程中，反力支撑受力合力点并非在其截面形心，且伴随着加载的进行，反力支撑受力的合力点也会发生变化。因此，在反力支撑箱型截面上布置了 12 个单向片来反算实际作用于反力支撑上的荷载（F_1），实际作用于轴承节点上径向荷载（F_0）则由千斤顶施加的荷载（F_2）减去反力支撑上的荷载（F_1）得到，见表 3-86。

轴承节点实际承受的径向荷载（kN）   表 3-86

加载说明	加载等级	千斤顶施加荷载（F_2）	反力支撑荷载（F_1）	节点实际径向荷载（F_0）	节点实际荷载节点设计荷载
测试摩擦性能	0.2	240	98	142	1.184
	0.4	480	203	277	1.154
	0.6	720	304	416	1.156
	0.8	960	408	552	1.151
	0.9	1080	472	608	1.126
	1	1200	505	695	1.159
	1.1	1320	557	763	1.156
卸载					
测试承载性能	0.2	240	98	142	1.186
	0.4	480	204	276	1.151
	0.6	720	299	421	1.169
	0.8	960	399	561	1.169
	1	1200	499	701	1.169
	1.2	1440	594	846	1.175
	1.4	1680	685	995	1.184
	1.6	1920	781	1139	1.186
	1.7	2040	826	1214	1.190
	1.8	2160	871	1289	1.193
	1.9	2280	918	1362	1.194
	2	2400	961	1439	1.199

由上表可知，实际施加在轴承节点上的荷载略大于设计荷载，这对于测试节点承载性能是偏于安全的。

② 摩擦力测试结果

由于节点系统在不同荷载作用下的摩擦系数会有所差异，因此本试验采用多级加载方式，在每一级荷载工况下均测试其节点摩擦系数。考虑到整个试验系统有四个摩擦面，即加载梁端面与反力支撑接触面 P1（接触面压力为 F_1）、320t 千斤顶底座与反力架接触面 P2（接触面压力为 F_2）、500t 千斤顶底座与反力架接触面 P3（接触面压力为 F_3）、节点内部滑动面 P4（图 3-252）。P1、P2、P3 接触面均设置聚四氟乙烯板和不锈钢板接触以减小系统摩擦力。在受荷状态下，伺服作动器测得的摩擦力是这四个摩擦面的摩擦力之和，故节点内部摩擦力（f_4）应由伺服作动器测得的系统摩擦力（f_0）减去 P1 接触面摩擦力（f_1）、P2 接触面摩擦力（f_2）和 P3 接触面摩擦力（f_3）得到。即轴承节点的摩擦力为：$f_4 = f_0 - f_1 - f_2 - f_3$。

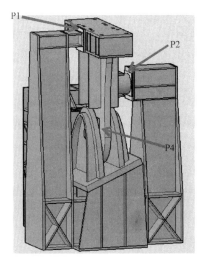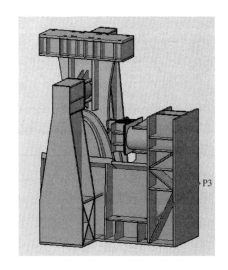

图 3-252　摩擦系数测试实景图

为此，本试验首先进行了不同荷载作用下的聚四氟乙烯板和不锈钢接触面的摩擦系数测试（平面压力作用下的摩擦系数测定，测试装置略）。试验结果表明，聚四氟乙烯板与不锈钢板的摩擦系数很小，随作用压力的不同，其摩擦系数在 0.010～0.016 之间（表 3-87）。于是，不同压力作用下的摩擦力可根据表 3-87 的摩擦系数求得；对于表中未列出的压力值，不锈钢板和聚四氟乙烯板的摩擦系数可由该表线性插值获得，并据此求出其摩擦力。

同时，考虑到千斤顶作用于聚四氟乙烯板后会产生非均匀压力作用和变形，并导致其摩擦系数的改变。因此，又进行了 320t 千斤顶作用下的聚四氟乙烯板及不锈钢板接触面的摩擦系数测定。试验结果表明，相比于平面压力作用，千斤顶作用下的聚四氟乙烯板与不锈钢板的摩擦系数略有增加，随作用压力的不同，其摩擦系数在 0.015～0.020 之间（表 3-88）。于是，不同千斤顶作用下的摩擦力可根据表 3-88 的摩擦系数求得；对于表中未列出的压力值，不锈钢板和聚四氟乙烯板的摩擦系数可由该表线性插值获得，并据此求出其摩擦力。

聚四氟乙烯板与不锈钢板摩擦系数（平面压力作用）　　　　　　　　表 3-87

压力（kN）	滑动摩擦力（kN）	滑动摩擦系数
250	4	0.0160
418.5	5.6	0.0134
584	7	0.0120
670	7.6	0.0113
753	8.3	0.0110
835	8.9	0.0107
920	9.6	0.0104
1003	10.5	0.0105
1200	13	0.0108
1400	15.9	0.0114
1600	18.8	0.0118
1800	22	0.0122
2000	25.6	0.0128

320t 千斤顶摩擦系数

表 3-88

竖向力(kN)	滑动摩擦力(kN)	滑动摩擦系数
600	9	0.015
1200	18.5	0.0154
1500	24	0.016
2000	39	0.0195
2500	50	0.02

③ 承载力测试结果

轴承压盖上所布置的三向应变片中，应力水平最大的是测点 Tb10，其加载比例 Mises 应力曲线如图 3-253 所示；由图可知，在 1.7 倍设计荷载作用下，测点处的 Mises 应力超过 370MPa，轴承压盖进入塑性，逐步进入非线性变化状态（轴承压盖材质为 Q390C，由《低合金高强度结构钢》GB/T 1591—2018 得出 25mm 钢板的屈服强度为 370MPa；曲线中 370MPa 后的 Mises 应力值无意义，余同）。

定位套上所布置的三向应变片中，应力水平最大的是测点 Tc7，其加载比例-Mises 应力曲线如图 3-254 所示。由图可知，在两倍设计荷载作用下，测点 Tc7 的 Mises 应力为 128MPa，测点未进入塑性。

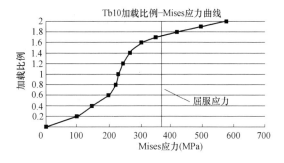

图 3-253　Tb10 加载比例-Mises 应力曲线

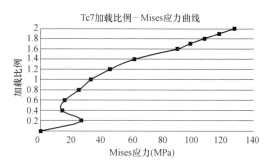

图 3-254　Tc7 加载比例-Mises 应力曲线

综上可知，所有应变测点在 1 倍设计荷载作用下均处于弹性状态，受力性能较好；当加载至 1.7 倍设计荷载时，轴承盖板上测点 Tb10 进入塑性。有限元预分析结果表明，定位套受荷后受力性能极为不利，但由于节点构型原因，受力最大区域无法布置应变测点；因此，虽然定位套上测点在 2 倍设计荷载作用下未进入塑性，但仍需进行有限元分析，以全面把握节点的受力性能。

加载至 2 倍设计荷载时，轴承节点均发现宏观破坏现象，也未发生肉眼可见变形。试验结束后，将节点拆开后，可以看到销轴没有明显的弯曲变形（图 3-255），可轻易从轴承节点中抽出，说明销轴承载性能较好。但是，切向方向与滑块接触的中耳板内侧的滑动面发生错动（图 3-256），且滑动面上的涂层局部脱落（图 3-257）。外耳板、轴承和轴承压盖表面未发现破坏现象（图 3-258、图 3-259）。

（5）结论

本试验对苏州奥体中心滑动轴承节点 ZZ02 进行了足尺模型静力加载试验，得到如下初步结论：

图 3-255 试验后销轴

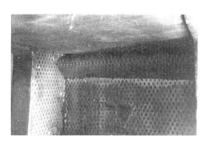

图 3-256 滑动面错动

图 3-257 滑动面涂层局部脱落

图 3-258 试验后轴承
盖板与轴承

图 3-259 试验后外耳板

① 节点的静摩擦系数与滑动摩擦系数几乎相等,其滑动摩擦系数在 0.185～0.192 之间。

② 节点在加载至 1 倍设计荷载时,所有测点均处于弹性状态,轴承压盖上测点应力水平相对较大。节点在加载至 2 倍设计荷载时,轴承压盖上有测点进入塑性,但节点整体未发生肉眼可见变形。

2) ZZ03 试验

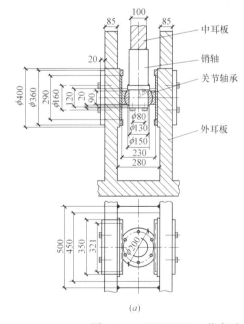

(a)

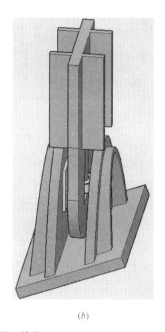

(b)

图 3-260 SZTY-ZZ03 节点示意图(单位:mm)

(a) SZTY-ZZ03 节点装配图;(b) SZTY-ZZ03 节点三维图

SZTY-ZZ03 节点如图 3-260 所示。

（1）节点试件的设计及安装

试验中需对节点施加径向荷载，考虑到无法直接将荷载施加在轴承上，故将荷载施加于中耳板上，并在中耳板上加载梁的另一侧用反力架抵住。又考虑到加快试验进度，因此将节点与自平衡反力装置连接为一个整体（图 3-261）。整个加载系统由中建钢构有限公司提供。

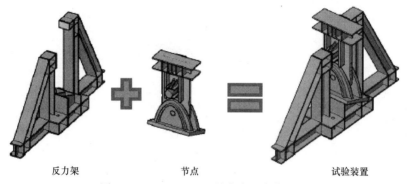

反力架　　　　　　　　节点　　　　　　　　　　　试验装置

图 3-261　SZTY-ZZ03 节点自平衡装置图

在节点反力架设计中，千斤顶作用于中耳板的位置位于下方关节轴承铰节点和上方反力架支撑点的中点（当轴承位于所在量程中点时），其加载模型和计算模型见图 3-262。

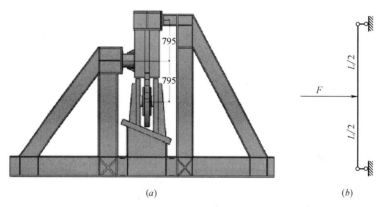

(a)　　　　　　　　　　　　　　　　(b)

图 3-262　SZTY-ZZ03 节点受力模型

(a) 加载模型；(b) 计算模型

本试验需要测试节点在承载荷载时节点的滑动性能，故在千斤顶尾部接触面和加载梁端接触面设置聚四氟乙烯板与不锈钢板接触面。这种构造措施满足了节点在受力状态下依然可以竖向自由滑动的需求。因关节轴承与其相邻滑动面为面接触，其在面内任意方向的滑动性能均一致，因此本试验只测试节点在竖直方向的滑动摩擦系数。

为实现节点竖向滑动，将整体自平衡反力装置放在装有 150t 伺服作动器的静力及拟静力试验系统中，并将中耳板上加载梁与竖向放置的 150t 伺服作动器相连（图 3-263）。当千斤顶施加径向荷载时，使用伺服作动器位移加载测出系统总摩擦力。

因为中耳板加工无法保证严格的质量和刚度对称，在加载过程中会发生中耳板侧向滑移和转动，所以用临时脚手架限制住中耳板侧向位移，保证加载的准确性。

图 3-263 节点装配示意图

（2）加载制度

正式加载前进行预加载，检验加载和测试系统是否正常。正式加载时，每级加载完毕后，等待 1min，记录应变片和位移计的读数。

本试验加载分为两部分：摩擦性能测试、受力性能测试。摩擦性能测试每加载一级保持千斤顶施加荷载不变，同时伺服作动器采用位移加载测定摩擦系数；每一级测试过程中，伺服作动器竖向往复位移加载 3 次，往复移动距离为 100mm。受力性能测试中采用力控制加载，按照设计荷载值一定比例进行加载，以其设计荷载值 N_d 为基准，按照 $0.3N_d$、$0.5N_d$、$0.6N_d$、$0.8N_d$、$0.9N_d$、$1.0N_d$、$1.2N_d$、$1.4N_d$、$1.6N_d$、$1.8N_d$、$2.0N_d$ 最后加载至破坏或两倍设计荷载。具体加载步骤参见表 3-89。

ZZ03 加载制度 表 3-89

加载说明	加载等级	加载比例 / 设计荷载	加载方向 竖向(kN)	加载方向 径向(kN) 400
预加载	Pre1	0.1		40
	Pre2	0.2		80
	Pre3	0.3		120
卸载为 0				
测试滑动性能	1	0.2		80
	H1		D100mm	
	2	0.4		160
	H2		D100mm	
	3	0.6		240
	H3		D100mm	
	4	0.8		320
	H4		D100mm	
	5	0.9		360

续表

加载说明	加载等级	设计荷载 加载比例	加载方向	
			竖向（kN）	径向（kN）
				400
测试滑动性能	H5		D100mm	
	6	1.0		400
	H6		D100mm	
	7	1.1		440
	H7		D100mm	
卸载为0				
测试承载性能	1	0.2		80
	2	0.4		160
	3	0.6		240
	4	0.8		320
	5	1		400
	6	1.2		480
	7	1.4		560
	8	1.6		640
	9	1.7		680
	10	1.8		720
	11	1.9		760
	12	2.0		800

（3）测试方案

测点布置主要有三类：一是单向应变片，主要用来反算反力架支撑端工字钢所受轴力及中耳板所受弯矩；二是三向应变片，主要测量节点区域的应力变化和发展规律；三是位移计，用以监控节点的空间变位。测点布置前，首先采用有限元软件 Abaqus 进行预分析，根据分析结果布置应变片和位移计。

为了准确的测量实际作用于轴承上的径向荷载，在千斤顶和轴承之间的中耳板截面布置一圈单向应变片 S1-S20（图 3-264）。通过这 20 个单向应变片可以得到该截面上弯矩值，已知单向片与轴承中心的竖向距离，可以准确得到实际作用于轴承上的径向荷载。同样，在反力架支撑端工字钢上布置 9 个单向片以此来测得支撑端所受反力（图 3-265）。

根据初步有限元分析判断，在外耳板加劲板上布置 Ta 系列（图 3-266），用来检测外耳板上应力较大的区域。轴承外环上布置 Tb 系列（图 3-267）来检测轴承上应力较大的区域。

本次试验共布置 8 个位移计（图 3-268），其中 D1 测量中耳板受弯变形，D2 测量外耳板受力变形，D3、D4 监测中耳板扭转变形，D5～D7 测量中耳板竖向位移的同时也可以监控中耳板受弯变形。位移计的具体布置如图 3-269 所示。

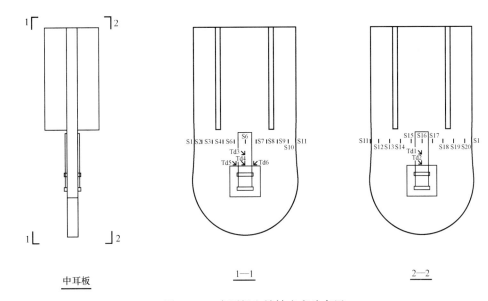

中耳板

1—1

2—2

图 3-264 中耳板和销轴应变片布置

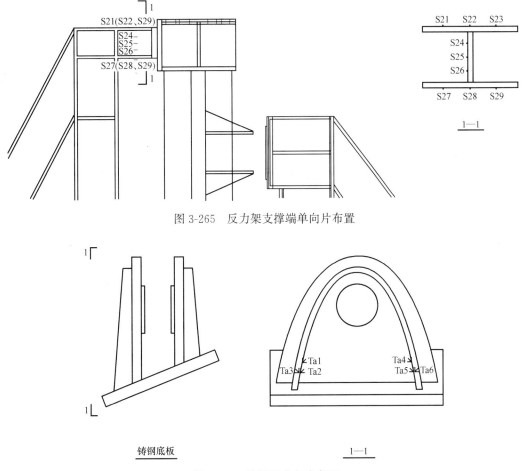

图 3-265 反力架支撑端单向片布置

铸钢底板

1—1

图 3-266 外耳板应变片布置

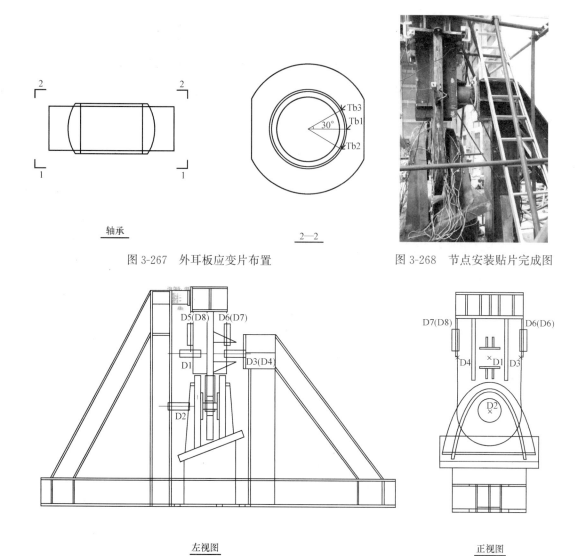

图 3-267　外耳板应变片布置　　　　　　　　　　　　　　图 3-268　节点安装贴片完成图

左视图　　　　　　　　　　　　　　　　正视图

图 3-269　位移计布置

（4）实验结果

① 摩擦力测试结果

由于节点系统在不同荷载作用下的摩擦系数会有所差异，因此本试验采用多级加载方式，在每一级荷载工况下均测试节点摩擦系数。考虑到整个试验系统有三个摩擦面，即千斤顶底座与反力架接触面 P1、加载梁端面与反力架接触 P2、节点滑动面 P3（图 3-270），因此在受荷状态下，伺服作动器测得的摩擦力为节点在这三个摩擦面的摩擦力之和，于是节点摩擦力为节点测得的摩擦力减去千斤顶和加载梁处的摩擦力。

为此，本试验首先进行了接触面 P1 与 P2 处所采用的聚四氟乙烯板和不锈钢板间的摩擦系数测试（该测试装置略），以计算 P1 和 P2 处的摩擦力，从而得到轴承节点处的摩擦力。试验结果表明，接触面 P1 和 P2 处的摩擦系数很小，随作用压力的不同，其摩擦系数在 0.010～0.016 之间（表 3-90）。

图 3-270 摩擦系数测试实景图

本试验理想模型为千斤顶施加的荷载由轴承节点和加载梁上支撑各分担一半，但由于实际加载过程中，加载梁上支撑受力并非在其截面型心，且由于刚度差异也会造成上下两端的分力不均。故通过中耳板上单向应变片反算得来的水平荷载作为实际施加在轴承节点处的荷载，实际作用于轴承节点上的径向荷载见表3-91。

于是，每级加载过程中，接触面 P2 处的压力由千斤顶读数获得，接触面 P1 处的压力由加载梁支撑端的单向应变片反算获得，轴承节点处（接触面 P3）的压力由 P2 与 P1 二者之差获得。

聚四氟乙烯板与不锈钢板摩擦系数　　　　　表 3-90

压力(kN)	滑动摩擦力(kN)	滑动摩擦系数
250	4	0.0160
418.5	5.6	0.0134
584	7	0.0120
670	7.6	0.0113
753	8.3	0.0110
835	8.9	0.0107
920	9.6	0.0104
1003	10.5	0.0105
1200	13	0.0108
1400	15.9	0.0114
1600	18.8	0.0118
1800	22	0.0122
2000	25.6	0.0128

轴承节点所受到的荷载值　　　　　表 3-91

加载等级	轴承节点受力(kN)	加载等级	轴承节点受力(kN)
0.2	98.5	0.8	330.1
0.4	172.1	0.9	374.7
0.6	252.5	1	414.6

② 承载力测试结果

当加载到 2 倍设计荷载时，轴承外环所布置三向片中应力水平最大的是 Tb1，其荷载—Mises 应力曲线如图 3-271 所示。

由图 3-171 可以看出，当节点径向荷载加载到两倍设计荷载时，测点 Tb1 的 Mises 应力为 335MPa，仍未进入塑性。

销轴上所布置三向片中应力水平最大的是 Td6，其荷载—Mises 应力曲线如图 3-272 所示。

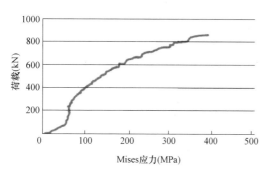

图 3-271　Tb1 荷载—Mises 应力曲线　　　　图 3-272　Td6 荷载—Mises 应力曲线

由曲线可以看出，当节点径向荷载加载到两倍设计荷载时，测点 Td6 的 Mises 应力仅为 465MPa，销轴未进入塑性；整个加载过程中，测点的 Mises 应力随荷载线性变化。

外耳板上所布置三向片中应力水平最大的是 Ta6，其荷载—Mises 应力曲线如图 3-273 所示。

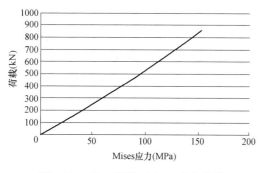

图 3-273　Ta6 荷载—Mises 应力曲线

由曲线可以看出，当节点径向荷载加载到两倍设计荷载时，测点 Ta6 的 Mises 应力仅为 145MPa，外耳板未进入塑性，处于较低应力水平；整个加载过程中，测点的 Mises 应力随荷载线性变化。

综上可以看出，节点在 2 倍设计荷载作用下依然处于弹性状态；试验结束后，节点处均无宏观破坏现象，说明节点有一定的安全储备。

（5）结论

本试验对苏州奥体中心双向滑动轴承节点 ZZ03 进行了足尺模型静力加载试验，得到如下初步结论：

① 节点的滑动摩擦系数在 0.165～0.179 之间。

② 节点在加载至 2 倍设计荷载时，所有测点均处于弹性状态，节点在设计荷载作用下是安全的，且有一定的强度储备。

3）ZZ04 试验

（1）节点试件的设计及安装

为了对节点施加剪力荷载，将节点固定在图 3-274 所示工装上，由千斤顶施加剪力荷载，同时设置固定在剪力墙上的 150t 水平伺服作动器作为反力支撑（图 3-275）。由于试验需要测试节点在受力时的滑动性能，在静力加载系统的滑动梁上设置 50t 伺服作动器与节点顶部加载梁相连；同时要求千斤顶和伺服作动器可以实现竖向滑动，因此在伺服作动器与剪力墙相连部位设置滑动板，并且在千斤顶与三角反力架接触面之间设置不锈钢板和聚四氟乙烯板，具体试验装置示意图如图 3-275 所示，节点受力模型如图 3-276 所示。

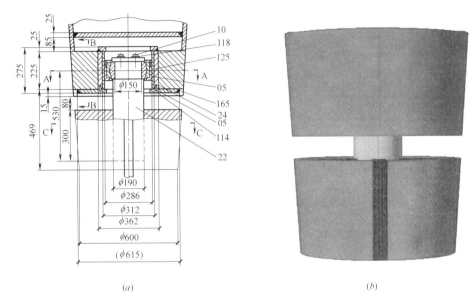

(a) (b)

图 3-274 节点图（单位：mm）

(a) SZTY-ZZ04 节点装配图；(b) SZTY-ZZ04 节点三维图

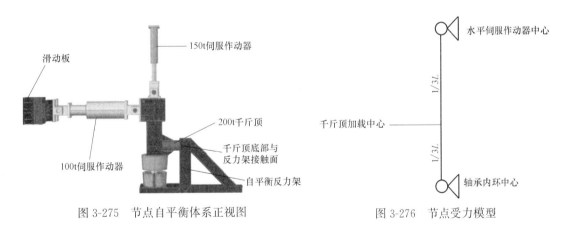

图 3-275 节点自平衡体系正视图

图 3-276 节点受力模型

（2）加载制度

正式加载前进行预加载，检验加载和测试系统是否正常。正常加载时，每级加载完毕后，等待 1min，记录应变片和位移计的读数。

本实验加载分为两部分：摩擦性能测试、受力性能测试。摩擦性能测试分别在径向荷载为 0.6、0.8、1.0 倍设计荷载时进行，摩擦性能测试保持千斤顶施加荷载不变，同时伺服作动器采用位移加载测定摩擦系数；每一级测试过程中，伺服作动器竖向往复位移加载 2 次，往复移动距离 60mm。受力性能测试中采用力控制加载，按照设计荷载值一定比例进行加载，以设计荷载值 N_d 为基准，按照 $0.2N_d$，$0.4N_d$，$0.6N_d$，$0.8N_d$，$1.0N_d$，$1.2N_d$，$1.4N_d$，$1.6N_d$，$1.8N_d$，$1.9N_d$，$2.0N_d$ 荷载递增。具体加载步骤参见表3-92。

ZZ04 加载制度 　　　　　　　　　　　表 3-92

加载说明	加载等级	设计荷载 加载比例	荷载方向	
			竖向(kN)	径向(kN)
				420
预加载	Pre1	0.1		42
	Pre2	0.2		84
	Pre3	0.3		126
卸载为0				
测试滑动性能	1	0.6		336
	H1		D60mm	
	2	0.8		420
	H2		D60mm	
	3	1.0		504
	H3		D60mm	
卸载为0				
测试承载性能	1	0.2		84
	2	0.4		168
	3	0.6		252
	4	0.8		336
	5	1		420
	6	1.2		504
	7	1.4		588
	8	1.6		672
	9	1.7		714
	10	1.8		756
	11	1.9		798
	12	2.0		840

注：表中径向荷载为实际作用在轴承上荷载值，千斤顶实际加载值应由计算模型反算得出。

（3）测试方案

由于该节点可竖向滑动且可三向转动，测点布置主要有两类：一是三向应变片，该三向片的布置主要用来监测节点受力较大区域的应变变化和发展规律，二是位移计，主要监控加载过程中是否发生扭转及其节点的荷载位移量。测点布置前，首先采用有限元软件Abaqus进行预分析，根据分析结果布置应变片和位移计。

① 应变片布置

根据有限元初步分析结果判断，销轴与十字板边缘接触处应力值应达到最大，故根据

Mises 应力图,在受力较大处布置三向应变片(图 3-277)。为了规避可能存在的残余应力的影响,在远离焊渣处加贴两个应变片,来比对有限元模型。

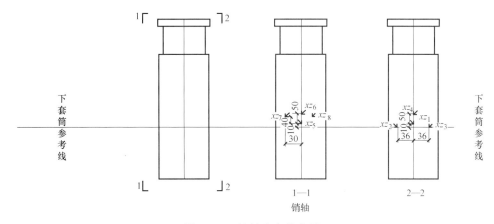

图 3-277 销轴应变片布置

相应的,在径向荷载作用下,下部十字板承受销轴传递的全部剪力,在下部十字板与销轴接触区域布置三向片,以监测十字板上应力较大区域的应变(图 3-278)。

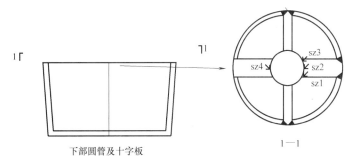

图 3-278 下部圆管三向片布置

上部圆管和盖板上布置 y_g 系列三向片以检测圆管和盖板应力较大区域的应变发展情况(图 3-279)。

② 位移计布置

本次试验共布置 7 个位移计,其中 D1、D2 测量绕 X 轴的转角;D3、D4 监测中构件扭转变形(绕 Y 轴的转动);D5、D6 测量节点绕 Z 轴的转角;D7 测量其千斤顶中心的横向位移(图 3-280)。

(4)试验结果

① 加载制度验证

本试验中径向荷载无法直接施加于节点上,故采用千斤顶于箱型柱上施加荷载,并在箱型柱顶端加载梁处设置水平伺服作动器作为反力支撑,从而间接实现对轴承施加径向荷载。

由于千斤顶加载点位于轴承的中点和水平伺服作动器支撑点的 2/3 处,根据图 3-276 中计算模型,理论上千斤顶应施加 1.5 倍的设计荷载,从而使得其节点正好受到相应的设计荷载,但由于实际加载过程中,反力支撑受力合力点并非在其截面形心,且伴随着加载的进行,反力支撑受力的合力点也会发生变化。故节点所受径向荷载需要通过水平伺服作

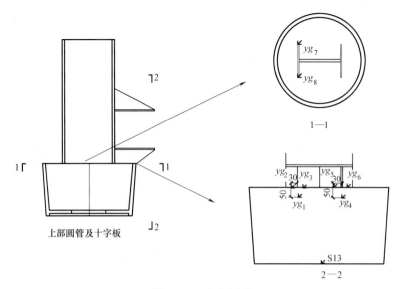

图 3-279　上部圆管

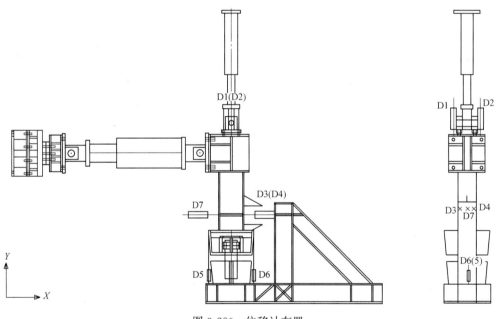

图 3-280　位移计布置

动器的荷载读数（F_1）反算得到，即实际作用在节点上径向荷载（F_0）为用千斤顶施加的荷载（F）减去伺服作动器上的荷载（F_1），见表 3-93。

节点实际径向荷载（kN） 表 3-93

加载说明	加载等级	千斤顶施加荷载（F）	反力支撑荷载（F_1）	节点实际径向荷载（F_0）	节点实际荷载 节点设计荷载
测试滑动性能	0.6	378	162.55	215.45	1.156
	0.8	504	199.22	304.78	1.151
	1	630	245.44	384.56	1.159

加载说明	加载等级	千斤顶施加荷载(F)	反力支撑荷载(F₁)	节点实际径向荷载(F₀)	节点实际荷载 节点设计荷载
			卸载		
测试承载性能	0.2	126	56.40	69.60	0.829
	0.4	252	94.53	157.47	0.937
	0.6	378	135.14	242.86	0.964
	0.8	504	177.16	326.84	0.973
	1	630	222.43	407.57	0.970
	1.2	756	267.89	488.11	0.968
	1.4	882	311.01	570.99	0.971
	1.6	1008	357.07	650.93	0.969
	1.7	1071	397.03	673.97	0.944
	1.8	1134	397.03	736.97	0.975
	1.9	1197	423.95	773.05	0.969

由上表可知，实际施加在节点上的荷载值准确。

② 摩擦力测试结果

考虑到整个试验系统有三个摩擦面：节点滑动面、千斤顶与反力架接触面、滑动板滑动面（图3-281）。在受荷状态下，伺服作动器测的摩擦力为这三个摩擦面的摩擦力之和；由于滑动板摩擦系数较小，此处认为滑动板的摩擦力为0，这使得测试的结果偏于安全。故节点摩擦力为伺服作动器测的力值（f_0）减去千斤顶与反力架接触面的摩擦力（f_1），即节点的摩擦力为：$f_2 = f_0 - f_1$。

图 3-281 摩擦系数测试实景图

为了更精确地得到千斤顶与反力架接触面的摩擦力，取试验中所用聚四氟乙烯板和不锈钢板，于不同荷载条件下测其摩擦系数，测试结果见表3-94。

聚四氟乙烯板与不锈钢板摩擦系数		表 3-94
压力（kN）	滑动摩擦力（kN）	滑动摩擦系数
250	4	0.0160
418.5	5.6	0.0134
584	7	0.0120
670	7.6	0.0113
753	8.3	0.0110
835	8.9	0.0107
920	9.6	0.0104
1003	10.5	0.0105
1200	13	0.0108
1400	15.9	0.0114
1600	18.8	0.0118
1800	22	0.0122
2000	25.6	0.0128

在各级荷载下，不锈钢板和聚四氟乙烯板摩擦系数由表 3-94 插值所得。

③ 承载力测试结果

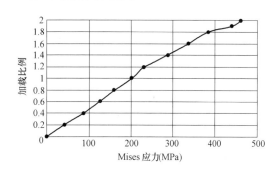

图 3-282　xz_3 加载比例—Mises 应力曲线

销轴上应变水平最大的测点为 xz_3，其加载比例-Mises 应力曲线如图 3-282 所示。

由图 3-282 可知，整个加载过程中曲线呈良好的线性，两倍设计荷载时，测点 xz_3 的 Mises 应力为 460MPa，仍处于弹性状态。

上部圆管应变水平最大的测点为 yg_4，其加载比例-Mises 应力曲线如图 3-283所示。

由上图可知，上部圆管应力水平较低，在两倍设计荷载作用下，测点 yg_4 的 Mises 应力为 140MPa，测点处于弹性状态。

十字板上应变水平最大的测点为 sz_1，其加载比例-Mises 应力曲线如图 3-284 所示。

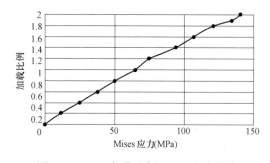

图 3-283　yg_4 加载比例-Mises 应力曲线

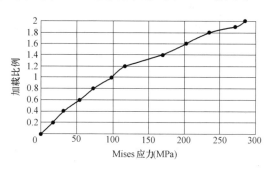

图 3-284　sz_1 加载比例-Mises 应力曲线

由图 3-284 可知，在两倍设计荷载作用下，测点 sz_1 的 Mises 应力为 286MPa，测点仍处于弹性状态。

综上，加载至两倍设计荷载时，节点上全部测点均处于弹性状态，销轴、十字板和圆管的受力性能良好，有足够的安全储备。

（5）结论

本试验对苏州奥体中心体育场 ZZ04 节点进行了足尺模型静力试验，得到如下结论：

① 节点滑动摩擦性能稳定，其滑动摩擦系数在 0.167～0.214 之间，静摩擦系数在 0.175～0.238 之间。

② 节点在加载至 2 倍设计荷载时，所有测点均处于弹性状态，销轴、十字板和圆管受力性能良好，有足够的安全储备。

3.4.4　创新环梁索端连接节点

《索结构技术规程》JGJ 257—2012 第 7.2.5 条规定，拉索长度 $L \leqslant 50\text{m}$ 时，允许偏差 $\pm 15\text{mm}$；$50\text{m} < L \leqslant 100\text{m}$ 时，允许偏差 $\pm 20\text{mm}$；$L > 100\text{m}$ 时，允许偏差 $\pm L/5000$。假定索长制作误差和索网端节点安装误差满足均值为 0 的正态分布，其 3 倍标准方差为误差限值。索长误差沿索长按照各索段长度比例分布，端节点安装误差布置在索端，误差样本数量 1000 个。仅考虑规范规定的索长制作偏差时，索力误差在 5.9%～19.2% 之间，不能满足规范 10% 的要求。设计要求索长误差为规范 1/2，计算发现，索力误差在 2.9%～12.8% 之间，仍有部分索不满足规范要求。同时考虑设计要求的索长偏差和 $\pm 30\text{mm}$ 的钢结构安装误差，索力误差在 11.0%～58.6% 之间，误差较大的索主要是边索，因其索长较短，索长误差占索总长比例最大，如图 3-285 所示。

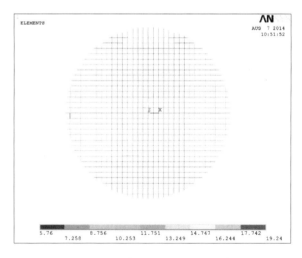

图 3-285　索力误差分布图（%）

进一步要求索长制作偏差已不现实，钢结构安装偏差也无法避免，因此，采取主动适应施工偏差的设计方案。环梁安装完成后，现场测量安装误差及索长制作误差，根据误差调整耳板销轴孔位置，再将端板用高强度螺栓连接，以消除环梁安装误差对索力的影响，如图 3-286 所示。

3.4.5 边界环梁法兰刚性连接

边界环梁采用法兰刚性连接设计，避免了高空焊接，提高了安装精度，符合绿色施工的行业趋势。体育场柱顶节点如图 3-287 所示。

游泳馆柱顶节点如图 3-288 所示，V形柱与环梁通过加劲板刚性连接，环梁之间通过法兰刚性连接，法兰采用 32 个 8.8 级摩擦型高强度螺栓 M36，施加 100%预应力。考虑到游泳馆腐蚀环境，高强度螺栓采用镀锌防腐。由于镀锌高

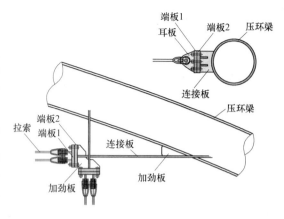

图 3-286 索头与环梁连接节点

强度螺栓扭矩系数不稳定，故采用专用张拉器张拉高强度螺栓后拧紧，如图 3-289 所示。

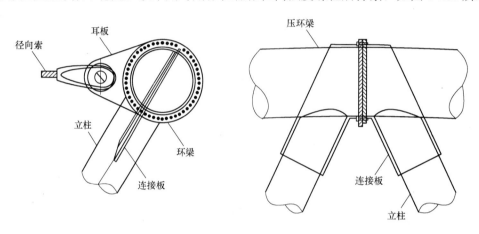

图 3-287 体育场柱顶节点

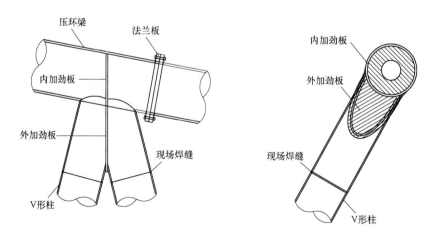

图 3-288 游泳馆柱顶节点

3.4.6 柱脚销轴高强材料

为减小柱脚销轴直径，以减小支座整体高度，达到美观效果，柱脚销轴采用符合欧洲 EN10343 标准的高强 34CrNiMo6 材料，QT 处理，国内大的钢材供应厂商都可以生产，并出口到欧洲，在机械行业应用比较普遍。销轴直径在 161～250mm 之间时，其屈服强度标准值达到 600MPa，比常规 40Cr 的 500MPa 提高 20%。

图 3-289 高强度螺栓张拉器

3.4.7 索夹、柱脚高强铸钢

为了减小索夹、柱脚的构件尺寸，铸钢材料采用符合欧洲 EN10213 的高强 G20Mn5QT 材料，并把材料屈服强度标准值要求从 300MPa 提高到了 385MPa。铸造时，C、Mn 等元素要达到中上限，并需加入 Cr 和 Ni 等合金元素，还要严格控制 P、S 的含量，合理调配 Si 的含量，提高钢水的纯净度，才能保证铸钢件的力学性能，碳当量控制在不大于 0.48%。强度的增加会带来延性的降低，索网结构地震荷载不起控制作用，对材料的延性要求可适当降低，经过专家会论证，允许从规范 22% 降低到 20%。

3.5 结构柱研究

3.5.1 "外倾 V 形柱＋马鞍形外压环＋单层索网"的结构体系

单层索网结构用于体育场时，常采用中间开孔的轮辐式结构。轮辐式结构的发展如图 3-290 所示。其设计理念源自于自行车轮。一般其外压环高低起伏，从而形成了马鞍形的

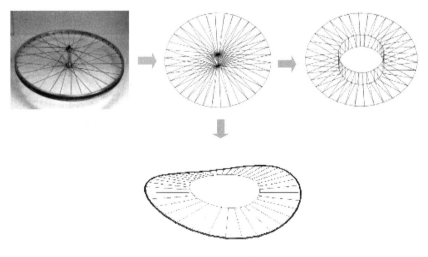

图 3-290 轮辐式结构发展

空间曲面造型，马鞍形形状的屋盖可以为结构提供较大的竖向刚度。内部的受拉环以及外侧的受压环通过对径向索施加预应力而形成预应力态。

单层索网结构用于体育馆、游泳馆等大跨度空间时，常采用正交单层索网结构。正交单层索网结构体系的设计思路来源于网球拍的受力原理，如图 3-291 所示。外压环是网球拍的外框，而索网则是网球拍的网状结构。预应力索网与受压环梁形成自锚体系，索的拉力使压环梁内产生压力。

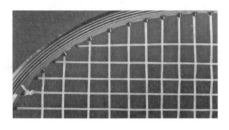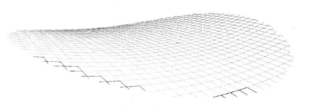

图 3-291　正交单层索网结构发展

传统索结构支承体系一般采用以下三种方案：

3.5.1.1　方案一

混凝土墙柱加混凝土环梁，索锚固在混凝土环梁上。如加拿大卡尔加里滑冰馆（图 3-292），缺点是混凝土框架结构刚度很大，其在索网张拉时产生的次内力很大，相应构件截面加大，经济性欠佳。

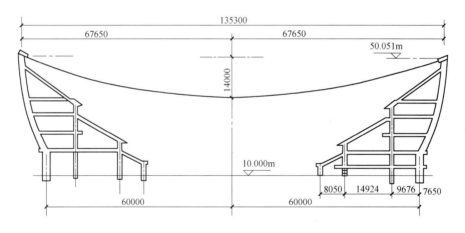

图 3-292　加拿大卡尔加里滑冰馆（尺寸单位：mm）

3.5.1.2　方案二

在方案一混凝土柱或环梁上布置滑动支座，支座上方设置钢压环。如科威特国家体育场（图 3-293），钢压环可以在索预应力的作用下向场内伸缩，避免了对下方混凝土看台结构的不利影响。缺点是钢压环不参与整体结构抗震，看台混凝土结构需要另外布置环梁，造成了一定程度的浪费。

3.5.1.3　方案三

竖直钢柱加钢压环梁。如深圳宝安体育场（图 3-294），钢柱柱底铰接，钢框架刚度相比混凝土框架小，索网张拉时钢柱随着环梁向内场变形，不利次内力小。缺点是竖直钢

图 3-293 科威特国家体育场

柱刚度较小，需要另外增加支撑，以抵抗水平风荷载和地震力。

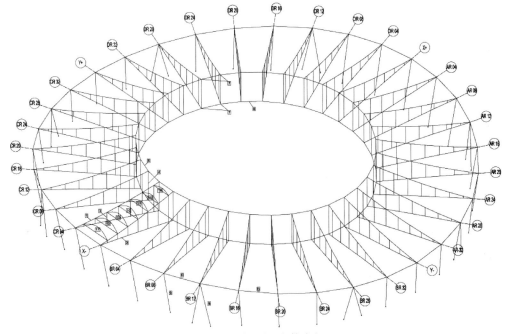

图 3-294 深圳宝安体育场

3.5.1.4 最终方案

本课题提出的"外倾 V 形柱＋马鞍形外压环"支承体系如图 3-295 所示，V 形柱外倾，和外压环梁一起在空间上形成了平面内外刚度都非常好的锥形壳体结构，能很好地抵抗水平风荷载和地震力。柱底采用关节轴承或球形钢支座，可以径向和环向双向转动，索张拉时柱随环梁转动，支撑结构不利次内力很小。

该支承体系综合了上述三种方案的优点，同时避免了其缺点，是一种受力合理、结构效率高的新型支承体系。

3.5.2 钢柱临时伸缩缝对柱内力优化研究

索网结构相比一般刚性结构，多了预应力张拉的过程，这一过程，会让边界结构部分

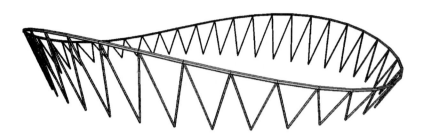

图 3-295　V形柱加外压环梁

构件产生压应力，部分构件产生拉应力。因此，可以利用张拉过程，创新设计方法，优化边界结构受力。

以苏州奥体中心游泳馆为例，为了优化屋盖用钢量，控制柱截面，进行了设计创新，在设计阶段对游泳馆施工工序进行了主动控制。选择部分钢柱在柱顶临时设缝，在索网张拉、屋面安装完成之后，幕墙安装之前，再封闭临时缝。这样做的优点是：

（1）部分柱设缝，结构在索网张拉时变柔，能有效避免张拉过程中产生的钢结构不利次应力；

（2）原设计在使用中承受较大压力的柱子设缝，在安装施工的过程中不再承受屋面恒载，使用过程中仅用于承受周侧幕墙、可变荷载所产生的附加压力；

（3）未设缝的柱子为完成态时受拉钢柱，巧妙运用施工步骤，使其在施工时预先受压。

以上共同发挥作用，使得钢柱在使用过程中的受力变得均匀，降低了结构的用钢量，柱截面尺寸也可以趋近于统一，从而可以用最少的用钢量来实现最佳的建筑效果。

3.5.2.1　钢柱临时缝设置方案对比

不同的柱设置临时缝有不同的效果，设计初期，选择了六个临时设缝方案进行分析对比。在施工安装过程中选择单侧柱上预留安装空隙，其中原因如下：（1）在完成态的结构中，倾向高点的立柱均承受较高的压应力；（2）在固定柱脚支座以前，所作用在结构体系上荷载由倾向低点的、在施工过程中所采用的受力柱承担，此时柱内产生压力；（3）在施工完成的最终状态下，倾向低点处的受力柱承受活荷载所产生的附加拉力。

图 3-296 用图表显示在施工安装过程中，作为受力柱的分布示意。

对于上述六个不同的施工方案，均作出相应的比较分析，以下将施工完成态后部分分析结果基于恒荷载工况列出，从而对整个分析比较过程有一个更为直观的理解。

1）立柱内轴力比较

主柱内轴力比较如图 3-297～图 3-300 所示。

2）在 XY 平面内的支座反力比较

在 XY 平面内的支座反力比较如图 3-301～图 3-304 所示。

3）因结构找形所产生的次应力对比

因结构找形所产生的次应力对比如图 3-305～图 3-307 所示。

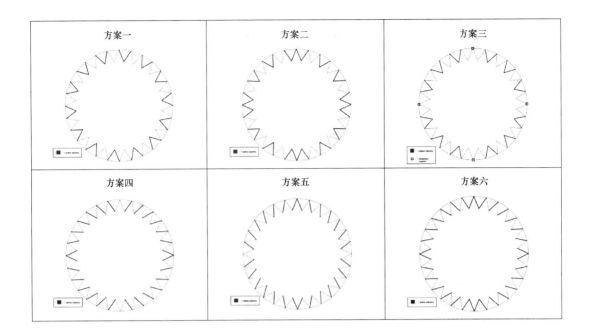

图 3-296　施工方案备选示意图

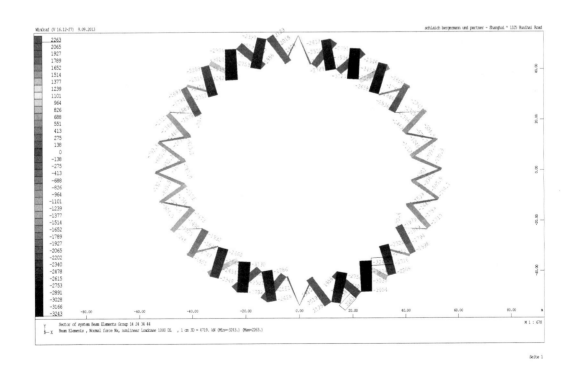

图 3-297　在施工方案中所有柱均同时受力的体系

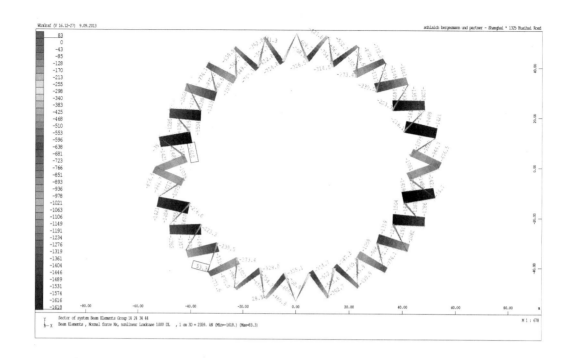

图 3-298　方案四

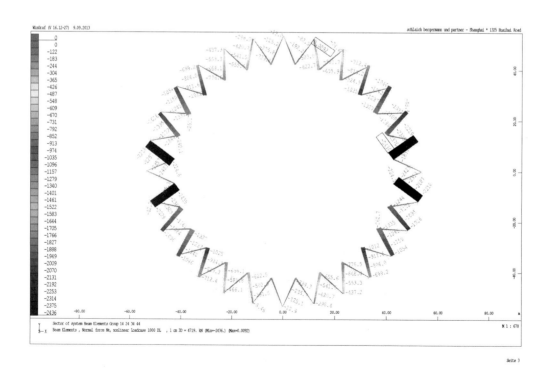

图 3-299　方案五

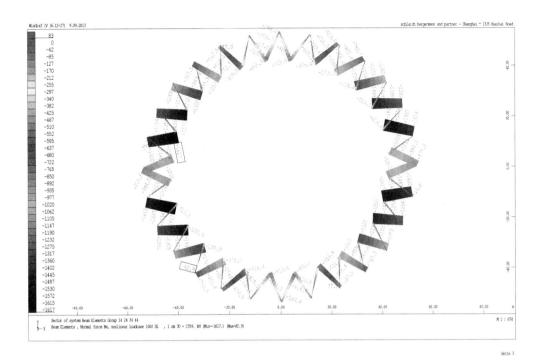

图 3-300　方案六

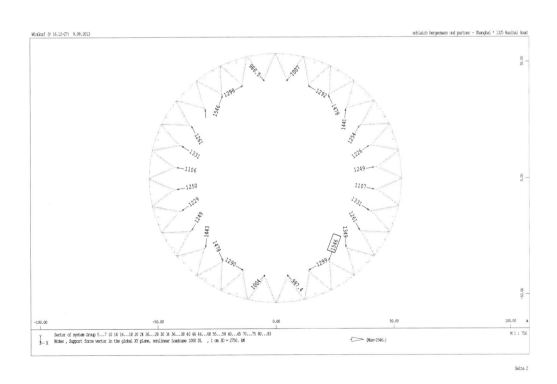

图 3-301　在施工方案中所有柱均同时受力的体系

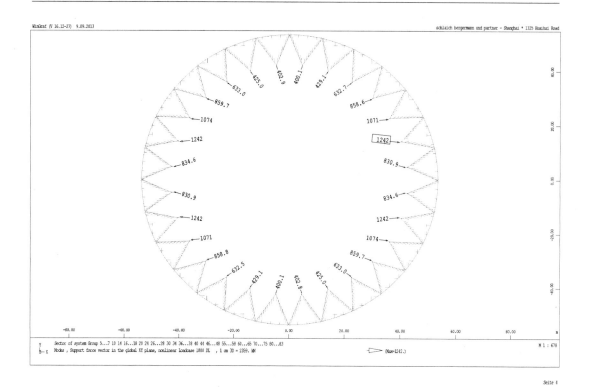

图 3-302　方案四

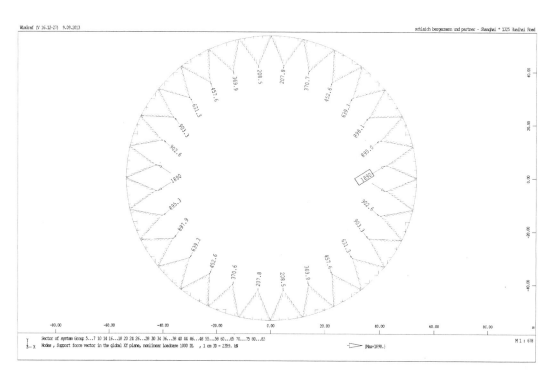

图 3-303　方案五

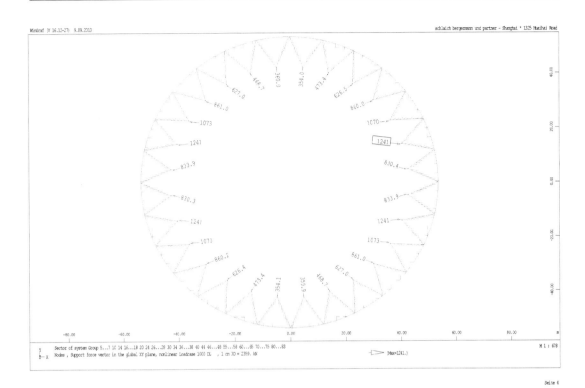

图 3-304　方案六

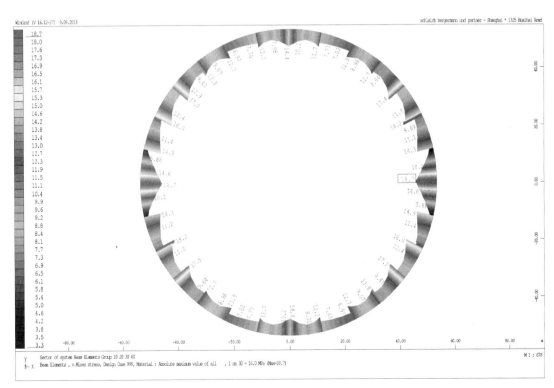

图 3-305　方案四

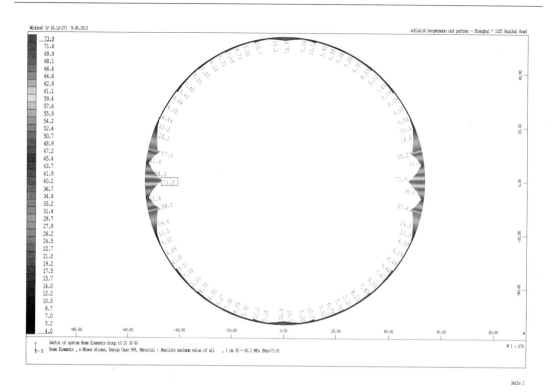

图 3-306　方案五

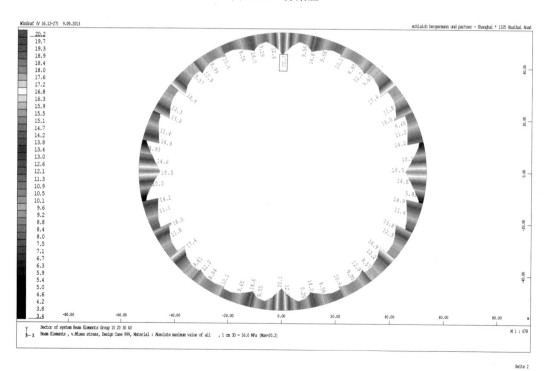

图 3-307　方案六

4）立柱轴力与支座反力的比较

屋面安装完成态之前与之后（预留柱空隙是否焊接完成），选取方案六中立柱轴力与支座反力比较如图 3-308～图 3-311 所示。

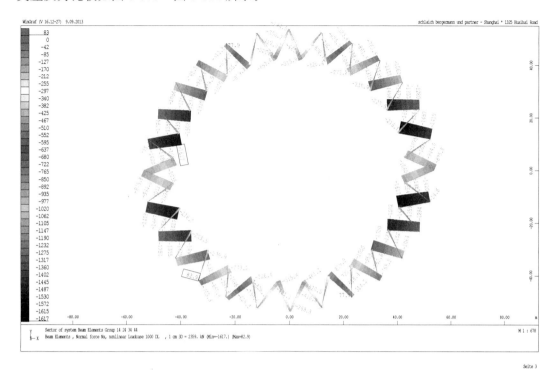

图 3-308　柱轴力示意：柱内预留的空隙尚未焊接完成前

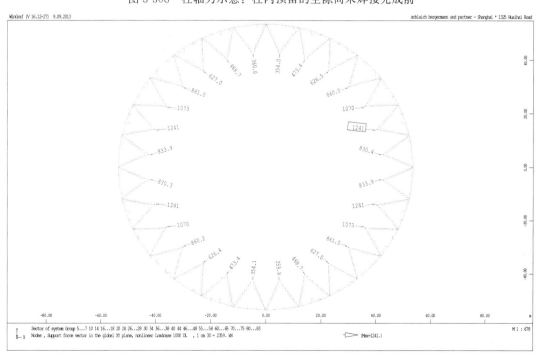

图 3-309　XY平面内支座反力示意：柱内预留的空隙尚未焊接完成前

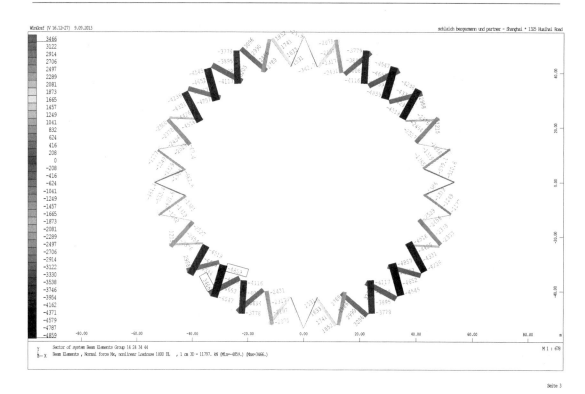

图 3-310　柱轴力示意：柱内预留的空隙已焊接完成后

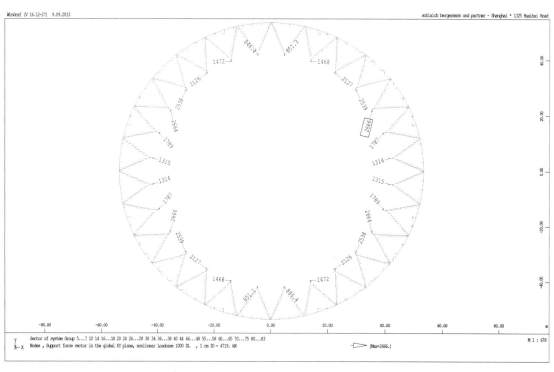

图 3-311　XY平面内支座反力示意：柱内预留的空隙已焊接完成后

5）结果汇总表

结果汇总见表 3-95～表 3-97 所示。

立柱内轴力　　　　　　　　　　　　　　　　　表 3-95

施工方案	最大值(kN)
施工方案中所有柱同时受力	−3243
方案四	−1618
方案五	−2436
方案六(屋面安装后焊接固定施工阶段放松的立柱)	−1617
方案六(屋面安装前焊接固定施工阶段放松的立柱)	−4859

XY 平面内的支座反力　　　　　　　　　　　　　表 3-96

施工方案	最大值(kN)
施工方案中所有柱同时受力	1546
方案四	1242
方案五	1890
方案六(屋面安装后焊接固定施工阶段放松的立柱)	1241
方案六(屋面安装前焊接固定施工阶段放松的立柱)	2666

因结构找型而产生的次应力　　　　　　　　　　表 3-97

施工方案	最大值(MPa)
方案四	18.7
方案五	73.9
方案六	20.2

在整个施工安装过程中，使得预先留有安装空隙的立柱内不会产生轴力。

由以上结果看出，方案四与方案六之间区别甚微，而之所以最终在游泳馆结构中采用了方案六，基于以下原因：

（1）在方案六中更多的节点在预先加工中得以施焊完成，在屋面安装完成后，所需进行现场焊接连接的柱子预留缝，方案六比方案四少四处；

（2）采用方案六则更容易进行施工安装的监控。因为在施工过程中最高点与最低点处对称地设置了有效的抗侧力体系，所以在整个施工过程中结构变形对称于两端高点间与两端低点间的连线，可以比较简单的进行监控和测量。

从而在整个体系通过采用以上施工方案，构件得到了一个最优的截面。图 3-312 红色标注的立柱显示施工方案六中，在施工过程中用于承担荷载的立柱。

为了充分论证所选择的施工方案六的可靠

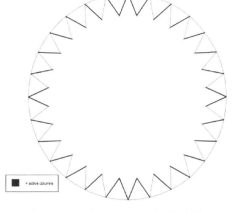

图 3-312　施工中受力立柱示意图

性，保证施工过程中所采用的、相对柔性的结构体系的结构应力与变形均能满足要求，对体系进行分析，并将分析结果总结如下。

结构应力：受压环梁：$\sigma_{Ed}/f_{yd}=194MPa/335MPa=0.58$ OK!

          立柱： $\sigma_{Ed}/f_{yd}=100MPa/310MPa=0.32$ OK!

风荷载作用下的最大位移   表 3-98

风荷载工况	最大位移(mm)	位移比	限值	判断
195°风荷载	331	$L/323$	$L/250$	满足
285°风荷载	371	$L/288$	$L/250$	满足
75°风荷载	323	$L/331$	$L/250$	满足
150°风荷载	350	$L/306$	$L/250$	满足
300°风荷载	364	$L/294$	$L/250$	满足
315°风荷载	338	$L/317$	$L/250$	满足

从以上分析结果及表 3-98 可以看出，在结构施工安装期间，包括屋顶结构安装完成，风荷载作用不会使结构产生较大应力与变形，所以在施工过程中结构体系可以不依赖外支撑体系独立承受外荷载。临时设缝节点如图 3-313 所示。

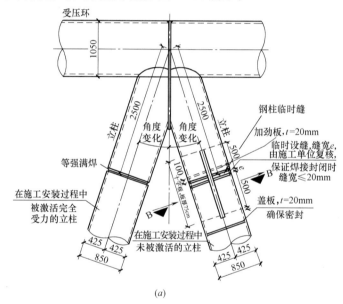

(a)

(b)

图 3-313   V 形柱施工安装过程中的临时缝

　　施工模拟计算指出，在钢结构环梁及 V 形柱安装完毕、承重索锚固及稳定索就位、两边 10 根稳定索张拉、中间 5 根稳定索张拉、胎架拆除、剩余稳定索张拉、屋面铺设 7 个步骤中，临时缝缩短在 20mm 以内，并根据此计算结果确定每个设缝 V 形柱的缝宽，保证焊接封闭时缝宽小于 20mm，以确保焊接质量。图 3-314 给出了典型 V 形柱在各工序下的伸缩量。

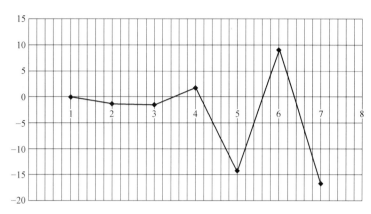

图 3-314　典型 V 形柱临时设缝在各施工步骤下的伸缩量

注：横坐标表示工序，纵坐标表示伸缩变形，单位：mm，正值代表伸长。

3.5.2.2　方案六施工过程和使用中的结构状态

　　根据上述方案对比，苏州游泳馆的 V 形立柱分两批，其中一批在施工开始时建立并开始承担荷载，另外一批立柱在拉索张拉完毕和屋面安装完毕后再进行后焊。后焊的立柱在屋面安装完成后才开始承受荷载并贡献刚度。本节进一步分析分批焊接受荷（过程Ⅰ）V 形柱在结构施工过程和使用中的受力特性，并与一次焊接受荷（过程Ⅱ）进行对比。

　　1）V 形柱激活批次分析研究

　　根据设计要求，V 形柱的激活批次如图 3-315 所示，红色立柱在拼装钢结构时即承受荷载，黑色立柱在屋面安装完成后才对接并承受荷载（记为过程Ⅰ）。另一种要对比的状态为 V 形柱在拼装时全部受荷且发挥刚度（记为过程Ⅱ）。本节设定两种对比条件，具体如下：

　　（1）过程Ⅰ结构与过程Ⅱ结构具有相同的零状态和拉索等效预张力，对比各典型施工工况和正常使用状态下结构受力和变形特性。

　　（2）过程Ⅰ结构与过程Ⅱ结构具有相同的恒载态，对比其零状态位形、各典型施工工况和正常使用状态下结构受力和变形特性。

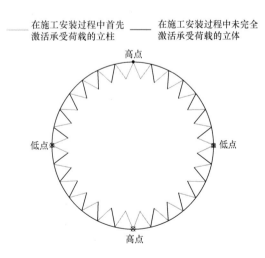

图 3-315　V 形柱受荷分批示意图

根据苏州游泳馆的总体施工方案，用于结构对比的施工过程中典型工况设置见表3-99。

典型施工工况设置　　　　　　　　　　　　表3-99

工况编号	典型施工工况
CS1	拉索张拉完毕
CS2	屋面安装完毕
CS3	幕墙及附属构件安装完毕
CS4	正常使用阶段(施加雪载和活载中的较大值,取 $0.5kN/m^2$)

2）零状态一致结构特性分析

以相同的零状态为基点，拉索具有相同的等效预张力，对比过程Ⅰ和过程Ⅱ结构 V 形柱对结构整体的影响。为了形象地描述 V 形柱应力和拉索索力，根据结构的对称性，取 1/4 结构进行说明，具体编号如图 3-316、图 3-317 所示。

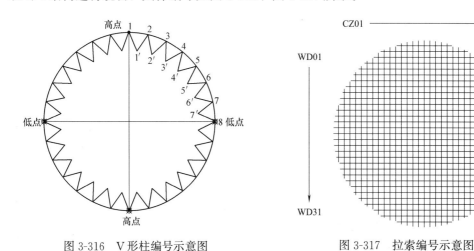

图 3-316　V 形柱编号示意图　　　　　　图 3-317　拉索编号示意图

两种 V 形柱受力结构在典型工况下的拉索索力、V 形柱轴向应力、支座竖向反力以及拉索中心点位移对比结果如图 3-318～图 3-321 所示。根据对比分析结果可得出如下结论：

（1）在施工过程中，各施工工况（CS-1～ CS-4），两种受力结构的承重索索力相差较小且分布符合同一规律；稳定索索力过程Ⅱ结构在安装屋面之后（CS-2～ CS-4）有较大的下降，小于过程Ⅰ结构，因此在使用阶段，抵抗风吸力方面过程Ⅰ结构刚度要大于过程Ⅱ结构；稳定索的索力大小分布两种结构都遵循同一规律（图 3-318）。

（2）在拉索张拉完成后（CS-1～ CS3），过程Ⅰ结构中不存在的柱子在过程Ⅱ结构中几乎全部受拉，而结构设计时支座的抗拉承载力远低于抗压承载力；由于过程Ⅱ成型结构中有柱受拉，导致另一根钢柱压应力较过程Ⅰ大得多，拉高了钢结构的应力水平，不利于结构整体受力；在安装屋面后（CS-2），过程Ⅱ结构的部分 V 形柱拉压反转，此也对结构有不利影响；在使用阶段（CS-4），过程Ⅰ结构和过程Ⅱ结构的 V 形柱轴向应力分布规律基本一致，但过程Ⅰ结构的轴向应力水平要明显小于过程Ⅱ成型结构（图 3-319）。

（3）在拉索张拉完成时（CS-1），过程Ⅰ和过程Ⅱ结构的支座竖向反力呈现基本相反的规律，过程Ⅰ结构支座竖向反力较小处的支座在过程Ⅱ结构中反力较大，而过程Ⅰ结构中较大处在过程Ⅱ结构中却较小；在屋面安装完毕后（CS-2），过程Ⅱ结构的支座出现受拉的情况，对结构支座抗拔提出了较高的要求，且过程Ⅱ结构的支座反力水平要高于过程Ⅰ结构；在幕墙等附属构件安装完毕后（CS-3），过程Ⅰ结构的支反力分布均匀，各支座竖向反力值相差不大，而过程Ⅱ结构支反力相差较大；在使用阶段（CS-4），两种结构的支座竖向反力呈现相似的规律，但过程Ⅱ结构的反力水平较高（图 3-320）。

（4）通过各施工工况下（CS-1～CS-4）拉索中心的竖向位移对比，两种结构呈现相同的位移变化规律，过程Ⅱ成型结构的位移数值要远小于过程Ⅰ成型结构，过程Ⅱ成型结构的索网整体刚度要大于过程Ⅰ成型结构（图 3-321）。

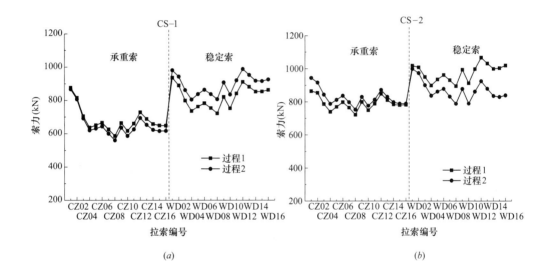

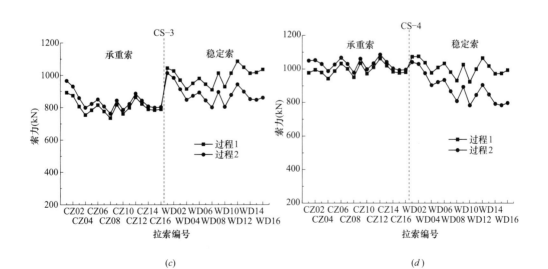

图 3-318 各工况索力对比

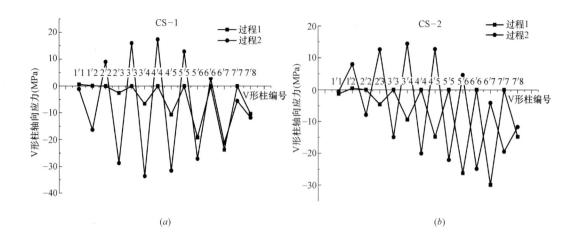

图 3-319 各工况 V 形柱轴向应力对比

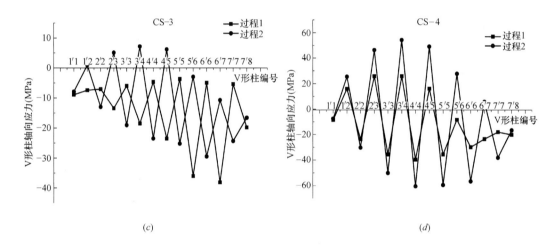

图 3-320 各工况支座竖向反力对比（一）

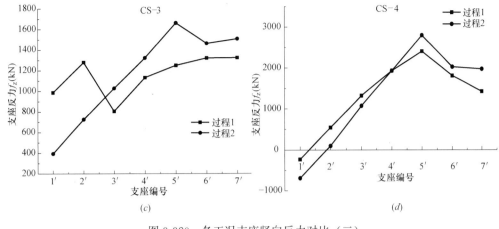

图 3-320 各工况支座竖向反力对比（二）

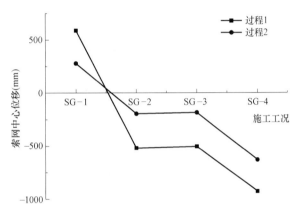

图 3-321 各工况索网中心竖向位移对比

3）恒载态一致结构特性分析

过程Ⅰ结构与过程Ⅱ结构采用共同的恒载态，即结构成型时的结构相同，通过零状态找形得到不同的零状态。如图 3-322～图 3-326 所示，可得出如下结论：

（1）由于过程Ⅱ结构的刚度较大，各方面的预调值总体要小于过程Ⅰ结构，且过程Ⅱ结构的预调值离散性较小，各预调值相较过程Ⅰ结构分布较均匀（图 3-322）。

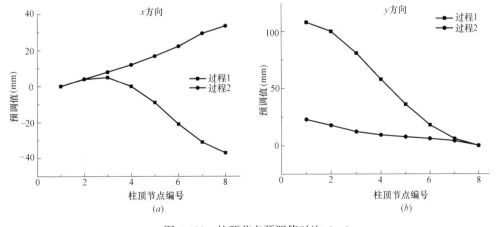

图 3-322 柱顶节点预调值对比（一）

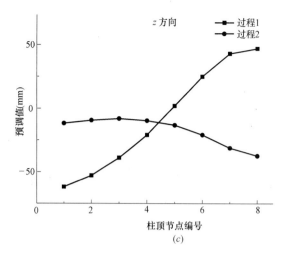

(c)

图 3-322　柱顶节点预调值对比（二）

（2）拉索张拉完毕工况（CS-1），两种结构承重索和稳定索索力大小分布呈现相同的规律，但稳定索索力数值相差较大；其他各工况（CS-2～CS-4）两结构的承重索和稳定索索力基本完全一致（图 3-323）。

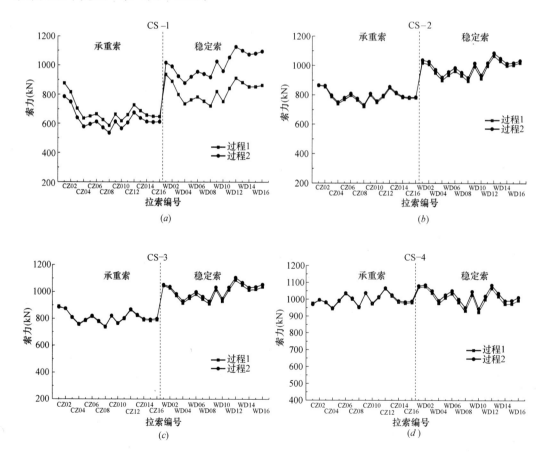

图 3-323　各工况索力对比

（3）拉索张拉完毕后（CS-1），过程Ⅰ成型结构未受力的柱在过程Ⅱ成型结构中受拉，且过程Ⅱ成型结构其他立柱压应力水平明显高于过程Ⅰ成型结构，在各工况中起控制作用；其他各工况，两种结构 V 形柱轴向应力规律基本一致，数值也相差不大（图 3-324）。

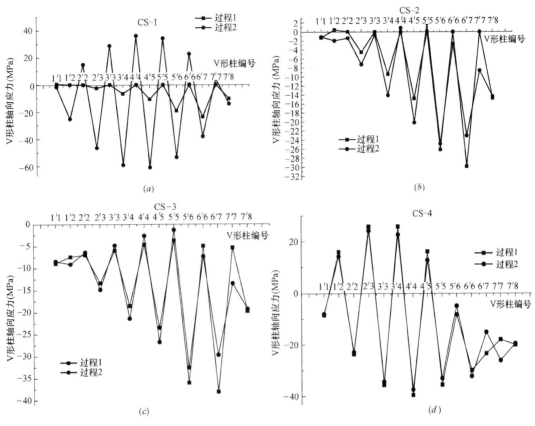

图 3-324　各工况 V 形柱轴向应力对比

（4）各工况下，两种结构的竖向支座反力无明显规律可循，但在使用阶段（CS-4），两结构的竖向支座反力规律相似且数值接近（图 3-325）。

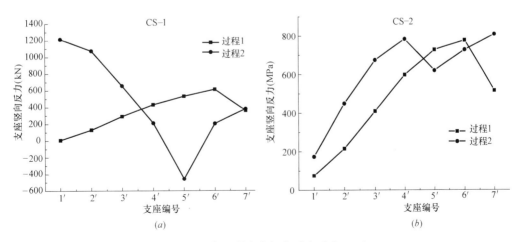

图 3-325　各工况支座竖向反力对比（一）

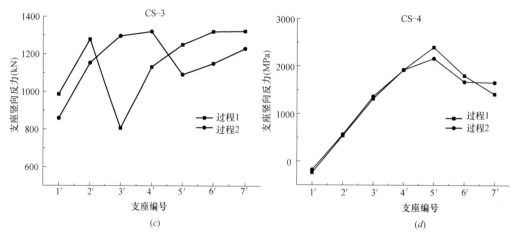

图 3-325　各工况支座竖向反力对比（二）

（5）在过程Ⅰ成型结构未焊接柱受力之前，其刚度小于过程Ⅱ成型结构，因此拉索张拉到屋面安装（CS-1～CS-2）索网中心点位移变化幅度较大；在屋面安装完毕，过程Ⅰ成型结构未焊接柱焊接完毕后，两结构刚度相同，故拉索中心竖向位移曲线二者相平行（图 3-326）。

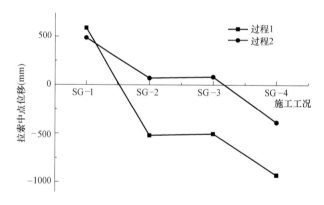

图 3-326　各工况索网中心竖向位移对比

4）结论

在相同零状态情况下，过程Ⅰ结构较过程Ⅱ特征如下：

（1）V形柱轴向应力分布均匀，且应力水平小，基本上无拉应力出现；

（2）竖向支座均受压，仅在使用工况下会出现较小拉应力值；

（3）成型时稳定索索力较大，结构抗风刚度更大；

（4）在 V 形柱未完全焊接之前结构刚度较小，安装屋面时索网位形变化较大。

在相同恒载态情况下，过程Ⅰ结构较过程Ⅱ特征如下：

（1）零状态预调值数值较大，且离散程度较高；

（2）拉索索力除张拉后略有不同外，V 形柱焊接完毕后，承重索和稳定索索力基本完全一致；

（3）V 形柱轴向应力的差别也仅局限在拉索张拉和屋面安装时，此时 V 形柱轴向应力较小；

（4）支座竖向反力无明显规律，但使用阶段二者接近。

综上，结构施工采用过程Ⅰ（即部分柱先焊接受力，其余部分待屋面安装完毕后再焊接受力）更有利于优化结构受力性能。

3.6　屋盖结构排水设计

3.6.1　屋盖结构排水设计必要性

屋面结构采用了单层索网屋面，和传统的索桁架式的轮辐式体系相比，通过整体受力形成较小的竖向刚度，在风荷载和附加雪荷载下会产生较大的变形。通过计算，在90°风荷载下最大竖向变形达到了2865mm，在积雪荷载下的竖向变形亦达到了1712mm（表3-100）。然而在地震作用下，变形量却很小，充分体现了轻型结构在地震作用下的受力优势。

屋盖结构竖向最大位移汇总 U_z　　　　表 3-100

荷载工况	工况编号 LF	位移 U_z(mm)		跨度 L(m)	位移比
		Sofistik	SAP2000		
活载	1100	1547	1530	260	$L/168$
满雪荷载	1200	1420	1400	260	$L/183$
不均布雪荷载	1210	816	809	260	$L/318$
积雪荷载	1230	1721	1712	260	$L/151$
0°风荷载	1300	890	870	260	$L/292$
60°风荷载	1320	2395	2389	260	$L/108$
90°风荷载	1340	2869	2865	260	$L/91$
135°风荷载	1360	1923	1912	260	$L/135$
15°风荷载	1380	985.9	979.8	260	$L/263$
75°风荷载	1400	2820	2811	260	$L/92$
罕遇地震作用		249	243	260	$L/1044$

对于传统刚性屋面结构而言这样的变形量是不可想象的，由于采用了柔性的膜结构这样的设计成为可能。但是依然需要确保在这样的变形量下屋盖结构依然可以满足正常使用要求，不会产生积水，同时不会导致其他非结构构件的破坏。

3.6.2　屋盖结构排水区域划分

对于柔性膜结构屋面，屋面排水方案及其可行性必须进行谨慎的校核，以确保屋面不至于形成对膜结构体系而言非常危险的雪袋和水袋，并满足屋面使用状态的要求。体育场的屋面结构是一个双轴对称的结构，可将其分为 A、B、C 三个区域（图3-327）。其特点如下：

（1）A 区：轴线 6-11；11-16；26-31；31-36。外高内低，其排水坡度向内，这个区

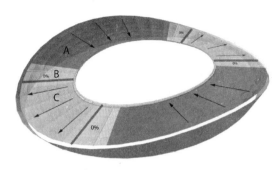

图 3-327 排水区域划分图

域的雨水首先收集到设置于内环上的天沟，再通过内环天沟将雨水引导到 C 区，然后从 C 区向外排出。

（2）C 区：轴线 1-3；19-21；21-23；39-1。外低内高，其排水坡度向外，这个区域的雨水首先收集到设置于外环上的天沟，然后通过排水管排出。

（3）B 区：轴线 4-5；17-18；24-25；37-38。B 区位于 A 区和 C 区之间。在径向上，这个区域不能形成有效的排水坡

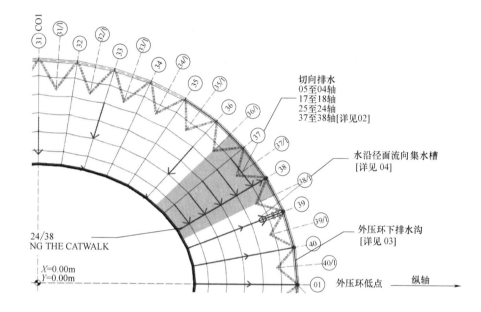

图 3-328 各区域排水流向（取 1/4 部分）

度。尤其是 37（5、17、25）轴，其径向的坡度为 0。但是由于马鞍形的几何造型，可以形成切向的坡度。可以利用切向的坡度将雨水排到 38（4、18、24）轴，然后通过 38（4、18、24）轴排到外侧的天沟（图 3-328）。

3.6.3 屋盖结构排水设计及结果分析

3.6.3.1 A 区的排水设计及结构计算结果

A 区的排水方案如图 3-329 所示，由于结构是双轴对称的结构，仅对结构的 1/4 范围（31 轴到 01 轴）进行描述，其余的对称区域相同设计。

内环索上设置重力式的排水天沟，天沟收集轴线 31～36 轴约 4675m² 的雨水，然后使其沿着内环上的天沟从 39 轴排出（图 3-330）。

通过检查所有荷载工况下最不利的 36 轴（坡度最小），可以发现在 36 轴处不会产水流不畅而产生水带的情况（图 3-331、图 3-332）。

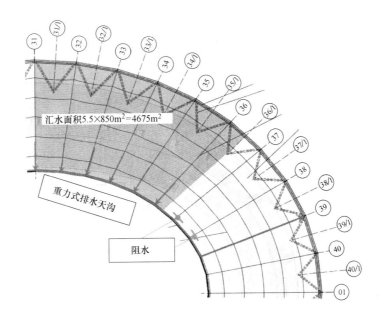

图 3-329 A 区排水方案

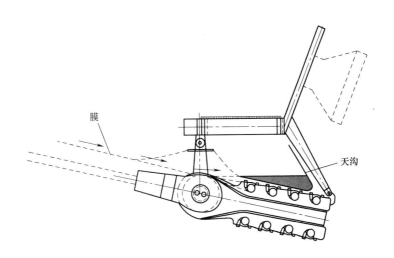

图 3-330 A 区排水装置

通过检查所有荷载工况下环梁的排水坡度，可以发现环梁的坡度基本不会因为外荷载产生变化。

由图 3-333 可知，天沟的排水坡度均较大，能满足重力式排水的要求。

3.6.3.2 C 区的排水设计及结构计算结果

C 区的排水路线最为直接也最为简单，雨水顺着拱谷流到外部天沟（图 3-334）。

通过检查所有荷载工况下 39 及 40 轴的变形图，可以发现不会产水流不畅产生水带的情况（图 3-335、图 3-336）。

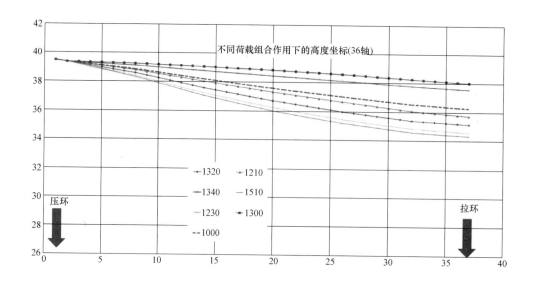

图 3-331　36 处排水情况

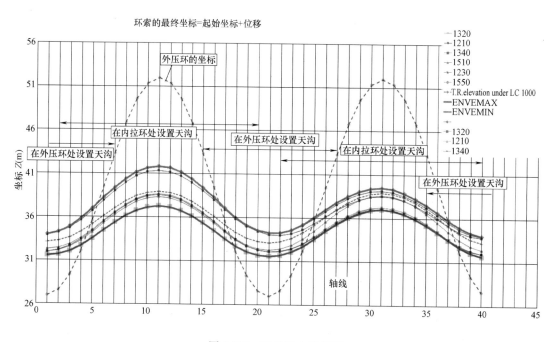

图 3-332　环梁排水坡度图

3.6.3.3　B 区的排水设计及结构计算结果

B 区的排水可以根据马鞍形的几何造型，形成切向的坡度，利用切向的坡度将 37 轴雨水排到 38 轴，然后通过 38 轴排到外侧的天沟。

37 轴会产生水流不畅，部分工况下会产生排水不畅（图 3-337）。38 轴可以采用附加排水管向外排水（图 3-338、图 3-339）。

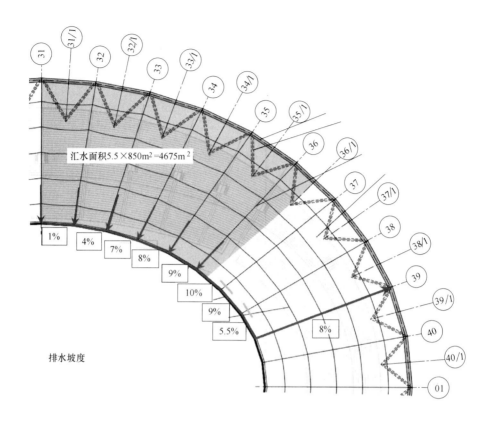

图 3-333　天沟排水坡度图

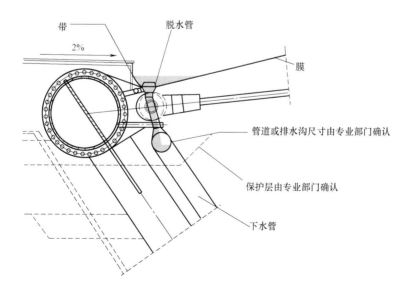

图 3-334　C区排水装置图

273

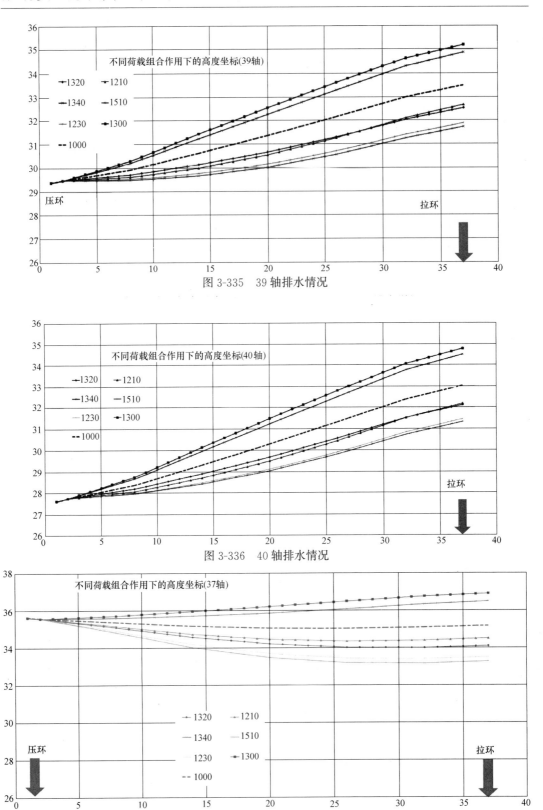

图 3-335　39 轴排水情况

图 3-336　40 轴排水情况

图 3-337　37 轴排水情况

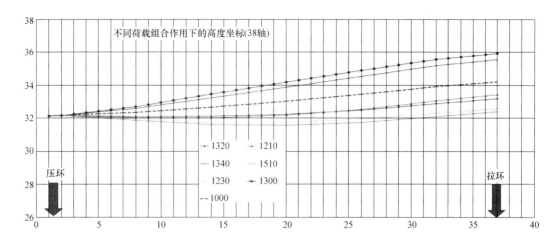

图 3-338 38轴排水情况

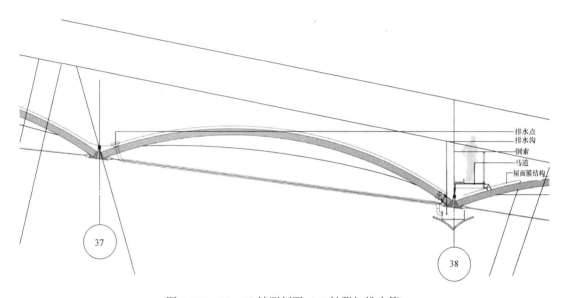

图 3-339 37、38 轴测剖图（38 轴附加排水管）

4　单层索网结构高精度成型技术

4.1　索网施工模拟分析技术

4.1.1　零状态找形分析

4.1.1.1　概述

　　索网结构位形状态与荷载状态（包括初始预应力）是一一对应的，因此通常讨论结构形态时会提前说明结构此时的荷载状态。预应力张拉结构一般有三个状态，即零状态、初始态和工作态。零状态即为结构受到的荷载为零的状态，结构此时处于无应力的安装位形，对应的拉索长度是索的零应力长度。从零状态对索进行张拉，达到设计预应力值和几何位形，结构仅受自重及拉索预应力的状态称为初始态。结构在初始态的基础上承受恒载及其他荷载作用后，所具有的几何位形和内力分布状态称为工作态。初始态对张拉结构的重要性表现在三点：其一，它具有建筑设计希望实现的几何形态；其二，它的预应力值和几何位形为结构承受荷载提供了刚度和承载力；其三，它是施工张拉的目标状态，即张拉完成后的预应力与几何位形满足设计给定的要求。此三种荷载态对应的索网结构形态是各不相同的，但三者之间是相互联系的，一般已知其中一种形态即可据此推导出其他荷载态的结构形态。

　　所谓零状态找形分析，就是确定施工零状态。设计人员一般依据建筑尺寸（如：矢高、跨度、与相连结构的连接位置等），建立计算模型，即设计零状态，对张拉结构而言就是指初始态。对于半刚性结构，特别是柔性结构，结构变形符合大变形理论，零状态和初始态下的结构位形差异较大，初始态下的结构位形不能满足建筑和相连结构的要求。为此，就不能按照设计零状态进行结构构件的制作和安装，需要确定合理的施工零状态，待结构成型进入施工初始态后，才能达到结构位形与设计零状态的一致。

4.1.1.2　索网零状态找形理论与方法

　　根据目标结构位形，通过零状态找形分析，确定结构安装的零状态，以满足设计对形的要求。零状态找形流程如图 4-1 所示。

　　零状态找形方法总体来说可以分为正算法和反算法，如图 4-2 和图 4-3 所示。分析过程与施工过程一致的为正算法，分析过程与施工过程相反的为反算法。

　　零状态找形分析分为保守过程和非保守过程两种，如图 4-4 所示，保守过程中，正算法和反算法均能得到零状态，而非保守过程中，正算法可以得到零状态，而反算法则不能。所以用正算法进行零状态找形分析在任何情况下都是可行的，而反算法则不是。本书中苏州奥体中心游泳馆与体育场的零状态找形分析均采用正算法。

　　若整体结构刚度较小，或者预应力张拉时刚构的刚度较小，导致结构的外廓尺寸，如结构的跨度、矢高等，不能满足要求，则需要进行整体结构的零状态找形；若整体结构刚度较大，预应力张拉时刚构的刚度也较大，仅仅索杆系在张拉时位形变化较大，则需对索杆系进行子结构零状态找形。下面会进行详细介绍。

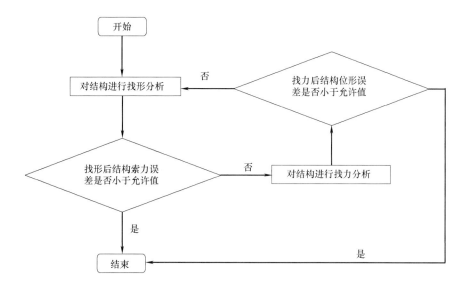

图 4-1　零状态找形计算流程图

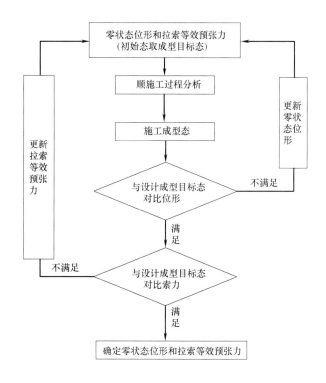

图 4-2　正算法流程图

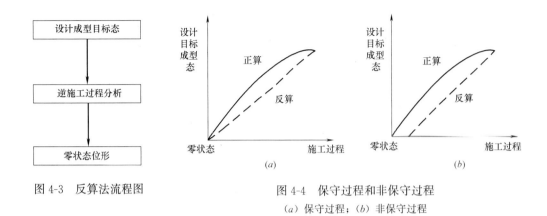

图 4-3 反算法流程图

图 4-4 保守过程和非保守过程
(*a*) 保守过程；(*b*) 非保守过程

1）全结构零状态找形分析

全结构零状态找形分析，就是确定结构各节点的施工安装坐标。苏州奥体中心体育场挑蓬轮辐式马鞍形单层索网结构和游泳馆的单层正交索网结构属于全张力结构，结构整体刚度及预应力张拉时钢结构的刚度较小，需进行全结构零状态找形分析。一般分析都是已知未受力的结构位形，求受力后的结构状态。但零状态找形分析与之相反，已知受力状态，求未受力的结构位形。因此，零状态找形需采用逆迭代的方法，其逆迭代公式为：

$$X^{(i)} = X_{\mathrm{P}}, X^{(i)} = X_{\mathrm{P}} - \Delta X^{(i-1)} \ (i \geqslant 2) \tag{4-1}$$

式中　X_{P}——目标初始态下结构各节点的坐标；

　　　$X^{(i)}$——第 i 次迭代的零状态节点坐标；

　　$\Delta X^{(i-1)}$——第 $i-1$ 次迭代平衡的节点位移，其中 $i \geqslant 2$。

节点坐标更新后，结构位形发生了变化，包括拉索的长度也改变了。索长的变化量与索长相比是小量，因此分析中在拉索上施加不变的等效预张力，索长的变化并不会引起索力的较大变化。若对于高非线性的结构，并要求很高的精度，则可对零状态找形后的结构再次进行找力分析，重新微调拉索的等效预张力。

2）索杆系零状态找形分析

拉索等效预张力 P 是在索结构分析中以等效初应变 ε_0 或等效温差 ΔT（0）等方式直接施加在拉索上的非平衡力，是模拟拉索张拉的一种分析手段。在拉索等效预张力和结构自重的共同作用下达到结构自重初始态。P 与 ε_0 和 ΔT 的关系为：

$$\varepsilon_0 = P/(EA) \tag{4-2}$$

$$\Delta T = -\varepsilon_0/\alpha = -P/(EA\alpha) \tag{4-3}$$

式中　E、A、α——为拉索的弹性模量、截面积和温度线膨胀系数。

预应力钢结构工程中设计初始态是已知的，施工分析首先需要确定拉索等效预张力，从而进行找形分析和张拉过程分析，确定施工张拉力、拉索制作长度和索长调节量等相关施工参数。找力分析可分两步骤：①第一步确定等效预张力分布模式：根据结构特点和设计初始态以及实际施工情况，确定在哪些预应力构件上施加等效预张力；②第二步按照一定的算法确定满足已知目标条件的等效预张力值。

3) 拉索等效预张力找力分析

（1）找力分析方法

等效预张力找力分析一般采用迭代方法。保持结构模型完整性，根据一定的迭代策略不断调整拉索等效预张力，使平衡态的索力满足收敛标准。迭代法保持了结构完整性，且可考虑结构大变形采用几何非线性求解，能适用于半刚性结构和柔性结构，适用范围广；但需多次迭代求解，若迭代策略选择不当则迭代收敛缓慢甚至无法收敛。迭代公式是决定收敛速度和最终能否收敛的关键因素之一。表 4-1 列出了增量比值法、定量比值法、补偿法和退化补偿法的迭代公式和假定，各迭代法的共同假定是群索结构中索力相互影响小。

迭代法找力分析的假定与迭代公式 表 4-1

迭代方法	假定	迭代公式
增量比值法	$[k]^{(i)} = [k]^{(i-1)}$	$P_j^{(i)} = \dfrac{P_j^{(i-1)} - P_j^{(i-2)}}{F_j^{(i-1)} - F_j^{(i-2)}}(F_{Aj} - F_j^{(i-1)}) + P_j^{(i-1)}$
定量比值法	$[k]^{(i)} = [k]^{(i-1)}, \{g\} = 0$	$P_j^{(i)} = \dfrac{P_j^{(i-1)}}{F_j^{(i-1)}} F_{Aj}$
补偿法	$[k]^{(1)} = \cdots = [k]^{(i)} = [k]$ $\Delta P_j^{(i)} / \Delta F_j^{(i)} = \lambda_j = \lambda (1 \leqslant j \leqslant n)$	$P_j^{(i)} = \lambda(F_{Aj} - F_j^{(i-1)}) + P_j^{(i-1)}$
退化补偿法	$[k]^{(1)} = \cdots = [k]^{(i)} = [k]$ $\lambda = 1 (1 \leqslant j \leqslant n)$	$P_j^{(i)} = F_{Aj} - F_j^{(i-1)} + P_j^{(i-1)}$

表 4-1 中 F_{Aj} 为第 j 根拉索的目标索力；$P_j^{(i)}$ 和 $F_j^{(i)}$ 分别为第 j 根拉索第 i 次迭代的等效预张力和索力；$[k]^{(i)}$ 为第 i 次迭代的结构刚度；$\{g\}$ 为结构自重和其他外荷载的荷载向量；n 为拉索根数；λ 为补偿因子；$\Delta P_j^{(i)} = P_j^{(i)} - P_j^{(i-1)}$，$\Delta F_j^{(i)} = F_j^{(i)} - F_j^{(i-1)}$。

各迭代法通过迭代调整来弥补各自假定的不足。迭代的收敛速度以及能否收敛，关键之一就是所采取迭代方法的假定是否接近实际。若假定与实际相差甚远甚至相悖，则迭代难以收敛。根据表 4-1，各迭代方法的特点为：

① 增量比值法的假定条件最少，在可适用条件下其收敛速度更快。但存在的问题有：a. 若 $F_j^{(i-1)} = F_j^{(i-2)}$ 则迭代发散；b. 需赋两次初值。

② 当预应力钢结构中存在稳定和大刚度的刚构，且结构自重等外载在拉索中产生的拉力与目标索力相比为小量时，则定量比值法较为适用。但存在问题有：a. 若 $F_j^{(i-1)} = 0$，则迭代发散；b. 若结构自重等外载在拉索中产生的拉力超过目标索力时，则需在拉索中施加负的等效预张力，即等效预压力，显然该情况与假定相悖，此时无法收敛；c. 若在某些特殊情况下目标索力 $F_{Aj} = 0$，则不适用。

③ 补偿法适用于结构整体刚度大，符合小变形理论，拉索等效预张力对结构刚度影响小，且各索刚度状况基本一致的预应力钢结构。补偿因子 λ 值是决定补偿法收敛速度和是否收敛的关键因素之一。过小的 λ 值，收敛速度慢；过大的 λ 值，则迭代容易波动难以收敛；合理的 λ 值需反复试算确定，这降低了整个找力分析效率。若结构中各索的刚度差异较大，则会出现部分拉索等效预张力收敛较快，而部分收敛较慢的情况，而总的收敛速度是由收敛速度最慢的那根拉索决定的，因此单一的补偿因子 λ 不能同时满足所有拉索的最佳需要，导致收敛速度难以有效提高。

④ 退化补偿法是补偿法的特例，即 $\lambda=1$，适用于索端刚度大的情况，收敛稳定但速度慢。

对于张弦梁和弦支穹顶，可优先采用增量比值法和定量比值法；对于群索相互影响大的结构，如桅杆斜拉挑棚结构，则应采用退化补偿法。

（2）找力分析步骤

利用上述各找力迭代方法的特点，对结构进行找形分析，以混合迭代法（等效预张力以等效初应变的方式施加）为例，具体实施步骤如下：

① 赋初值，赋予各组拉索等效初应变值或等效温度值，一般可取：

$$\varepsilon_i^{(1)}=F_i/(E_i\times A_i) \tag{4-4}$$

② 进行几何非线性分析，提取拉索索力，判断索力值与目标索力的误差是否满足 $e_i^{(1)}<e_{\lim}$，满足，则结束，否则继续；

③ 采用退化补偿法迭代公式：

$$\varepsilon_j^{(2)}=\lambda(F_j-F_j^{(1)})/E_jA_j+\varepsilon_j^{(1)} \tag{4-5}$$

以 $\varepsilon_j^{(2)}$ 进行第 2 次迭代；

④ 提取拉索索力，判断索力值与目标索力的误差是否满足 $e_i^{(2)}<e_{\lim}$，满足，则结束，否则继续；

⑤ 若 $F_j^{(i-1)}\neq F_j^{(j-1)}$，则采用增量比法公式：

$$\varepsilon_j^{(i)}=\frac{\varepsilon_j^{(i-1)}-\varepsilon_j^{(i-2)}}{F_j^{(i-1)}-F_j^{(i-2)}}(F_j-F_j^{(i-1)})+\varepsilon_j^{(i-1)} \tag{4-6}$$

若 $F_j^{(i-1)}=F_j^{(i-1)}$，则采用退化补偿法迭代式：

$$\varepsilon_j^{(i)}=(F_j-F_j^{(i-1)})/E_jA_j+\varepsilon_j^{(i-1)} \tag{4-7}$$

⑥ 重复第 6 步，直到误差是否满足 $e_i^{(i)}<e_{\lim}$ 退出迭代，找力完成。

4.1.1.3 找形分析

由 4.1.1.2 可知，在保守过程和非保守过程，正算法都能得到状态，而反算法不能。而且反算法在删除步骤结束后还需要进行施工过程分析对比结构恒载态的目标位形和索力。另外，真实的施工过程中，设缝立柱在焊接前后都是不受力的，内力为零，而反算法删除设缝立柱前，未焊接立柱的应力经计算最大拉应力为 18.6MPa，最大压应力为 31.9MPa。因此苏州奥体中心的体育场和游泳馆的单层索网结构均采用正算法。

1）苏州奥体中心游泳馆马鞍形单层索网零状态找形分析

（1）分析模型参数

采用大型通用有限元软件 ANSYS，考虑结构具有双重非线性（几何非线性和材料非线性），计算中考虑几何大变形和应力刚化效应。

结构单元类型见表 4-2。

结构单元类型 表 4-2

构件		单元类型	ANSYS 单元
拉索		索单元	Link10
钢构	外环梁	梁单元	Beam44
	V 形立柱	梁单元	Beam44

构件	单元类型	ANSYS 单元
屋面	面单元	Surf154
幕墙	面单元	Surf154
索夹及索头	质量单元	Mass21

（2）分析结果

① 零状态找形目标

结构在恒载态下的位形和索力达到设计目标值，位形误差在 5mm 以内，索力误差在5%以内。结构恒载态即结构体系完全建立（V 形柱全部焊接、幕墙和屋面安装完毕），仅承受全部恒载的状态。

② 索网与 V 形柱顶点编号

为方便对比找形和找力前后拉索索力及结构位形的差异，确定钢结构安装预调值，现把索网和 V 形柱柱顶节点编号如图 4-5 所示。

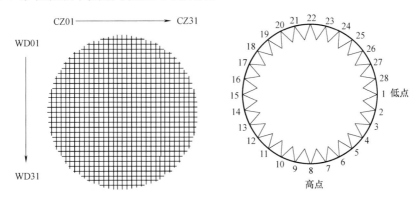

图 4-5　拉索编号及柱顶节点编号示意图

③ 零状态找形分析

苏州奥体中心游泳馆的零状态找形分析经历了三次找形，两次找力迭代过程。从图4-6 和图 4-7 可知，在零状态找形过程中，结构 z 向位形最为敏感，找力后误差最大；

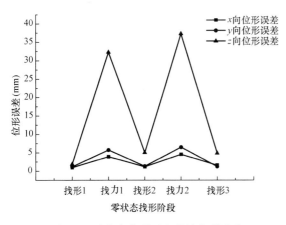

图 4-6　零状态找形过程结构位形误差

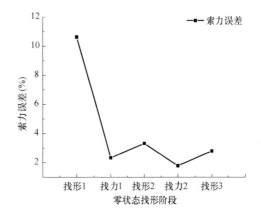

图 4-7　零状态找形过程结构索力误差

x 向位形误差和 y 向位形误差波动幅度不大，较为稳定；拉索索力误差成波浪形下降的趋势；结构位形误差和索力误差随着找形和找力的过程而交替增大或减小；最终拉索索力误差在 3% 以内，钢结构位移误差在 4mm 以内。

④ 钢结构安装预调值计算

钢结构安装预调值即钢结构零状态与设计图样对应状态需要预调的节点坐标之差。钢结构在经过预调后，在目标状态下其位形和索力达到设计要求。苏州奥体中心游泳馆钢结构预调值见表 4-3。由于结构的对称性，图 4-8 仅取 1/4 结构绘制。

柱顶节点位形预调值   表 4-3

柱顶节点编号	安装坐标(mm)			设计坐标(mm)			预调值(mm)		
	x	y	z	x	y	z	dx	dy	dz
1	53541	0	21953	53578	0	21906	−37	0	47
2	52198	−11910	22449	52229	−11903	22406	−31	−7	43
3	48238	−23221	23842	48258	−23203	23817	−20	−18	25
4	41860	−33366	25855	41869	−33330	25853	−9	−36	2
5	33381	−41835	28089	33381	−41777	28109	0	−58	−20
6	23228	−48201	30103	23223	−48120	30142	5	−81	−39
7	11911	−52146	31503	11907	−52046	31556	4	−100	−53
8	0	−53483	32010	0	−53375	32072	0	−108	−62
9	−11911	−52146	31503	−11907	−52046	31557	−4	−100	−54
10	−23228	−48200	30104	−23223	−48119	30143	−5	−81	−39
11	−33381	−41834	28089	−33381	−41776	28110	0	−58	−21
12	−41860	−33366	25855	−41869	−33330	25853	9	−36	2
13	−48238	−23221	23842	−48259	−23203	23817	21	−18	25
14	−52198	−11909	22449	−52228	−11903	22406	30	−6	43
15	−53541	0	21953	−53578	0	21906	37	0	47
16	−52198	11910	22449	−52229	11903	22406	31	7	43
17	−48238	23221	23842	−48258	23203	23817	20	18	25
18	−41860	33366	25855	−41869	33330	25853	9	36	2
19	−33381	41835	28089	−33381	41777	28109	0	58	−20
20	−23228	48201	30103	−23223	48120	30142	−5	81	−39
21	−11911	52146	31503	−11907	52046	31556	−4	100	−53
22	0	53483	32010	0	53375	32072	0	108	−62
23	11911	52146	31503	11907	52046	31556	4	100	−53
24	23228	48200	30104	23223	48119	30143	5	81	−39
25	33381	41834	28089	33381	41776	28110	0	58	−21
26	41860	33366	25855	41869	33330	25853	−9	36	2
27	48238	23221	23842	48259	23203	23817	−21	18	25
28	52198	11909	22449	52229	11903	22406	−31	6	43

根据表4-3和图4-8可知，x 方向预调值低点大，高点为0；y 方向预调值高点大，低点为0；z 方向预调值高点和低点数值相近，但方向相反。

2）苏州奥体中心体育场轮辐式马鞍形单层索网结构零状态找形分析

（1）分析模型参数

① 单元类型

单元类型见表4-4。

② 材料特性

钢材：弹性模量为 2.06×10^5 MPa，泊松比为0.3，温度膨胀系数为 1.2×10^{-5} m/℃，

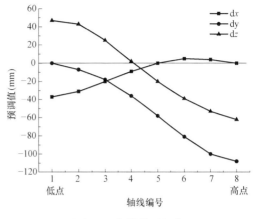

图4-8 各轴线预调值

密度为86.3kN/m³（其节点以及连接板的自重通过将钢结构容重78.5kN/m³增加10%的方法进行考虑），结构上的超重节点（如索头、铸钢节点等）密度为0，通过附加节点荷载的方式施加。

单元类型　　　　　　　　　　　　　　　　　　　　　　　　　　　表4-4

构件		单元类型
拉索		Link10
钢构	环梁	Beam188
	立柱	Beam188
	钢柱与混凝土看台连接	Beam44
屋面、幕墙		Surf154
单根不承受竖向荷载立柱连接套筒		Combine14
索夹及索头		Mass21

注：Combine14单元弹簧刚度取设计值，胎架（Link10单元）的设计参数根据结构在自重下竖向位移基本为零确定。

拉索：弹性模量为 1.6×10^5 MPa，泊松比为0.3，温度膨胀系数为 1.2×10^{-5}，密度为 7.85t/m³。

③ 施工荷载条件

荷载条件包括恒载和预应力两部分，其中，恒载包括结构自重、径向索铸钢索头荷载、内环索铸钢节点及其连接件恒荷载、马道荷载、屋面膜结构及膜结构拱荷载和幕墙荷载几部分。

a. 恒荷载：

（a）结构自重：所有的结构构件的自重通过程序自动计算。构件长度为结构模型中节点到节点之间的距离，通过在截面材料定义子模块中所定义的容重和截面面积，能准确得出自重。

（b）径向索铸钢索头荷载：径向索的索头采用铸钢件，重量较大（每个索头重量为4kN），不能忽略，在结构计算时采用点荷载的形式添加。径向索铸钢锁头荷载分布图如图4-9所示。

（c）内环索铸钢节点及其连接件恒荷载：内环索的铸钢节点起到了连接内环索及径向索的作用，经计算和分析单个铸钢内环索节点重量为15kN，如图4-10所示。

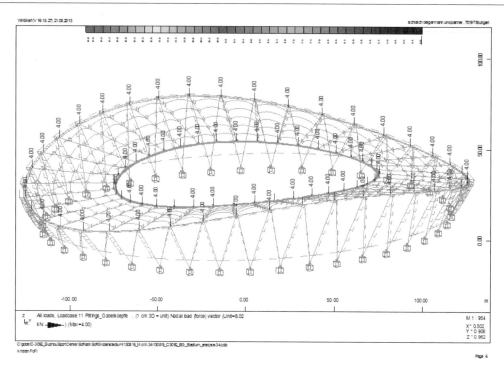

图 4-9　径向索铸钢索头荷载（单位：kN）

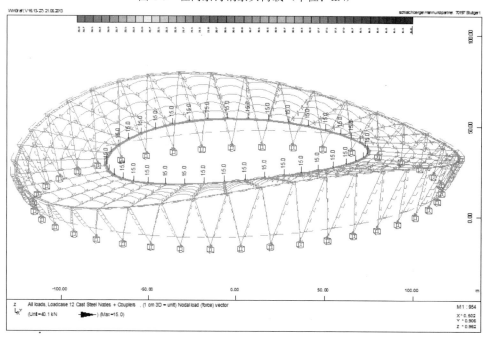

图 4-10　内环索铸钢节点荷载（单位：kN）

（d）马道荷载：体育场马道分环向和径向两种，环向马道支撑在内环索铸钢节点间，径向马道支撑在膜结构拱间，均作为节点荷载施加在结构上，其中，环向马道荷载简化到每个铸钢节点上荷载为 23.65kN；径向马道荷载简化到每个拱角节点上荷载为 13.5kN。马道荷载如图 4-11 所示。

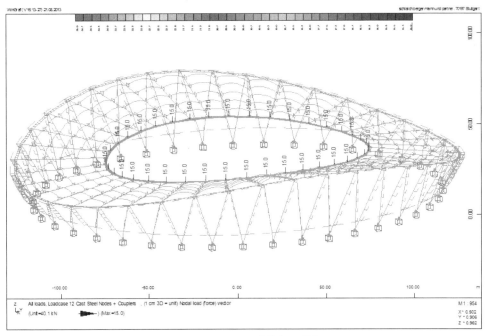

图 4-11 环向和径向马道荷载（单位：kN）

（e）屋面膜结构及膜结构拱荷载：膜结构作为屋面结构的覆盖材料支承在拱结构之上，此屋面结构体系很轻，简化成面荷载约 $0.1\mathrm{kN/mm^2}$，如图 4-12 所示。

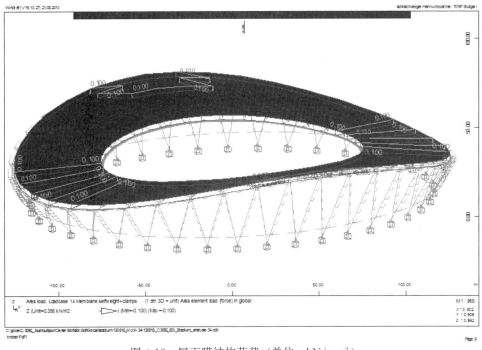

图 4-12 屋面膜结构荷载（单位：$\mathrm{kN/mm^2}$）

（f）幕墙荷载：a）幕墙面荷载（为幕墙后面的穿孔铝板及其结构构件）：$0.5\mathrm{kN/m^2}$，如图 4-13 所示。

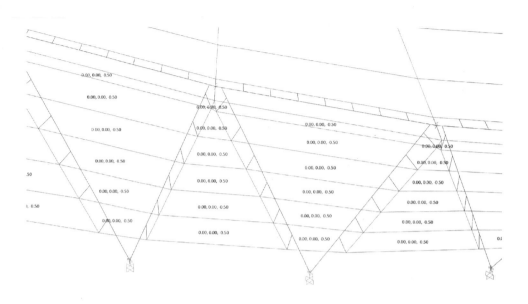

图 4-13　幕墙面荷载局部（单位：kN/m²）

b）深百叶幕墙的荷载，用点荷载的形式施加到幕墙力柱的悬挑梁上。压环梁上的外包层荷载，采用线荷载的形式施加到钢结构外环梁上。如图 4-14 所示。

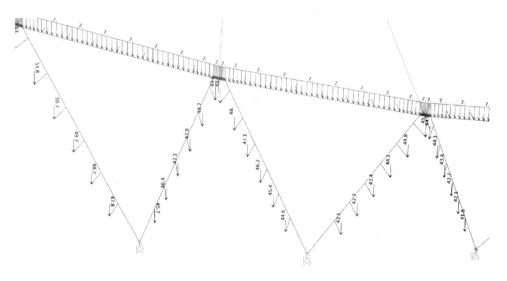

图 4-14　深百叶幕墙和压环梁上的外包层荷载局部
注：压环梁荷载单位为 kN/m，幕墙荷载单位为 kN。

　　b. 预应力：

　　拉索初始预应力值（恒载态），通过施加等效温差的方法加以模拟，具体拉索初始预应力值如图 4-15 和表 4-5 所示。

　　④ 边界条件

　　体育场三类不同柱的柱脚约束通过耦合的功能实现。

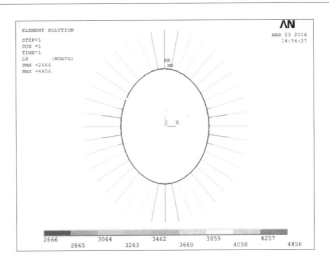

图 4-15　拉索初始预张力示意图（kN）

拉索初始预张力（kN）　　　　　　　　　　　　　　表 4-5

轴线	1	2	3	4	5	6	7	8	9	10	11
径向索	4456	4410	4234	3791	3639	3634	3550	3213	2883	2878	2941
环索	2666~2789										
备注	本结构为双轴对称结构，表中仅列出 1/4 轴线										

⑤ 分析模型

分析模型如图 4-16 所示。

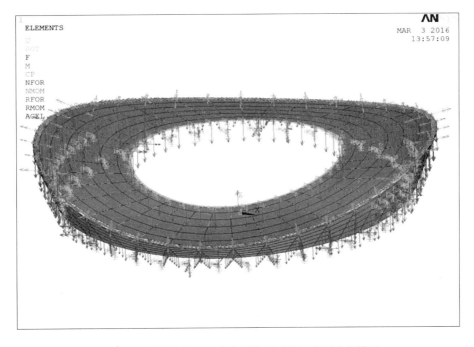

图 4-16　苏州奥体中心体育场轮辐式单层索网分析模型

（2）分析结果

零状态找形分析目标为：从零状态按顺施工过程分析得到成型态，与设计目标一致，零状态位形如图 4-17 所示。

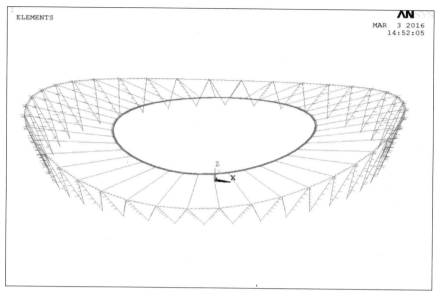

图 4-17　零状态位形图

顺施工过程分析的成型态与设计目标态对比，见表 4-6 和表 4-7，索力和位形最大误差分别为 2.59% 和 4.99%，符合要求，结构呈 1/4 对称，列出 1～11 轴的径向索和环索索力、柱顶节点坐标结果。

顺施工过程分析的成型态索力与设计目标索力对比　　　　　表 4-6

拉索编号	设计索力(kN)	施工分析成型力(kN)	误差
JS1	4495.0117	4427.6	1.50%
JS2	4478.3745	4415.2	1.41%
JS3	4309.5439	4245	1.50%
JS4	3865.1138	3797.8	1.74%
JS5	3643.0205	3580.2	1.72%
JS6	3624.6743	3556.3	1.89%
JS7	3622.5938	3555.5	1.85%
JS8	3200.1458	3124	2.38%
JS9	2980.5139	2908.9	2.40%
JS10	2986.1108	2911.7	2.49%
JS11	3066.7517	2987.3	2.59%
HS1	2851.7151	2858.4	−0.23%
HS2	2854.7468	2862.8	−0.28%
HS3	2859.7693	2869.1	−0.33%
HS4	2867.8059	2877.9	−0.35%

拉索编号	设计索力(kN)	施工分析成型索力(kN)	误差
HS5	2879.9072	2892.7	-0.44%
HS6	2894.9343	2911	-0.55%
HS7	2910.7241	2931.8	-0.72%
HS8	2924.2061	2948.2	-0.82%
HS9	2934.3955	2959.8	-0.87%
HS10	2939.7981	2965.2	-0.86%

注：拉索编号为JS（径向索）和HS（环索），数字为各轴线号。

顺施工过程分析的成型态与设计目标柱顶节点坐标对比（单位：mm）　表 4-7

柱顶节点轴线号	施工分析成型坐标			设计节点坐标			误差
	x	y	z	x	y	z	
1	448.0	129957.1	27013.9	448.0	129957.0	27014.0	-4.99%
2	19595.0	128051.1	27652.0	19595.0	128051.0	27652.0	-3.95%
3	38041.0	122576.0	29452.0	38041.0	122576.0	29452.0	-2.72%
4	55169.0	113795.0	32238.0	55169.0	113795.0	32238.0	-3.28%
5	70661.1	102366.0	35739.0	70661.0	102366.0	35739.0	-4.16%
6	84166.1	88643.1	39609.0	84166.0	88643.0	39609.0	-4.40%
7	95375.1	72932.0	43474.0	95375.0	72932.0	43474.0	-3.73%
8	103983.1	55703.0	46935.0	103983.0	55703.0	46935.0	-3.53%
9	110117.1	37440.0	49668.0	110117.0	37440.0	49668.0	-3.70%
10	113808.1	18532.0	51397.0	113808.0	18532.0	51397.0	-4.72%
11	114987.1	-693.0	51963.9	114987.0	-693.0	51964.0	-4.81%

　　然后，提取钢结构拼装关键点零状态坐标和零状态与设计成型态钢结构关键节点位形差值，见表 4-8 和表 4-9。结构呈 1/4 对称，列出 1～11 轴钢结构关键节点拼装安装坐标和零状态与设计成型态钢结构关键节点位形差值。

钢结构关键节点拼装安装坐标　表 4-8

关键点轴线号	零状态安装坐标(mm)		
	x	y	z
1	0	130030	26979
2	19153	128220	27590
3	37624	122830	29362
4	54788	114120	32128
5	70325	102760	35616
6	83886	89105	39483
7	95143	73491	43348
8	103830	56313	46825
9	110050	38091	49586
10	113830	19211	51353
11	115100	0	51962

钢结构关键节点拼装安装坐标 表 4-9

关键点轴线号	零状态安装坐标(mm)		
	x	y	z
1	0	130030	26979
2	19153	128220	27590
3	37624	122830	29362
4	54788	114120	32128
5	70325	102760	35616
6	83886	89105	39483
7	95143	73491	43348
8	103830	56313	46825
9	110050	38091	49586
10	113830	19211	51353
11	115100	0	51962

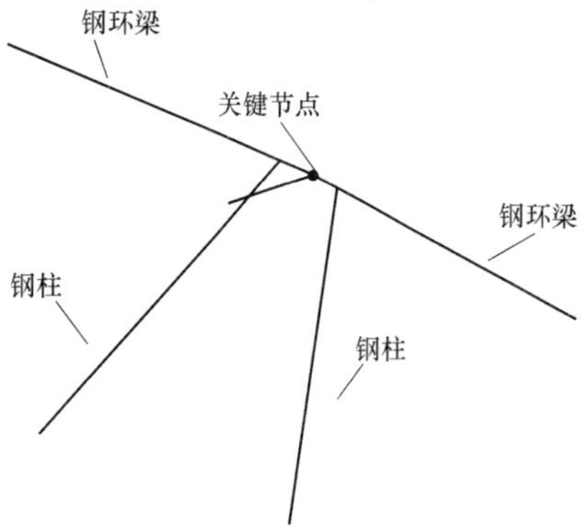

图 4-18　各轴关键节点示意图

各轴关键节点示意图如图 4-18 所示。

4.1.1.4　总结

网结构的零状态找形分析目的为从结构的恒载态经过迭代分析获取结构零状态安装位形。本节阐述了索网结构零状态找形的概念、找形理论以及两种零状态找形方法，正算法和反算法。然后以设计恒载态的索力和位形为目标，利用迭代正算法对苏州奥体中心体育场挑蓬结构进行了零状态找形分析。基于该零状态，按顺施工过程分析得到的成型态与设计目标对比，索力和位形最大误差分别为 2.59％ 和 4.99％，符合要求，证明了利用迭代正算法进行零状态找形的精度高。以苏州奥体中心游泳馆为工程算例，跟踪了零状态找形过程中结构位形和索力误差变化情况，并得到相关关键点预调值。利用迭代正算法得到的零状态位形提取钢结构关键节点拼装坐标，用于指导钢结构下料和拼装。

4.1.2　施工过程分析

4.1.2.1　概述

大跨度预应力钢结构的施工过程通常是结构由基本构件到部分结构，再到整体结构逐步集成的动态变化过程。不同的施工方法和施工顺序会引起不同的结构成型过程和受力变化过程。根据相关资料统计，大量的工程事故都发生在施工阶段，因此，不能只关心最终成型状态，也应关心结构的施工成型过程。为了确保施工过程中的安全性，应对施工过程中复杂与突发情况进行受力分析，掌握关键阶段的施工参数，必须对结构进行施工全过程的力学分析。

本节以苏州奥体中心体育场施工为例进行施工过程的论证分析。

轮辐式张力结构仅由拉索和压杆构成，在牵引提升和张拉过程中存在超大机构位移和拉索松弛，施工仿真分析还应考虑拉索张拉过程中结构位形的控制。施工阶段静力平衡态下的索杆系位形与结构成型状态的差异较大。在未张拉前索杆系为机构，必须通过张拉建立预应力，方可形成结构，具有结构刚度，将设计要求的结构成型状态作为初始位形建立模型，由此通过找形分析确定某个施工阶段的索杆系静力平衡态时，索杆系主要呈现的是机构位移，而弹性应变是小量。由于存在超大位移且包含机构位移和拉索松弛，采用针对常规结构的线性静力有限元已无法分析。

目前针对轮辐式张力结构的施工成型分析方法主要有：非线性静力有限元法、非线性力法、动力松弛法等：

（1）非线性静力有限元法，是建立有限元模型，采用非线性迭代方法静力求解，确定静力平衡状态。为便于收敛，假定杆元运动轨迹或者设定趋向平衡位置的初始位移；对未施加预应力的松弛索元和不受力的压杆的刚度不计入结构总刚。

（2）非线性力法，是基于力法的非线性分析方法，能够分析包括动不定、静不定体系在内的各种结构形式。

（3）动力松弛法，通过虚拟质量和粘滞阻尼将静力问题转化为动力问题，将结构离散为空间节点位置上具有一定虚拟质量的质点，在不平衡力的作用下，这些离散的质点必将产生沿不平衡力方向的运动，从宏观上使结构的总体不平衡力趋于减小。

东南大学施工教研团队研究成果——基于非线性动力有限元的索杆系静力平衡态找形分析方法（简称 NDFEM 法）并用于苏州奥体中心体育场挑蓬轮辐式马鞍形单层索网结构施工过程分析，跟踪每个施工工况结构位形、索力变化及钢构应力等，该方法基于非线性动力有限元，通过引入虚拟的惯性力和粘滞阻尼力，建立运动方程，将难以求解的静力问题，转为易于求解的动力问题，并通过迭代更新索杆系位形，使更新位形后的索杆系逐渐收敛于静力平衡状态。

4.1.2.2 施工过程模拟分析方法

1）分析思路

非线性动力有限元法（NDFEM）的主要内容是非线性动力平衡迭代和位形更新迭代，其总体步骤如图 4-19 所示，大体可分为：建立初始有限元模型；进行非线性动力有限元分析，当总动能达到峰值时更新有限元模型，重新进行动力分析，直到位形迭代收敛；最后对位形迭代收敛的有限元模型进行非线性静力分析，检验静力平衡状态；提取分析结果。

2）具体步骤

（1）分析准备

明确索杆系的设计成型状态和施工方案以及所需要分析的施工阶段。

（2）建立初始有限元模型

选用满足工程精度要求的索单元和杆单元；按照设计成型态位形或其他假定的初始位形建立有限元模型；根据所需分析的施工阶段，施加重力和其他荷载（如吊挂荷载）以及边界约束条件；根据索杆原长已知的条件，在索杆上施加等效初应变（ε_P）或等效温差（ΔT_P），根据索杆内力（如牵引力、张拉力等）已知的条件，在索杆上施加 ε_P 或 ΔT_P。

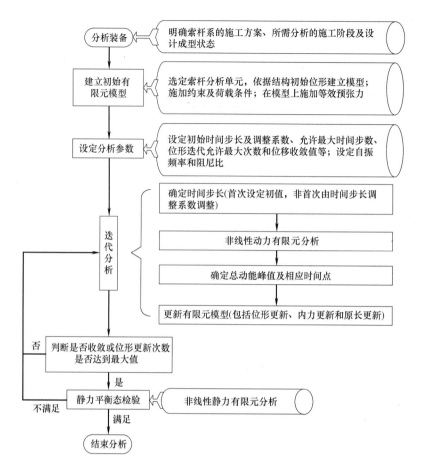

图 4-19 NDFEM 法找形分析流程

$$\varepsilon_p = S/S_0 - 1 \tag{4-8}$$

$$T_p = -\varepsilon_p/\alpha = (1 - S/S_0)/\alpha \tag{4-9}$$

$$\varepsilon_p = F/(E \times A)\varepsilon_p = F/(E \times A) \tag{4-10}$$

$$\Delta T_p = -\varepsilon_p/\alpha = -F/(E \times A \times \alpha) \tag{4-11}$$

式中　S——模型中单元长度；

　　　S——单元原长；

E、A、α——弹性模量、截面面积和温度膨胀系数；

　　　F——索杆内力。

（3）设定分析参数

设置单次动力分析时间步数允许最大值 $[N_{ts}]$、单个时间步动力平衡迭代次数允许最大值 $[N_{ei}]$、初始时间步长 $\Delta T_{s(1)}$、时间步长调整系数 C_{ts}、动力平衡迭代位移收敛值 $[U_{ei}]$、位形更新迭代位移收敛值 $[U_{ci}]$、位形迭代允许最大次数 $[N_{ci}]$。

动力平衡方程可采用 Rayleigh 阻尼矩阵，其中自振圆频率和阻尼比可虚拟设定。

$$[M]\{\ddot{U}\} + [C]\{\dot{U}\} + [K]\{U\} = \{F(t)\} \tag{4-12}$$

$$[C] = \alpha[M] + \beta[K] \tag{4-13}$$

$$\alpha = \frac{2\omega_i\omega_j(\xi_i\omega_j - \xi_j\omega_i)}{\omega_j^2 - \omega_i^2} \tag{4-14}$$

$$\beta = \frac{2(\xi_j\omega_j - \xi_i\omega_i)}{\omega_j^2 - \omega_i^2} \tag{4-15}$$

式中　$\{U\}$、$\{\dot{U}\}$、$\{\ddot{U}\}$——位移向量、速度向量和加速度向量；

$\{F(t)\}$——荷载时程向量；

$[C]$——Rayleigh 阻尼矩阵；

$[M]$——质量矩阵；

$[K]$——刚度矩阵；

α、β——Rayleigh 阻尼系数；

ω_i、ω_j——第 i 阶和第 j 阶自振圆频率；

ξ_i、ξ_j——为与 ω_i 和 ω_j 对应的阻尼比：

$$\alpha = \frac{2\omega_i\omega_j\xi}{\omega_j + \omega_i} \tag{4-16}$$

$$\beta = \frac{2\xi}{\omega_j + \omega_i} \tag{4-17}$$

（4）迭代分析

① 调整第 m 次动力分析的时间步长 $\Delta T_{s(m)}$；

② 非线性动力有限元分析：建立非线性动力有限元平衡方程，按照时间步 $T_{s(m)}$ 连续求解，跟踪索杆系的位移、速度和总动能响应；当索杆系整体运动方向明确时，为加快向静力平衡位形运动，提高分析效率，可不考虑阻尼力，建立无阻尼运动方程；

$$[M]\{\ddot{U}\} + [K]\{U\} = \{F(t)\} \tag{4-18}$$

③ 确定总动能峰值及其时间点；

④ 更新有限元模型，包括更新索杆系的位形以及控制索杆的原长或者内力。

当判断出总动能峰值及其时间点后，更新有限元模型：采用线性插值的方法计算与总动能峰值 $E_{(p)}$ 对应的时间点 $T_{s(p)}$ 的位移，更新索杆系位形。

模型更新包括位形更新、内力更新和原长更新。按照动力分析位移更新节点坐标后，模型中构件长度也改变了。索结构中常以等效初应变或等效温差来模拟拉索张拉或者控制原长。对于需控制原长的构件，则以更新前后原长不变为原则，根据更新后的长度调整等效初应变或者等效温差，即更新内力；对于需控制内力（如提升牵引力和张拉力等）的构件，则不调整等效初应变或者等效温差，即更新原长。

（5）判断是否收敛或者位形已更新次数 N_{ci} 是否达到 $[N_{ci}]$

① 若更新有限元模型的节点最大位移 $U_{ci(m)}$ 小于 $[U_{ci}]$ 时，位形迭代收敛，进入第 6 步；

② 若 $U_{ci(m)} > [U_{ci}]$，且 $N_{ci} < [N_{ci}]$，则进入下一次的位形迭代，重新回到第（4）步；

③ 若 $U_{ci(m)} > [U_{ci}]$，但 $N_{ci} = [N_{ci}]$，则结束分析。

（6）检验静力平衡态

若时间步长 ΔT_s 或允许最大时间步数 $[N_{ts}]$ 取值过小，则可能动力分析位移过小，满足位形更新迭代收敛标准，却并不满足静力平衡。为避免"假"平衡，须对满足收敛条件的更新位形进行静力平衡态的检验。采用非线性静力有限元进行分析，良好结果应该是分析极易收敛，且小位移满足精度要求。

3）关键技术措施

（1）时间步长及其调整

时间步长 ΔT_s 是决定 NDFEM 法找形分析收敛速度的关键因素之一。ΔT_s 越短，则动力分析越易收敛，但达到静力平衡的总时间步数 $\sum N_{ts}$ 更多，分析效率低。在某次动力分析中，合理的 ΔT_s 应保证动力分析收敛前提下，在较少的时间步数 N_{ts} 内总动能达到峰值。NDFEM 法找形分析可分为初期、中期和后期三个阶段：

① 在初期阶段，索杆系运动剧烈，动力分析可设置较小的时间步长，便于动力平衡迭代收敛；

② 在中期阶段，索杆系主位移方向明确，趋向静力平衡位形，此时应设置较大的时间步长，从而在较少的时间步数和位形更新次数下迅速接近静力平衡态；

③ 在后期阶段，索杆系在静力平衡态附近振动，此时应设置更大的时间步长，从而使位形迭代尽快收敛，达到静力平衡状态。

鉴于时间步长对动力平衡迭代和分析效率有重要的影响，提出在分析过程中采用时间步长调整系数 C_{ts} 对各次动力分析的时间步长自动调整，调整策略为：a. 第一次位形迭代采用初始时间步长 $\Delta T_{s(1)}$；b. 若第（$m-1$）次动力分析的时间步数 $N_{ts(m-1)}=[N_{ts}]$，总动能仍未出现下降，则第 m 次动力分析的时间步长：$\Delta T_{s(m)}=\Delta T_{s(m-1)}\times C_{ts}$；c. 若第（$m-1$）次动力分析不收敛，则 $\Delta T_{s(m)}=\Delta T_{s(m-1)}/C_{ts}$。

（2）总动能峰值 $E_{(p)}$ 及对应时间点 $T_{(p)}$ 的确定

动力分析中第 k 时间步的结构总动能 $E_{(k)}$ 如下。

$$E_{(k)}=\frac{1}{2}\{\dot{U}\}_{(k)}^{\mathrm{T}}[M]\{\dot{U}\}_{(k)} \tag{4-19}$$

式中　　$\{\dot{U}\}_{(k)}$——第 k 时间步的速度向量。

确定总动能峰值及其时间点的策略为：

① 设 $E_{(0)}=0$；

② 当第 k 时间步动力平衡迭代收敛，若 $k<[N_{ts}]$，$E_{(k)}>E_{(k-1)}$ 则总动能未达到峰值，继续本次动力分析，进入第（$k+1$）时间步；若 $k\leqslant[N_{ts}]$，$E_{(k)}<E_{(k-1)}$，则将三个连续时间步的总动能 $E_{(k)}$、$E_{(k-1)}$、$E_{(k-2)}$ 进行二次抛物线曲线拟合，计算总动能曲线的峰值 $E_{(p)}$ 及其时间点 $T_{s(p)}$；若 $k=[N_{ts}]$，$E_{(k)}\geqslant E_{(k-1)}$，则：$E_{(p)}=E_{(k)}$，$T_{(s(p)}=T_{s(k)}$；总动能峰值及其时间点如图 4-20 所示。

③ 当第 k 时间步动力平衡迭代不收敛，若 $k=1$，则不更新位形，在调整时间步长后进入下次动力分析；若 $1\leqslant k\leqslant[N_{ts}]$，则 $E_{(p)}=E_{(k-1)}$，$T_{s(p)}=T_{s(k-1)}$。

（3）迭代收敛标准

NDFEM 法找形分析中存在两级迭代：一级是动力平衡迭代，二级是位形更新迭代。一般非线性动力有限元分析中，动力平衡迭代的收敛标准包括力和位移两项指标，但鉴于 NDFEM 法找形分析中需多次更新位形，并根据更新的位形按照原长或内力一定的原则，重新确定索杆中的等效初应变或等效温差，因此为便于收敛且不影响最终分析结果，动力

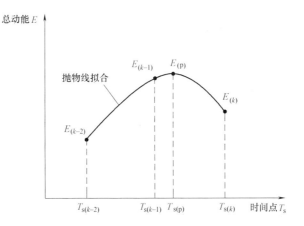

图 4-20 总动能峰值及其时间点

平衡迭代仅需设置位移收敛标准 $[U_{ei}]$。位形更新迭代也仅设置位移收敛标准 $[U_{ci}]$。当更新有限元模型的节点最大位移 $U_{ci} \leqslant [U_{ci}]$，则位形更新迭代收敛。

4.1.2.3 苏州奥体中心体育场挑蓬结构施工全过程分析

1) 分析模型

施工全过程分析模型如图 4-21 所示，该模型是由第 3 章通过零状态找形分析得到的施工零状态，并布置胎架（link10 只受压单元）用于钢结构拼装，其单元类型、材料特性及边界条件见第 3 章介绍，荷载条件为：自重、径向索铸钢索头荷载及内环索铸钢节点及其连接件恒荷载三种施工分析荷载，详见 4.1.1。

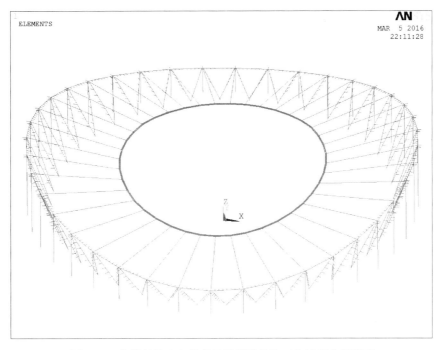

图 4-21 苏州奥体中心体育场挑蓬结构施工全过程分析模型

2) 分析参数

施工过程分析是对各个施工步骤进行跟踪分析，从而确定重要的施工参数，包括：工装索长度、牵引提升力和过程结构位形等，为施工方案制订和施工监测提供依据。施工过程分析工况见表4-10。

施工分析工况及工装索长度   表4-10

施工阶段		工况号	QYS1 索长（mm）	QYS2 索长（mm）	QYS3 索长（mm）	备 注
牵引提升	阶段一	SG-1	11500	13000	14500	QYS1、QYS2、QYS3整体牵引提升，直至QYS1连接就位
		SG-2	9500	11000	12500	
		SG-3	7500	9000	10500	
		SG-4	5500	7000	8500	
		SG-5	3500	5000	6500	
		SG-6	1500	3000	4500	
		SG-7	500	2000	3500	
		SG-8	0	1500	3000	
	阶段二	SG-9	0	1000	2500	QYS2、QYS3继续牵引提升，直至QYS2连接就位
		SG-10	0	500	2000	
		SG-11	0	0	1500	
	阶段三	SG-12	0	0	1000	QYS3继续牵引提升，直至连接就位
		SG-13	0	0	500	
		SG-14	0	0	0	

3）索网位形变化分析

（1）内环长短轴变化

施工过程中各工况的内环长短轴长度变化如图4-22所示，由图4-22可知，施工过程中，内环长轴跨度由144.4m逐渐增加至155.3m；短轴跨度由134.2m逐渐减小至120.6m，而后又有略微的增幅，最后跨度达到121.7m。

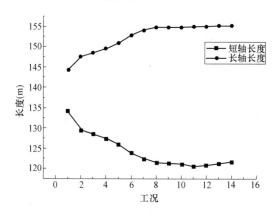

图4-22 施工过程内环长短轴长度变化曲线

（2）关键节点竖向坐标变化

施工过程内环索关键节点（径向索和内环索交点）竖向坐标变化如图4-23所示，由

图 4-23 可知，在施工过程中，内环索关键节点竖向坐标总体呈现上升趋势，各个轴线上的关键点竖向坐标上升幅度大致保持一致。

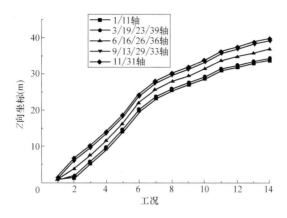

图 4-23 施工过程关键节点竖向坐标变化曲线

（3）关键点最大、最小竖向坐标差变化

施工过程内环索关键节点最大最小竖向坐标差值变化如图 4-24 所示，由图 4-24 可知，在第二个施工工况竖向坐标差值达到 5.27m 后，差值略微减小至 4.44m 后逐渐增大，最后达到 5.93m。由此可得内环关键节点竖向坐标差值较为稳定，保持在 4.44～5.93m 之间。

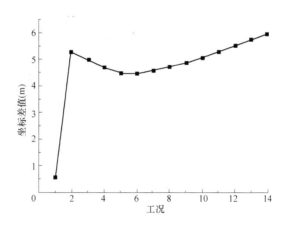

图 4-24 施工过程关键节点竖向坐标差变化曲线

（4）施工过程中各工况内环索关键节点坐标见表 4-11。

施工过程中各工况内环索关键节点坐标 表 4-11

施工阶段	工况号	1/21 轴环索节点(m)			3/19/23/39 轴环索节点(m)			6/16/26/36 轴环索节点(m)			9/13/29/33 轴环索节点(m)			11/31 轴环索节点(m)		
		X	Y	Z	X	Y	Z	X	Y	Z	X	Y	Z	X	Y	Z
牵引提升	SG-1	0	72.203	1	17.903	69.418	1	45.35	51.822	1	63.218	22.574	1.123	67.115	0	1.524
	SG-2	0	73.787	1.46	17.887	70.951	1.933	44.73	52.632	3.861	61.207	22.651	5.968	64.697	0	6.733
	SG-3	0	74.244	5.289	17.876	71.346	5.731	44.55	52.774	7.555	60.809	22.661	9.531	64.257	0	10.25

施工阶段	工况号	1/21轴环索节点(m)			3/19/23/39轴环索节点(m)			6/16/26/36轴环索节点(m)			9/13/29/33轴环索节点(m)			11/31轴环索节点(m)		
		X	Y	Z	X	Y	Z	X	Y	Z	X	Y	Z	X	Y	Z
牵引提升	SG-4	0	74.796	9.46	17.861	71.821	9.874	44.324	52.947	11.617	60.308	22.674	13.472	63.704	0	14.144
	SG-5	0	75.481	14.159	17.842	72.408	14.552	44.033	53.162	16.258	59.659	22.69	18.011	62.984	0	18.634
	SG-6	0	76.386	19.818	17.815	73.183	20.208	43.633	53.452	21.971	58.751	22.712	23.681	61.97	0	24.255
	SG-7	0	76.992	23.397	17.796	73.702	23.799	43.357	53.651	25.669	58.112	22.728	27.41	61.252	0	27.961
	SG-8	0	77.379	25.61	17.784	74.034	26.027	43.175	53.78	27.992	57.691	22.739	29.779	60.778	0	30.321
	SG-9	0	77.351	26.987	17.772	73.952	27.419	43.343	53.882	29.508	57.668	22.748	31.317	60.713	0	31.853
	SG-10	0	77.365	28.681	17.758	73.905	29.135	43.478	54.006	31.341	57.574	22.759	33.198	60.567	0	33.729
	SG-11	0	77.449	30.841	17.744	73.916	31.325	43.577	54.161	33.652	57.393	22.776	35.598	60.32	0	36.128
	SG-12	0	77.519	31.853	17.74	73.954	32.354	43.483	54.082	34.746	57.592	22.788	36.839	60.479	0	37.366
	SG-13	0	77.602	32.937	17.74	74.004	33.458	43.393	54.004	35.925	57.787	22.807	38.153	60.631	0	38.679
	SG-14	0	77.652	33.747	17.749	74.027	34.285	43.34	53.916	36.816	58.048	22.832	39.152	60.857	0	39.678

（5）施工过程各工况位形

施工过程部分工况位形如图 4-25 所示。

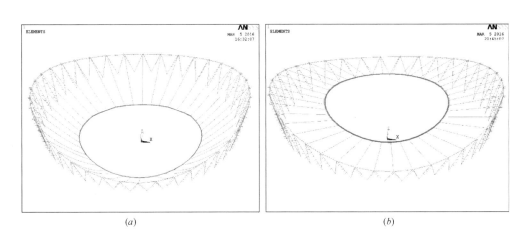

(a)　　　　　　　　　　　　　　　　　(b)

图 4-25　施工过程部分工况结构位形

(a) SG-2；(b) SG-14

4）索力变化分析

施工过程各工况关键轴牵引索索力和环索最大索力变化见表 4-12，由表可知，施工过程各工况部分关键轴索力和各环索索力变化总体呈上升趋势，在牵引提升的最后一个阶段各轴牵引索索力和环索索力达到了最大值。

施工过程中各工况下关键轴牵引索索力、环索最大、索力变化趋势如图 4-26～图 4-28 所示，由图可知，在 QYS2 提升到位并固定后，QYS1 继续提升的阶段（即第三个阶段），各径向牵引索和环索索力增长速度较快。

施工过程中各工况索力变化　　　　　　　　　　表 4-12

施工阶段	工况号	牵引索索力(kN)					环索索力(kN)	
		1/21轴(低)	4/18/24/38轴	6/16/26/36轴	7/15/27/35轴	8/14/28/34轴	11/31轴(高)	最大
牵引提升	SG-1	133.25	202.96	138.48	221.35	108.95	163.47	372.59
	SG-2	147.68	225.46	153.21	249.13	116.54	182.01	400.08
	SG-3	161.2	249.37	162.42	271.83	116.32	192.5	396.12
	SG-4	182.25	284.98	176.88	305.42	116.79	208.15	383.27
	SG-5	218.39	344.34	203.13	361.45	118.57	234.45	373.79
	SG-6	297.98	470.23	263.19	479.55	124.58	290.67	398.58
	SG-7	393.59	618.2	338.32	619.12	132.46	357.47	421.58
	SG-8	491.54	768.15	417.45	759.72	141.11	425.46	461.37
	SG-9	583.59	785.79	506.59	881.83	147.34	484.56	516.35
	SG-10	751.55	833.57	640.81	1104.6	160.12	593.56	615.28
	SG-11	1204.8	1048.9	1001.9	1729.1	189.91	891.55	861.49
	SG-12	1551.9	1359.7	1266.8	1875	509.06	1115.7	1088
	SG-13	2351.6	2045.2	1886.8	2295.1	1233.4	1626.5	1566
	SG-14	3670	3152	2935	2859	2576	2451	2463

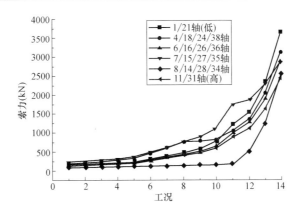

图 4-26　施工过程各关键轴牵引索索力变化

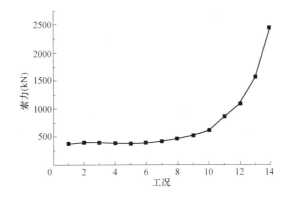

图 4-27　施工过程环索最大索力变化

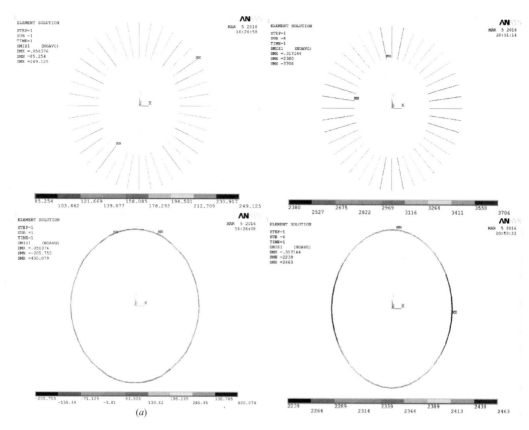

图 4-28　施工过程部分工况拉索索力（单位：kN）

(a) SG-2；(b) SG-14

5）钢结构应力变化分析

索网牵引提升和张拉对周边钢结构会产生影响，需要进行施工全过程周边钢结构的应力变化分析，保证施工过程中钢结构应力不超过限值。

在施工过程中的第一阶段（SG-1～SG-8），由于牵引索力较小，在周边钢结构中产生的应力值维持在较低水平，各截面应力均未超过 40MPa，且变化不大；

在第二阶段中（SG-9～SG-11），即第一批牵引索已经提升到位，第二批和第三批牵引索继续提升的过程中，截面应力值持续增加，从 32MPa 持续增加到 75MPa；

在第三阶段中（SG-12～SG-14），即第一批、第二批牵引索已经提升到位，第三批牵引索继续提升的过程中，截面应力值保持稳定，维持在 80～100MPa。

分析结果见表 4-13 和图 4-29。

施工过程中各工况索力变化　　　　　　　　　　　　　表 4-13

施工阶段		工况号	受压外环梁的最大等效应力（MPa）	钢结构柱的最大等效应力（MPa）
牵引提升	阶段一	SG-1	12.29	34.31
		SG-2	11.42	34.83
		SG-3	11.73	34.91

续表

施工阶段		工况号	受压外环梁的最大等效应力(MPa)	钢结构柱的最大等效应力(MPa)
牵引提升	阶段一	SG-4	12.17	35.04
		SG-5	12.9	35.26
		SG-6	14.74	35.69
		SG-7	22.81	35.87
		SG-8	31.49	35.94
	阶段二	SG-9	31.88	36.49
		SG-10	45.36	36.47
		SG-11	75.4	40.35
	阶段三	SG-12	82.18	42.72
		SG-13	91.21	43.4
		SG-14	94.09	60.06

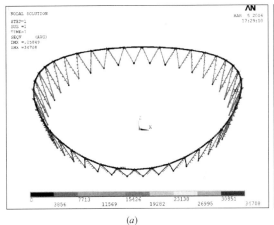 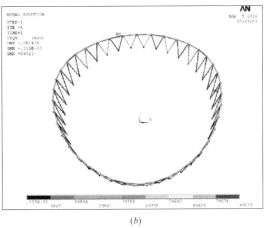

(a)　　　　　　　　　　　　(b)

图4-29　施工过程典型工况钢结构应力（单位：0.001MPa）

(a) SG-2；(b) SG-14

6）钢环梁变形分析

索网牵引提升和张拉过程中，各工况下钢结构空间形态直接反应为钢结构各方向位移值，具体见表4-14。

施工过程钢环梁位移变化（相对于恒载态模型）　　　　　表4-14

施工阶段		工况号	最大径向位移（+外扩,单位:mm）	最大环向位移(mm)	最大竖向位移(一向下,单位:mm)
牵引提升	阶段一	SG-1	57.93	3.28	−25.01
		SG-2	57.34	3.80	−25.06
		SG-3	57.06	3.80	−25.05
		SG-4	56.67	3.79	−25.04

施工阶段		工况号	最大径向位移（＋外扩，单位：mm）	最大环向位移（mm）	最大竖向位移（－向下，单位：mm）
牵引提升	阶段一	SG-5	56.04	3.79	－25.02
		SG-6	54.88	3.85	－24.73
		SG-7	54.57	4.34	－25.02
		SG-8	54.96	4.82	－25.43
	阶段二	SG-9	55.27	4.56	－25.03
		SG-10	57.10	5.08	－24.51
		SG-11	62.60/－6.12	8.78	－25.10/1.66
	阶段三	SG-12	60.36/－14.13	10.14	－24.67/5.32
		SG-13	54.43/－25.05	11.91	－22.25/11.15
		SG-14	19.20/－35.52	7.16	－11.29/14.24

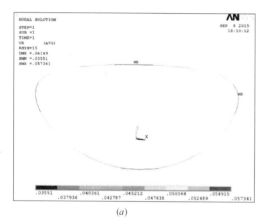
(a)

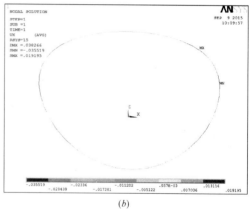
(b)

图 4-30　典型施工工况钢环梁径向位移（单位：mm）

(a) SG-2；(b) SG-14

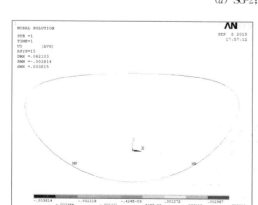
(a)

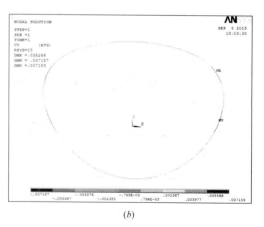
(b)

图 4-31　典型施工工况钢环梁环向位移（单位：mm）

(a) SG-2；(b) SG-14

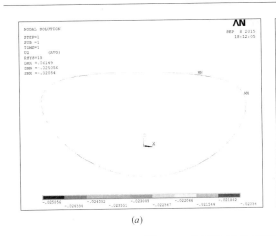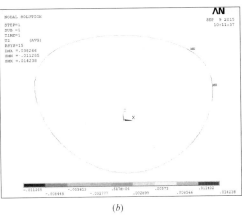

(a)　　　　　　　　　　　　　　　(b)

图 4-32　典型施工工况钢环梁竖向位移（单位：mm）

(a) SG-2；(b) SG-14

由图 4-30～图 4-32 可以看出：在施工过程各工况中（SG-1～SG-14），钢结构径向呈现向内收的趋势、最大环向位移变化不大、竖向方向上逐渐升高。

7）支撑胎架受力分析

为了保证钢结构在拉索张拉过程各工况下及张拉完成时的安全，需要对拉索张拉过程中的钢胎架（图 4-33）脱架情况进行具体分析。

由表 4-15 可知，在拉索提升张拉过程中，支撑胎架的内力呈现逐渐减小的趋势，在拉索提升张拉完成之前所有胎架均可以主动脱架。

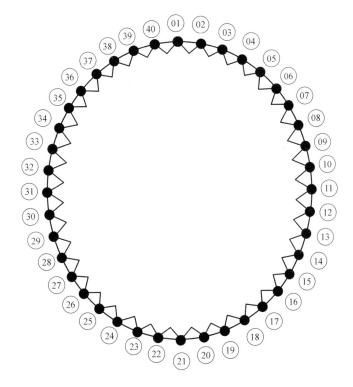

图 4-33　支撑胎架编号示意图

施工过程中部分关键工况胎架内力变化（取 1/4 结构）（单位：kN）　　表 4-15

胎架编号	零状态	阶段一				阶段二		阶段三
		SG-2	SG-4	SG-6	SG-8	SG-10	SG-12	SG-14
1	181.58	180.79	149.15	64.55	179.30	0	0	0
2	243.85	260.81	234.28	170.73	118.06	0	0	0
3	213.74	188.78	147.17	7.84	0	0	0	0
4	290.31	224.75	156.56	0	0	0	0	0
5	337.18	333.79	335.07	329.94	345.36	90.44	0	0
6	438.16	383.83	351.31	266.37	169.93	0	0	0
7	471.01	354.95	281.79	67.38	0	0	0	0
8	526.01	484.99	466.76	435.9	407.86	340.28	239.49	0
9	524.08	467.64	441.05	377.28	373.73	462.77	525.48	0
10	664.67	560.47	514.63	395.06	314.95	290.63	252.33	0
11	781.46	623.74	570.08	429.29	311.08	227.82	83.26	0

4.1.2.4　总结

苏州奥体中心体育场的施工模拟分析采用了东南大学施工教研团队研究成果——基于非线性动力有限元的索杆系静力平衡态找形分析方法（简称 NDFEM 法）的分析方法和关键技术措施。

主要论述了苏州奥体中心体育场轮辐式张力结构施工全过程分析的概念和常用的三种方法，非线性静力有限元法、非线性力法、动力松弛法。

然后简要介绍并用该方法对苏州奥体中心体育场挑蓬结构进行了施工全过程分析，得到了施工过程位形变化、索力变化、钢构应力变化以及胎架受力变化，主要结论如下：

（1）施工过程中，内环长轴由跨度 144.4m 逐渐增加至 155.3m；短轴跨度由 134.2m 逐渐减小至 120.6m，而后又有略微的增幅，最后跨度达到 121.7m，内环索关键节点竖向坐标总体呈现上升趋势，各个轴线上的关键点竖向坐标上升幅度大致保持一致；

（2）施工过程各工况部分关键轴索力和各环索索力变化总体呈上升趋势，在牵引提升的最后一个阶段各轴牵引索力和环索索力达到了最大值；

（3）在施工过程中的第一阶段，由于牵引索力较小，在周边钢结构中产生的应力值维持在较低水平，各截面应力均未超过 40MPa；在第二阶段中，截面应力值持续增加，从 32MPa 持续增加到 75MPa；在第三阶段中，截面应力值保持稳定，维持在 80~100MPa；

（4）在施工过程各工况中，钢结构径向呈现向内收的趋势、最大环向位移变化不大、竖向方向上逐渐升高；

（5）在拉索提升张拉过程中，支撑胎架的内力呈现逐渐减小的趋势，在拉索提升张拉完成之前所有胎架均可以主动脱架。

4.1.3 施工误差敏感性分析

4.1.3.1 概述

索杆张力结构，由拉索和压杆构成，也可纯由拉索构成，如索桁架、索穹顶、索网等，其施工成型状态受索长和张拉力的影响大。由于张力结构拉索根数多，为节省设备投入和提高张拉效率，一般多采用被动张拉技术，即将索系分为主动索和被动索，通过直接张拉主动索，而在整体结构中建立预应力，其施工控制的关键是主动索的张拉力、被动索长和外联节点安装坐标。因此，需要在施工前进行被动索长和主动张拉力的误差影响分析，以确定合理的控制指标，同时在满足施工质量的前提下尽量减小甚至不设索头调节量，以节省材料费用。

如浙江大学紫金港校区体育馆钢屋盖的桅杆斜拉索网，采用主动同步张拉 8 根背索后复拉校验 4 根落地稳定索的张拉方案；以该工程为案例，假定索长误差变量服从正态分布，选择不同的主动张拉索系进行误差对比分析，分析结果支持了实际张拉方案的合理性。

一些大型张力结构的施工方法，是将低空组装的索杆系牵引提升至高空与周边结构连接和张拉。如无锡科技交流中心索穹顶采用无支架整体提升牵引的安装方法，最后主动同步张拉最外环的径向索。分析了正态分布钢索随机误差对索穹顶体系初始预应力的影响，并根据结果提出了相应的制作要求。深圳宝安体育场轮辐式空间索桁架结构的施工方案也类似，但各索定长，因此最终液压千斤顶施加拉力的直接目的是将不设调节的索头与周边结构连接就位。对该结构进行了施工随机误差敏感性研究，其随机误差采用了正态分布。可见，已有研究着重于索长误差影响，且索长误差都假设为正态分布。

苏州奥体中心体育场挑蓬为轮辐式马鞍形单层索网结构，其索网由内环索和辐射状布置的径向索组成，整体呈马鞍形曲面，为一种新型的张力结构。而苏州奥体中心游泳馆为正交单层马鞍形索网结构，其结构组成及结构特征也与一般马鞍形索网相比存在诸多特殊之处。拉索的形态和索力对结构的刚度和承载力有着十分重要的影响。为了了解施工过程中索长误差和钢结构安装（索网外联节点）误差对结构自重初始态索力的影响，有必要对索长误差和钢结构安装误差进行相应的误差影响分析。尤其对于定长拉索且不设调节量的索网结构来说，通过索长误差影响分析确定拉索制作误差和钢结构安装误差的标准是一项十分有意义的工作。

通过随机误差影响分析掌握索长误差和周边钢结构安装误差对索力的影响特性，确定合理的误差控制指标，并展开多种对比分析研究，包括：对比定值分布、均匀分布和正态分布三种索长误差分布模型、对比环索和径向索的长度误差对各自索力影响、对比不同索长误差控制标准等。

4.1.3.2 误差分析方法

误差对索网结构的影响与索网结构的特性密切相关。根据索网形式和施工方案将拉索分为主动索和被动索，通过张拉主动索，在整体结构中建立预应力。根据拉索是否直接与外围结构连接，分为外联索和内联索。外联索与外围结构连接的节点即为外联节点。这些误差可表示为矩阵形式（式 4-20）。

$$\Delta_{(i)} = \begin{bmatrix} \Delta_{L(i)}^{OP} & \Delta_{C(i)}^{OP} & \mathbf{0} \\ \Delta_{L(i)}^{IP} & \mathbf{0} & \mathbf{0} \\ \Delta_{L(i)}^{A} & \Delta_{C(i)}^{A} & \Delta_{T(i)}^{A} \end{bmatrix} = \begin{bmatrix} \delta_{l(i,1)}^{op} & \delta_{c(i,1)}^{op} & 0 \\ \delta_{l(i,2)}^{op} & \delta_{c(i,2)}^{op} & 0 \\ \vdots & \vdots & \vdots \\ \delta_{l(i,k)}^{op} & \delta_{c(i,k)}^{op} & 0 \\ \delta_{l(i,1)}^{ip} & 0 & 0 \\ \delta_{l(i,2)}^{ip} & 0 & 0 \\ \vdots & \vdots & \vdots \\ \delta_{l(i,m)}^{ip} & 0 & 0 \\ \delta_{l(i,1)}^{a} & \delta_{c(i,1)}^{a} & \delta_{t(i,1)}^{a} \\ \delta_{l(i,2)}^{a} & \delta_{c(i,2)}^{a} & \delta_{t(i,2)}^{a} \\ \vdots & \vdots & \vdots \\ \delta_{l(i,n)}^{a} & \delta_{c(i,n)}^{a} & \delta_{t(i,n)}^{a} \end{bmatrix} \quad (4-20)$$

式中　$\Delta_{(i)}$——结构第 i 个误差组合的误差矩阵；

$\Delta_{L(i)}^{OP}$——外联被动索索长误差列向量；

$\Delta_{C(i)}^{OP}$——外联被动索节点安装坐标误差列向量；

$\Delta_{L(i)}^{IP}$——内联被动索索长误差列向量；

$\Delta_{L(i)}^{A}$——主动索索长误差列向量；

$\Delta_{C(i)}^{A}$——主动索节点安装坐标误差列向量；

$\Delta_{T(i)}^{A}$——主动索张拉力误差列向量；

k、m 和 n——是外联被动索、内联被动索和主动索的数量；

$\delta_{l(i,j)}^{op}$——结构第 i 个误差组合下第 j 个外联被动索索长误差的值（$j=1$，2，$\cdots$，k）；

$\delta_{c(i,j)}^{op}$——结构第 i 个误差组合下第 j 个外联被动索节点安装坐标误差的值（$j=1$，2，$\cdots$，k）；

$\delta_{l(i,j)}^{ip}$——结构第 i 个误差组合下第 j 个内联被动索索长误差的值（$j=1$，2，$\cdots$，m）；

$\delta_{l(i,j)}^{a}$——结构第 i 个误差组合下第 j 个主动索索长误差的值（$j=1$，2，$\cdots$，n）；

$\delta_{c(i,j)}^{a}$——结构第 i 个误差组合下第 j 个主动索节点安装坐标误差的值（$j=1$，2，$\cdots$，n）；

$\delta_{t(i,j)}^{a}$——结构第 i 个误差组合下第 j 个主动索张拉力误差的值（$j=1$，2，$\cdots$，n）。

通过分析可得，外联索节点安装坐标误差相当于是额外增加的外联索索长误差（式4-21）。

$$\Delta_{(i)} = \begin{bmatrix} \Delta_{\mathrm{LC}(i)}^{\mathrm{OP}} & \mathbf{0} \\ \Delta_{\mathrm{L}(i)}^{\mathrm{IP}} & \mathbf{0} \\ \Delta_{\mathrm{LC}(i)}^{\mathrm{A}} & \Delta_{\mathrm{T}(i)}^{\mathrm{A}} \end{bmatrix} = \begin{bmatrix} \Delta_{\mathrm{L}(i)}^{\mathrm{OP}} + \Delta_{\mathrm{C}(i)}^{\mathrm{OP}} & \mathbf{0} \\ \Delta_{\mathrm{L}(i)}^{\mathrm{IP}} & \mathbf{0} \\ \Delta_{\mathrm{L}(i)}^{\mathrm{A}} + \Delta_{\mathrm{C}(i)}^{\mathrm{A}} & \Delta_{\mathrm{T}(i)}^{\mathrm{A}} \end{bmatrix} = \begin{bmatrix} \delta_{\mathrm{l}(i,1)}^{\mathrm{op}} + \delta_{\mathrm{c}(i,1)}^{\mathrm{op}} & 0 \\ \delta_{\mathrm{l}(i,2)}^{\mathrm{op}} + \delta_{\mathrm{c}(i,2)}^{\mathrm{op}} & 0 \\ \vdots & \vdots \\ \delta_{\mathrm{l}(i,k)}^{\mathrm{op}} + \delta_{\mathrm{c}(i,k)}^{\mathrm{op}} & 0 \\ \delta_{\mathrm{l}(i,1)}^{\mathrm{ip}} & 0 \\ \delta_{\mathrm{l}(i,2)}^{\mathrm{ip}} & 0 \\ \vdots & \vdots \\ \delta_{\mathrm{l}(i,m)}^{\mathrm{ip}} & 0 \\ \delta_{\mathrm{l}(i,1)}^{\mathrm{a}} + \delta_{\mathrm{c}(i,1)}^{\mathrm{a}} & \delta_{\mathrm{t}(i,1)}^{\mathrm{a}} \\ \delta_{\mathrm{l}(i,2)}^{\mathrm{a}} + \delta_{\mathrm{c}(i,2)}^{\mathrm{a}} & \delta_{\mathrm{t}(i,2)}^{\mathrm{a}} \\ \vdots & \vdots \\ \delta_{\mathrm{l}(i,n)}^{\mathrm{a}} + \delta_{\mathrm{c}(i,n)}^{\mathrm{a}} & \delta_{\mathrm{t}(i,n)}^{\mathrm{a}} \end{bmatrix} \tag{4-21}$$

则索长和索力可表示为：

$$l_{0(i,j)}^{\mathrm{op}} = l_{0(j)}^{\mathrm{op}} + \delta_{\mathrm{lc}(i,j)}^{\mathrm{op}} = l_{0(j)}^{\mathrm{op}} + \delta_{\mathrm{l}(i,j)}^{\mathrm{op}} + \delta_{\mathrm{c}(i,j)}^{\mathrm{op}} \,(j=1,2,\cdots,k) \tag{4-22}$$

$$l_{0(i,j)}^{\mathrm{ip}} = l_{0(j)}^{\mathrm{ip}} + \delta_{\mathrm{l}(i,j)}^{\mathrm{ip}} \,(j=1,2,\cdots,m) \tag{4-23}$$

$$l_{0(i,j)}^{\mathrm{a}} = l_{0(j)}^{\mathrm{a}} + \delta_{\mathrm{lc}(i,j)}^{\mathrm{a}} = l_{0(j)}^{\mathrm{a}} + \delta_{\mathrm{l}(i,j)}^{\mathrm{a}} + \delta_{\mathrm{c}(i,j)}^{\mathrm{a}} \,(j=1,2,\cdots,n) \tag{4-24}$$

$$t_{(i,j)}^{\mathrm{a}} = (1+\delta_{\mathrm{t}(i,j)}^{\mathrm{a}})t_{0(j)}^{\mathrm{a}} \,(j=1,2,\cdots,n) \tag{4-25}$$

则初应变可表示为：

$$\varepsilon_{(i,j)}^{\mathrm{op}} = l_{(j)}^{\mathrm{op}}/l_{0(i,j)}^{\mathrm{op}} - 1 \,(j=1,2,\cdots,k) \tag{4-26}$$

$$\varepsilon_{(i,j)}^{ip} = l_{(j)}^{ip}/l_{0(i,j)}^{ip} - 1 \,(j=1,2,\cdots,m) \tag{4-27}$$

$$\varepsilon_{(i,j)}^{\mathrm{a}} = l_{(j)}^{\mathrm{a}}/l_{0(i,j)}^{\mathrm{a}} - 1 \,(j=1,2,\cdots,n) \tag{4-28}$$

式中　$\Delta_{\mathrm{LC}(i)}^{\mathrm{OP}}$ 和 $\Delta_{\mathrm{LC}(i)}^{\mathrm{A}}$ ——为外联被动索总的索长误差和主动索总的索长误差；

$l_{(j)}^{\mathrm{op}}$、$l_{(j)}^{\mathrm{ip}}$ 和 $l_{(j)}^{\mathrm{a}}$ ——为第 j 根外联、内联被动索和主动索的模型索长；

$l_{0(i,j)}^{\mathrm{op}}$、$l_{0(i,j)}^{\mathrm{ip}}$ 和 $l_{0(i,j)}^{\mathrm{a}}$ ——为第 j 根外联、内联被动索和主动索在第 i 个误差组合下的原长；

$l_{0(j)}^{\mathrm{op}}$、$l_{0(j)}^{\mathrm{ip}}$ 和 $l_{0(j)}^{\mathrm{a}}$ ——为第 j 根外联、内联被动索和主动索的理论原长；

$t_{(i,j)}^{\mathrm{a}}$ ——第 j 根主动索在第 i 个误差组合下的索力；

$t_{0(j)}^{\mathrm{a}}$ ——第 j 根主动索的理论索力。

通常索长误差的误差分析中，索力受 $\Delta_{\mathrm{LC}(i)}^{\mathrm{OP}}$、$\Delta_{\mathrm{L}(i)}^{\mathrm{IP}}$ 和 $\Delta_{\mathrm{LC}(i)}^{\mathrm{A}}$ 的影响。但索长误差和索力误差等多种误差的误差分析中，主动索的索力是确定的，且等于 $(1+\Delta_{\mathrm{T}})T_0$，即不受

$\Delta_{LC(i)}^{OP}$、$\Delta_{L(i)}^{IP}$ 和 $\Delta_{LC(i)}^{A}$ 的影响。因此，可以利用小弹性模量方法进行误差分析：

（1）将主动索的弹性模量乘以一个很小的折减系数。

（2）根据 $t_{(i,j)}^{a}$ 确定主动索的初应变。

（3）在力平衡态下，得到模型中主动索的索力 $f_{(i,j)}^{a}$。

可见，若 $\eta \approx 0$，则 $\Delta f_{(i,j)}^{a} \approx 0$，即 $f_{(i,j)}^{a} \approx t_{(i,j)}^{a}$。只要 η 足够小，就可以很容易改变主动索的索力，提高模型分析效率。

$$E_{(j)}^{a} = \eta \cdot E_{0(j)}^{a} \quad (j=1,2,\cdots,n) \tag{4-29}$$

$$\varepsilon_{(i,j)}^{a} = t_{(i,j)}^{a} / (\eta E_{0(j)}^{a} A_{0(j)}^{a}) \quad (j=1,2,\cdots,n) \tag{4-30}$$

$$f_{(i,j)}^{a} = t_{(i,j)}^{a} + \Delta f_{(i,j)}^{a} = t_{(i,j)}^{a} + \eta E_{0(j)}^{a} A_{0(j)}^{a} \Delta l_{(i,j)}^{a} / l_{(j)}^{a} \quad (j=1,2,\cdots,n) \tag{4-31}$$

式中　　　　　　　　η——弹性模量折减系数；

$E_{0(j)}^{a}$、$A_{0(j)}^{a}$ 和 $l_{(j)}^{a}$——为第 j 根主动索的设计弹模、截面面积和索长；

$E_{(j)}^{a}$——第 j 根主动索乘以折减系数后的弹性模量；

$\varepsilon_{(i,j)}^{a}$——第 i 个误差组合下第 j 根主动索的初应变；

$t_{b(i,j)}^{a}$、$\Delta t_{b(i,j)}^{a}$ 和 $\Delta l_{(i,j)}^{a}$——为第 i 个误差组合下第 j 根主动索的张拉力、张拉力增量和索长增量；

$f_{(i,j)}^{a}$ 和 $\Delta f_{(i,j)}^{a}$——为第 i 个误差组合下模型中第 j 根主动索的索力和索力增量。

4.1.3.3　误差分析

1）苏州奥体中心游泳馆索长误差影响分析

（1）误差模拟

① 基本假设：假设制作索长误差和索网外联节点安装误差，都满足均值为 0 的正态分布，其 3 倍标准方差为误差限值。

② 误差分布模式：索长误差沿索长按照各索段长度比例分布；外联节点安装误差布置在索端。

③ 误差样本数量：1000 个。

图 4-34 是其中一根拉索随机产生 1000 个工况下的索长误差，最大值为 0.01371，最小值为 -0.01364，平均值为 0.00002，方差为 0.00003，服从正态分布。分析结果如图 4-34 所示。

误差分析标准：根据《索结构技术规程》JGJ 257—2012，结构自重初始态下索网施工完成后，索力偏差应≤±10%。

（2）误差组合

苏州奥体中心游泳馆的结构特点为拉索采用定长索，索端不设置调节量。根据此结构特点，结合 DIN EN10213 和《索结构技术规程》JGJ 257—2012，设计方提出了更加严格的拉索索长制作误差的限制标准。本报告因此设置了三个误差限值条件，得出每个误差限值条件下结构成型时最终的索力误差。通过比较分析对三个误差限值条件做出合理的评价。误差组合限制见表 4-16。

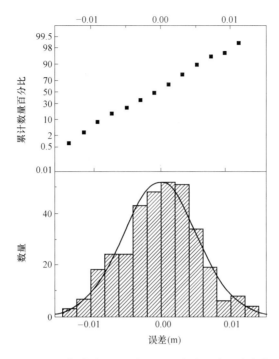

图 4-34 一根拉索在 1000 个误差组合中的索长分布情况

误差限制组合设置   表 4-16

误差组合	索长误差	外联节点安装误差
Ⅰ	$L \leqslant 50\text{m}, \Delta \leqslant \pm 15\text{mm}; 50\text{m} < L \leqslant 100\text{m}, \Delta \leqslant \pm 20\text{mm};$ $L > 100\text{m}, \Delta \leqslant \pm L/5000$	无
Ⅱ	$L \leqslant 100\text{m}, \Delta \leqslant \pm 10\text{mm}; L > 100\text{m}, \Delta \leqslant \pm L/10000$	无
Ⅲ	$L \leqslant 100\text{m}, \Delta \leqslant \pm 10\text{mm}; L > 100\text{m}, \Delta \leqslant \pm L/10000$	$\Delta \leqslant \pm 30\text{mm}$
Ⅵ	$L \leqslant 100\text{m}, \Delta \leqslant \pm 10\text{mm}; L > 100\text{m}, \Delta \leqslant \pm L/10000$	见表 4-17

（3）误差分析

① 误差组合Ⅰ

经过分析，索力误差沿索长分布较为均匀，边索的索力误差较大，最大索力误差达到 16.57%，索力误差最大处位于 CZ31；承重索索力误差在 8.53%～16.57% 之间，CZ11 至 CZ21 的误差值小于 10%，其余均大于 10% 的限值；稳定索索力误差在 6.82%～15.67% 之间，WD06～WD24 共 19 根索索力误差小于 10%，其余拉索索力误差大于 10%，不能满足要求。分析结果如图 4-35 和图 4-36 所示。

② 误差组合Ⅱ

经过分析，索力误差沿索长分布较为均匀，边索的索力误差较大，最大索力误差达到 11.00%，索力误差最大处位于 CZ31；承重索索力误差在 4.27%～11.00% 之间，稳定索索力误差在 3.41%～10.43% 之间；除 CZ01、CZ31、WD01、WD31 不能满足要求外，其他拉索均满足规范要求。分析结果如图 4-37 和图 4-38 所示。

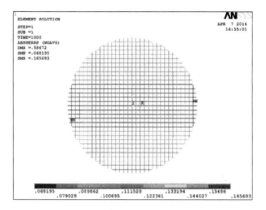

图 4-35　索力误差绝对值分布

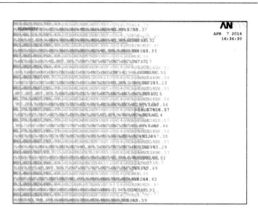

图 4-36　索力误差最大处误差值

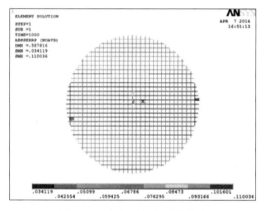

图 4-37　索力误差绝对值分布

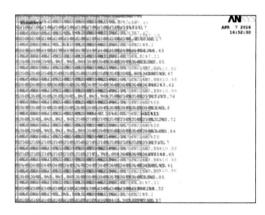

图 4-38　索力误差最大处误差值

③ 误差组合Ⅲ

经过分析，由于增加了索端外联节点安装误差，索力偏差沿索长分布不均匀，误差沿索长分布中部小，索端大；边索的索力误差较大，最大索力误差达到58.54%，索力误差最大处位于CZ31；承重索索力误差在16.54%～58.54%之间，稳定索索力误差在10.23%～43.9%之间；所有拉索索力误差均超过规范允许值（≤±10%）。分析结果如图4-39和图4-40所示。

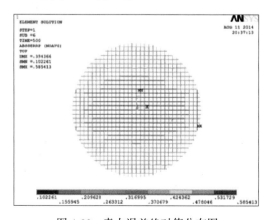

图 4-39　索力误差绝对值分布图

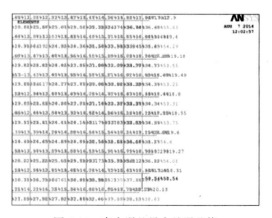

图 4-40　索力误差最大处误差值

④ 误差组合Ⅳ

由误差组合Ⅱ的结果可知，CZ01、CZ31、WD01 和 WD31 四根索的索力误差超过了允许值，因此在本处对这四根索进行索力控制。以索力误差在±10%以内为计算目标，索网外联节点安装误差的理论值 δ 在表 4-17 中列出。同时，为了满足工程要求，取安全系数 $k=1.2$，即误差允许值 $[\delta]=\delta/1.2$。

各拉索外联节点安装误差（一端） 表 4-17

拉索编号	$\delta(\pm m)$	$[\delta](\pm m)$	拉索编号	$\delta(\pm m)$	$[\delta](\pm m)$
CZ01	索力控制	—	WD01	索力控制	—
CZ02	0.0045	0.0038	WD02	0.006	0.0050
CZ03	0.0045	0.0038	WD03	0.007	0.0058
CZ04	0.005	0.0042	WD04	0.007	0.0058
CZ05	0.006	0.0050	WD05	0.008	0.0067
CZ06	0.007	0.0058	WD06	0.009	0.0075
CZ07	0.0065	0.0054	WD07	0.009	0.0075
CZ08	0.006	0.0050	WD08	0.0085	0.0071
CZ09	0.0075	0.0063	WD09	0.01	0.0083
CZ10	0.007	0.0058	WD10	0.009	0.0075
CZ11	0.0075	0.0063	WD11	0.0115	0.0096
CZ12	0.0085	0.0071	WD12	0.012	0.0100
CZ13	0.008	0.0067	WD13	0.0115	0.0096
CZ14	0.008	0.0067	WD14	0.01	0.0083
CZ15	0.0075	0.0063	WD15	0.0105	0.0088
CZ16	0.007	0.0058	WD16	0.011	0.0092
CZ17	0.0075	0.0063	WD17	0.011	0.0092
CZ18	0.0075	0.0063	WD18	0.0105	0.0088
CZ19	0.008	0.0067	WD19	0.011	0.0092
CZ20	0.008	0.0067	WD20	0.012	0.0100
CZ21	0.008	0.0067	WD21	0.01	0.0083
CZ22	0.0065	0.0054	WD22	0.009	0.0075
CZ23	0.0075	0.0063	WD23	0.01	0.0083
CZ24	0.006	0.0050	WD24	0.0085	0.0071
CZ25	0.0065	0.0054	WD25	0.009	0.0075
CZ26	0.0065	0.0054	WD26	0.0085	0.0071
CZ27	0.006	0.0050	WD27	0.0085	0.0071
CZ28	0.0045	0.0038	WD28	0.007	0.0058
CZ29	0.005	0.0042	WD29	0.007	0.0058
CZ30	0.005	0.0042	WD30	0.0055	0.0046
CZ31	索力控制	—	WD31	索力控制	—

经过分析，索力误差沿索长分布跨中小，索端大，索力误差较大处集中在靠近外联环梁附近的边缘拉索中；最大索力误差达到 9.98%，索力误差最大处位于 CZ14 处；承重索索力误差在 5.91%～9.98% 之间，稳定索索力误差在 5.55%～9.94% 之间。索力误差均小于误差限值且最大值基本上接近误差限值，可以认为误差组合Ⅳ即为本工程索长和索网外联节点的误差极限（图 4-41～图 4-43）。

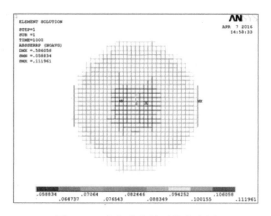 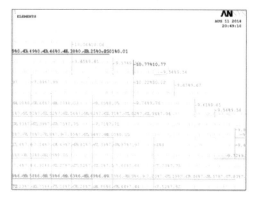

图 4-41　索力误差绝对值分布图　　　　图 4-42　索力误差最大处误差值

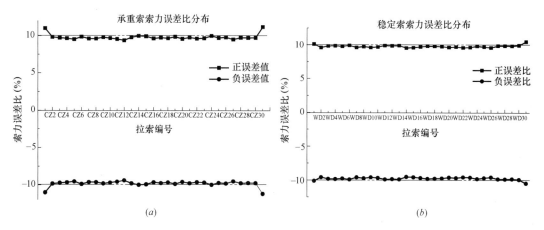

图 4-43　拉索索力误差比分布图

(a) 承重索索力误差比分布图；(b) 稳定索索力误差比分布图

（4）结论

苏州奥体中心游泳馆工程采用定长索且索长满足设计要求的前提下，拉索端部连接板必须设置足够的调节量来克服钢结构安装误差和拉索制作误差。因此，要求：在钢结构安装后实测安装误差，在拉索制作后实测索长误差，然后根据两者误差值来调整索端连接板的制作长度。根据计算结果，结合工程经验，钢结构安装精度一般在 ±30mm 以内，则除端部 4 根拉索的端头板调节量应达到 ±20～±26mm，即可满足索力误差在 ±10% 以内，而端部 4 根拉索需要 ±40mm 的调节量。考虑到其他影响因素，偏保守实际取 50mm 的调节量，如图 4-44 所示。

2）苏州奥体中心体育场挑蓬误差影响分析

（1）误差分布模型

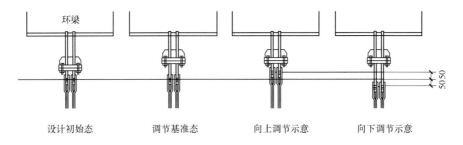

图 4-44 拉索端板容差示意图

本工程中，单根径向索的原长（无应力长度）为 51.385~54.135m，单根环索的原长为 102.77m。由《索结构技术规程》JGJ 257—2012 中索长允许偏差要求（表 4-18）可知，径向索和环索的索长允许偏差分别为：$|e_l^{radius}| \leqslant 20$mm，$|e_l^{ring}| \leqslant 20.55$mm。

拉索长度允许偏差 表 4-18

拉索长度 L(m)	$\leqslant 50$	$50 < L \leqslant 100$	> 100
$|e_l|$ (mm)	± 15	± 20	$\leqslant L/5000$

注：$|e_l|$——索长误差绝对值。

影响索长制作误差的因素众多，如设备误差、测量误差、温度变化、材料性质变化等。分别假定索长误差服从正态分布、均匀分布和定值分布，进行索长和外联节点坐标随机误差组合分析。

正态分布是期望为 μ，方差为 σ_2 的连续概率分布，其概率密度函数见式（4-32）、式（4-33）和图 4-45（a），累积分布函数如图 4-45（b）所示。

$$f(x) = \frac{1}{\sqrt{2\pi}\sigma} e^{-\frac{(x-\mu)^2}{2\sigma^2}}, -\infty < x < +\infty \tag{4-32}$$

$$F(x) = \frac{1}{\sqrt{2\pi}\sigma} \int_{-\infty}^{x} e^{\frac{(x-\mu)^2}{2\sigma^2}} dx, -\infty < x < +\infty \tag{4-33}$$

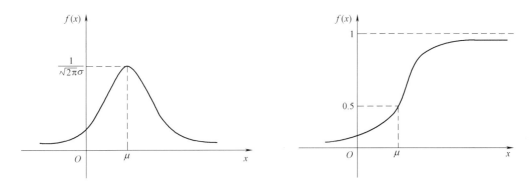

图 4-45 正态分布曲线

均匀分布是下限为 a、上限为 b 的连续概率分布，其概率密度函数如图 4-46（a）所示，累积分布函数如图 4-46（b）所示。

$$f(x) = \frac{1}{b-a}, a \leqslant x \leqslant b \tag{4-34}$$

$$F(x) = \begin{cases} 0 & x < a \\ \dfrac{(x-a)}{(b-a)} & (a \leqslant x \leqslant b) \\ 1 & x > b \end{cases} \tag{4-35}$$

$$E(x) = \frac{a+b}{2} \tag{4-36}$$

$$Var(x) = \frac{(b-a)^2}{12} \tag{4-37}$$

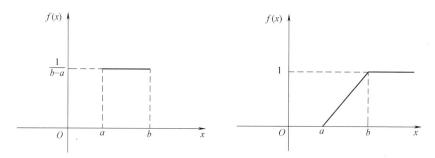

图 4-46 均匀分布曲线

定值分布是指 $P(x) = 1(x=a)$，$P(x) = 0(x \neq a)$ 的概率分布。

（2）误差组合

基于正态、均布和定值三种误差分布模型，分别进行索长误差独立分析和索长、外联节点坐标误差组合分析，共设置 6 种误差组合（表 4-19）。误差组合分析流程为：

拉索长度允许偏差   表 4-19

误差组合	径向索长误差	环索长误差	外联节点坐标误差
I_a	正态	正态	—
I_b	均匀	均匀	—
I_c	定值	定值	—
II_a	正态	—	—
II_b	—	正态	—
III	正态	正态	正态

① 选择合理的误差分布模型，根据误差限值和保证率确定误差分布模型中各参数值。如，索长误差限值为 [−20mm，20mm]，按不小于 99.7% 的保证率，假定索长误差服从正态分布时，得到误差的期望值公式（4-38）、式（4-39），计算得 $\mu = 0$、$\sigma_2 = 44.45$；假定索长误差服从均匀分布时，$a = -20$、$b = 20$；假定索长误差服从定值分布时，$a = -20$ 或 $a = 20$。

$$\mu = \frac{X_{\min} + X_{\max}}{2} \tag{4-38}$$

$$\sigma_{99.7} = \frac{X_{\min} - X_{\max}}{6} \tag{4-39}$$

式中 $X_{\min}$、$X_{\max}$、μ、$\sigma_{99.7}$——为正态分布模型中误差的最小限值、最大限值、期望值和具有 99.7% 保证率的标准差。

② 每种误差组合随机生成 n 个误差工况，然后逐一进行非线性有限元工况分析。

以误差组合 I a 为例，对 40 根径向索按正态分布模型各随机生成 500 个误差工况，其中 1 轴径向索索长误差的统计结果：最小值为 -18.19，最大值为 18.28，均值为 0.03，方差为 46.91，如图 4-47 所示；对各个误差工况的 40 根径向索长误差的统计结果：最小值为 -18.32，最大值为 18.85，均值为 0.28，方差为 48.35，如图 4-48 所示。可见，上述均符合正态分布。

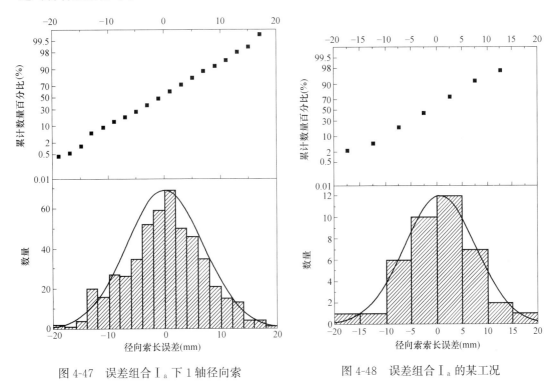

图 4-47　误差组合 I a 下 1 轴径向索　　　　　图 4-48　误差组合 I a 的某工况
索长误差分布　　　　　　　　　　　中 40 根径向索长误差分布

③ 选择合理误差分布模型和保证率，统计 n 个误差工况与无误差工况的索力比误差。500 个误差工况逐一进行非线性有限元分析后，对索单元拉力误差比进行统计，结果显示：索长误差服从正态分布和均匀分布时，其索单元拉力误差比服从正态分布，服从定值分布时，其索单元拉力误差比服从定值分布。

选择合理误差分布模型和保证率，统计 n 个误差工况与无误差工况的索力比误差，见式 (4-40)。

$$e_{\mathrm{fr}(i,j)} = e_{\mathrm{f}(i,j)}/f_{(0,j)} = f_{(i,j)}/f_{(0,j)} - 1 \qquad (4\text{-}40)$$

式中　　$f_{(i,j)}$、$e_{\mathrm{f}(i,j)}$、$e_{\mathrm{fr}(i,j)}$——为第 i 个误差工况的第 j 根拉索的索力、索力误差和索力比误差；

　　　　$f_{(0,j)}$——第 j 根拉索的无误差索力。

以误差组合 I a 和 I b 为例，各 500 个误差工况逐一进行非线性有限元分析后，对索单元拉力比误差进行统计，结果显示：I a 某索单元拉力比误差的最小值为 -4.29%，最大值为 4.07%，均值为 -0.09%，方差为 0.018%，如图 4-49 所示；I b 某索单元拉力比误差的最小值为-5.95%，最大值为5.93%，均值为-0.17%，方差为0.055%，如图4-50所示。可见，索长误差服从正态分布和均匀分布时，索力比误差均服从正态分布。

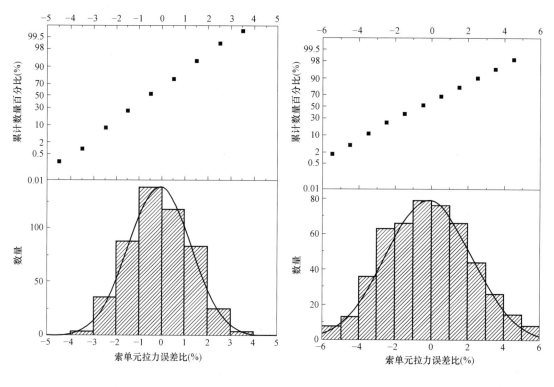

图 4-49　误差组合I_a某索单元拉力误差比分布　　　图 4-50　误差组合I_b某索单元拉力误差比分布

由于本工程采用定长索，结构张拉成型后难以再调整索力，因此对于正态分布和均匀分布得到的索单元拉力误差比，基于正态分布假定，按不小于99.7%的保证率得到索力比误差的极值，见式（4-41）～式（4-43）。

$$e_{fr(max)} = \mu_{fr} + 3 \times \sigma_{fr} \tag{4-41}$$

$$e_{fr(min)} = \mu_{fr} - 3 \times \sigma_{fr} \tag{4-42}$$

$$e_{fr(abs)} = \max(|e_{fr(min)}|, |e_{fr(max)}|) \tag{4-43}$$

式中　$e_{fr(max)}$、$e_{fr(min)}$、$e_{fr(abs)}$——为最大、最小和绝对索力比误差；

μ_{fr}、σ_{fr}——为索力比误差的均值和标准差。

（3）不同分布模型索长误差影响分析（误差组合I_a、I_b、I_c）

为了比较不同分布模型下索长误差对结构索力的影响，选定正态分布、均匀分布和定值分布三种分布模型进行对比，即对比误差组合I_a、I_b、I_c的分析结果（表4-20和图4-51），可见：不同索长误差分布模型对索力误差的影响差别较大，影响程度从大到小依次为定值分布、均匀分布、正态分布（注：此处均匀分布和定值分布仅作对比分析用，后续分析均采用正态分布）。

不同分布模型下索长误差对比分析 表 4-20

误差组合		I_a	I_b	I_c
径向索力	$e_{fr(min)}$（%）	−4.34	−7.63	−12.15
	$e_{fr(max)}$（%）	4.34	7.63	12.64
环索索力	$e_{fr(min)}$（%）	−3.50	−6.16	−12.00
	$e_{fr(max)}$（%）	3.50	6.16	12.46

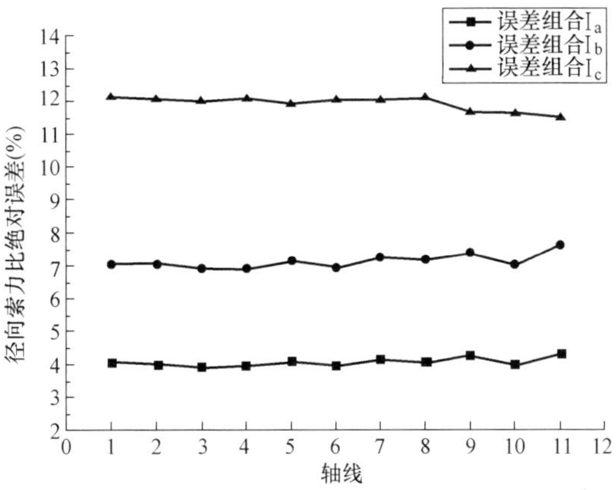

图 4-51 误差组合 I_a、I_b、I_c 的径向索力比绝对误差

（4）径向索和环索索长误差影响对比分析（对比误差组合 II_a、II_b）

为比较径向索和环索索长误差对结构索力影响程度，对比误差组合 II_a、II_b 的分析结果（表 4-21 和图 4-52），可见：环索力受径向索长误差影响较小，而径向索和环索的索力受环索索长误差影响基本一致。

径向索和环索索长误差对结构索力影响对比 表 4-21

误差组合		II_a	II_b
径向索力	$e_{fr(min)}$（%）	−2.63	−2.53
	$e_{fr(max)}$（%）	2.63	2.53
环索索力	$e_{fr(min)}$（%）	−0.86	−2.50
	$e_{fr(max)}$（%）	0.86	2.50

（5）索长和外联节点坐标组合随机误差影响分析（误差组合 III）

为指导周边钢结构安装施工，确定周边钢结构安装坐标误差控制标准，须进行索长和外联节点坐标随机误差组合分析，即分析误差组合 III。

假定索长和外联节点坐标误差都符合正态分布，在误差组合 I_a 的基础上，逐级（每级 5mm）增大各榀外联节点坐标误差限值 $[e_c]$，直至各榀径向索力比误差都临近限值 $[e_{fr}]$。根据《预应力钢结构技术规程》CECS 212—2006 规定："竣工前，主要承重拉索索力偏差值应控制在 ±10% 以内"，因此 $[e_{fr}]$ 取 ±10%，如图 4-53 所示。

为对比不同索长误差控制标准对外联节点坐标允许误差的影响，索长误差限值分别取

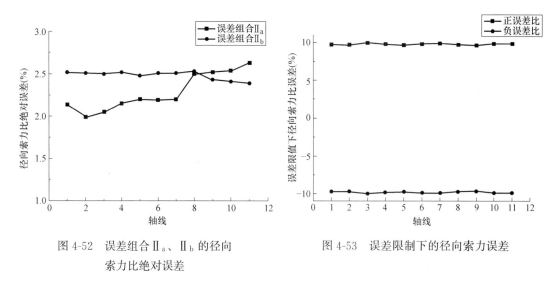

图 4-52　误差组合 Ⅱₐ、Ⅱᵦ 的径向　　　　图 4-53　误差限制下的径向索力误差
　　　　　索力比绝对误差

表 3-18 和 ±0.01%L（对径向索约为 ±5.2mm，对环索约为 10.3mm）进行对比分析，结果见表 4-22，可见：从低点的 1 轴到高点的 11 轴，外联节点坐标允许误差逐渐缩小；相比表 4-18 的索长允许误差，当外联节点坐标允许误差增大 15mm，约等于两者索长误差限值的差值，即更严格的索长控制标准可相应放宽外联节点坐标允许误差；考虑到计算模型中的刚度和荷载条件等误差，外联节点坐标误差控制值在理论值基础上除以 1.2 的安全系数。

外联节点坐标误差限值 $[e_c]$ (mm)　　　　　　　　　　表 4-22

轴线	$\mid e_l^{ring} \mid \leqslant 20$ $\mid e_l^{radius} \mid \leqslant 20.55$		$\mid e_l \mid \leqslant 0.01\%L$	
	理论值	控制值	理论值	控制值
1/21	±85	±71	±100	±83
2/20/22/40	±85	±71	±100	±83
3/19/23/39	±85	±71	±100	±83
4/18/24/38	±80	±67	±95	±79
5/17/25/37	±80	±67	±95	±79
6/16/26/36	±80	±67	±95	±79
7/15/27/35	±80	±67	±95	±79
8/14/28/34	±65	±54	±80	±67
9/13/29/33	±65	±54	±80	±67
10/12/30/32	±65	±54	±80	±67
11/31	±65	±54	±80	±67

根据上述分析结果，综合考虑拉索制作和钢结构安装的工程经验，采用定长索，拉索制作长度误差 $\mid e_l \mid \leqslant 0.01\%L$，沿径向索方向的外联节点坐标允许误差 $\mid e_c \mid \leqslant (67\sim83)$mm，能满足结构成型时的索力比误差 $\mid e_l \mid \leqslant 0.01\%L$ 的要求。

4.1.3.4　总结

本章首先阐述了索杆张力结构施工前进行被动索长和主动张拉力的误差影响分析的必要性。此类结构的施工成型状态受索长和张拉力的影响大，由于拉索根数多，为节省设备投入和提高张拉效率，一般多采用被动张拉技术，其施工控制的关键是主动索的张拉力、被动索长和外联节点安装坐标，需要通过误差影响分析，确定控制指标，指导施工。

针对苏州奥体中心游泳馆采用定长拉索的特点，对苏州奥体中心游泳馆进行了索长误差和钢结构安装误差的组合误差影响分析。根据设计要求和相关工程经验，本章设定四种误差分析工况，在采用规范规定的索长误差制作误差限值下，拉索索力误差大多数超过10%的限值，在采用设计要求更严格的索长制作误差限值下，拉索仅端部四根较短拉索索力误差超过10%的限值。在此基础上，本章计算出在设计要求的索长制作误差限值的条件下，外联钢结构节点安装误差的允许值。根据计算结果，本章给出了苏州奥体中心游泳馆合理的钢结构安装精度要求以及通过后焊索头连接端板的方式以实现一定调节量的容差方法。

然后对苏州奥体中心体育场挑蓬轮辐式马鞍形单层索网结构进行了索长和外联节点坐标随机误差组合影响分析，掌握索长误差和周边钢结构安装误差对索力的影响特性，确定合理的误差控制指标，并展开多种对比分析研究，包括：对比定值分布、均匀分布和正态分布三种索长误差分布模型、对比环索和径向索的长度误差对索力的影响、对比不同索长误差控制标准等。

最后通过三种对比分析得到相关结论，①不同索长误差分布模型对索力误差影响从大到小依次为定值分布、均值分布、正态分布；②径向索长误差对结构索力影响较环索大；③更严格的索长控制标准可相应增大外联节点安装允许误差，增大值为索长误差限值的差值；④结合理论结果和工程经验，本工程采用定长索是可行的。$|e_{fr}| \leqslant 10\%$的控制标准为：$|e_l| \leqslant 0.01\%L$，$|e_c| \leqslant (67 \sim 83)$mm。

另外，由于本工程体型大，拉索长度较长，对于具有大量短索的中、小型工程，应进行多种因素的组合误差影响分析，制订更加严格的控制标准。

4.2　索网边界钢结构高精度加工与安装技术

4.2.1　技术背景

苏州奥体中心体育场采用260m跨度轮辐式钢支撑单层索膜＋压环梁＋V形柱的结构形式。钢支撑为外倾的40根V形支撑柱＋压环梁结构，外圈倾斜的V形柱在空间上形成了一个圆锥形的空间壳体结构。该锥形壳体设计与施工主要有如下几个超常规特点：

（1）V形钢柱对基础沉降较为敏感，为减小基础沉降差的影响，对V形柱的设置进行了方案优化比较，且为了节约钢材，让特定部位的立柱承受指定的荷载。其中，部分立柱为承重及抗侧力体系柱，承受结构整体荷载；部分立柱为抗侧力体系柱，不承受竖向荷载；部分立柱为幕墙立柱，只承受径向荷载。根据V形钢柱受力情况，需对柱脚节点的材料构成（高强材料的应用）、滑动机制与工作性能做特殊设计要求，并严格保证施工质量（铸钢件成型质量、滑动组件连接质量与安装定位精度）。

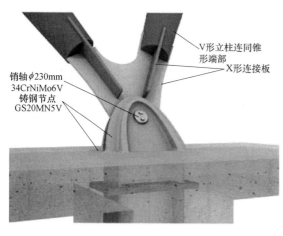

V形立柱连同锥形端部

X形连接板

销轴ϕ230mm
34CrNiMo6V
铸钢节点
GS20MN5V

图4-54 柱脚效果图

柱脚效果图如图4-54所示。

（2）上部压环梁创新性采用超大法兰盘连接方式，免除现场焊接工作提升质量可靠性的同时大大提高了对钢结构工厂加工、现场安装的精度要求，通过采用制作安装全过程BIM技术和数值模拟分析技术、外压环采用工厂拼五留三预拼装技术、V形柱和压环梁安装采用胎架顶部仿形工装技术，实现了压环梁与索头连接的销轴孔中心点关键节点±20mm以内高精度控制。

4.2.2 体育场柱脚销轴、柱脚铸钢件高强材料应用与研究

销轴用钢采用高温碎火的钢材，材料根据欧洲规范EN10083-1的1.6582号34CrNiMo6QT，或按中国规范规定的同等材料，材料物理特性见表4-23。

34CrNiMo6V钢材物理特性表　　　　　　表4-23

材　　料	热处理钢材
材料型号	34CrNiMo6V
材料号码	1.6582
厚度(mm)	40-100/100-160/160-250
强度(0.2%)(N/mm²)	800/700/600
极限抗拉强度(N/mm²)	≥1000/900/800
破坏变形(%)	11/12/13
吸收能	45/45/45

铸钢节点在连接结构中是一个整体的构件。比较起焊接节点来说铸钢节点更有利于构件内部力的传递和更好的动力及静力的受力强度。铸钢节点同时也拥有安装方便，计算简单，维护方便，寿命更长，以及更好的外观效果等非常显著的优势。

表4-24为根据德国规范DIN EN10213所采用的铸钢构件的力学指标。

铸钢构件力学指标表　　　　　　表4-24

牌　号	厚度(mm)	强度(MPa)	抗拉强度(MPa)	破坏变形(%)
GS20MN5V	t≤100	300	550	24
	t≤250	300	550	24
GS18NiMoCr36	t≤80	700	830~980	12
	t≤150	630	780~930	12

根据在中国市场上铸钢件的价钱、可能性和加工经验，体育场所有的铸钢构件均采用了380MPa级GS20MN5V铸钢，比国内常用300MPa级铸钢强度提高了26.7%。

体育场柱脚销轴采用欧洲标准34CrNiMo6材料，相比国内常用40Cr材料，屈服强度

设计值提高 34.5%。体育场柱脚铸钢采用 Gs20Mn5。

4.2.3 三种可滑动关节轴承铰接节点现场安装技术

浦东国际机场二期航站楼屋盖 Y 形柱顶铰接节点在建筑中首次引入了以向心关节轴承为其转动的万向球铰节点，因其转动特性与结构铰接节点理论假定更为接近，且能满足大荷载的要求，近年来关节轴承的应用得到进一步推广。

在空间结构体系中，外圈钢结构对基础沉降较为敏感，为实现结构安全稳定并尽可能地降低用钢量，需让不同钢结构立柱承受不同的荷载，为此须在可转动的向心关节轴承铰支座基础上，引入可沿特定方向滑动的特性来释放更多的荷载。而国内外建筑施工领域对关节轴承的技术应用局限于万向铰接点，未能充分发挥关节轴承的力学特性。

苏州奥体中心体育场首次应用了三种滑动关节轴承于 V 形柱柱脚，研发了滑动关节轴承制作、安装等工艺技术。通过在传统轴承基础上增加方形轴承座的方式，配合连接方式的改变，实现轴承节点在某一方向的滑动。在结构体系中，不同类型的柱脚在不同的施工阶段具有不同的作用：钢结构安装阶段，柱脚均采取临时限位措施作为刚接节点使用，提高钢结构安装精度，增强稳定性；预应力张拉阶段，随着预应力的增加，按照对称顺序逐步释放关节轴承限位，让外圈钢结构随着张拉变形；结构张拉完成后，各柱脚节点发挥各自的作用。

4.2.3.1 可滑动关节轴承铰支座施工工艺

1）施工工艺流程

施工工艺流程图如图 4-55 所示。

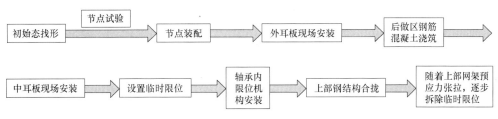

图 4-55 施工工艺流程图

2）施工工艺操作要点

（1）初始态找形，柱脚角度确定

恒载态找形分析目标为整体位形和网架预应力达到设计院给定数值。基于恒载态找形分析目标，进行零状态找形分析，确定外圈钢结构制作安装模型，确定钢柱脚安装角度，并将网架预应力误差控制在规范及设计允许范围内。找形分析后将计算模型直接导入深化软件，进行钢结构深化设计及柱脚放样。

（2）节点装配

柱脚节点设计包含中耳板、关节轴承及外耳板三个部分，其中关节轴承向轴承厂家订制；节点 1 与节点 2 均采用双侧设置盖板，通过高强度螺栓将轴承固定在中耳板内，节点 3 采用焊接方式，根据轴承及盖板尺寸，考虑配合公差，对中耳板进行机加工，嵌入方式如图 4-56 所示；节点 2 与节点 3 设置双金属润滑材料降低摩擦系数实现自润滑，节点 2 润滑板固定于中耳板两侧及轴承盖板内侧，节点 3 润滑板固定在外耳板上。

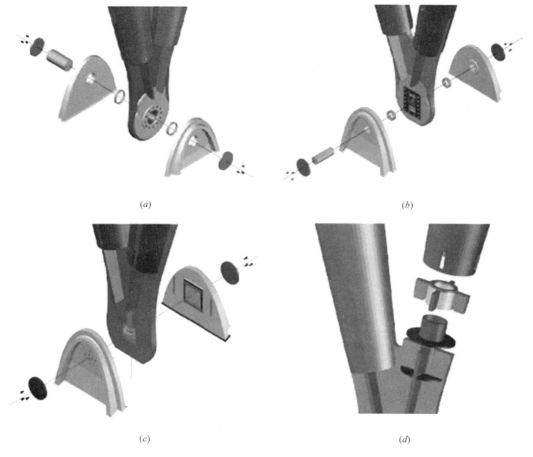

图 4-56 柱脚节点构建拆解示意图

（a）节点 1：承受整体荷载（可转动）；（b）节点 2：不承受竖向荷载（可转动、可上下滑动）；

（c）节点 3：不承受整体荷载（可转动、可上下左右滑动）；（d）节点 4：柱身滑动套筒（可滑动）

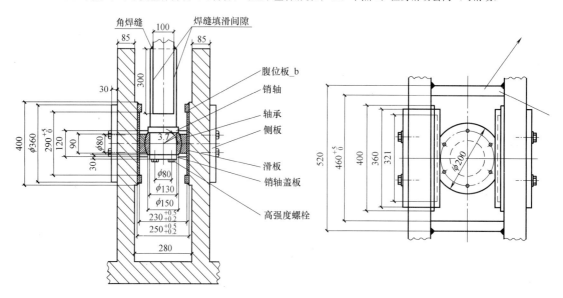

图 4-57 节点 3 总装图（尺寸单位：mm）

具体装配：以节点 3 为例，装配图及装配顺序如图 4-57 所示。

① 销轴装配

销轴装配轴承、销轴盖板、高强度螺栓、高强度垫圈，如图 4-58 所示。

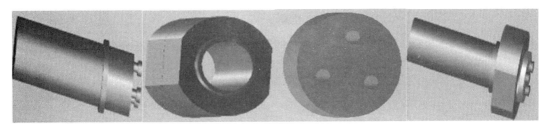

图 4-58 销轴装配示意图

② 中耳板装配

销轴嵌入中耳板 300mm，使轴承外圆的平面与中耳板的侧面平行，并按要求进行焊接，如图 4-59 所示。

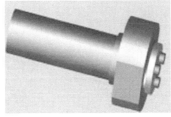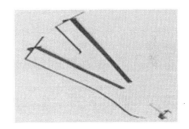

图 4-59 中耳板装配示意图

③ 外耳板装配

因外观需要，外耳板采用铸钢一次浇筑成型后进行机加工，造型优美，外耳板根据转角要求设置间距，中耳板采用定位套限制其在销轴方向的滑动。

把滑板贴在外耳板的内侧，对准螺纹孔，用 4 个螺钉锁紧。在外耳板外侧，把侧板用高强度螺栓锁上，如图 4-60 所示。

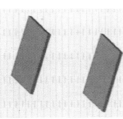

图 4-60 外耳板装配示意图

（3）外耳板现场安装

大平台梁板浇筑时，在柱脚周边预留 4.5m×4.5m 后做区，待铸钢外耳板安装完成后采用补强混凝土二次浇筑完成。铸钢外耳板采用单轨滑车进行吊装（注：柱脚后做区周围悬挑梁板满堂支撑架不能拆除），因铸钢件与轴承连接部位均采用机加工，铸钢外耳板精度控制直接影响上部轴承节点，选取内外销轴孔分别定位确定转角和倾角，复核四周底板。柱脚门架吊装临时固定如图 4-61 所示。

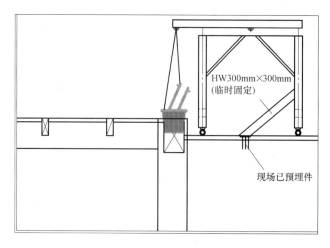

图 4-61　柱脚门架吊装临时固定示意图

（4）柱脚后做区混凝土浇筑

屋顶钢结构柱脚与型钢混凝土柱相连，钢柱脚采用向心关节轴承，对安装精度要求很高，因此采用了可以主动调整误差的安装方式。型钢柱在顶部分成两段，上段为棱台形，上段下段之间采用钢板相连，如图 4-62 所示。第一步，将下段型钢柱与混凝土梁下钢筋连接好，浇筑阴影范围之外的梁柱混凝土。第二步，测量连接钢板标高，加工型钢柱上段，将钢柱脚与型钢柱上段焊接成整体节点，将整体节点与连接钢板焊接，浇筑阴影范围之内的梁柱混凝土。

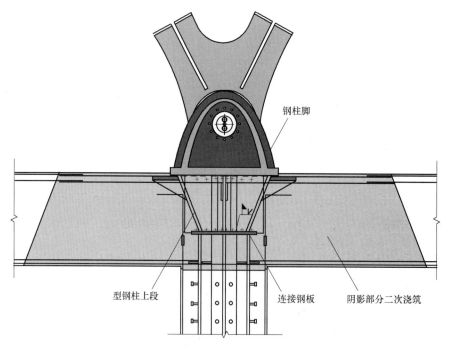

图 4-62　柱脚后做区节点示意图

（5）中耳板现场安装

因建筑功能要求，钢筋混凝土看台为倾斜造型，中耳板位于看台下侧，无法直接吊装就位。因此采用扁担梁平衡吊装的方式，根据中耳板重量设置相应配重，使扁担梁水平，配重高度靠近楼面，保证安全。中耳板安装如图 4-63 所示。

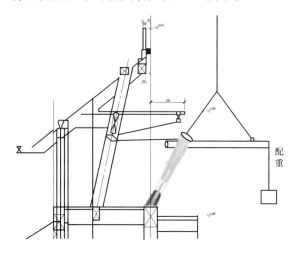

图 4-63　柱脚中耳板安装示意图

（6）设置临时限位措施

中耳板校正完毕设置门架临时支撑，形成稳定受力体系，因关节轴承可自由转动及滑移，在索网提升张拉之前需要采取临时限位措施（仿形工字钢零食支撑架＋焊接临时限位板），如图 4-64 所示，保证钢结构安装阶段的精度要求。

（7）轴承限位机构安装

把中耳板组件放入外耳板内侧，使轴承的外圆平明贴着滑板平面，临时限位措施设置到位后，按装配图的要求，为防止轴承无限滑动，在相应的位置上焊接轴承内限位机构，如图 4-65 所示。

图 4-64　中耳板仿形临时
支撑架示意图

 ＋ 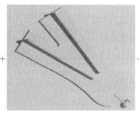 ＋  ＝

图 4-65　轴承内限位结构现场安装示意图

（8）拆除临时限位

在上部网架张拉过程中，随着预应力的增加，柱脚随着钢结构的变形而转动，各轴承节点有序拆除临时限位措施，轴承中耳板到达居中位置并形成稳定平衡状态。

4.2.4 屋盖钢结构临时支撑胎架设计与安装关键技术

4.2.4.1 大型格构式胎架布置整体思路

体育场钢结构吊装施工时先吊装压环梁，后吊装 V 形柱；压环梁标高在 27～52m 之间，压环梁下部需设置临时支撑胎架，胎架位置放置在压环梁与 V 形柱的交汇处。游泳馆共需设置 40 组支撑胎架。施工顺序如下：

（1）第一步，在＋11.30m 平台处钢筋绑扎过程中插入胎架底部转换梁埋件预埋工作；

（2）第二步，在＋11.30m 平台混凝土浇筑完成后安装转换梁，转换梁与埋件焊接；

（3）第三步，安装胎架标准节，其中胎架和转换梁及胎架分段之间采用高强度螺栓连接；

（4）第四步，为保证胎架的整体稳定，胎架安装到一定高度后，在体育场看台圈梁和胎架之间搭设 φ325×10 水平拉杆，其中水平拉杆和混凝土梁通过埋件连接，拉杆和胎架采用焊接方式连接。

4.2.4.2 大型格构式胎架现场拼装及吊装工艺

体育场共需 6m 胎架标准节 144 部，4m 胎架标准节 68 部；支撑胎架拆成片状结构运输至现场，现场采用 1 台 25t 汽车起重机进行胎架的拼装；胎架拼装完成后在地面放置竖直爬梯（规格 φ14 圆钢），并且在每一节顶部位置放置两块钢跳板（规格 3000mm×250mm×50mm）作为休息平台；胎架拼装示意图如图 4-66 所示。

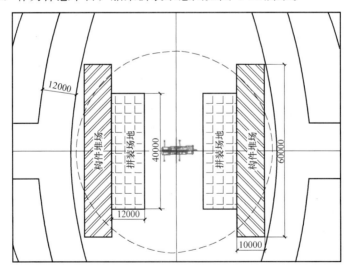

图 4-66 胎架拼装示意图

体育场胎架采用 1 台 450t 履带起重机；胎架吊装时每一节单独吊装，顶部工装在地面和下部胎架标准节焊接完成后进行吊装；胎架底部反力交由设计复核，由设计院反馈是否需要进行混凝土加固；胎架吊装示意图如图 4-67 所示。

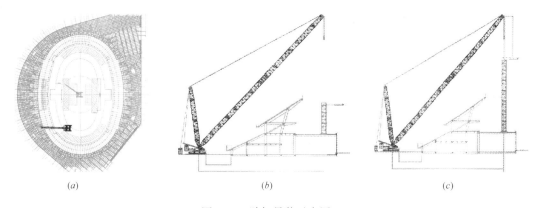

图 4-67　胎架吊装示意图

(*a*) 总体吊装示意图；(*b*) 高区胎架吊装示意图；(*c*) 低区胎架吊装示意图

4.2.5　外圈钢结构工程预制、现场吊装施工技术

4.2.5.1　V 形柱与压环梁制作及实体拼装构件

本工程拟将 V 形柱、压环梁结构（图 4-68）进行实体预拼装，记录关键控制点的三维数据。

1）V 形柱、压环梁实体预拼装

V 形柱与压环梁的预拼拟采用 V 形柱压环梁单块体预拼和压环梁累积连续预拼装两种方法，这样既能保证 V 形柱与压环梁连接的精度，又能保证压环梁整体的尺寸精度。将每根压环梁与之相邻的 V 形柱组成的三角形块体单独预拼装，采用卧拼的方式。压环梁在周长方向上的预拼装拟采用

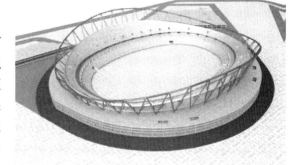

图 4-68　体育场环梁预拼装构件

分单元连续匹配预拼的方法进行，将整个压环梁沿周长方向划分为若干个预拼单元，按顺时针或逆时针方向进行连续匹配预拼，即第一预拼单元预拼后，将与第二预拼单元相邻的压环梁留下，并以留下的梁为基准，进行第二预拼单元的预拼，依此类推，完成压环梁整体的预拼装。

2）V 形柱与压环梁单块体预拼装

V 形柱与压环梁组成的单个三角形块体长度 20～45m，宽度 16～20m，高度 1.5～3m。预拼装流程图如图 4-69 所示。

3）压环梁节段预拼装

压环梁采用循环预拼装，将第一环梁单元首先进行单元内构件预拼装，然后与相邻的第二环梁预拼装单元进行预拼装，对两个单元的预拼装进行整体测量和校正，完成之后，将第一环梁单元下胎架，进行下一道工序的除锈涂装和发运工作。第二环梁单元则依旧留在胎架上参与第三环梁单元的预拼装。以此进行循环预拼装，直至全部预拼装构件预拼装完成。预拼装流程如图 4-70 所示。

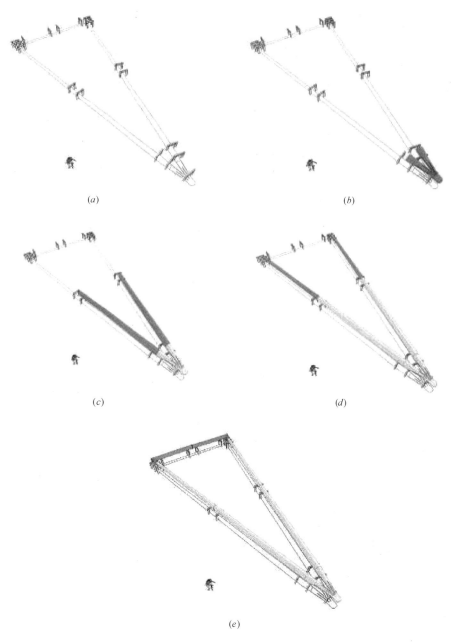

图 4-69 预拼装流程示意图

（a）步骤一：胎架设置，划好地样线；（b）步骤二：柱底脚铸钢件就位；（c）步骤三：第一节
V形柱就位；（d）步骤四：剩余V形柱就位；（e）步骤五：压环梁就位

4.2.5.2 V形柱与压环梁现场实体吊装技术

1）吊装起重设备选择分析

体育场分为东、西、南、北四个区；采用一台450t履带起重机在体育场内侧进行定点吊装；部分V形柱需要在现场拼装，拼装采用100t履带起重机。体育场水平分区及起重设备布置如图4-71所示。

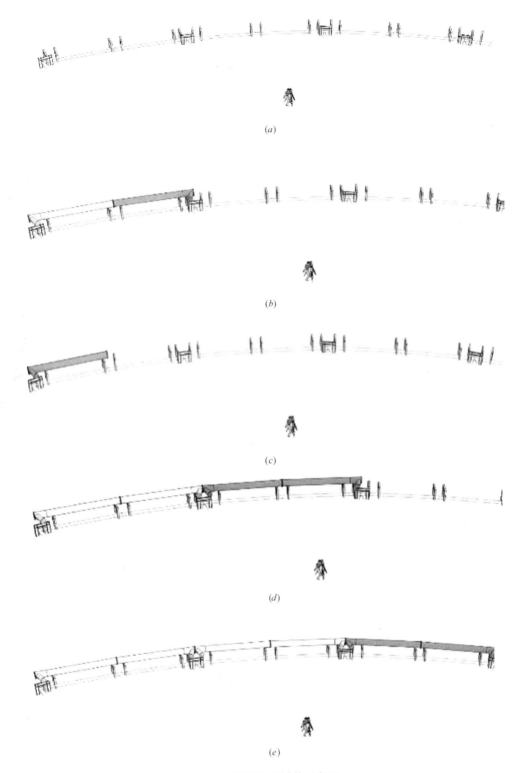

图 4-70　压环梁节段预拼装示意图（一）

（a）步骤一：胎架设置，划地样线；（b）步骤二：第一根压环梁就位；（c）步骤三：第一拼装单元剩余压环梁就位；

（d）步骤四：压环梁第二拼装单元就位；（e）步骤五：压环梁第三拼装单元就位，整体测量校准

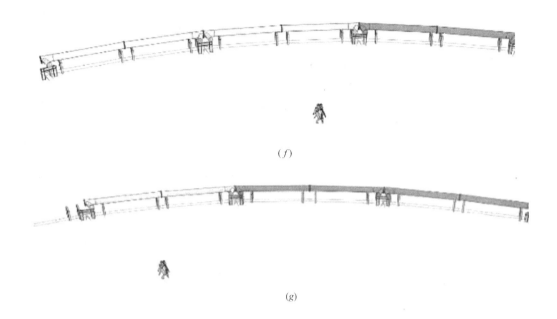

图 4-70　压环梁节段预拼装示意图（二）

（f）步骤六：压环梁第一、二拼装单元下胎，抛丸、涂装、打包、发运；

（g）步骤七：第四、五单元就位，与第三单元预拼，实现循环预拼

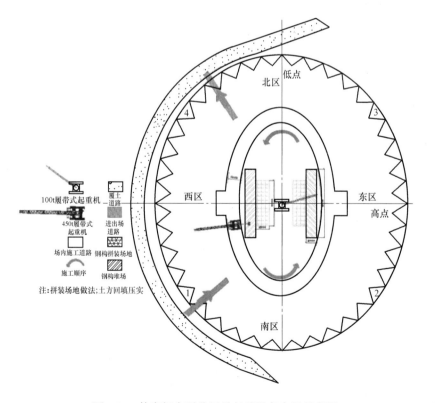

图 4-71　体育场水平分区及起重设备布置示意图

2）吊点分析

体育场压环梁均为直管、两侧都装有牛腿，长度约20m，为了保证避免构件吊装时失稳，吊装时除在压环梁位置设置两个吊耳外，在两侧牛腿处各拉设一根倒链，以便于调节构件的方向与倾斜角度。

V形柱吊装时采用两点吊装，吊点设置在V形柱的四分之一处。压环梁与V形柱吊点示意图如图4-72所示。

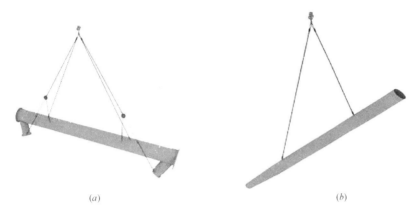

(a)　　　　　　　　　　　　　(b)

图4-72　吊点示意图

（a）压环梁吊点示意图；（b）V形柱吊点示意图

3）吊次分析

体育场所有压环梁不分段，V形柱共80根，其中56根需分两段运输至现场，压环梁下部所有支撑胎架散件运输至现场，进行现场拼装。各吊装工作吊次分析见表4-25。

吊次分析表　　　　　　　　　　　　表4-25

吊装类型	工作内容	吊装次数	平均每日吊次	拟用起重机	备注
支撑胎架拼装	支撑胎架地面拼装	2439	45	25t汽车起重机	需2台
胎架安装	支撑胎架吊装	271	7	450t履带起重机	
现场拼装	V形柱拼装	112	6	100t履带起重机	
主结构吊装	压环梁、V形柱、V形柱脚吊装	160	2	450t履带起重机	
周转件吊装	操作平台、水平通道材料及焊接设备周转	100	15		

注：25t汽车起重机按平均15min/件吊装效率计算；100t履带吊按平均30min/件吊装效率计算；450t履带吊按平均120min/件吊装效率计算。

4）吊装索具分析

吊装时不仅需要对吊点的位置进行分析，同时还要进行吊装使用的钢丝绳索力计算，V形柱和压环梁计算模型如图4-73所示。

压环梁索力计算示意图如图4-74所示。压环梁钢丝绳索力经计算，最大值为273kN。

5）吊装使用模拟理论分析

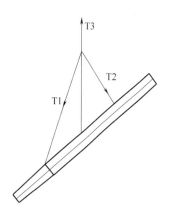

图 4-73 压环梁索力计算示意图

传统的施工分析通常采用弹性支座代替支撑胎架，该方法使得计算得到的变形和内力偏小，同实际偏差较大。本工程采用 MIDAS/Gen 软件进行施工有限元分析时，为了使分析结果更加准确，将支撑胎架同主体结构一并建入施工模拟计算模型中，使其参与受力，协同变形。对于体育场四种受力类型柱脚节点，通过分别释放钢柱一端 X 向约束、XY 向约束来实现。计算模型如图 4-75 所示。

体育场计算模型将先期焊接的幕墙牛腿、V 形柱和丫环梁上的施工活荷载按 0.5kN/m 的线荷载施加到所有主体结构上。根据结构特点和安装方案，整个体育场共设置 4 个合拢段，如图 4-76 所示。

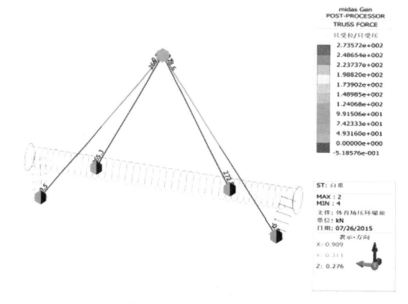

图 4-74 压环梁索力计算示意图

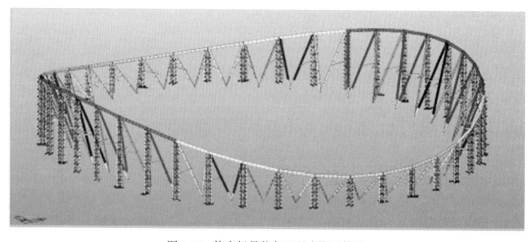

图 4-75 体育场吊装各工况有限元模型

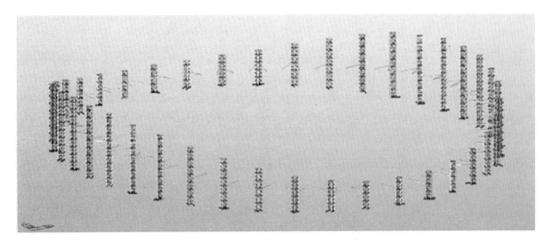

图 4-76　体育场合拢带位置示意图

4.2.5.3　支撑胎架变形分析

在 X 方向风荷载作用下，体育场胎架最大 X 向位移 7.36mm，出现在最高胎架顶部；最大 Y 向位移为 -1.78mm，出现在高低过渡区胎架顶部；最大 Z 向位移为 -1.17mm，出现在最高区胎架背风面胎架柱上；三方向综合最大位移为 7.45mm，出现在最高胎架顶部；变形满足使用性能要求。如图 4-77（a）所示。

在 Y 方向风荷载作用下，体育场胎架最大 X 向位移 2.14mm，出现在高区胎架顶部；最大 Y 向位移为 8.84mm，出现在最高胎架顶部；最大 Z 向位移为 -1.46mm，出现在高区胎架柱上；三方向综合最大位移为 8.89mm，出现在最高胎架顶部；变形满足使用性能要求，如图 4-77（b）所示。

4.2.6　环梁法兰盘精确连接施工技术

一般情况下，由于受限于加工机械、运输尺寸、安装吊重等因素，钢圆管的现场拼接必不可少，而考虑一般主体结构钢圆管径大壁薄的特点，接口处的对接焊将对圆管外形圆形轮廓造成较大变形，因此钢结构法兰盘连接得到了较好的应用，特别是一些针对大管径钢管截面构件。如本课题依托项目苏州工业园区体育场圆管压环梁就以法兰盘作为连接构件。通过对苏州体育场中心项目体育场施工过程进行总结，针对国内大跨度、大截面法兰盘的制作与施工，例如法兰盘的成对制作和预拼、高强度螺栓施工工艺选择、合拢段法兰连接的保证措施可作为今后类似工程施工的参考依据，以提高大跨度大截面法兰施工的精确度。

体育场钢结构主体由空间 40 根压环梁闭合而成，并形成空间马鞍造型，每根压环梁由两根倾斜立柱支撑固定于混凝土 12m 平台上。压环梁高低点落差 10m，高点处标高为52m。倾斜立柱与平台夹角自 55.1°～69.1°不等。各压环梁截面信息见表 4-26。

4.2.6.1　体育场法兰盘构造信息

体育场压环梁间的连接全部采用法兰盘对接，与工业用法兰盘不同之处在于本工程法兰盘之间无垫圈，而是直接由法兰盘钢板进行摩擦连接。法兰盘为平板形式，并直接由钢结构加工厂进行下料、钻孔制得。

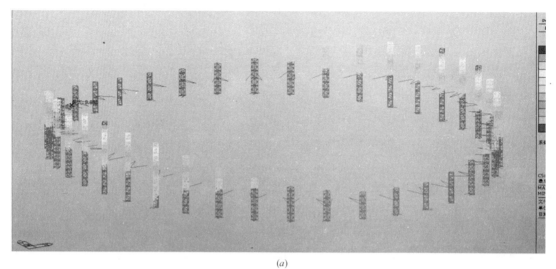

(a)

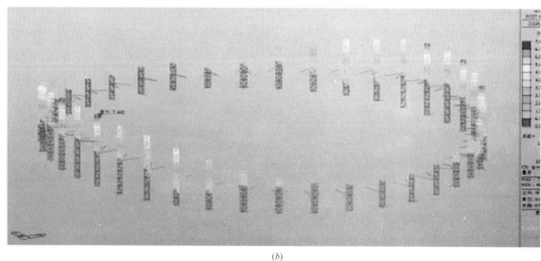

(b)

图 4-77　风荷载作用下 XYZ-方向位移图（DXYZ）

（a）X 向风荷载作用下 XYZ-方向位移图（DXYZ）；（b）Y 向风荷载作用下 XYZ-方向位移图（DXYZ）

压环梁截面信息

表 4-26

单体	截面尺寸	材质	分布位置
体育场	$\varphi1500\times45$	Q345C	压环梁
	$\varphi1500\times50$		
	$\varphi1500\times60$		

　　体育场压环梁之间由 2 块 80mm 厚 Q390C 法兰盘通过 48 颗 10.9 级 M36 高强度螺栓连接，螺栓需要施加 100% 预拉力，法兰盘外径 1800mm，压环梁外径 1500mm。压环梁连接示意图如图 4-78 所示。

4.2.6.2　法兰盘制作与拼装工艺

　　法兰盘制作的精准度直接影响到后期压环梁现场高空连接，同时由于建筑设计对于外观造型要求，法兰盘面与压环梁圆管截面并非完全垂直，而是存在一定夹角，且压环梁空间位置的变化夹角随之变化。体育场压环梁通过自身弯管来实现结构的整体马鞍造型，因此圆管与法兰盘的位置关系要求更加严格。另外，相邻压环梁间的成对法兰盘，由于法兰盘自身与压环梁间的定位可以绕环梁中心旋转以及法兰盘钻孔的误差累计，因此，如何保证相邻成对法兰盘螺栓的顺利传入，也需要在制作过程中加以考虑。

通过对现场施工及车间制作的整体规划和部署，实际加工制作中采用了法兰盘配对钻孔、接头单元拼装、压环梁整体预拼装验收等措施，加以控制，以满足实际施工中的需要，法兰盘整体制作与控制流程如图 4-79 所示。

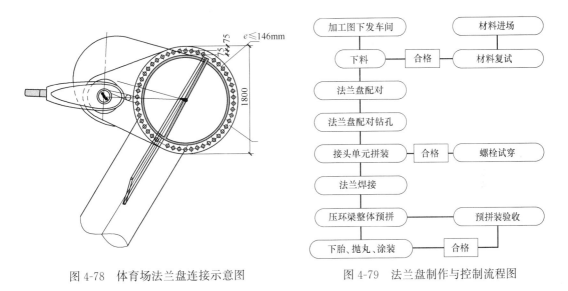

图 4-78　体育场法兰盘连接示意图　　　　图 4-79　法兰盘制作与控制流程图

工艺要点：

（1）对应安装法兰盘为保证螺栓孔的对应与顺利穿入，将下料完成后的配对法兰利用码板焊接固定，以实现一次性钻孔，提高孔位精准度。另外，为考虑后期法兰盘与压环梁焊接变形影响，于法兰盘中心开透气孔，孔径 200mm。压环梁预拼验收合格后下胎，涂装前，采用 10mm 钢板将透气孔封堵，从而防止后期堆放、运输过程中杂物或雨水进入。

（2）压环梁由于截面较大（直径 1m 以上），采用钢板卷管过程中，以钢板长度方向为卷管方向，即板宽方向平行于压环梁方向，因此单个长度 20m 的压环梁，均是由每段长度约 3m 卷管拼接而成。法兰盘配对后，每侧法兰盘先与两侧 3m 长卷管拼接，形成约 6m 的拼接单元。

（3）拼装单元完成后，将法兰盘与压环梁进行焊接。焊缝等级为一级全熔透，采用内贴衬圈，6mm 间隙全位置焊接。法兰焊前应预热，预热温度 100～120℃，焊接工艺参数严格按照《焊接作业指导书》进行，焊后进行后热处理，后热温度 250～350℃，并保温 2h 以上。焊接时，法兰 4 个方向用 M36 的螺栓拧紧，安排 4 名焊工，对称施焊焊缝①②（正反面），立向上位置焊接。再安排 4 名焊工，对称施焊焊缝③④位置（正反面），平及仰位置焊接。焊接顺序如图 4-80 所示。完成后，拧下螺栓，再安排 8 名焊工同时对称焊接螺栓位置焊缝（正反面）。

（4）法兰盘焊接完成后，将拼装单元在胎架上固定并定位准确，随后焊接两相邻拼装

图 4-80　法兰盘焊接顺序

单元间的压环梁本体卷管，以实现压环梁的整体预拼装。

（5）压环梁的整体预拼装采用循环拼，5 组一拼，拼 5 留 2 原则，即 5 组拼接验收完成后，前 3 组下胎涂装后发运现场，后 2 组参与下一批预拼，以此循环，此方法保证每组压环梁均参与到其相邻压环梁的预拼。

4.2.6.3　法兰盘螺栓施工工艺

体育场采用 10.9 级 M39 大六角高强度螺栓，每节点处 48 颗。

根据钢结构施工流程，在体育场压环梁安装完成后，即进入索网铺设与张拉工序。在张拉过程中由于拉索不断收紧，部分区段压环梁处于受压状态，法兰盘高强度螺栓紧固施工时顶紧的接触面之间间隙被压实，可能导致高强度螺栓对连接面预压力损失。因此根据以往施工经验，本项目采用了高强度螺栓预张拉工艺进行施工，即提前对高强度螺栓施加预拉力，以保证项目整体结构完成后高强度螺栓紧固质量。

高强度螺栓预张拉施工方法是采用小型液压设备对高强度螺栓螺杆直接施加轴拉力，通过液压设备读数表控制螺杆轴拉力到达标准值后压紧连接部件，用普通扳手将高强度螺栓连接副螺母拧紧，释放液压力使高强度螺栓连接副自身承受标准轴拉力，继续压紧连接部件。

法兰盘螺栓施工选择在法兰盘两侧对应压环梁施工完毕并矫正结束后进行张拉施工，待合拢段压环梁施工结束后完成全部法兰盘螺栓的张拉施工。单组法兰盘螺栓施工顺序见下，第一步，从隔板分段处开始对称安装，每侧对称完成 1/4 圆周；第二步，施工人员转 180°反方向对称安装剩余圆周高强度螺栓，完成法兰盘连接。施工顺序如图 4-81 所示。

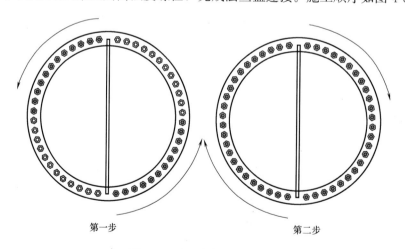

第一步　　　　　　　　　　　　第二步

图 4-81　法兰盘螺栓施工顺序

法兰盘螺栓的张拉施工优点在于：

（1）针对非标准高强度螺栓连接副（国内标准为直径 30mm 以内）的扭矩系数，特别是体育场采用的热浸锌防腐处理的高强度螺栓连接副，由于其扭矩系数的离散性，目前国内实验室无法确定该螺栓的扭矩系数，因此采用施加扭矩力的方式无法确定具体紧固力矩值。预张拉施工工法是液压设备直接对螺杆施加轴拉力，通过液压表读数控制轴拉力大小，不再需要确定高强度螺栓扭矩系数，同时满足国家标准对高强度螺栓连接副紧固轴力值的要求。

（2）在对高强度螺栓连接副施加扭矩力过程中，螺杆存在的扭剪应力，降低了螺栓承受轴拉力的能力。采用预张拉施工方法避免了扭剪力对螺杆的影响，提高了高强度螺栓连接副施工完成后的受拉承载能力，有利于结构质量、安全。

（3）液压设备进行螺栓张拉时，液压表控制精度高，避免了轴拉力超出范围的情况，有利于提高高强度螺栓紧固质量。高强度螺栓检验时，采取在现场巡查，确保按要求正确使用液压设备，简化检查程序。

（4）根据高强度螺栓连接副受拉承载能力提高情况，采用液压设备进行螺杆预张拉时，可以在国家标准轴拉力值的基础上增大。增加的轴拉力可抵消部分区段压环梁受压顶紧接触面损失的部分，由此避免了对高强度螺栓连接副的第二次紧固，减小了机械设备、措施材料和劳动力的投入，同时降低了近50％的安全风险。

4.2.6.4 合拢段法兰安装的保证措施

大跨度结构采用法兰盘对接时，其最终的合拢施工一直作为钢结构施工的重点和难点，施工前应该有详细的施工针对方案，施工过程中应严格按照方案要求加以实施。针对本工程的特点，实际施工中采取相应措施加以保证：

（1）合理制定压环梁安装顺序，减少累积误差产生，以实现法兰盘的准确对位。以游泳馆为例，压环梁在12点与6点位置设置2个位置设置合拢段，施工过程中，为了避免合拢段间压环梁的误差累积，实际安装采用从9点钟方向顺时针、逆时针分别一次安装压环梁至合拢段（合拢段压环梁暂不安装），然后再从3点钟方向顺时针、逆时针分别依次安装压环梁至合拢段，最后分别安装12点钟和6点钟合拢段压环梁，以形成压环梁整体闭合，从而保证最终合拢段压环梁法兰的准确对位。

（2）以施工模拟计算分析为基础，提高构建制作进度。由于本工程采用了钢结构支撑加空间索网屋面体系，随着索网张拉前后，屋面结构施工前后分析计算，其引起的钢结构前后变形较大，施工前利用结构的最终完成态反推钢结构安装初始态，指导钢结构深化设计、制作及安装，确保压环梁法兰盘及压环梁本体最终通过张拉索网及无面试功能，最终实现最初的设计效果。

（3）合拢段压环梁现场拼接施工措施。合拢段压环梁施工之前必须保证其相邻压环梁及其对应倾斜柱安装完成并趋于稳定。然后将现有结构中与合拢段对接的法兰盘进行空间测量定位，将每个法兰盘上、下、左、右四个点的空间坐标反馈至加工厂用以合拢段压环梁的实测下料制造。同时为保证最终合拢段法兰盘的对接准确，将合拢段压环梁3m段的拼装单元与合拢段本体的车间对接焊缝改至现场原位焊接，并按照结构计算的合拢限定条件，选取室外20℃时进行合拢段的焊接，合拢段的拼装步骤如图4-82所示。

（4）后续施工的验收复核。钢结构合拢段安装焊接施工完成后，需要对钢结构的整体位形进行复核，并将复核结构提供至索网、金属屋面、膜等专业单位。各相关单位需要将钢结构成型模型与自身结构进行碰撞、位移、受力情况进行分析验算，并将结果提交设计单位与业主，经审核确认后进入下道工序施工。各单位主要复核内容包括压环梁处的拉索

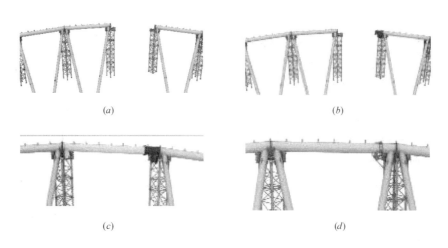

图 4-82　合拢段压环梁拼接步骤

(*a*) 第一步：合拢段相邻压环梁安装完成，对应法兰坐标复测完成；(*b*) 第二步：进行 3m 段的拼装单元安装，通过法兰盘临时螺栓固定；(*c*) 第三步：安装合拢段本体并临时固定；(*d*) 第四步：完成合拢段高空对接焊缝，合拢段法兰盘两侧螺栓施工完成

连接、压环梁与金属屋面处的天沟连接、压环梁与膜单位间的膜边界连接等。

4.2.7　总结

倒锥形外圈钢结构由"可滑动关节轴承铰支座＋V 形柱＋压环梁"组成，为降低基础沉降影响，创新性地发明了三种可单向或面内滑动向心关节轴承铰支座来释放特定方向的荷载，并经过 1：1 等比例节点试验验证了承载力满足设计要求，施工过程中发明了单轨滑车进行柱脚吊装，借助仿形临时支撑及临时限位措施保证了可滑动关节轴承顺利过渡到稳定态；压环梁创新性采用超大法兰盘连接方式，免除现场焊接工作提升质量可靠性的同时大大提高了对钢结构工厂加工、现场安装的精度要求，通过采用制作安装全过程 BIM 技术和数值模拟分析技术、外压环采用工厂拼五留三预拼装技术、V 形柱和压环梁安装采用胎架顶部仿形工装技术，实现了压环梁与索头连接的销轴孔中心点关键节点 ±20mm 以内高精度控制。

4.3　索网无支架安装与张拉技术

单层索网的形式特殊、空间规模大、索段数量多、索力大，因此必须根据工程特点和条件，采取安全合理、先进科学的施工方法。常规工程中，一般搭设满堂支架，在支架上组装索网，然后进行各索的张拉。但苏州奥体中心体育场空间规模尺寸大，显然搭设满堂脚手架的施工措施费用很高，工期长，而且将长索吊运至支架平台上展开和组装的难度也非常大。索网结构施加预应力张拉的过程是结构施工中非常重要的环节，不仅直接决定了结构施工成型状态的内力和位形，而且关系到结构基于实际施工成型状态条件在使用过程中的受力性能，因此设计科学合理的施工方法至关重要。

苏州奥体中心体育场的轮辐式单层索网结构主要包括立柱、外压环梁、内环索和径向索，且各径向索的外端锚固节点存在明显高差，根据外压环梁锚固节点的高差，将径向索从结构低点到结构高点分为不同批次，批次数量根据实际情况确定，利用千斤顶提升整体索网，在提升过程中从低点至高点分批逐步将各批径向索与外压环梁连接锚固，最终结构成型，该施工方法可减少施工支架量和高空作业量，减少大吨位提升系统的需求量，降低安装费用，实现工装轻型化，缩短工期和提高施工效率。

苏州奥体中心游泳馆的双向单层索网结构属于张力结构体系，一般由双向的承重索和稳定索及外缘的外压环构成。必须通过张拉拉索建立预应力，索网才能产生必要的结构刚度，形成稳定的承力结构。国内外公认的双向单层索网结构施工成型方法有两种：一种为满堂支架法，另一种方法为整体牵引提升法。上述两种方法需要在支架或者地面上完成组网作业，即铺展双向拉索并安装索夹。组网时，拉索应处于较为顺直的状态，因此组网对作业面的要求较高，不仅作业面的面积要接近索网设计面积，而且作业面要较为平缓，不能有大的陡坡、凹坑或凸台。满堂支架法施工，需要在场内地面上搭设大量的高支架，尽管组网作业面好，技术要求低，但是施工措施费高，工期长，场内地面长期被占用，在整个工作面范围内需采取拉索保护措施。整体牵引提升法施工，需要将在场内地面上组装的索网整体提升至高空设计位置附近，尽管可实现少支架或无支架施工，但是技术要求高，牵引提升设备和工装投入量大，若地形条件复杂则需在地面上搭设低空支架形成较好的组网工作面，在整个工作面范围内需采取拉索保护措施。

双向单层索网结构的无支架高空溜索施工方法，依次采用空中溜索的方式安装承重索和稳定索，无需支架；可以利用场外地面铺展承重索和稳定索，从而不占用场内地面，也不受场内地形影响；牵引和张拉拉索的设备和工装周转反复使用，投入量少；拉索在空中运转，易于拉索保护；施工简便，张拉效率高，措施费用低，工期短。

4.3.1 苏州奥林匹克体育中心体育场索网施工的整体提升法

拉索现场施工内容主要包括三部分：低空无应力组装、整体提升牵引和分批张拉锚固。

4.3.1.1 索网的低空组装

1) 拉索安装前的先序工作

(1) 拉索目测检查：索体表面和索头防腐层是否有破损。

(2) 检查拉索实际制作长度是否满足要求。

(3) 与拉索连接的节点检查：节点是否安装到位，且与周边构件连接可靠。

(4) 与拉索连接的构件应稳定可靠，必要时应设置支撑或缆风绳等。

(5) 对于在拉索安装后难以完成的工作，应在拉索安装前完成，如索头连接板的防锈涂层。

(6) 为方便工人施工操作，事先搭设好安全可靠的操作平台、挂篮等。

(7) 人员正式上岗前进行技术培训与交底，并进行安全和质量教育。

(8) 在正式使用前对施工设备进行检验、校核并调试，确保使用过程中万无一失。

2) 索网低空组装总体原则

(1) 所有构件尽量在近地面进行无应力组装。

(2) 自内向外、自上而下对称安装相同位置的构件。

（3）耳板后焊应消除拉索制作长度误差和外联钢结构安装误差。

（4）索夹安装应严格按照索体表面的索夹标记位置进行安装，并用扭力扳手按照计算拧紧力矩进行螺栓的拧紧。

（5）地面组装时应严格控制拉索长度和索夹位置。

3）索网组装施工顺序

索网组装施工顺序：拉索展开、铺设环索、铺设径向索、安装环索连接夹具、安装索头、安装牵引设备和工装索、准备牵引提升。

（1）拉索展开

拉索采用卷盘运输至现场，为避免拉索展开时索体扭转，环索采用卧式卷索盘，具体如图 4-83 所示。用起重机将索盘运至环索投影位置，在放索过程中，因索盘绕产生的弹性和牵引产生的偏心力，索开盘时产生加速，导致弹开散盘，易危及工人安全，因此开盘时注意防止崩盘。拉索展开后，应按照索体表面的顺直标线将拉索理顺，防止索体扭转。结构拉索低空组装示意图如图 4-84 所示。

图 4-83　环索卷索盘工程现场图

图 4-84　拉索地面展开工程现场图

（2）铺设环索和径向索

由于环索每根总长较长，运输和现场铺设展开较为困难，因此要求每根环索均分为四段，即 8 根环索一共分为 32 段进行运输和现场铺设。每根径向索独立成段，即径向索一共分为 40 段进行运输和现场铺设。

环索分段连接点布置平面布置详图及剖面图如图 4-85 所示，其中环索连接端部距环索索夹中点 700mm，环索连接锥形索头长 1370mm。环索连接点锥形索头三维示意图及尺寸详图如图 4-86 所示。

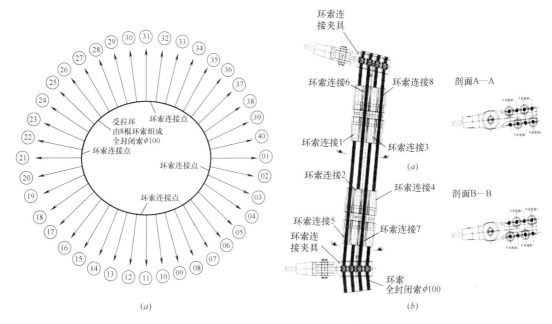

图 4-85 环索分段连接点示意总图和平面及剖面布置详图
（a）环索分段连接点示意总图；（b）平面及剖面布置详图

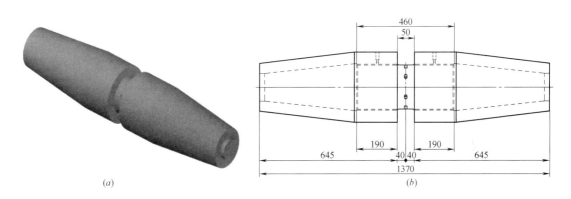

图 4-86 环索分段连接点锥形索头三维示意图和尺寸详图
（a）三维示意图；（b）尺寸详图（尺寸单位：mm）

（3）工装索的组装长度

牵引工装索编号示意如图 4-87 所示；通过施工力学分析，根据索网组装状态下的结构位形，确定所需的工装索的长度，见表 4-27。

（4）索网防护要点及注意事项

成品拉索在生产制作过程中采取诸多防护手段，在出厂前对索体进行了包装防护。但在索盘运至施工现场后，必须在整个钢屋盖安装全过程中注意索的防护。

① 在地面和看台上展开拉索、组装索网时，在可能损伤索体的突出地方铺设相关保护木板。

② 在牵引安装、张拉等各道工序中，均注意避免碰伤、刮伤索体。

③ 不允许有任何焊渣和熔铁水落在索体上及用硬物刻划索体，以免损坏索的防腐。

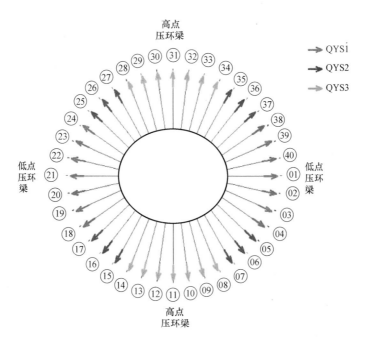

图 4-87 牵引工装索编号示意图

径向索牵引工装索（QYS）组装长度 表 4-27

编号	工装索长度（mm）	数量
QYS1	11500	14
QYS2	13000	12
QYS3	14500	14

④ 不允许任何单位和个人污染索体，以免改变索体颜色。

⑤ 拉索进场后卸车用起重机装卸，钢丝绳与拉索接触点用硬物隔开。

⑥ 拉索堆放地应远离现场通道以防止进场汽车碰伤拉索。

⑦ 拉索放开时其外包装先不剥落，等拉索安装完成后再剥落。

⑧ 安装拉索过程中要注意安装通道的障碍物以防止碰伤拉索。

⑨ 若现场拉索有破损严重的地方，应联系生产厂家由厂家用专用设备焊接修补。

4.3.1.2 索网的牵引提升

1）索网牵引提升的先序工作

（1）根据拉索制作长度误差和钢结构安装误差，连接板后焊且验收完成。

（2）索网低空组装完毕。

（3）所有拉索及其连接检查完毕。

（4）索网与周边刚构连接检查完毕。

（5）周边刚构及其支撑应稳定可靠，检查完毕。

（6）结构构件和附属构件（如支架、揽风绳等）应不能阻碍索网的牵引提升路径，检查完毕。

（7）牵引提升设备校验检查完毕。

（8）组织牵引提升施工有关人员学习牵引提升操作细则，包括指挥信号、步骤、牵引提升量、应急方案等，人员组织、技术培训和交底完毕。

（9）拉索张拉前索网应全部安装完成，检查构件之间以及支座连接就位，考虑张拉时结构状态是否与计算模型一致，以免引起安全事故。

（10）直接与拉索相连的节点，其空间坐标精度需严格控制。节点上与索相连的耳板方向也应严格控制，以免影响拉索施工和结构受力。

（11）将阻碍结构张拉变形的非结构构件与结构脱离。

（12）拉索张拉前，为方便工人张拉操作，事先搭设好安全可靠的操作平台、挂篮等。

（13）拉索张拉时应确保足够人手，且人员正式上岗前进行技术培训与交底。设备正式使用前需进行检验、校核并调试，确保使用过程中万无一失。

（14）拉索张拉设备须配套标定。

（15）千斤顶和油压表须每半年配套标定一次，且配套使用。标定须在有资质的试验单位进行。

（16）根据标定记录和施工张拉力，计算出相应的油压表值。现场按照油压表读数精确控制张拉力。

（17）索张拉前，应严格检查临时通道以及安全维护设施是否到位，保证张拉操作人员的安全。

（18）索张拉前应清理场地，禁止无关人员进入，保证索张拉过程中人员安全。

（19）在一切准备工作做完之后，且经过系统的、全面的检查无误后，现场安装总指挥检查并发令后，才能正式进行预应力索张拉作业。

2）索网牵引提升施工原则

（1）应分级牵引上径向工装索，使各牵引索逐渐向上环梁靠近。

（2）牵引过程中应以控制索网整体位形为主，以控制工装索的牵引长度和牵引力为辅。

（3）牵引过程中索网整体位形的控制标准为：整体位形与理论分析基本相符，几何稳定，拉索不出现扭转。

（4）牵引提升时支座条件：外围刚构的支座条件与设计要求一致。

（5）牵引提升过程分析：模拟张拉过程，进行施工全过程力学分析，预控在先。

（6）牵引过程中工装索牵引长度的控制标准为：与理论值的偏差小于±25mm。

（7）牵引过程中牵引力的控制标准为：与理论值的偏差小于±20%。

（8）主受力的牵引工装索的承载力应具有两倍的安全系数。

3）索网牵引提升施工工序

索网牵引提升施工顺序：搭设操作平台、安装和调试牵引设备、初步牵引提升、正式牵引提升、第一批拉索锚固就位、继续牵引提升、第二批拉索锚固就位、继续牵引提升、第三批拉索锚固就位。

（1）搭设操作平台

耳板处采用脚手架吊挂架作为操作平台，钢结构施工时，本吊挂架已经搭设。操作平台搭设时在环梁上对应位置外包布条，放置对环梁产生磨损。参考图如图4-88所示。

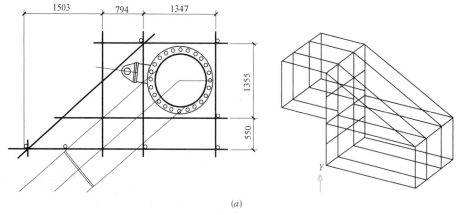

(a)

(b)

图 4-88　操作平台示意图及搭设现场图（尺寸单位：mm）

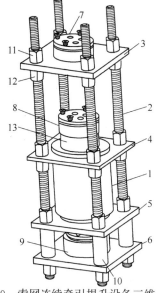

图 4-89　索网连续牵引提升设备三维示意图
1—普通预应力张拉液压穿心式千斤顶；2—立柱支
撑架的精轧螺纹钢筋立柱；3—导向安全锚固定钢板；
4—千斤顶缸筒尾部卡板；5—千斤顶底部承压钢板；
6—下工具锚固定钢板；7—导向安全锚；8—上工具
锚；9—下工具锚；10—螺纹套筒；11—定位兼锁紧
螺母；12—普通螺母；13—千斤顶活塞

（2）安装和调试牵引设备

① 连续牵引提升设备

本工程牵引设备将通用预应力工程施工
装备中张拉千斤顶、精轧螺纹钢筋和钢绞线
自动工具锚通过加工的多块平台钢板连接件
组装成能满足提升安装需要的连续提升千斤
顶，其重量轻、组装拆卸灵活，设备改造费
用低，其使用精轧螺纹钢筋作为立柱支撑
架，不仅保证了千斤顶改造后具有较好的强
度和刚度，且其在拆卸后仍可用作张拉预应
力钢棒进行预应力施工；作为连续提升设备
的千斤顶在拆卸后仍可用于预应力张拉施
工，最大限度地提高预应力工程施工原有装
备的利用率，达到"一顶多用"的目的。另
外，本发明对承压较大的千斤顶底部承压钢
板和下工具锚固定钢板之间的精轧螺纹钢筋
立柱采用螺纹套筒加强的方式，很好地提高
了下部立柱支撑架的承压能力和立柱的稳定

性。本发明导向安全锚钢绞线夹片顶压弹簧的弹性系数较上、下工具锚小，避免了提升过程中千斤顶活塞回缩时导向安全锚先于下工具锚锚紧，从而避免了精轧螺纹钢筋立柱成为受压杆（图 4-89、图 4-90）。

(*a*)　　　　　　　　　　　　(*b*)

图 4-90　索网连续牵引提升设备实际工程应用

② 液压牵引提升技术

"液压提升技术"采用液压提升器作为提升机具，柔性钢绞线作为承重索具。液压提升器为穿芯式结构，以钢绞线作为提升索具，有着安全、可靠、承重件自身重量轻、运输安装方便、中间不必镶接等一系列独特优点。

液压提升器两端的楔型锚具具有单向自锁作用。当锚具工作（紧）时，会自动锁紧钢绞线；锚具不工作（松）时，放开钢绞线，钢绞线可上下活动。

液压提升过程如图 4-91 所示，一个流程为液压提升器一个行程。当液压提升器周期重复动作时，被提升重物则一步步向前移动。

③ 牵引千斤顶的型号与数量

根据牵引力选择液压千斤顶的型号。每个牵引点配备两台 YCW 系列轻型千斤顶，该系列轻型千斤顶不仅体积小、重量轻，而且强度高、密封性好、可靠性高，见表 4-28。

工装索的材料采用 1860 级 ϕ15.20

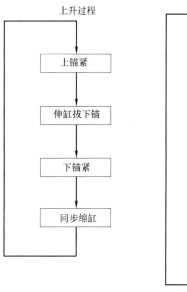
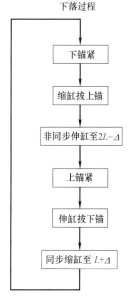

(*a*)　　　　　　(*b*)

图 4-91　液压提升器工作过程详细步骤示意图

注：液压提升器工作过程详细步骤：第 1 步：上锚紧，夹紧钢绞线；第 2 步：提升器提升重物；第 3 步：下锚紧，夹紧钢绞线；第 4 步：主油缸微缩，上锚片脱开；第 5 步：上锚缸上升，上锚全松；第 6 步：主油缸缩回原位。

钢绞线。单根钢绞线的截面面积为 140mm²，单根钢绞线的标称破断力为 260kN（图 4-92～图 4-95）。

工装索规格和牵引液压千斤顶型号（1/4 结构）　　　　表 4-28

工装牵引索编号	最大牵引力(kN)	牵引液压千斤顶			
		型号	数量(台/牵引点)	额定牵引吨位(t/台)	钢绞线根数(根/台)
QYS1-1(低点)	555.18	YCW60B	2	60	4
QYS1-2	570.19	YCW60B	2	60	4
QYS1-3	563.15	YCW60B	2	60	4
QYS1-4	861.29	YCW60B	2	60	4
QYS2-5	1071.4	YCW150B	2	150	8
QYS2-6	1088.5	YCW150B	2	150	8
QYS2-7	1850.6	YCW150B	2	150	8
QYS3-8	2698.3	YCW250B	2	250	12
QYS3-9	2510.0	YCW250B	2	250	12
QYS3-10	2507.7	YCW250B	2	250	12
QYS3-11(高点)	2571.0	YCW250B	2	250	12

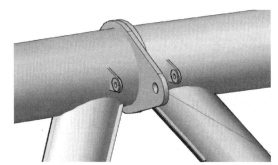

图 4-92　牵引提升工装耳板示意图

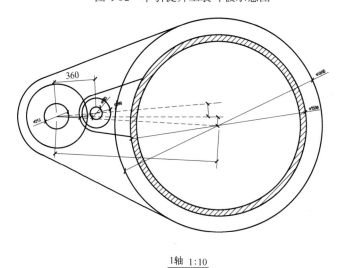

1轴 1:10

图 4-93　牵引提升工装耳板图样（尺寸单位：mm）（一）

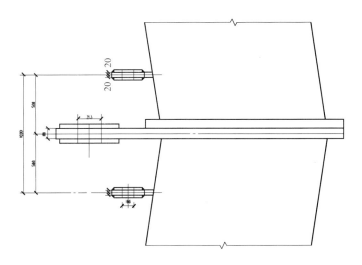

<u>管视图1:10</u>

图 4-93　牵引提升工装耳板图样（尺寸单位：mm）（二）

编号	环梁上张拉耳板		拉力类型	工况内力标准值	拉力值	1540.000	材料强度	标准值
对应索头连接性型式、尺寸及允许间隙设置								
型式	销轴直径	销轴间隙/侧	叉耳开口	双耳板厚	允许最小侧间隙/侧		叉耳进深	允许最小进深间隙
叉耳式	100	2.5	90	80	2.5		351.5	30
连接板端部的主板材质和尺寸								
材质	块数	厚度	宽度	销中至顶端	进深间隙	计算强度	承压强度	销孔直径	总厚度
Q345	1	60	300	150	201.5	345	470	105	40
连接板端部的贴板材质和尺寸								
材质	贴板数	厚度	边距	侧间隙/侧	外缝直径	计算强度	承压强度	角焊缝强度	中厚底
Q345	2	20	20	5	260	345	470	200	40
连接板根部的材质(取相连低强度的)和尺寸						销轴的材质和剪切面		
材质	块数	厚度	宽度	抗拉强度	总厚度	材质	销轴剪切面	计算强度	抗剪强度
Q345	1	60	450	345	40	40Cr	2	785	453
销轴承载力验算			贴板角焊缝高度		连接板根部抗拉验算		备注	
剪应力比	是否符合	弯曲应力比	是否符合	所需高度	是否符合	拉应力比	是否符合	
0.21	Yes	0.292	Yes	19	Yes	0.242	Yes	
连接板端部的承载力验算								
承压应力比	是否符合	拉应力比	是否符合	剪应力比	是否符合	劈拉应力比	是否符合	
0.40	Yes	0.518	Yes	0.408	Yes	0.518	Yes	

图 4-94　牵引提升工装耳板验算图表

外环梁牵引提升时剪切面验算：

$$\sigma = \frac{F}{t l_{\mathrm{w}}} = \frac{1500000}{45 \times 450} = 74\mathrm{MPa}$$

图 4-95　索网牵引提升工装实际工程
现场图（尺寸以出图为准）

外环梁牵引提升时受拉面验算：

$$\sigma = \frac{F}{t_1 l_w} = \frac{1500000}{40 \times 450} = 84\text{MPa}$$

（3）提升张拉过程

一切准备工作做完，且经过系统的、全面的检查确认无误后，经现场吊装总指挥下达吊装命令后，可进行液压整体牵引提升。

① 初步牵引提升

先进行分级加载试提升。通过试提升过程中对提升索网、外围结构以及牵引提升设备系统和工装的观察和监测，确认符合模拟工况计算和设计条件，保证牵引提升过程的安全。

初始牵引提升时，各牵引点提升器伸缸压力应缓慢分级增加，最初加压为所需压力的 40%、60%、80%、90%，在一切都稳定的情况下，可加到 100%，即索网试提升离开环索组装胎架。

在分级加载过程中，每一步分级加载完毕，均应暂停并检查如：索网和工装等加载前后的变形情况，以及周边结构的稳定性等情况。一切正常情况下，继续下一步分级加载。

一切正常情况下，开始正式牵引提升。

② 正式牵引提升

初步牵引提升阶段一切正常情况下开始正式牵引提升。液压牵引提升过程如 4-96 所示：一个流程为液压提升器一个行程，亦即牵引工装索被牵引缩短一个行程的长度。如图 4-96 所示，整个索网被一步步牵引提升，直至径向索与外联环梁连接就位。

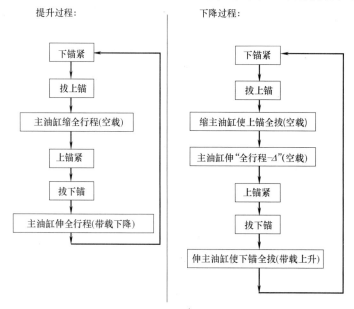

图 4-96　提升和下降过程示意图

a. 在整个同步牵引提升过程中应随时检查：每一牵引点千斤顶受载均匀情况；周边结构的稳定情况；控制各牵引点的同步性。在牵引工装索的钢绞线上标记刻度，配合测量牵引提升过程中的同步性。

b. 牵引提升承重系统监视：牵引提升承重系统是关键部件，务必做到认真检查，仔细观察。重点检查：锚具（脱锚情况，锚片及其松锚螺钉）；导向架中钢绞线穿出顺畅；主油缸及上、下锚具油缸（是否有泄漏及其他异常情况）；液压锁（液控单向阀）、软管及管接头。

c. 液压动力系统监视：系统压力变化情况；油路泄漏情况；油温变化情况；油泵、电机、各电磁阀线圈温度变化情况；系统噪声情况。

③ 牵引提升就位

径向索的索头靠近外围环梁时暂停，各牵引点微调，精确调整索头，使索头与外围环梁连接就位。然后液压千斤顶卸载、拆除，完成牵引提升。

径向索与外围环梁连接时，索网需要在空中停留一段时间。通过液压牵引提升装置的机械和液压自锁装置，可使索网在空中（或提升过程中）的任意位置长期可靠锁定。又因索网提升高度较高，虽然索网属于镂空结构，风荷载对牵引提升过程影响较小。为确保索网牵引提升过程的绝对安全，并考虑到高空连接对口精度的需要，若索网空中长时间停留，必要时通过导链或者揽风绳将索网与周边结构或者看台连接，起到限制索网位移的作用。

④ 设备卸载、拆除

索网与环梁连接就位后，牵引提升设备卸载和拆除。

启动液压牵引提升系统，各吊点卸载时也分级卸载，依次为 40%、60%、80%，在确认各部分无异常的情况下，可继续卸载至 100%，使牵引工装索不再受力。

图 4-97 索网连续牵引提升
过程实际工程现场图

⑤ 重复上述步骤，继续牵引下一批拉索，直至整个索网施工完毕（图 4-97）。

4）索网牵引提升机具

（1）张拉力和张拉机具数量

拉索施工张拉力和设备见表 4-29。

拉索施工张拉力和设备 表 4-29

工装牵引索类型	施工张拉力（kN）	张拉牵引点	千斤顶				工装套	油泵台	进油(回油)油压表（个）
			型号	台/张拉点	规格（kN）	总台数			
QYS1	556~862	14	YCW60B	2	600	28	28	8	8
QYS2	1071~1851	12	YCW150B	2	1492	24	24	8	8
QYS3	2271~2698	14	YCW250B	2	2480	28	28	8	8

（2）千斤顶型号

选用 YCW 系列轻型千斤顶，该系列轻型千斤顶不仅体积小、重量轻，而且强度高、密封性好、可靠性高（表4-30）。

选用千斤顶的主要技术参数表　　　　　表4-30

型号	公称张拉力（kN）	公称油压（MPa）	穿心孔径（mm）	张拉行程（mm）	主机质量（kg）	外形尺寸（mm）	使用阶段
YCW60B	600	52	φ60	200	33	φ170×320	拉索提升张拉
YCW150B	1492	50	φ120	200	108	φ285×370	拉索提升张拉
YCW250B	2480	54	φ140	200	164	φ344×380	拉索提升张拉

5）提升张拉施工要点及注意事项

为保证拉索张拉施工顺利实施，确保拉索施工质量，需采取以下几点措施：

（1）千斤顶张拉过程中，油压应缓慢、平稳，并且边张拉边旋转调节装置。

（2）千斤顶与油压表需配套校验。标定数据的有效期在6个月以内。严格按照标定记录，并依此读数控制千斤顶实际张拉力。

（3）张拉过程中，每个张拉点由一至两名工人看管，每台油泵均由一名工人负责，并由一名技术人员统一指挥、协调管理。

（4）拉索张拉过程中应停止对张拉结构进行其他项目的施工。

（5）拉索张拉过程中若发现异常，应立即暂停，查明原因，进行实时调整。

6）提升张拉设备使用

（1）施加预应力所用的机具设备及仪表由专人使用和管理，并定期维护和校验。进场后，对千斤顶和压力表进行配套标定，确定压力表和张拉力之间的关系曲线。标定在经主管部门授权的法定计量技术机构定期进行。张拉机具设备与锚具配套使用，根据索的类型选用合适千斤顶及油泵，进场后，试运行确保正常后，方可调至工作台面。对长期不使用的张拉机具设备，在使用前进行全面校验。

（2）施工现场机具要配套完整，千斤顶与油压表须经过国家有关质检部门进行配套标定，标定数据的有效期在6个月以内。使用时千斤顶要与其对应标定好的油压表配套使用，不能混淆乱用。严格按照标定记录，计算与拉索张拉力一致的油压表读数，并依此读数控制千斤顶实际张拉力。

（3）张拉机具按顺序安装好以后，尽量使千斤顶的张拉作用线与索的轴线重合一致，以使受力合理。

（4）把千斤顶和油泵用油管连接好，安装与千斤顶所对应配套标定的油表，油泵电源接好，试好油泵的开机和关机，确保机具能正常使用，并注意油泵液压油是否够用。

（5）千斤顶张拉过程中，油压应缓慢、平稳。对于有调节装置的拉索，应边张拉边旋转调节装置。

（6）张拉过程中，每个张拉点由一至两名工人看管，每台油泵均由一名工人负责，并由一名技术人员统一指挥、协调管理。

（7）拉索张拉过程中应停止对张拉结构进行其他项目的施工。

（8）拉索张拉过程中若发现异常，应立即暂停，查明原因，进行实时调整。

7）提升张拉调整措施

当张拉后出现索力或结构形状与理论值出现较大偏差时，应采取以下措施予以调整：

（1）重新检查分析模型和分析数据：在合理范围内，调整计算参数，进行分析对比，明确理论值的可变范围。若施工偏差在理论值的可变范围内，说明施工偏差仍处于正常理论值范围内，施工正常。

（2）采用监测仪器（如全站仪），量取形状偏差较大的局部的节点坐标，计算相应索段或拉索的长度，与理论值对比，确定索长安装偏差。对索长安装偏差大的拉索直接进行张拉调整，调整其索长至合理值。

8）提升张拉应急措施

（1）索张拉的风险

① 张拉设备故障，包括油管漏油，设备故障；

② 现场突然停电；

③ 张拉过程不同步；

④ 张拉后结构变形、应力、伸长值与设计计算不符；

⑤ 张拉后支座位移发生较大偏移。

（2）张拉设备故障

张拉过程中如油缸发生漏油、损坏等故障，在现场配备三名专门修理张拉设备的维修工，在现场备好密封圈、油管，随时修理，同时在现场配置 2 套备用设备，如果不能修理立即更换千斤顶。

（3）张拉过程断电

张拉过程中，如果突然停电，则停止索张拉施工。关闭总电源，查明停电原因，防止来电时张拉设备的突然启动，对屋架结构产生不利影响。同时在张拉时把锁紧螺母拧紧，保证索力变化跟张拉过程是同步的；突然停电状态下，在短时间内，千斤顶还是处于持力状态，并且油泵回油还需要一段时间，不会出现安全事故。处理好后在现场值班的电工立刻进行查找原因，以最快的速度修复。为了避免这种情况，在现场的二级箱要做到专用，三级箱按照要求安装到位。

（4）张拉过程不同步

由于张拉没有达到同步，造成结构变形，可以通过控制给泵油压的速度，使索力小的加快给油速度，索力比较大的减慢给油速度，这样就可以使同一根索的索力相同。

（5）张拉时结构变形、伸长值预警

某根索张拉结束后未达到设计力，可以通过个别施加预应力进行补偿的方法。

如果结构变形、伸长值与设计计算不符，超过 20% 以后，应立即停止张拉，同时报请设计院，找出原因后再重新进行预应力张拉。

（6）张拉后支座位移发生较大偏移

张拉前应比较张拉时结构支座布置及约束情况是否与设计模型相符，应尽量避免由于索张拉造成结构支座发生较大的偏移。如果张拉后支座的确存在较大的偏移，应组织相关单位讨论解决。

4.3.2 苏州奥林匹克体育中心游泳馆索网施工的高空组装法

拉索现场施工内容主要包括三部分：承重索连接锚固与中下层索夹安装、稳定索就位并铺装施工马道把索夹整体安装完毕、张拉锚固稳定索。

4.3.2.1 索网组装施工

1) 拉索安装前的先序工作

(1) 在钢环梁低端和平台之间设置楼梯通道（图 4-98）；

(2) 在环梁边的天构架上铺设面板，便于人员沿环梁行走；

(3) 在钢环梁的每个索头连接板处设置挂架；

(4) 拉索目测检查：索体表面和索头防腐层是否有破损；

(5) 检查拉索实际制作长度是否满足要求；

(6) 与拉索连接的节点检查：节点是否安装到位，且与周边构件连接可靠；

(7) 与拉索连接的构件应稳定可靠，必要时应设置支撑或缆风绳等；

(8) 对于在拉索安装后难以完成的工作，应在拉索安装前完成，如索头连接板的防锈涂层；

(9) 为方便工人施工操作，事先搭设好安全可靠的操作平台、挂篮等；

(10) 人员正式上岗前进行技术培训与交底，并进行安全和质量教育；

(11) 在正式使用前对施工设备进行检验、校核并调试，确保使用过程中万无一失。

2) 溜索与索夹安装总体原则

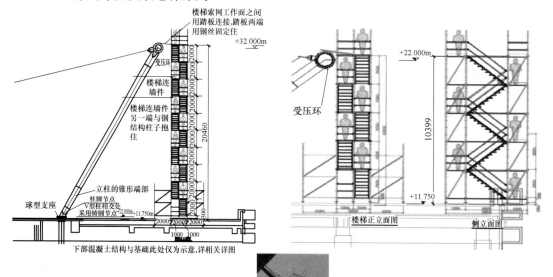

图 4-98　楼梯通道示意图及实物图

（1）承重索由中间向两端牵引锚固；

（2）溜索时，自承重索一端索头流水安装中层和下层索夹；

（3）耳板后焊应使得拉索可以张拉至制作时的索长标记位置，然后组装就位，以消除拉索制作长度误差；

（4）中、下层索夹安装应严格按照索体表面的索夹标记位置进行安装，并用扭力扳手按照计算拧紧力矩拧紧临时工装螺栓。

3）承重索与稳定索组装施工顺序

（1）承重索组装施工顺序

① 在11.75m混凝土平台上，每隔4～5m放置一个"滚轮"；

② 利用卷扬机将卷盘的承重索，成对在滚轮上展开，释放索体的"扭力"；

③ 利用牵引设备、导索和滑轮组，将双承重索沿导索溜至高空，并与两端连接板连接就位；

④ 在挂架上，溜索的同时，在双承重索上安装索夹的中、下层。

（注：为保护拉索，平台上铺设木板或塑料，滚轮与拉索接触处包塑料。）

（2）拉索展开

鉴于游泳馆内场地有游泳池，起重机不便进入场内进行放索，因此采用溜索的方法展开拉索，具体为：

① 拉索采用卷盘运输至现场，为避免拉索展开时索体扭转，拉索制作单位必须采用卧式索盘；

② 用起重机将索盘运至楼面的V形柱下；

③ 在对面的V形柱和看台顶上设置滑轮，安装溜索；

④ 将索头和索体挂在溜索上，利用卷扬机牵引将拉索运至场内并展开。

根据马鞍形单层索网特点，先安装下层的承重索，后安装上层的稳定索。在放索过程中，因索盘绕产生的弹性和牵引产生的偏心力，索开盘时产生加速，导致弹开散盘，易危及工人安全，因此开盘时注意防止崩盘。拉索展开后，应按照索体表面的顺直标线将拉索理顺，防止索体扭转。柔性索的柔度相对较好，在溜索组装和张拉的各道工序中，均注意避免碰伤、刮伤索体（图4-99、图4-100）。

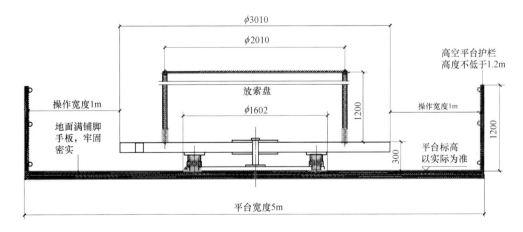

图 4-99 立式索盘放索装置示意图

（3）猫道安装

① 沿稳定索方向，在承重索上铺设猫道。

② 猫道两侧设置扶手索，两侧两个索网格内挂防护网。

③ 猫道采用3块标准钢踏板（每块约20kg）并联，形成约900mm宽的行走通道。

④ 每个踏板长3.6m，可搁置在前后两对承重索上，且通过踏板下的夹具（内侧喷塑）与承重索固定（图4-101）。

⑤ 考虑到承重索是倾斜的，踏板端设置可调底座，从而使踏板能水平放置（图4-102）。

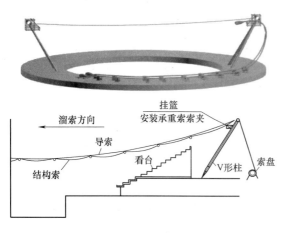

图4-100 承重索放索及溜索示意图

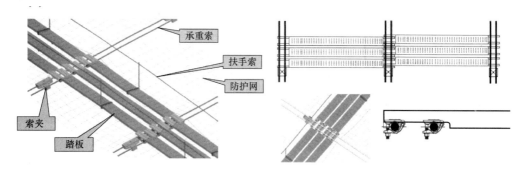

图4-101 猫道铺装示意图一

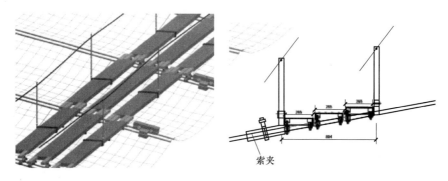

图4-102 猫道安装示意图二

⑥ 猫道铺设顺序为：从两侧（高点）向中间，沿承重索方向转移。

⑦ 安全网安装：利用索夹螺栓作为安全网临时挂靠点，采用带钩的杆子悬挂安全网，踏板铺设到位后，将安全网与踏板扎紧（图4-103）。

⑧ 猫道计算

该猫道使用间距0.5m，长3.5m的等边角钢，材料为Q235，截面规格为L63×8，角钢梁上铺人行板，假设板上的均布荷载为1kN/m²，采用SAP2000建模计算，两端边界

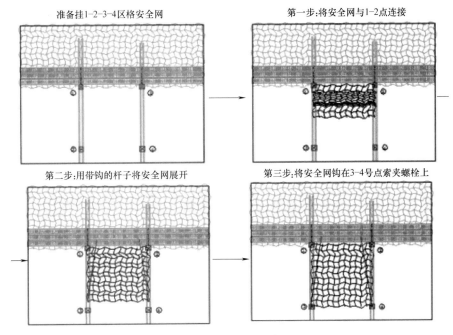

准备挂1-2-3-4区格安全网　第一步:将安全网与1-2点连接

第二步:用带钩的杆子将安全网展开　第三步:将安全网钩在3-4号点索夹螺栓上

图 4-103　猫道安装示意图三

条件均设为约束平动，即铰支座。

　　计算结果：最大位移位于跨中，为 16.8mm＜L/150＝23mm；最大弯矩位于跨中，为 0.66kN·m；最大应力比位于跨中，为 0.551＜1，所有应力比均满足。位移云图、弯矩图和最大应力比图如图 4-104 所示。

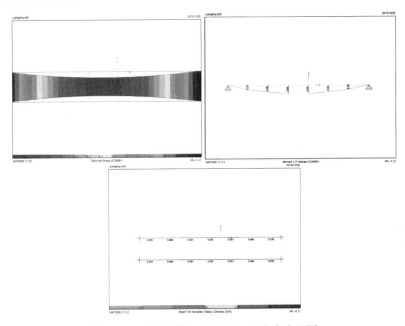

图 4-104　位移云图、弯矩图、最大应力比图

（4）稳定索组装施工顺序

① 单条猫道铺设后，在猫道上安装滚轮；

② 通过卷扬机和滑轮组，将平台上卷盘的单根稳定索，牵引至猫道上，在滚轮上展开；

③ 将两根稳定索安装至索夹上后，从中间向两侧逐个精确调位和拧紧索夹；

④ 索夹拧紧后，将稳定索索头用临时钢丝绳与索端节点板连接，并预紧稳定索，提高承重索的稳定性（图 4-105）；

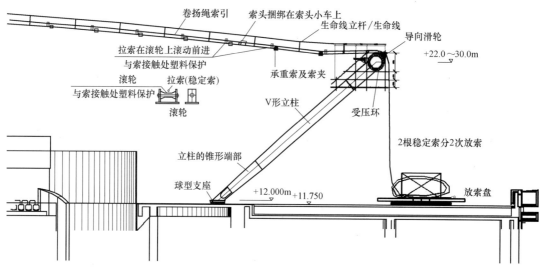

图 4-105　猫道上铺装稳定索示意图

⑤ 稳定索的安装在空中安装平台上进行，空中平台的安装顺序：从两侧向中间，流水周转进行（图 4-106）；

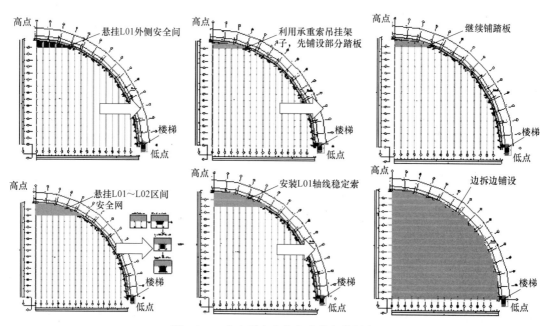

图 4-106　空中平台上稳定索的安装顺序

⑥ 稳定索安装时防晃动措施

a. 从两端向中间安装稳定索（从短索到长索，短索晃动小）；

b. 稳定索索夹安装拧紧完成后，用钢丝绳把稳定索索头与端板连接并预紧，防止承重索晃动；

c. 在已安装稳定索中间添加一根地锚工装索，防止马道晃动；

d. 重复步骤 b、c，继续安装下一道稳定索（图 4-107）。

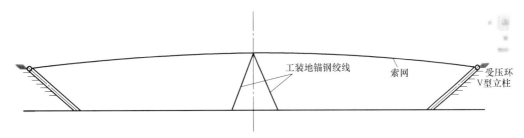

图 4-107　稳定索安装时防晃动措施

（5）搭设操作平台

采用型钢焊接操作平台，用起重机吊装至外联钢结构节点处，并固定。操作平台搭设时在环梁上对应位置外包布条，放置对环梁产生磨损。

（6）操作平台验算

操作平台材料取为 Q235，截面为等边角钢 L56×5，三维示意图和尺寸如图 4-108 所示。

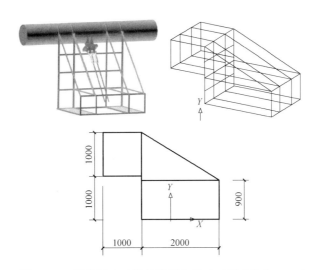

图 4-108　操作平台三维示意图和尺寸（尺寸单位：mm）

操作平台荷载取 $1kN/m^2$，通过 Midas 计算结果如图 4-109～图 4-111 所示。

（7）索夹安装

本工程索夹要夹持承重索和稳定索，因此，索夹共分 3 层，通过中间 8.8 级 M30 高强度螺栓夹紧双层索体，结构索夹示意图如图 4-112 所示。索夹安装时严格按照索体标记进行安装。

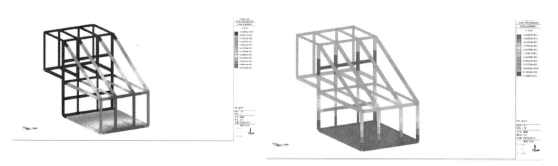

图 4-109　Z 向位移图（mm）和 Y 向位移图（mm）

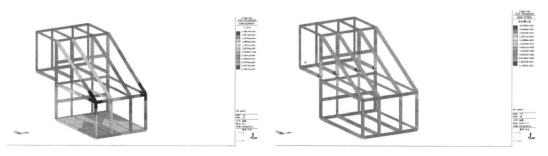

图 4-110　X 向位移图（mm）和组合应力图（MPa）

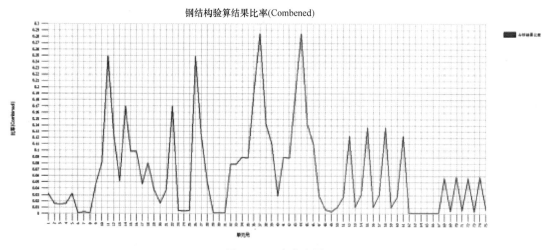

图 4-111　应力比图

在索夹的顶板和中板之间增设一个螺母，并在顶板的底面和中间板的顶面设置圆形槽孔，如图 4-113 所示。索夹构造及安装流程如图 4-114、图 4-115 所示。

待稳定索溜索至设计位置后，安装索夹上层并预紧 M30 结构高强度螺栓。采用液压千斤顶张拉的方式对 M30 高强度螺栓施加预紧力，如图 4-116 所示。根据规范 8.8 级 M30 高强度螺栓预紧力为 280kN，预计超拧紧 10%，因此施工预紧力为 308kN。采用 YCW60B 型穿心式液压千斤顶施加预紧力，其额定张拉力达到 600kN，待稳定索索夹拧紧完成后再进行稳定索的两端对称张拉。

（8）安装和调试溜索设备

本工程溜索需要使用卷扬机、1860级ϕ15.20钢绞线、导链以及滑轮组等设备。溜索工装索计算如下：

拉索、索夹、溜索滑轮的线荷载为：40kg/m；

根据公式：$P\Delta=ql^2/8$，取$\Delta/l=1/15$，$l=110$m，求得：$P=85$kN；

选用1860级ϕ15.20钢绞线，标称破断力为260kN，安全系数为3，满足要求。

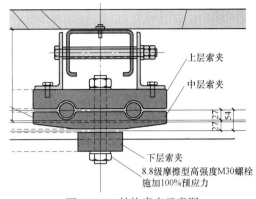

图4-112　结构索夹示意图

索夹顶板
（底面朝上显示）

索夹中间板
（表面朝上显示）

M30螺栓配3个螺母
（中间单螺母，顶端双螺母）

图4-113　索夹构造调整三维实体

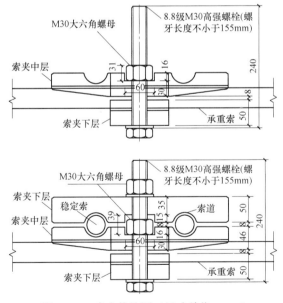

图4-114　索夹构造图（尺寸单位：mm）

4.3.2.2　索网张拉

1）张拉总体原则

（1）分批分级张拉；

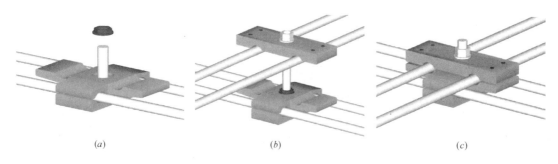

图 4-115 索夹安装流程

（a）在承重索上安装索夹的底板、中间板、M30 螺杆和中间螺母；（b）预紧中间螺母，索夹的底
板和中间板夹紧承重索；（c）安装稳定索和索夹顶板，并预紧 M30 螺杆的顶端螺母

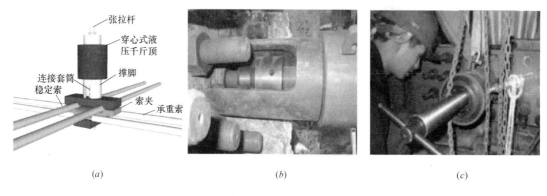

图 4-116 类似工程照片

（2）模拟张拉过程，进行施工全过程力学分析，预控在先；

（3）拉索张拉控制采用双控原则：控制张拉力和位形，其中以控制张拉点的索力
为主。

2）张拉前的准备工作

（1）根据钢结构安装方案和拉索施工方案，进行施工过程的精细化分析，掌握施工过
程的结构状态和结构特性，为拉索施工提供参数（如拉索施工张拉力），为施工监测提供
理论参考值，确保施工安全；

（2）拉索张拉前索网应全部安装完成，检查构件之间以及支座连接就位，考虑张拉时
结构状态是否与计算模型一致，以免引起安全事故；

（3）直接与拉索相连的节点，其空间坐标精度需严格控制。节点上与索相连的耳板方
向也应严格控制，以免影响拉索施工和结构受力；

（4）将阻碍结构张拉变形的非结构构件与结构脱离；

（5）拉索安装前，需对拉索张拉调节装置涂适量黄油润滑，以便于拧动；

（6）拉索张拉前，为方便工人张拉操作，事先搭设好安全可靠的操作平台、挂篮等；

（7）拉索张拉时应确保足够人手，且人员正式上岗前进行技术培训与交底，设备正式
使用前需进行检验、校核并调试，确保使用过程中万无一失；

（8）拉索张拉设备须配套标定；

（9）千斤顶和油压表须每半年配套标定一次，且配套使用。标定须在有资质的试验单

位进行；

（10）根据标定记录和施工张拉力，计算出相应的油压表值。现场按照油压表读数精确控制张拉力；

（11）索张拉前，应严格检查临时通道以及安全维护设施是否到位，保证张拉操作人员的安全；

（12）索张拉前应清理场地，禁止无关人员进入，保证索张拉过程中人员安全；

（13）在一切准备工作做完之后，且经过系统的、全面的检查无误后，现场安装总指挥检查并发令后，才能正式进行预应力索张拉作业。

3）拉索张拉方法

待稳定索溜索就位后，改用大吨位张拉千斤顶，根据对称原则分批将稳定索的索头与外环梁连接就位。

（1）分批分级张拉的程序

① 为控制结构的整体形状，对称的两根索及其两端，共4个张拉点，同步分级张拉；

② 同步张拉细分为5级：初紧状态→25%→50%→75%→90%→连接固定，各级以张拉行程控制；

（2）张拉时支座条件：外围钢构的支座条件与设计要求一致；

（3）张拉过程分析：模拟张拉过程，进行施工全过程力学分析，预控在先。

4）张拉机具

（1）张拉工装和设备

本工程索网施工过程包括拉承重索和稳定索溜索就位及稳定索张拉两个阶段，且两个阶段的施工张拉力相差较大，因此，根据不同施工阶段、不同拉索类型设计工装（表4-31）。

拉索施工张拉工装汇总表 表4-31

施工阶段	承重索		稳定索	
	CTA 连接类型	CTB 连接类型	CTA 连接类型	CTB 连接类型
牵引安装承重索	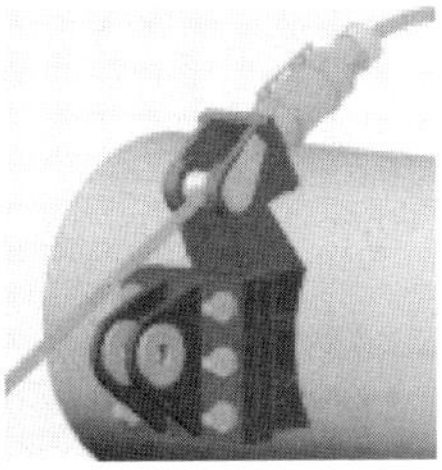	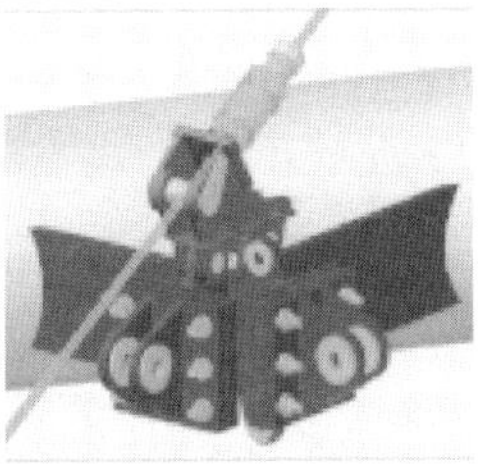	—	—
张拉稳定索	—	—	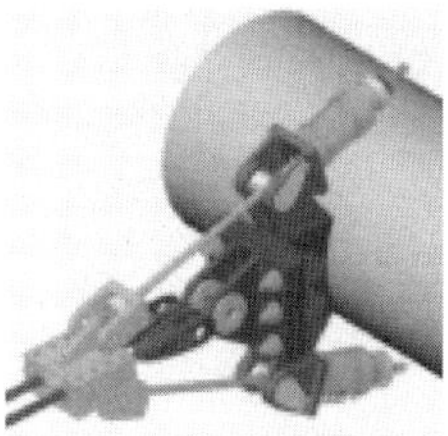	

注：CTA 连接类型——索头节点板与环梁双板连接；CTB 连接类型——索头节点板与环梁单板连接

① 承重索

承重索在溜索安装过程中拉索索力均不超过 300kN，故承重索采用同一套工装实现牵引连接施工。设备选用单台 YCW600 型千斤顶。示意图如图 4-117，图 4-118 所示。

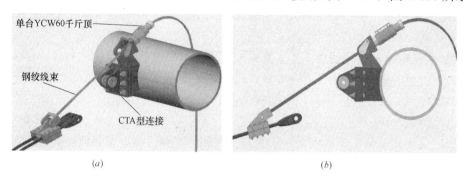

图 4-117　承重索 CTA 连接类型牵引连接示意图
(a) 轴测图；(b) 正视图

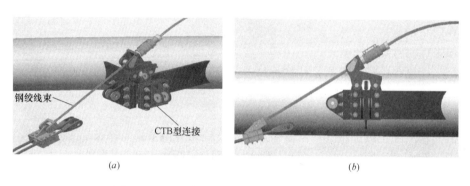

图 4-118　承重索 CTB 连接类型牵引连接示意图
(a) 轴测图；(b) 正视图

② 稳定索

稳定索从承重索上方溜索安装，待索夹最终拧紧后进行张拉连接。根据分析所得施工张拉力，稳定索张拉设备选用双台 YCW100B 型千斤顶。根据拉索头节点板连接类型有两种张拉工装，张拉示意如图 4-119，图 4-120 所示。

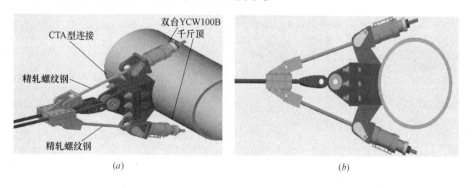

图 4-119　稳定索 CTA 连接类型张拉示意图
(a) 轴测图；(b) 正视图

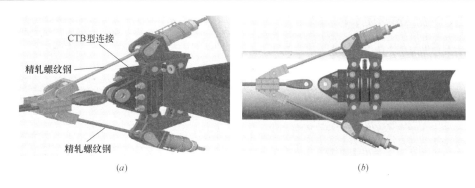

图 4-120 稳定索 CTB 连接类型张拉示意图

(a) 轴测图;(b) 正视图

而对于少量索头节点板与钢柱相交的位置,难以实现在节点上下布置两台千斤顶。因此对该类节点需要单独设计张拉工装,即千斤顶布置在索头背部,下部外伸板焊接在钢柱上,详如图 4-121 所示。

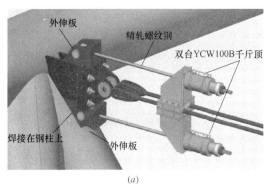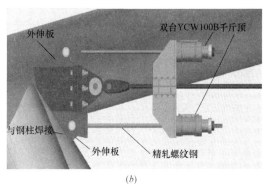

图 4-121 索头节点板与钢柱相交处详图

(2) 稳定索张拉力和张拉机具数量

每个张拉采用两台 YCW100B 型液压千斤顶,双台额定张拉力达到 200t(表 4-32)。

张拉力和设备 表 4-32

轴线	施工张拉力(kN)	张拉点	千斤顶			工装	油泵	进油(回油) 油压表(个)
			台/张拉点	规格(t)	总台数	套	台	
张拉索	805~1350	4	2	100	8	8	4	4

(3) 千斤顶型号

选用 YCW 系列轻型千斤顶,该系列轻型千斤顶不仅体积小、重量轻,而且强度高、密封性好、可靠性高(表 4-33)。

选用千斤顶的主要技术参数表 表 4-33

型号	公称张拉力 (kN)	公称油压 (MPa)	穿心孔径 (mm)	张拉行程 (mm)	主机质量 (kg)	外形尺寸 (mm)	使用阶段
YCW100B	973	51	78	200	65	$\phi214\times170$	拉索牵引和张拉

5）张拉施工要点及注意事项

为保证拉索张拉施工顺利实施，确保拉索施工质量，需采取以下几点措施：

（1）千斤顶张拉过程中，油压应缓慢、平稳；

（2）千斤顶与油压表需配套校验。标定数据的有效期在6个月以内。严格按照标定记录，并依此读数控制千斤顶实际张拉力；

（3）张拉过程中，每个张拉点由一至两名工人看管，每台油泵均由一名工人负责，并由一名技术人员统一指挥、协调管理；

（4）拉索张拉过程中应停止对张拉结构进行其他项目的施工；

（5）拉索张拉过程中若发现异常，应立即暂停，查明原因，进行实时调整。

6）拉索防护

成品拉索在生产制作过程中采取诸多防护手段，在出厂前对索体进行了包装防护。但在索盘运至施工现场后，必须在整个钢屋盖安装全过程中注意索的防护。

（1）在牵引安装、张拉等各道工序中，均注意避免碰伤、刮伤索体；

（2）不允许有任何焊渣和熔铁水落在索体上及用硬物刻划索体，以免损坏索的防腐；

（3）不允许任何单位和个人污染索体，以免改变索体颜色；

（4）拉索进场后卸车用起重机装卸，钢丝绳与拉索接触点用硬物隔开；

（5）拉索堆放地应远离现场通道以防止进场汽车碰伤拉索；

（6）拉索放开时其外包装先不剥落，等拉索安装完成后再剥落；

（7）安装拉索过程中要注意安装通道的障碍物以防止碰伤拉索；

（8）若现场拉索有破损严重的地方，应联系生产厂家由厂家用专用设备焊接修补。

7）张拉设备使用

（1）施加预应力所用的机具设备及仪表由专人使用和管理，并定期维护和校验。进场后，对千斤顶和压力表进行配套标定，确定压力表和张拉力之间的关系曲线。标定在经主管部门授权的法定计量技术机构定期进行。张拉机具设备与锚具配套使用，根据索的类型选用合适千斤顶及油泵，进场后，试运行确保正常后，方可调至工作台面。对长期不使用的张拉机具设备，在使用前进行全面校验。

（2）施工现场机具要配套完整，千斤顶与油压表须经过国家有关质检部门进行配套标定，标定数据的有效期在6个月以内。使用时千斤顶要与其对应标定好的油压表配套使用，不能混淆乱用。严格按照标定记录，计算与拉索张拉力一致的油压表读数，并依此读数控制千斤顶实际张拉力。

（3）张拉机具按顺序安装好以后，尽量使千斤顶的张拉作用线与索的轴线重合一致，以使受力合理。

（4）把千斤顶和油泵用油管连接好，安装与千斤顶所对应配套标定的油表，油泵电源接好，试好油泵的开机和关机，确保机具能正常使用，并注意油泵液压油是否够用。

（5）千斤顶张拉过程中，油压应缓慢、平稳。对于有调节装置的拉索，应边张拉边旋转调节装置。

（6）张拉过程中，每个张拉点由一至两名工人看管，每台油泵均由一名工人负责，并由一名技术人员统一指挥、协调管理。

（7）拉索张拉过程中应停止对张拉结构进行其他项目的施工。

（8）拉索张拉过程中若发现异常，应立即暂停，查明原因，进行实时调整。

8）张拉调整措施

当张拉后出现索力或结构形状与理论值出现较大偏差时，应采取以下措施予以调整：

（1）重新检查分析模型和分析数据，在合理范围内，调整计算参数，进行分析对比，明确理论值的可变范围。若施工偏差在理论值的可变范围内，说明施工偏差仍处于正常理论值范围内，施工正常。

（2）采用监测仪器（如全站仪），量取形状偏差较大的局部的节点坐标，计算相应索段或拉索的长度，与理论值对比，确定索长安装偏差。对索长安装偏差大的拉索的端板进行调整，调整至合理值。

9）张拉应急措施

（1）索张拉的风险

索张拉的风险主要有：

① 张拉设备故障，包括油管漏油，设备故障；

② 现场突然停电；

③ 张拉过程不同步；

④ 张拉后结构变形、应力、伸长值与设计计算不符；

⑤ 张拉后支座位移发生较大偏移。

（2）张拉设备故障

张拉过程中如油缸发生漏油、损坏等故障，在现场配备三名专门修理张拉设备的维修工，在现场备好密封圈、油管，随时修理，同时在现场配置 2 套备用设备，如果不能修理立即更换千斤顶。

（3）张拉过程断电

张拉过程中，如果突然停电，则停止索张拉施工。关闭总电源，查明停电原因，防止来电时张拉设备的突然启动，对屋架结构产生不利影响。同时在张拉时把锁紧螺母拧紧，保证索力变化跟张拉过程是同步的；突然停电状态下，在短时间内，千斤顶还是处于持力状态，并且油泵回油还需要一段时间，不会出现安全事故。处理好后在现场值班的电工立刻进行查找原因，以最快的速度修复。为了避免这种情况，在现场的二级箱要做到专用，三级箱按照要求安装到位。

（4）张拉过程不同步

由于张拉没有达到同步，造成结构变形，可以通过控制给泵油压的速度，使索力小的加快给油速度，索力比较大的减慢给油速度，这样就可以到达同一根索的索力相同的目的。

（5）张拉时结构变形、伸长值预警

某根索张拉结束后未达到设计力，可以通过个别施加预应力进行补偿的方法。如果结构变形、伸长值与设计计算不符，超过 20% 以后，应立即停止张拉，同时报请设计院，找出原因后再重新进行预应力张拉。

4.4 柔性索网上覆刚性屋面安装技术

苏州奥体中心游泳馆屋盖为单层马鞍形正交索网结构，屋面系统为刚性的金属屋面，因此结构较柔，而屋面较重。根据已有分析结果，屋面系统重量（取 0.45kN/m²）使索网中心产生了约 1108mm 下挠。由于马鞍形索网为柔性结构，所以在屋面板系统安装的同时索网会发生较大的变形，会导致屋面安装不紧密，可能造成后期屋面漏水的情况，因此需采取配载施工措施，降低屋面系统安装过程中的索网竖向位移变化量。

4.4.1 系统材料重量

来实建筑系统公司提供的屋面系统重量见下：

（1）屋面系统总重量为 40.69kg/m²，为原设计值（45kg/m²）的 90%；

（2）根据屋面系统施工工艺，分三层安装，该三层不流水作业，即待前一层全部安装完毕后才安装后一层（表 4-34）。

苏州奥体中心游泳馆屋面系统材料重量

表 4-34

序号	分层安装	荷载名称	荷载值（kg/m²）	小计（kg/m²）
1	第 1 层	主檩条	8.25	9.25
2		配件	1	
3	第 2 层	压型金属板	6.89	7.89
4		配件	1	
5	第 3 层	次檩条	4.65	26.55
6		防水隔汽膜	0.2	
7		吸声棉	1.2	
8		PE 隔汽层	0.2	
9		保温岩棉	15	
10		防水透气膜	0.3	
11		外层铝镁锰板	4	
12		配件	1	
合计				43.69

4.4.2 屋面系统配载施工流程

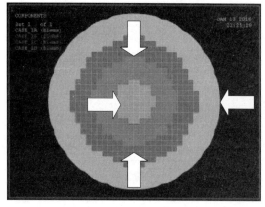

图 4-122 配载顺序

施工总体流程为：配载（＋43.69kg/m²）、安装第 1 层屋面（＋9.25kg/m²）、卸载第 1 批配重（－100kg/点）、安装第 2 层屋面（＋7.89kg/m²）、卸载第 2 批配重（－100kg/点）、安装第 3 层屋面（＋26.55kg/m²）、流水卸载第 3 批配重（剩余配重）。

4.4.2.1 配载

配载布置形式：索网各节点都配载。

配载重量：面载为 43.69kg/m²，各点配载重量约为 3.3×3.3×43.69＝443kg，总重量为 372708kg 配载施工顺序：从外逐环向内，如图 4-122 所示；拉索编号如图 4-123 所示，配重重量见表 4-35。

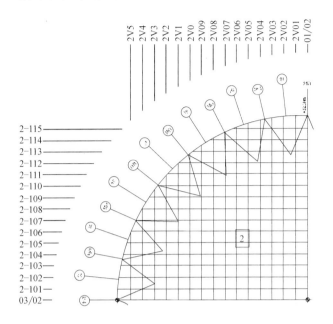

图 4-123　拉索编号

配载重量（kg）　　　　　　　　　　　　表 4-35

索编号	2V15	2V14	2V13	2V12	2V11	2V10	2V9	2V8	2V7	2V6	2V5	2V4	2V3	2V2	2V1	01/02
2H15	0	0	0	0	0	0	0	0	0	0	0	354	386	424	447	455
2H14	0	0	0	0	0	0	0	0	326	401	488	438	478	477	477	477
2H13	0	0	0	0	0	0	127	468	437	477	476	476	476	476	476	476
2H12	0	0	0	0	0	321	473	436	475	475	475	475	475	475	475	475
2H11	0	0	0	0	392	435	475	474	474	474	474	474	474	474	474	474
2H10	0	0	0	320	435	474	474	473	473	473	473	473	473	472	472	472
2H9	0	0	0	471	473	473	473	472	472	472	472	472	472	472	471	471
2H8	0	0	463	433	472	472	472	471	471	471	471	471	471	471	471	471
2H7	0	322	433	472	471	471	471	471	470	470	470	470	470	470	470	470
2H6	0	395	471	471	471	470	470	470	470	470	469	469	469	469	469	469
2H5	0	481	471	470	470	470	470	469	469	469	469	469	469	469	468	468
2H4	348	431	470	470	470	469	469	469	469	468	468	468	468	468	468	468
2H3	379	470	470	469	469	469	469	468	468	468	468	468	468	468	468	468
2H2	416	470	470	469	469	469	468	468	468	468	468	468	467	467	467	467
2H1	439	470	469	469	469	469	468	468	468	468	467	467	467	467	467	467
03/02	446	470	469	469	469	468	468	468	468	468	467	467	467	467	467	467

4.4.2.2 分层安装屋面系统、穿插分步卸载

1）屋面安装和卸载的顺序

沿承重索方向，从低点向高点对称安装屋面，卸载的顺序与之相同（图 4-124）。

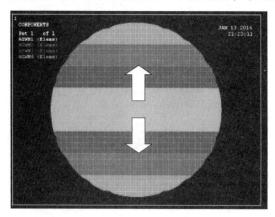

图 4-124 屋面安装和卸载的顺序

2）各步骤的重量

（1）安装第 1 层屋面（+9.25kg/m²）

安装完后，面载为：$43.69 + 9.25 = 52.94$kg/m²，各点重量约为：$3.3 \times 3.3 \times 52.94 = 577$kg。

（2）卸载第 1 批配重（－100kg/点）

卸载完后，面载为：$43.69 + 9.25 - 100/(3.3 \times 3.3) = 43.76$kg/m²，各点重量约为：$3.3 \times 3.3 \times 52.94 - 100 = 477$kg。

（3）安装第 2 层屋面（+7.89kg/m²）

安装完后，面载为：$43.69 + 9.25 - 100/(3.3 \times 3.3) + 7.89 = 51.65$kg/m²，各点重量约为：$3.3 \times 3.3 \times (52.94 + 7.89) - 100 = 562$kg。

（4）卸载第 2 批配重（－100kg/点）

卸载完后，面载为：$43.69 + 9.25 - 100/(3.3 \times 3.3) + 7.89 - 100/(3.3 \times 3.3) = 42.47$kg/m²，各点重量约为：$3.3 \times 3.3 \times (52.94 + 7.89) - 100 - 100 = 462$kg。

（5）安装第 3 层屋面（+26.55kg/m²），流水卸载第 3 批配重（剩余配重）

第 3 层屋面每安装 8 列，配重流水卸载 8 列。

安装和卸载完后，面载为：43.69kg/m²，各点重量约为：$3.3 \times 3.3 \times 43.69 = 476$kg。

4.4.3 施工过程分析

4.4.3.1 施工过程工况

根据上述施工流程，施工过程分析工况见表 4-36。

施工过程分析工况

表 4-36

阶段	顺序	工况编号
索网张拉成型	—	OA
全部配载（Ⅰ）	配载 1~4 环(外环)	ⅠA
	配载 5~8 环	ⅠB

阶段	顺序	工况编号
全部配载（Ⅰ）	配载 9～12 环	ⅠC
	配载 13～16 环(内环)	ⅠD
安装第1层屋面(Ⅱ)	安装 03/02～ZH04	ⅡA
	安装 ZH04～ZH08	ⅡB
	安装 ZH08～ZH12	ⅡC
	安装 ZH12～ZH15	ⅡD
卸载第1批配重(Ⅲ)	卸载 03/02～ZH04	ⅢA
	卸载 ZH04～ZH08	ⅢB
	卸载 ZH08～ZH12	ⅢC
	卸载 ZH12～ZH15	ⅢD
安装第2层屋面(Ⅳ)	安装 03/02～ZH04	ⅣA
	安装 ZH04～ZH08	ⅣB
	安装 ZH08～ZH12	ⅣC
	安装 ZH12～ZH15	ⅣD
卸载第2批配重(Ⅴ)	卸载 03/02～ZH04	ⅤA
	卸载 ZH04～ZH08	ⅤB
	卸载 ZH08～ZH12	ⅤC
	卸载 ZH12～ZH15	ⅤD
安装第3层屋面,流水卸载(Ⅵ)	安装 03/02～ZH04	ⅥA-1
	卸载 03/02～ZH04	ⅥA-2
	安装 ZH04～ZH08	ⅥB-1
	卸载 ZH04～ZH08	ⅥB-2
	安装 ZH08～ZH12	ⅥC-1
	卸载 ZH08～ZH12	ⅥC-2
	安装 ZH12～ZH15	ⅥD-1
	卸载 ZH12～ZH15	ⅥD-2

4.4.3.2 分析结果

1) 各施工工况的分析结果汇总见表 4-37。

施工工况分析结果统计 表 4-37

工况编号	最大索力(kN)		最大不平衡索力(kN)		基于张拉成型态的索段最大伸长值(mm)		基于张拉成型态的最大竖向位移(mm)
	承重索	稳定索	承重索	稳定索	承重索	稳定索	
OA	877	937	3.24	2.99	0	0	587(初始)
ⅠA	903	955	3.6	2.47	0.6	0.4	−205
ⅠB	903	1009	3.73	2.39	0.9	0.9	−517
ⅠC	879	1046	3.77	2.37	1.1	1.3	−877
ⅠD	865	1061	3.74	2.41	1.2	1.6	−1079
ⅡA	860	1079	3.74	2.36	1.3	1.7	−1185

工况编号	最大索力(kN)		最大不平衡索力(kN)		基于张拉成型态的索段最大伸长值(mm)		基于张拉成型态的最大竖向位移(mm)
	承重索	稳定索	承重索	稳定索	承重索	稳定索	
ⅡB	866	1092	3.62	2.84	1.4	1.9	−1239
ⅡC	871	1099	3.74	2.37	1.5	1.9	−1258
ⅡD	874	1100	4.72	2.37	1.5	1.9	−1258
ⅢA	871	1081	4.03	2.42	1.4	1.8	−1147
ⅢB	868	1068	3.89	3.02	1.3	1.6	−1098
ⅢC	865	1062	3.8	2.41	1.2	1.6	−1080
ⅢD	864	1061	4.4	2.41	1.2	1.6	−1081
ⅣA	860	1076	3.73	2.37	1.3	1.7	−1171
ⅣB	863	1087	3.65	2.73	1.4	1.8	−1217
ⅣC	868	1093	3.64	2.37	1.5	1.9	−1233
ⅣD	870	1094	4.49	2.39	1.5	1.9	−1234
ⅤA	871	1075	3.98	2.42	1.3	1.7	−1121
ⅤB	867	1063	3.84	3.05	1.2	1.6	−1072
ⅤC	864	1056	3.75	2.42	1.2	1.5	−1054
ⅤD	864	1056	4.36	2.42	1.2	1.5	−1054
ⅥA-1	875	1107	3.69	2.43	1.5	2.0	−1350
ⅥA-2	863	1061	3.68	2.42	1.2	1.6	−1089
ⅥB-1	872	1097	3.71	2.42	1.5	2.0	−1244
ⅥB-2	865	1064	3.69	2.41	1.2	1.6	−1087
ⅥC-1	875	1086	3.74	2.42	1.4	1.7	−1144
ⅥC-2	865	1063	3.69	2.41	1.2	1.6	−1083
ⅥD-1	867	1066	4.46	2.41	1.3	1.6	−1085
ⅥD-2	865	1061	3.74	2.41	1.2	1.6	−1079

2）关键施工工况的分析结果图

（1）不平衡索力如图 4-125～图 4-128 所示。

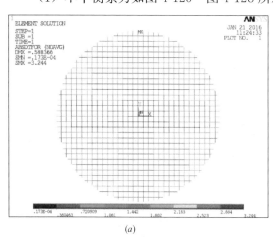
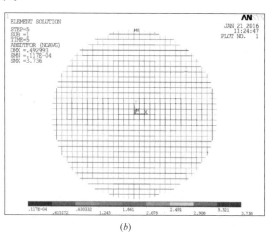

(a)　　　　　　　　　　　(b)

图 4-125　索网张拉成型——OA 的不平衡索力(kN)和全部配载——ⅠD 的不平衡索力(kN)

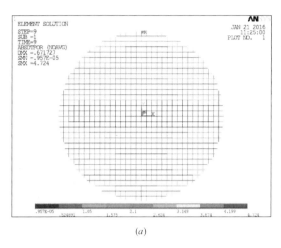
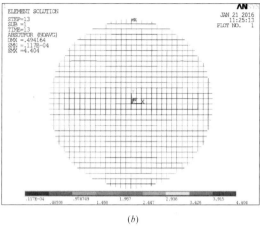

(a)   (b)

图 4-126　安装第 1 层屋面——ⅡD 的不平衡索力(kN)和卸载第 1 批配重——ⅢD 的不平衡索力(kN)

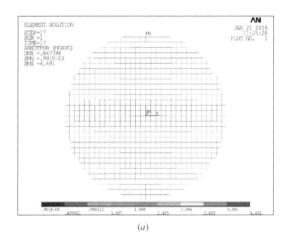
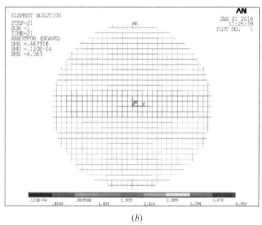

(a)   (b)

图 4-127　安装第 2 层屋面——ⅣD 的不平衡索力(kN)和卸载第 2 批配重——ⅤD 的不平衡索力(kN)

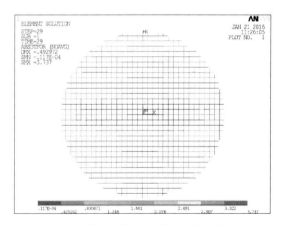

图 4-128　第 3 层屋面安装且全部卸载——
ⅦD-2 的不平衡索力(kN)

（2）基于张拉成型态的索网竖向位移（单位：m）如图 4-129～图 4-131 所示。

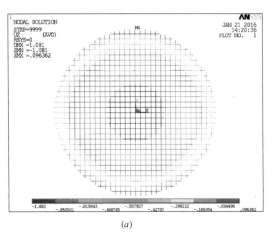
(a)

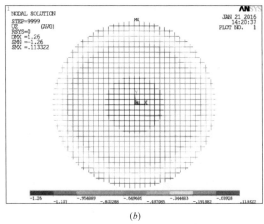
(b)

图 4-129　全部配载——ⅠD 的索网竖向位移和安装第 1 层屋面——ⅡD 的索网竖向位移

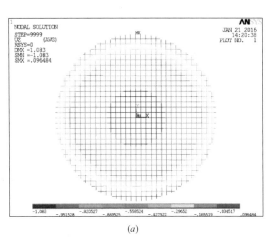
(a)

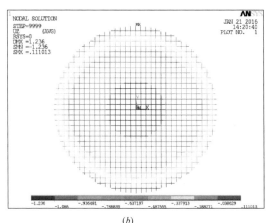
(b)

图 4-130　卸载第 1 批配重——ⅢD 的索网竖向位移和安装第 2 层屋面——ⅣD 的索网竖向位移

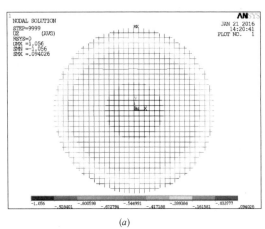
(a)

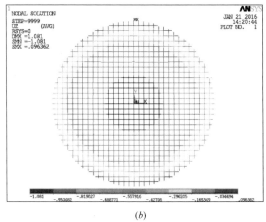
(b)

图 4-131　卸载第 2 批配重——ⅤD 的索网竖向位移和第 3 层全部卸载——ⅦD-2 的索网竖位移

3）结论

（1）屋面施工过程中，承重索的最大索力为903kN（最大应力比为0.55），出现在第ⅠA和ⅠB工况的索网最外边部位；稳定索的最大索力为1107kN（最大应力比为0.67），出现在第ⅡC、ⅡD和ⅥA-1工况的2H-4部位；最大索力（1107kN）低于双索承载力（1640kN）。

（2）屋面施工过程中，承重索的相邻索段最大索力差为4.72kN，出现在第ⅡD工况的中跨靠近索头部位；稳定索的相邻索段最大索力差为3.05kN，出现在第ⅤB工况的2H-4部位，第ⅢB工况的2H-7部位；相邻索段最大索力差（4.72kN）低于索夹抗滑承载力。

（3）屋面施工过程中，承重索的索段长度最大变化量为1.5mm，出现在第ⅡC、ⅡD工况的2V9靠近索头部位；稳定索的索段长度最大变化量为2.0mm，出现在第ⅡC、ⅡD、ⅥA-1工况的2H10靠近索头部位；索段长度最大变化量（2.0mm）小于檩条和面板的椭圆孔调节量（±10mm）。

（4）屋面施工过程中，基于张拉成型态的索网最大下挠为−1350mm，出现在第ⅥA-1工况的索网中心部位；自安装第一层屋面起始至结束，即工况ⅡA到ⅥD-2，索网竖向位移范围为−1079～−1350mm（即：−1214±136mm），最终值为−1079mm，如图4-132所示。

（5）设计屋面荷载（0.45kN/m²）和实际屋面系统荷载（43.69kg/m²）作用下的状态对比见表4-38，两者偏差很小。

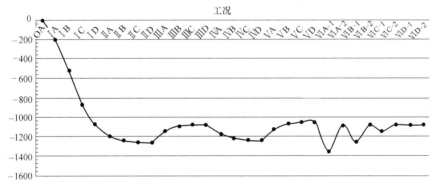

图4-132　基于张拉成型的最大竖向位移曲线（mm）

屋面荷载的设计值和实际值的作用结果对比　　　　　　　　　　　　　表4-38

屋面荷载	最大索力(kN)		最大不平衡索力(kN)		基于张拉成型态的段最大伸长值(mm)		基于张拉成型态的最大竖向位移(mm)
	承重索	稳定索	承重索	稳定索	承重索	稳定索	
设计值	865	1067	4.1	2.5	1.3	1.6	−1108
实际值	865	1061	3.7	2.4	1.2	1.6	−1079
差值	0	−6	−0.4	−0.6	−0.1	0	29

4.5　监测技术

超大跨度单层索网结构的突破，需要有理论分析、试验研究的支撑，在工程实践时，也需要对其施工和使用过程进行监测，建立全生命周期健康监测制度。对苏州奥林匹克体育中心体育场和游泳馆进行了健康监测，对风环境、索力、钢结构应力、内环变形和加速度、钢结构温度进行了实时监测。保证工程实施满足设计要求，保障使用过程中的安全。同时，监测成果可验证并修正分析理论，提高单层索网结构的分析和设计水平。

4.5.1 单层索膜屋盖全生命周期健康监测的必要性

超大跨度单层索网结构的突破，需要有理论分析、试验研究的支撑，在工程实践时，也需要对其施工和使用过程进行监测，建立全生命周期健康监测制度，保证工程实施满足设计要求，保障使用过程中的安全。同时，监测成果可验证并修正分析理论，提高单层索网结构的分析和设计水平。

苏州奥体中心屋顶采用单层索网结构，跨度 260m，为国内第一大跨度单层索网结构。复杂程度、创新成果和科技含量也很高，一般项目的设计和施工经验无法指导其设计和施工。主要表现在以下几个方面：

1) 体育场超出现行国家规范要求的内容

（1）V 形柱。V 形柱承担索网结构传过来的竖向荷载，并与压环一起抵抗水平力。根据《建筑抗震设计规范》GB 50011—2010 第 9.3.1 条要求（强制性条文），框架柱的长细比，按照三级抗震等级来考虑的话，不应大于 $100\sqrt{235/f_{ay}}$，以最高的一根柱为例，长度 43.0m，截面 1100mm×35mm，长细比是 $43.0/0.376=114$，远大于 $100\sqrt{235/390}=77.6$。如果要按照规范要求控制长细比，则柱子要做到 1600mm×20mm，即浪费材料又不能满足建筑效果要求。因此，我们以结构形式为轻型空间结构而不是框架结构来进行规避。但是，材料的节约和建筑美观需要有技术的充分保证。除了有详尽的计算依据和试验手段外，还需要对其使用状态下的应力和变形进行监测。发现应力和变形超出设计预计很多时，还需要采取一定的加固措施。确保结构在 50 年使用年限内的安全使用。

（2）拉索。按照《索结构技术规程》JGJ 257—2012 第 5.6.1 条，拉索的抗力分项系数取 2.0，拉索应力比不应超过 1.0；按照专家审批会要求，拉索应力不应超过 0.8；但目前计算应力比在 0.82。应该注意到，0.82 的应力比是基于欧洲规范 1.65 的安全系数定的，按照中国规范 2.0 的安全系数的话，拉索应力比 0.99。当然，体育场拉索是进口材料，可以参考欧洲规范。但是，同样要对拉索在极限工况如台风、大雪、暴雨下的索力进行监测，确保结构安全。同时，健康监测系统还可以给出拉索张拉各个阶段的索力，磁通量法校正精确的话，索力精确度可以达到 95%，可以作为千斤顶油压表的校正，同时作为施工验收的依据。

（3）位移。目前体育场内环竖向位移，风荷载下最大位移 2869mm，按照 260m 跨度来考虑的话，挠度 1/91；按照悬挑 54m 来考虑的话，挠度达到 1/19；而按照《索结构技术规程》JGJ 257—2012 第 3.2.13 条的要求，挠度不宜大于 1/200。如此大的变形，对屋面附属结构的影响很大，需要附属结构之间的联系适应大变形。同时，需要监测结构在极限工况下的变形，对屋面附属结构的抗大变形能力进行考察。健康监测系统中的风速监测、风压监测可以给出实时风荷载，以指导设计对原设计风荷载进行修正，并进行复算，考查结构在实际风力下的安全性。

2) 理论计算精确问题

理论计算有其局限性，无法精确考虑钢构件、支座的制作误差和焊接残余应力，不能精确考虑拉索弹性模量偏差、松弛的影响，不能精确考虑拉索的制作误差和施工误差。因此，有必要对实际结构进行健康检测，发现其制作、安装误差对结构安全的影响，修正结构有限元模型，有必要时根据实际模型进行复算，确保结构安全。

　　3）支座的复杂性

　　为了节约钢材，体育场用了关节轴承铰支座、可以上下滑动的关节轴承铰支座、可以上下左右滑动的关节轴承铰支座、V形柱其中一根柱的套筒滑动支座，支座形式满足理论计算假定，但滑动机制过多大大增加了支座的复杂性和不确定性，其中可以上下滑动的关节轴承铰支座、可以上下左右滑动的关节轴承铰支座还是国内首创的。不仅需要通过试验来进行验证，也需要在支座安装好之后，对其各个方向位移和转角进行监测，考查其可靠性，出现问题时及时报警，防止在极限荷载下失效，导致结构破坏。综上所述，体育场结构设计在多方面突破现行国家规范，设计安全余量小，创新节点多，跨度挑战大，科技含量高。同时，苏州奥体建成后可容纳45000名观众，将要承担各种体育、文艺活动，要建成为"以商养体"运营机制的全国体育建筑标杆，社会影响大。因此，对其长期工作状态的监测必不可少。

4.5.2　施工监测仪器

4.5.2.1　位形测试仪器

　　全站仪，即全站型电子测距仪（Electronic Total Station），是一种集光、机、电为一体的高技术测量仪器，是集水平角、垂直角、距离（斜距、平距）、高差测量功能于一体的测绘仪器系统。与光学经纬仪比较电子经纬仪将光学度盘换为光电扫描度盘，将人工光学测微读数代之以自动记录和显示读数，使测角操作简单化，且可避免读数误差的产生。因其一次安置仪器就可完成该测站上全部测量工作，所以称之为全站仪。广泛用于地上大型建筑和地下隧道施工等精密工程测量或变形监测领域。图4-133为本工程采用的全站仪测试照片。

图4-133　莱卡全站仪现场实际测试照片

4.5.2.2　应力测试仪器

　　BGK-408型振弦式仪器读数仪是基康公司生产的系列振弦式传感器配套的电测读数仪表，其主要特点（图4-134）：

(a)

(b)

图4-134　GK-4000弧焊型振弦式应变计及其测试仪器
（a）振弦式应变计；（b）测试仪器

（1）采用全密封便携式结构、薄膜放水面板和带背光的大屏幕汉显液晶面板，能够胜任全天候工作环境；

（2）采用菜单式人机交互操作，用户可以根据提示任意设定读数仪的初始参数和工作状态；

（3）内置大容量的静态数据储存器功能，在测量显示的同时存储测值，最多可以存储达 1920 支仪器的数据；

（4）配备 RS-232C 通信接口，可以通过计算机及相关通信软件实现对读数仪的控制、实时监控、参数下载和数据上传等功能；

（5）配备 RS-458 通信接口，可以与 BGK-AC 系列自动集线箱之间的无缝连接；

（6）外接电源、内置电池提供指示、电池欠电压指示等工作信息指示内容全面、准确；

（7）高精度和高稳定性测量；

（8）长时间无操作自动关机功能；

（9）大容量高效锂离子电池确保长期稳定工作。

4.5.2.3　索力测试仪器

索力监测采用光纤光栅传感器和磁通量传感器两种进行监测。其中光纤光栅传感器采用卡箍箍在索体上，通过监测索体的应变进而得到索体的索力；磁通量传感器是基于铁磁性材料的磁弹效应原理制成。即当铁磁性材料承受的外界机械荷载发生变化时，其内部的磁化强度（磁导率）发生变化，通过测量铁磁性材料制成的构件的磁导率变化，来测定拉索的应力。磁通量传感器及其解调仪如图 4-135 所示。iSmart2000P 光纤光栅便携式解调仪是一款携带方便、操作简单、高精度、高分辨率的解调仪，适合工程现场施工监测、科研实验、科研机构实验测试、检测单位检测测试。本机机壳采用 ABS 工程塑料，重量轻、抗冲击、抗变形，可适应恶劣工作环境，内置锂电池可连续工作 8h。光纤光栅传感器及其解调仪如图 4-136 所示。

 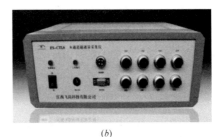

(a)　　　　　　　　　　　　　　　　(b)

图 4-135　磁通量索力传感器及其测试仪器
(a) 磁通量索力传感器；(b) 测试仪器

4.5.3　苏州奥林匹克体育中心体育场拉索及钢结构的监测

4.5.3.1　施工监测布点

1）位形测试传感器

环梁上的位形测点是在整个全周长环梁上均匀的选取 12 个梁柱节点位置和 12 个环索索头位置，在其上布设反光片作为全站仪观察基准点。具体环梁上测点位置和环索索头位置测点及编号如图 4-137 所示。测点位置与设计图轴线对应情况见表 4-39。

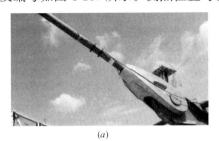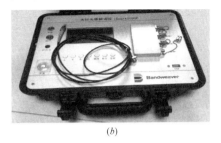

(a)   (b)

图 4-136　光纤光栅索力传感器及其测试

(a) 光纤光栅索力传感器；(b) 测试仪器

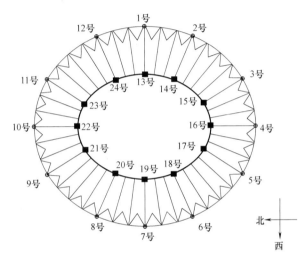

图 4-137　体育场位形测试点及编号

测点编号和轴线对应关系表   表 4-39

测点编号	轴线号	测点编号	轴线号
1	31	13	31
2	28	14	28
3	24	15	25
4	21	16	21
5	18	17	18
6	14	18	14
7	11	19	11
8	8	20	8
9	4	21	4
10	1	22	1
11	38	23	38
12	34	24	34

2）应力测试传感器

体育场 V 撑、环梁上应力监测的测点分别布置于柱编号为 Z2、Z10、Z19、Z26、Z34、Z38、Z46、Z54、Z58、Z62、Z66、Z70、Z74 的立柱上和环梁编号为 H1、H5、H9、H13、H17、H19、H23、H27、H29、H31、H33、H35、H37 上，具体位置如图 4-138 所示。其

中立柱上的布点沿内圈、外圈和垂直于内圈外圈的方向分别布置，每根 V 撑共布设 4 支传感器；在环梁上的测点沿环梁的内圈和外圈布设，每个测点共布设 2 支传感器。

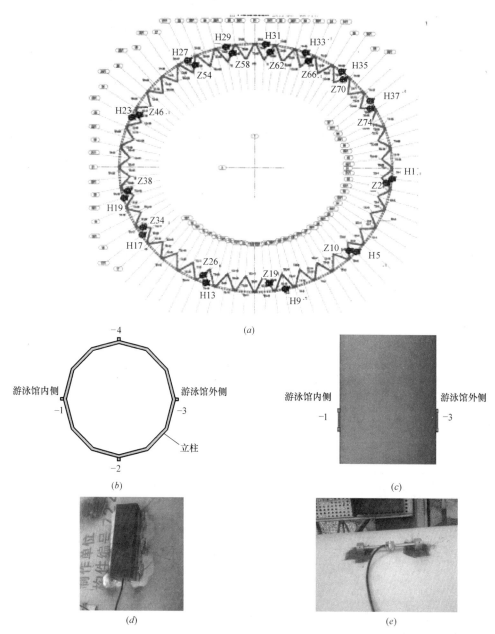

图 4-138　体育场环梁、V 撑应力测试点位置及照片

（a）V 柱、环梁上应力监测；（b）V 形柱上应力监测布点平面图；（c）环梁上应力监测布点平面图；
（d）传感器布置照片（带保护盒）；（e）传感器布置照片

3）索力测试传感器

索力测试分两种传感器进行测试，即光纤光栅传感器和磁通量传感器。光纤光栅传感器布设的测点如下：径向索每根索上布设 1 个传感器，共计 40 个传感器；环向索上布设了 8 个传感器，本工程光纤光栅传感器共计 48 个传感器，编号有 JXS-1 至 JXS-40、HXS1-

Z4/5-8、HXS2-Z4/5-1、HXS3-Z14/15-8、HXS4-Z14/15-1、HXS5-Z24/25-8、HXS6-Z24/25-1、HXS7-Z37/38-8、HXS8-Z37/38-1，其中 JXS 表示为径向索，编号 1 至 40 为体育场轴号，与拉索施工方案中编号相同。HXS 代表环向索，Z 后面的数据代表传感器在两个径向索索号中间的环向索段，最后的 1 和 8 分别代表传感器是在环向索 1 号还是环向索 8 号上。本书以下部分编号和数据均与此相同。传感器布设位置示意图如图 4-139 所示。为了方便传感器系统集成，光纤光栅传感器采用 3 个一组。图 4-139 中 G 代表光纤光栅传感器，G 后的数字为分组编号。

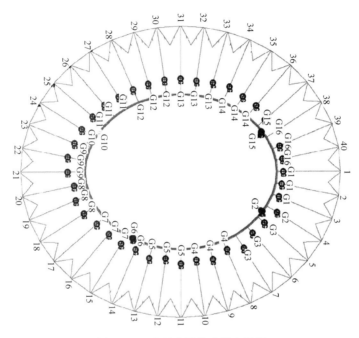

图 4-139　光纤光栅传感器布设图

磁通量传感器布设的测点如下：径向索上磁通量传感器，共计 16 个（E1～E16），环向索上测点 4 个位置，每个位置 2 个传感器，共计 8 个（E17～E24），总计 24 个磁通量传感器，布设位置示意图如图 4-140 所示。

4.5.3.2　施工监测数据及分析

苏州奥林匹克体育中心体育场工程钢结构施工过程监测数据报送为按照里程碑时间报送。监测的数据分析主要分为钢结构合拢阶段数据、拉索施工阶段数据、索上膜结构施工阶段数据和膜结构施工后数据，其中包括了 2018 年超正常值

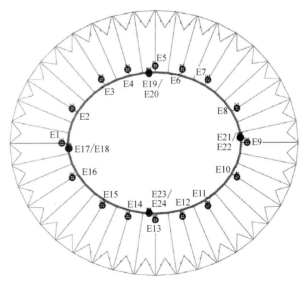

图 4-140　磁通量（EM）传感器布设图

大雪一次。下文主要介绍拉索施工成型阶段的数据分析。

1）数值模拟计算分析

（1）位形测试传感器对应位置模拟计算结果

为了考察体育场拉索整体提升过程中，钢结构和拉索是否处于安全可控状态，采用通用有限元数值模拟软件 ANSYS 对本工程拉索施工阶段进行了分析。图 4-141 为拉索施工成型态的位形数值模拟计算结果图，表 4-40 为数值模拟计算成型态时 X 向、Y 向和 Z 向相对于拉索施工零应力状态的位形变化差值。

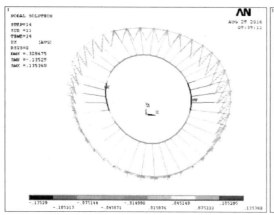
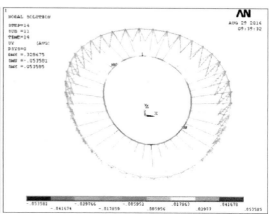
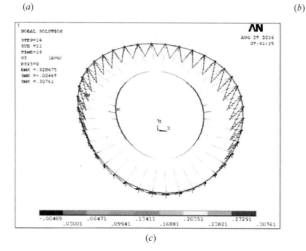

图 4-141 拉索提升成型态环梁位形云图
（a）X 坐标；（b）Y 坐标；（c）Z 坐标

拉索提升施加阶段拉索成型态相对于钢梁合拢完工时的位形相对值（mm） 表 4-40

位形测点	Δx	Δy	Δz
1	72	0	27
2	45	12	19
3	20	30	19
4	0	37	24
5	−20	30	19
6	−45	12	19

位形测点	Δx	Δy	Δz
7	−72	0	27
8	−45	−12	19
9	−20	−30	19
10	0	−37	24
11	20	−30	19
12	45	−12	19

（2）应力测试传感器对应位置模拟计算结果

为了考察体育场拉索整体提升过程中，钢结构和拉索是否处于安全可控状态，采用通用有限元数值模拟软件 ANSYS 对本工程配重阶段进行了分析。数值模拟过程主要分为三个工况，分别为第一批索锚固、第二批索锚固和第三批索锚固（即索施工结束），其分别对应拉索施工方案中 SG-8 工况、SG-11 工况和 SG-14 工况。相应的计算结果如下：图 4-142 为钢结构 V 形柱和环梁应力结果对比图，表 4-41 为具体计算结果表。

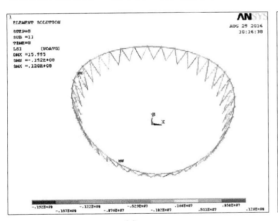

(a)

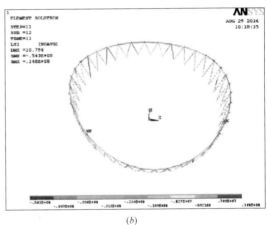

(b)

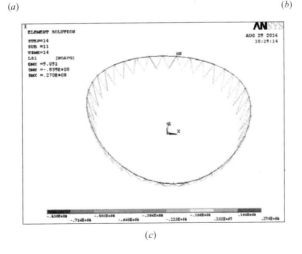

(c)

图 4-142　拉索提升过程结构 V 形柱和环梁应力结果对比图
(a) 第一批索锚固；(b) 第二批锚固；(c) 第三批锚固

拉索提升阶段结构应力计算结果表　　　　　　　　表 4-41

应力测点	模型单元号	工况 1(MPa)	工况 2(MPa)	工况 3(MPa)
H1	103714	−5.529	−19.173	−77.396
H5	103314	1.0001	−11.947	−69.081
H9	102914	−4.3848	−17.123	−62.138
H13	102514	−3.1829	−5.4608	−62.565
H17	102114	6.5341	−14.001	−75.13
H19	101714	−6.0127	−21.185	−81.288
H23	101514	−8.1404	−16.317	−76.262
H27	101314	−4.8594	−20.395	−57.589
H29	101114	−4.3847	−17.123	−62.138
H31	100914	−3.8555	−15.742	−61.779
H33	100714	−3.1828	−5.4607	−62.565
H35	100314	−9.3571	−39.024	−70.958
H37	103914	−6.5344	−14.001	−75.13
Z2	123850	−3.4998	−13.214	−27.598
Z10	123450	1.1095	−2.2396	−5.8552
Z19	123050	−4.02	−3.5934	2.0188
Z26	122650	4.7197	6.0481	8.4744
Z34	122250	2.75	10.524	2.8141
Z38	121850	6.9826	5.0508	−0.82162
Z46	121650	−5.4352	−6.4161	−13.066
Z54	121450	−2.0895	−1.9541	0.34605
Z58	121250	−4.02	−3.5934	2.0188
Z62	121050	3.0409	2.9535	7.7377
Z66	120850	4.7197	6.0482	8.4744
Z70	120450	8.2996	7.5185	11.892
Z74	124050	2.7504	10.524	2.8141

（3）索力测试传感器对应位置模拟计算结果

为了考察体育场拉索整体提升过程中钢结构和拉索是否处于安全可控状态，采用通用有限元数值模拟软件 ANSYS 对本工程拉索施工阶段进行了分析。数值模拟过程主要分为三个工况，分别为第一批索锚固、第二批索锚固和第三批索锚固（即索施工结束），其分别对应索施工方案中 SG-8 工况、SG-11 工况和 SG-14 工况。相应的计算结果如下：图 4-143 为拉索索力数值模拟结果对比图，表 4-42 和表 4-43 分别为拉索索力光纤光栅传感器所在拉索索力和磁通量传感器所在拉索索力的计算结果表。

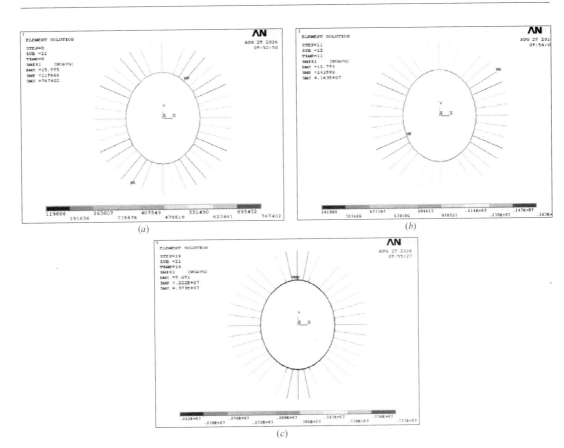

图 4-143 拉索提升过程结构 V 形柱和环梁应力结果对比图
(a) 第一批索锚固；(b) 第二批锚固；(c) 第三批锚固

拉索施加主要工况索力计算结果表——光纤光栅传感器对应位置 表 4-42

索力测点编号	SG-8 工况(kN)	SG-11 工况(kN)	SG-14 工况(kN)
JXS1	468	1110	3694
JXS2	486	1134	3730
JXS3	477	1089	3563
JXS4	763	971	3176
JXS5	120	928	2990
JXS6	380	916	2950
JXS7	716	1628	2873
JXS8	129	142	2590
JXS9	357	741	2410
JXS10	394	809	2396
JXS11	390	800	2461
JXS12	394	809	2396
JXS13	357	741	2410
JXS14	129	142	2589

索力测点编号	SG-8 工况（kN）	SG-11 工况（kN）	SG-14 工况（kN）
JXS15	716	1628	2873
JXS16	381	917	2951
JXS17	120	928	2989
JXS18	763	971	3176
JXS19	477	1089	3563
JXS20	486	1134	3730
JXS21	468	1110	3694
JXS22	486	1134	3730
JXS23	477	1089	3563
JXS24	763	971	3176
JXS25	120	928	2990
JXS26	380	916	2950
JXS27	716	1628	2873
JXS28	129	142	2590
JXS29	357	741	2410
JXS30	394	809	2396
JXS31	390	800	2461
JXS32	394	809	2396
JXS33	357	741	2410
JXS34	129	142	2589
JXS35	716	1628	2873
JXS36	381	917	2951
JXS37	120	928	2989
JXS38	763	971	3176
JXS39	477	1089	3563
JXS40	486	1134	3730
HXS1-Z4/5-8	357	741	2417
HX2-Z4/5-1	267	738	2391
HX3-Z14/15-8	290	669	2261
HX4-Z14/15-1	424	755	2316
HX5-Z24/25-8	236	680	2334
HX6-Z24/25-1	422	766	2358
HX7-Z37/38-8	343	753	2374
HX8-Z37/38-1	236	712	2318

拉索施加后各工况索力计算结果表——磁通量传感器对应位置   表 4-43

索力测点编号	SG-8 工况（kN）	SG-11 工况（kN）	SG-14 工况（kN）
E1	468	1110	3694
E2	763	971	3176
E3	715	1628	2873
E4	357	741	2410
E5	390	800	2461
E6	357	741	2410
E7	716	1628	2873
E8	763	971	3176
E9	468	1110	3694
E10	763	971	3176
E11	715	1628	2873
E12	357	741	2410
E13	390	800	2460
E14	357	741	2410
E15	716	1630	2870
E16	763	971	3180
E17	342	774	2360
E18	198	643	2280
E19	387	728	2380
E20	259	719	2380
E21	206	567	2220
E22	382	730	2300
E23	365	737	2440
E24	268	762	2440

2）施工监测数据及分析

（1）位形数据及分析

① 环梁位形数据对比分析

体育场位形监测以 2016 年 9 月 19 日第一日开始提升作为测试的 0 值，即数值处理时均采用拉索施工过程中的当日数据减去对应测点的 2016 年 9 月 19 日的测试数据。图 4-144 为拉索施工过程中环梁位形数据演化规律。图中断空的位置是由于当日该测点被施工机械遮挡或者其他原因导致无法进行位形测试，之后的测试日排除障碍物后继续进行了测试。由图 4-144 可知，整个施工过程前期环梁的位形变动不大，后期对应于索力和环梁应力有明显增大时，位形变动有所增大。表 4-44 为各环梁测点的实测值和数值模拟计算结果的对比情况。由表 4-44 可知，在这个施工过程后的成型态，12 个环梁位形测点的实测值和理论计算值吻合度很高，其中 x 向、y 向和 z 向的实测值和理论计算值的最大差值分别为 13mm、16mm 和 −10mm。从而说明，拉索施工后环梁的位形在可控范围内，施工后的拉索是安全态。

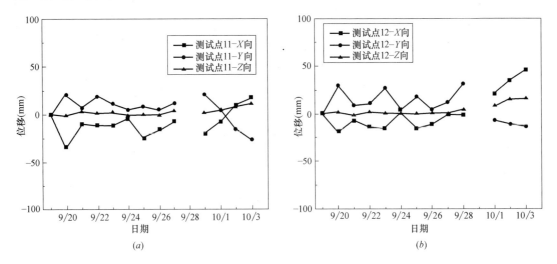

图 4-144　拉索施工过程体育场部分环梁位形演化情况

(*a*) 测点 11；(*b*) 测点 12

拉索提升施加阶段实测值和数值模拟计算结果对比情况表 （mm）　　表 4-44

位形测点	理论计算值			实测值			对比差值		
	Δx	Δy	Δz	Δx	Δy	Δz	Δx	Δy	Δz
1	72	0	27	84	−4	29	−12	4	−2
2	45	12	19	41	7	18	4	5	1
3	20	30	19	13	23	10	7	7	9
4	0	37	24	6	41	23	−6	−4	1
5	−20	30	19	−16	32	17	−4	−2	2
6	−45	12	19	−44	13	19	−1	−1	0
7	−72	0	27	−83	−3	31	11	3	−4
8	−45	−12	19	−58	−20	19	13	8	0
9	−20	−30	19	−24	−25	13	4	−5	6
10	0	−37	24	−9	−53	34	9	16	−10
11	20	−30	19	17	−27	11	3	−3	8
12	45	−12	19	46	−13	16	−1	1	3

② 拉索位形数据对比分析

图 4-145 为拉索位形在拉索施工全过程的演化规律。由图可知，各测点的 Z 向位形变动具有相同的规律，即随着拉索的提升，Z 向位形有明显的持续提升，且每日的提升速度和现场目视的拉索施工进度相当，各位置的提升速度也是基本同趋势进行的。这里需要指出我方主要完成的是施工过程的监控，以相对值作为主要分析指标。环索上的反光片必须在环索索夹组装完成后才能布设，因此，拉索测试的起点与数值模拟计算选用工况相差甚远。由于施工方采用另配钢绞线对拉索进行牵引，钢绞线长度比较随机，无法确定，并且为了越过体育场女儿墙，采取在台架上安装环索和索夹，这直接导致现场选取的测试 0 点（2016 年 9 月 19 日测试结果）的 X 向和 Y 向不准确，因此，拉索测点 X 向和 Y 向位形过

程中只能作为参考控制参数，不能进行准确的与数值模拟结果的对比分析。Z 向坐标相对于 X 坐标具有更高的参考价值，但是由于索夹布设后才能进行位形测点的布设，而按照施工方案索夹是在支撑的台架上进行施工的。考虑安全因素索夹施工过程中我方无法对所有索夹的高度进行考察，只是估计初步测量一个精度较低的台架高度，用以整体把握施工过程的数据情况，台架高度一般在 2～4m 之间。通过考察实测值和数值模拟计算结果也可以发现，各测点位置的实测值和数值模拟计算结果均相差在2～4m以内，定性为符合实际情况。

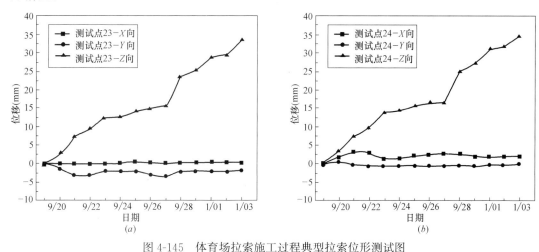

图 4-145　体育场拉索施工过程典型拉索位形测试图
(a) 测点 23；(b) 测点 24

拉索施工阶段仅是监测公司结构健康监测的任务之一，在奥体中心施工阶段主要采用实测的相对量控制结构的安全性。由于钢环梁上的传感器是在拉索施工阶段之前就已经全部布设完成，因此，拉索施工开始日期（2016 年 9 月 19 日）的数据是可以作为整个拉索施工阶段的零值点使用，其与数值模拟相关工况是相符的，可以进行对比分析。而相反的，拉索位形监测用反光片是在拉索索头安装结束后才布设的，为了索头施工方便，现场支撑的架体的高度和位置是比较随机的，与数值模拟的工况是不相符的，因此，采用实测的相对量是无法进行定量考察的，只能基本定量，全面定性考察。为了弥补这一缺陷，同时也是为了获取成型态的索网整体情况，监测方仅选用 2016 年 10 月 3 日拉索的测试数据进行成型态的定量分析。2016 年 10 月 3 日拉索施工的最终态也就是拉索的成型态，其可以与数值模拟计算的成型态进行一对一的定量数值对比。但是，由于设计坐标原点在体育场的最中间，那个位置经常会被各施工方占用和遮挡，每日在设计坐标原点位置架设全站仪无法实现，因此，直接采用体育场的设计坐标进行观测是做不到的，同时，考虑一直采用的考察量为相对量，因此现场根据测试方便和需要，建立了一个测试用的局域坐标。当时为了减少换算的难度，在选取局域坐标时，有意的将局域坐标的 x 轴和设计的 x 轴相平行，即局域坐标转换成设计坐标时无需坐标轴旋转仅需要平移就好，经过计算现阶段选用的坐标原点在设计坐标系下的坐标为$(-1.5905，-16.83475，3.386)$ 单位为 m。通过简单的坐标平移转换可以获取设计坐标系下的相应坐标。表 4-45 为现场的实测数据值。

表 4-46 为测试的局域坐标通过坐标变换计算得到的设计坐标；表 4-47 为实测设计坐

标和数值模拟的设计坐标的对比情况。由表 4-47 可知，经过坐标转换的实测值和有限元数值模拟值的差值大多数在 10mm 以内，只有几个超过 10mm，最大的为 17mm，数据表明该体育场拉索施工处于可控和安全状态。

拉索施工成型态拉索位形在测试坐标系（局域坐标）下的实测结果（m）　　表 4-45

位形测点	X	Y	Z
13	52.6725	−16.8363	−8.9374
14	59.07	−50.8068	−10.0954
15	78.0325	−78.8583	−12.7699
16	113.4615	−94.0748	−14.8629
17	140.0595	−85.7103	−13.6594
18	167.83	−50.8123	−10.0934
19	174.2455	−16.8323	−8.9349
20	167.8485	17.1417	−10.0964
21	140.0635	52.0397	−13.6619
22	113.4665	60.4137	−14.8654
23	86.844	52.0377	−13.6589
24	59.0725	17.1422	−10.0954

拉索施工成型态拉索位形经过坐标转换成设计坐标系的实测结果（m）　　表 4-46

位形测点	X	Y	Z
13	54.263	−0.0015	−12.276
14	60.6605	−33.972	−13.434
15	79.623	−62.0235	−16.1085
16	115.052	−77.24	−18.2015
17	141.65	−68.8755	−16.998
18	169.4205	−33.9775	−13.432
19	175.836	0.0025	−12.2735
20	169.439	33.9765	−13.435
21	141.654	68.8745	−17.0005
22	115.057	77.2485	−18.204
23	88.4345	68.8725	−16.9975
24	60.663	33.977	−13.434

拉索施工成型态拉索位形实测值和数值模拟计算结果对比表（m）　　表 4-47

测点	项目	X	Y	Z
13	实测值	54.263	−0.002	−12.276
	Ansys 计算值	54.258	0	−12.276
	差值	0.007	−0.002	−0.002
14	实测值	60.661	−33.972	−13.434
	Ansys 计算值	60.652	−33.971	−13.436
	差值	0.007	0.001	−0.002
15	实测值	79.623	−62.024	−16.109
	Ansys 计算值	79.615	−62.015	−16.107
	差值	0.009	−0.008	0.001

测点	项目	X	Y	Z
16	实测值	115.052	−77.240	−18.202
	Ansys 计算值	115.04	−77.24	−18.204
	差值	0.012	0.000	0.001
17	实测值	141.650	−68.876	−16.998
	Ansys 计算值	141.659	−68.863	−16.999
	差值	−0.006	−0.011	0.000
18	实测值	169.421	−33.978	−13.432
	Ansys 计算值	169.429	−33.971	−13.436
	差值	−0.006	−0.005	0.000
19	实测值	175.836	0.003	−12.274
	Ansys 计算值	175.824	0	−12.274
	差值	0.012	0.003	0.001
20	实测值	169.439	33.977	−13.435
	Ansys 计算值	169.429	33.971	−13.436
	差值	0.013	0.004	−0.003
21	实测值	141.654	68.875	−17.001
	Ansys 计算值	141.659	68.863	−16.999
	差值	−0.002	0.010	−0.003
22	实测值	115.057	77.249	−18.204
	Ansys 计算值	115.04	77.24	−18.204
	差值	0.017	0.009	−0.002
23	实测值	88.435	68.873	−16.998
	Ansys 计算值	88.424	68.863	−16.998
	差值	0.011	0.008	0.001
24	实测值	60.663	33.977	−13.434
	Ansys 计算值	60.652	33.971	−13.436
	差值	0.009	0.004	−0.002

（2）应力数据及分析

① V 形柱应力数据及分析

截至 2016 年 10 月 3 日拉索施工结束。整个拉索张拉阶段数据分析以 2016 年 9 月 19 日作为分析零点，即 2016 年 9 月 19 日之后拉索张拉阶段的每日实测数据减去 2016 年 9 月 19 日相应测点的实测值。图 4-146 为体育场 13 根 V 形柱上测点从 2016 年 9 月 19 日至 2016 年 10 月 3 日的测试结果，从图 4-146 可知，在体育场拉索张拉锚固的施工阶段前期，V 形柱的应力变动不大，随着提升进度的加速，后期的 4～5d，拉索的应力明显增大，这与同阶段的位形实测值和索力实测值变化规律相符合。最终的 V 形柱应力实测值与数值模拟计算结果的变化趋势是相符的。

表 4-48 为体育场施工阶段 V 形柱平均应力与数值模拟计算结果的对比分析表。由表可知，各测点之间的变化趋势实测值和数值模拟计算结果是相符的，实测值和数值模拟计算结果数值上也是基本相近的，最大差值为 11MPa，远小于材料的强度。同时考虑体育场的结构为全柔性索网，在应力变动很小的情况下，可以判定施工后结构不存在安全隐

患,结构处于安全状态。

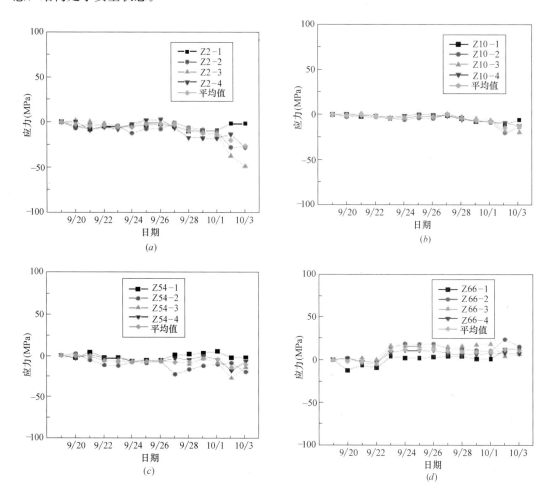

图 4-146　拉索施工过程中体育场部分 V 形柱应力测试图
(a) V 形柱 2;(b) V 形柱 10;(c) V 形柱 54;(d) V 形柱 66

体育场索成型态 V 形柱应力测试数据与理论计算结果对比表　　　　表 4-48

V 形柱编号	数值模拟计算(MPa)	实测值(MPa)	差值(MPa)
Z2	−27.598	−26.55	−1.048
Z10	−5.8552	−12.85	6.9948
Z19	2.0188	−4.8	6.8188
Z26	8.4744	4.75	−1.9359
Z34	2.8141	0.85	7.6244
Z38	−0.82162	−1.8	0.97838
Z46	−13.066	−18.15	5.084
Z54	0.34605	−10.825	11.17105
Z58	2.0188	−0.45	2.4688
Z62	7.7377	4.8	2.9377
Z66	2.8141	10.675	−7.8609
Z70	11.892	9	2.892
Z74	8.4744	−0.4	8.8744

② 环梁应力数据及分析

环梁应力报告类同与 V 形柱环梁报告，报告以 2016 年 9 月 19 日为应力起点进行分析。图 4-147 为各根环梁从 2016 年 9 月 19 日至今的应力差值累计演化规律图。从图中可知环梁应力在施工初期没有大的变化，随着拉索施工的进行，确切地说是随着拉索索力的提高，环梁应力表现为承受压应力的增大。环梁上的环向对应位置布设了两个振弦式应力计，相对布置，由于环梁是立体结构，受到布设位置的影响，两个传感器的应力并不相同，这里以平均应力作为分析对象与数值模拟计算结果进行对比分析。

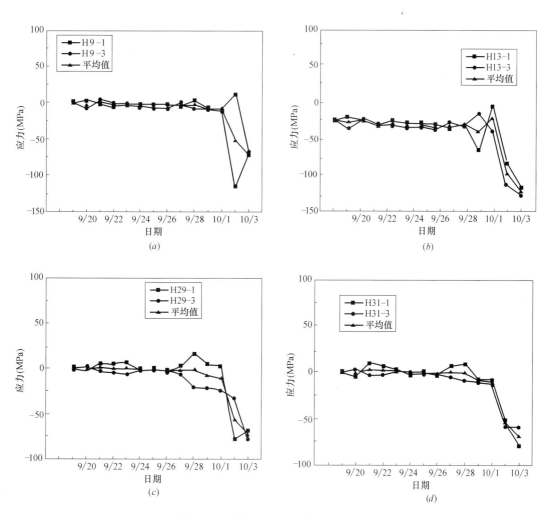

图 4-147 体育场环梁部分应力测试图

（a）环梁 9；（b）环梁 13；（c）环梁 29；（d）环梁 31

表 4-49 为体育场施工阶段环梁平均应力与数值模拟计算结果的对比分析表。由表可知，各测点之间的变化趋势实测值和数值模拟计算结果是相符的，实测值和数值模拟计算结果数值上也是基本相近的，最大差值为 13MPa，远小于材料的强度，可以判定施工后结构不存在安全隐患，体育场环梁处于安全状态。

体育场索成型态环梁应力测试数据与理论计算结果对比表　　表 4-49

环梁编号	数值模拟计算（MPa）	实测值（MPa）	差值（MPa）
H1	−77.396	−85.05	7.654
H5	−69.081	−80.75	11.669
H9	−62.138	−67.1	4.962
H13	−62.565	−76.3	13.735
H17	−75.13	−83.75	8.62
H19	−81.288	−88.55	7.262
H23	−76.262	−89.6	13.338
H27	−57.589	−66.85	9.261
H29	−62.138	−73	10.862
H31	−61.779	−68.55	6.771
H33	−62.565	−74.6	12.035
H35	−70.958	−81	10.042
H37	−75.13	−87.65	12.52

（3）索力数据及分析

① 光纤光栅传感器数据及分析

根据现场实际状态，对比三个主要阶段的数据，分别是三部分索锚固的时间。第一部分索锚固（对应拉索施工方案工况为 SG-8）时间为 2016 年 9 月 26 日。表 4-50 为第一阶段索锚固的光纤光栅传感器实测数据和数值模拟计算结果对比表，由表中可知，第一阶段锚固时实测数据和数值模拟计算结果存在一定的离散性，这主要是与第一阶段锚固张拉过程中无法真正做到数值模拟计算选用的施工工况。考虑整体索力值在可控的范围内，无明显突变的索力，现有索力值对结构安全不构成危险，因此，判定本阶段索网施工为安全状态。

第一阶段索锚固——光纤光栅传感器测试数据与理论计算结果对比　　表 4-50

索力测点	数值模拟计算（kN）	实测（kN）	差值（kN）
JXS1	468	398	70
JXS2	486	444	42
JXS3	477	378	99
JXS4	763	384	379
JXS5	120	295	−175
JXS6	380	276	104
JXS7	716	366	350
JXS8	129	209	−80
JXS9	357	443	−86
JXS10	394	337	57
JXS11	390	464	−74

续表

索力测点	数值模拟计算(kN)	实测(kN)	差值(kN)
JXS12	394	306	88
JXS13	357	581	−224
JXS14	129	—	—
JXS15	716	353	363
JXS16	381	310	71
JXS17	120	177	−57
JXS18	763	335	428
JXS19	477	296	181
JXS20	486	498	−12
JXS21	468	737	−269
JXS22	486	748	−262
JXS23	477	245	232
JXS24	763	565	198
JXS25	120	241	−121
JXS26	380	185	195
JXS27	716	976	−260
JXS28	129	367	−238
JXS29	357	592	−235
JXS30	394	167	227
JXS31	390	338	52
JXS32	394	267	127
JXS33	357	339	18
JXS34	129	336	−207
JXS35	716	267	449
JXS36	381	237	144
JXS37	120	281	−161
JXS38	763	611	152
JXS39	477	—	—
JXS40	486	—	—
HXS1-Z4/5-8	357	—	—
HX2-Z4/5-1	267	451	−184
HX3-Z14/15-8	290	322	−32
HX4-Z14/15-1	424	—	—
HX5-Z24/25-8	236	391	−155
HX6-Z24/25-1	422	704	−282
HX7-Z37/38-8	343	584	−241
HX8-Z37/38-1	236	241	−5

第二部分索锚固（对应拉索施工 SG-11 工况）：2016 年 9 月 30 日第二阶段的索已经部分锚固，剩余部分也张拉到位但是尚未进行锚固而已；而 2016 年 10 月 1 日第二阶段的索已经全部就位，同时已经开始进行第三阶段（对应拉索施工方案的 SG-14 工况）索的提升，到晚上已经完成了 3 根索的锚固。表 4-51 为 2016 年 9 月 30 日光纤光栅传

感器实测值和数值模拟计算结果的对比情况，由表可知，第一阶段索锚固后，随着第二阶段索张拉，整个索网的力趋于稳定，与数值模拟计算结果相比也较第一阶段更加接近。表4-52是2016年10月1日光纤光栅传感器实测值和数值模拟计算结果的对比情况，由表可知，2016年10月1日的实测值比第二阶段的理论值相比明显提高。纵观2016年9月30日和2016年10月1日的数据，这两日的数据与现场的实际情况是相符的，即2016年9月30日的时候虽然尚有几根索没有锚固，但是已经达到了锚固的索力；2016年10月1日普遍进入施工的第三阶段，并且索力提升较大，这与实际已经有3根第三阶段索锚固的现场施工态相符。同时索力也在第三阶段索力范围之内，因此当时判断索力施工为安全状态。

第二阶段——（2016年9月30日）光纤光栅传感器实测值与理论计算结果对比 表4-51

索力测点	数值模拟计算（kN）	实测值（kN）	差值（kN）
JXS1	1110	1098	13
JXS2	1134	1132	2
JXS3	1089	1061	28
JXS4	971	957	14
JXS5	928	892	36
JXS6	916	803	112
JXS7	1628	1563	64
JXS8	142	251	−109
JXS9	741	752	−11
JXS10	809	725	83
JXS11	800	786	13
JXS12	809	717	92
JXS13	741	646	95
JXS14	142	—	—
JXS15	1628	1412	216
JXS16	917	795	122
JXS17	928	857	70
JXS18	971	946	25
JXS19	1089	1014	75
JXS20	1134	1143	−9
JXS21	1110	1081	29
JXS22	1134	1125	9
JXS23	1089	937	152
JXS24	971	953	18
JXS25	928	909	19
JXS26	916	881	34
JXS27	1628	1486	142
JXS28	142	127	15
JXS29	741	710	30
JXS30	809	704	104
JXS31	800	841	−41

续表

索力测点	数值模拟计算（kN）	实测值（kN）	差值（kN）
JXS32	809	670	138
JXS33	741	777	−36
JXS34	142	180	−38
JXS35	1628	1741	−113
JXS36	917	914	3
JXS37	928	894	34
JXS38	971	987	−16
JXS39	1089	1052	38
JXS40	1134	—	—
HXS1-Z4/5-8	741	—	—
HX2-Z4/5-1	738	—	—
HX3-Z14/15-8	669	640	30
HX4-Z14/15-1	755	707	48
HX5-Z24/25-8	680	—	—
HX6-Z24/25-1	766	774	−8
HX7-Z37/38-8	753	724	29
HX8-Z37/38-1	712	732	−20

第二阶段——（2016年10月1日）光纤光栅传感器实测值与理论计算结果对比　　表4-52

索力测点	数值模拟计算（kN）	实测值（kN）	差值（kN）
JXS1	1110	1929	−818
JXS2	1134	2013	−879
JXS3	1089	1882	−793
JXS4	971	1759	−788
JXS5	928	1780	−852
JXS6	916	1670	−755
JXS7	1628	2222	−595
JXS8	142	2038	−1896
JXS9	741	1409	−668
JXS10	809	1292	−484
JXS11	800	1477	−678
JXS12	809	1594	−785
JXS13	741	1325	−584
JXS14	142	—	—
JXS15	1628	1844	−216
JXS16	917	1677	−760
JXS17	928	1818	−891
JXS18	971	1903	−932
JXS19	1089	1886	−797
JXS20	1134	1985	−851
JXS21	1110	1973	−863
JXS22	1134	2107	−973

索力测点	数值模拟计算(kN)	实测值(kN)	差值(kN)
JXS23	1089	1858	−769
JXS24	971	1964	−993
JXS25	928	1691	−763
JXS26	916	1570	−655
JXS27	1628	1815	−187
JXS28	142	1128	−986
JXS29	741	1671	−931
JXS30	809	1703	−895
JXS31	800	1372	−572
JXS32	809	892	−84
JXS33	741	1366	−625
JXS34	142	1307	−1165
JXS35	1628	2107	−479
JXS36	917	1475	−558
JXS37	928	1316	−388
JXS38	971	1547	−576
JXS39	1089	1934	−844
JXS40	1134	—	—
HXS1-Z4/5-8	741	—	—
HX2-Z4/5-1	738	—	—
HX3-Z14/15-8	669	1138	−468
HX4-Z14/15-1	755	1008	−253
HX5-Z24/25-8	680	—	—
HX6-Z24/25-1	766	996	−230
HX7-Z37/38-8	753	1023	−270
HX8-Z37/38-1	712	1028	−316

第三部分索锚固（对应拉索施工方案的 SG-14 工况）时间为 2016 年 10 月 2 日晚，监测方于 2016 年 10 月 2 日白天进行索力测试，测试时索应该尚未锚固完成，测试时间需要约 1～2h。由于 2016 年 10 月 2 日测试时间和施工工况是不吻合的，相反的拉索施工 2016 年 10 月 3 日更加趋近于成型态，因此于 2016 年 10 月 3 日上午进行了全面测试。表 4-53 为 2016 年 10 月 2 日光纤光栅传感器实测值和数值模拟计算结果的对比情况，由表可知，与 2016 年 10 月 1 日数据相比，索力值有明显的提升，但是尚未达到第三阶段（成型态）的索力值。表 4-54 为 2016 年 10 月 3 日的光纤光栅传感器实测值和数值模拟计算结果的对比情况，2016 年 10 月 2 日晚上第三阶段索已经全部锚固，理论上 2016 年 10 月 3 日的测试数据与成型态数值模拟计算结果应该更加接近，从表 4-55 也可以看到相符的情况，同时综合考虑位形和应力数据，判断体育场拉索施工过程是安全可靠的。

第三阶段——（2016 年 10 月 2 日）光纤光栅传感器实测值与理论计算结果对比　　**表 4-53**

索力测点	数值模拟计算(kN)	实测值(kN)	差值(kN)
JXS1	3694	3427	267
JXS2	3730	3525	205

索力测点	数值模拟计算(kN)	实测值(kN)	差值(kN)
JXS3	3563	3404	159
JXS4	3176	3091	85
JXS5	2990	2668	321
JXS6	2950	2537	413
JXS7	2873	2881	−8
JXS8	2590	2016	574
JXS9	2410	2066	344
JXS10	2396	2069	327
JXS11	2461	2168	293
JXS12	2396	2471	−75
JXS13	2410	2004	407
JXS14	2589	—	—
JXS15	2873	2276	597
JXS16	2951	2559	392
JXS17	2989	2779	209
JXS18	3176	2860	316
JXS19	3563	3097	466
JXS20	3730	3309	421
JXS21	3694	3297	396
JXS22	3730	3218	512
JXS23	3563	3179	384
JXS24	3176	2975	201
JXS25	2990	2683	307
JXS26	2950	2557	393
JXS27	2873	2607	266
JXS28	2590	2129	461
JXS29	2410	2293	116
JXS30	2396	2346	50
JXS31	2461	2114	347
JXS32	2396	1809	587
JXS33	2410	1955	455
JXS34	2589	2298	291
JXS35	2873	2473	400
JXS36	2951	2247	704
JXS37	2989	2637	352
JXS38	3176	2891	285
JXS39	3563	3217	347
JXS40	3730	—	—
HXS1-Z4/5-8	2417	—	—
HX2-Z4/5-1	2391	—	—
HX3-Z14/15-8	2261	1799	462
HX4-Z14/15-1	2316	1902	414

续表

索力测点	数值模拟计算（kN）	实测值（kN）	差值（kN）
HX5-Z24/25-8	2334	—	—
HX6-Z24/25-1	2358	1883	475
HX7-Z37/38-8	2374	1914	460
HX8-Z37/38-1	2318	2029	289

第三阶段——（2016 年 10 月 3 日）光纤光栅传感器实测值与理论计算结果对比

表 4-54

索力测点	数值模拟计算（kN）	实测值（kN）	差值（kN）
JXS1	3694	3758	−64
JXS2	3730	3776	−46
JXS3	3563	3615	−52
JXS4	3176	3210	−34
JXS5	2990	2969	20
JXS6	2950	2858	92
JXS7	2873	2881	−8
JXS8	2590	2537	53
JXS9	2410	2427	−17
JXS10	2396	2447	−51
JXS11	2461	2568	−107
JXS12	2396	2472	−76
JXS13	2410	2501	−90
JXS14	2589	—	—
JXS15	2873	2787	86
JXS16	2951	2970	−19
JXS17	2989	3000	−12
JXS18	3176	3239	−63
JXS19	3563	3663	−100
JXS20	3730	3775	−45
JXS21	3694	3736	−43
JXS22	3730	3740	−10
JXS23	3563	3657	−94
JXS24	3176	3184	−8
JXS25	2990	3049	−59
JXS26	2950	3024	−74
JXS27	2873	2865	8
JXS28	2590	2671	−81
JXS29	2410	2436	−27
JXS30	2396	2449	−53
JXS31	2461	2547	−86
JXS32	2396	2430	−34
JXS33	2410	2496	−86
JXS34	2589	2599	−10
JXS35	2873	2839	34

索力测点	数值模拟计算(kN)	实测值(kN)	差值(kN)
JXS36	2951	3019	−68
JXS37	2989	3080	−91
JXS38	3176	3135	41
JXS39	3563	3576	−12
JXS40	3730	—	—
HXS1-Z4/5-8	2417	—	—
HX2-Z4/5-1	2391	—	—
HX3-Z14/15-8	2261	2231	30
HX4-Z14/15-1	2316	2323	−7
HX5-Z24/25-8	2334	—	—
HX6-Z24/25-1	2358	2316	42
HX7-Z37/38-8	2374	2426	−52
HX8-Z37/38-1	2318	2295	23

以上分析为针对三个关键性节点的,施工过程中每日进行数据采集,可以进行过程控制。本次拉索施工测试时间总共为14d,纵观索力数据演化规律如下:随着拉索施工工况的推进,拉索索力更加趋于稳定,与数值模拟计算值也越来越接近,这与现场实际工况与数值模拟计算工况更加吻合相符。在索力较小的SG-8工况前索力值均较小,与数值模拟计算结果相比离散性较大;在工况SG-8~SG-11过程中,已经锚固的第一批的14根索索力趋于平稳增加,而且与理论值更加接近,未锚固索与理论值相比还有一定的差距,但是变化规律符合数值模拟计算结果;在工况SG-11~SG-14过程中,索力实测值与理论计算结果已经非常接近。

② 磁通量传感器数据及分析

成型态索锚固时间为2016年10月3日,监测方于同日白天进行的磁通量传感器的索力测试,2016年10月4日给出了磁通量传感器力值。表4-55为磁通量传感器实测值和数值模拟计算结果对比情况,由表可知,磁通量传感器索力和光纤光栅传感器对应位置的实测值能够对应上,同时与理论计算结果相比,除了个别传感器外,大多数传感器的索力值和光纤光栅索力传感器的数据相近,与数值模拟计算结果相比索力误差在5%以内。各个传感器的受力是相关联的,另外还有同位置的光纤光栅传感器,以及位形和应力两种数据作为矫正,判断拉索施工阶段钢结构处于安全态是准确的。

拉索施工成型态磁通量传感器测试数据与数值模拟计算结果对比表 表4-55

编号	数值模拟计算(kN)	实测值(kN)	差值(kN)
E1	3694	3827	−133
E2	3176	3304	−128
E3	2873	3358	−485
E4	2410	2535	−125
E5	2461	0	—
E6	2410	2351	59
E7	2873	2934	−61
E8	3176	3302	−126

编号	数值模拟计算(kN)	实测值(kN)	差值(kN)
E9	3694	3869	−175
E10	3176	3212	−36
E11	2873	2983	−110
E12	2410	2718	−309
E13	2460	2370	90
E14	2410	0	—
E15	2870	3006	−136
E16	3180	3462	−282
E17	2360	2527	−167
E18	2280	2473	−193
E19	2380	2194	186
E20	2380	2446	−66
E21	2220	2406	−186
E22	2300	2402	−102
E23	2440	2231	209
E24	2440	2252	188

4.5.3.3 小结

（1）监测公司跟随钢结构环梁和 V 撑的施工过程进行了传感器布设，截至 2018 年 3 月 26 日，监测公司在所有施工过程均进行了数据采集和报送，总计报送包括环梁应力数据、V 撑应力数据、环梁位形数据、拉索位形数据、光纤光栅索力数据和磁通量索力数据共计超 4 万个。

（2）在体育场里程碑事件——钢结构合拢阶段中，监测结果主要包括如下：

① 已安装 11 个位形测试点位的各点三个方向的位移变化基本都接近于 0，最大的也就 4mm 左右，这些个别数据的出现主要是测试环境比较恶劣，并非是结构受力产生。这与数值模拟结果相匹配，认为环梁合拢过程中位形没有突变情况产生，钢结构部分处于安全态。

② 各点环梁和 V 形柱应变传感器的测试得到应力均和数值模拟的数据吻合较好，说明环梁处于安全态。综合环梁和 V 形柱的测试结果可知，钢结构台架支撑比较稳定，钢结构部分处于安全态。

（3）体育场拉索施工阶段结构健康监测相关的事项如下：

① 给出了各位形测点在拉索施工整个过程（14 个测试日）的环梁位形和拉索位形演化规律，以及环梁位形、拉索位形的实测值和数值模拟计算的对比情况。结果表明，拉索成型后，实测值和数值模拟计算的差值多数少于 10mm，最大的为 17mm。环梁位形和拉索位形的实测值和理论计算结果对比可知拉索施工过程是安全可靠的。

② 给出了体育场 V 形柱和环梁在拉索施工全过程的应力实测值的演化趋势，以及实测值和数值模拟计算结果的对比分析，结果表明：V 形柱和环梁的应力实测值的变化规律符合理论情况。平均应力实测值和数值模拟计算结果数值上基本相近的，V 形柱和环

梁的实测值和数值模拟计算结果对比最大差值分别为 11MPa 和 13MPa，远小于材料的屈服强度。可以判定施工后结构不存在安全隐患，结构处于安全态。

③ 对体育场拉索施工过程中的三个主要阶段的实测索力和数值模拟计算结果进行了详细的对比，结果表明，在第一阶段实测值和数值模拟计算结果吻合度不高，而随着施工的进行，实测索力值和数值模拟计算结果越来越接近，最终成型态（第三阶段拉索施工结束）时，光纤光栅传感器测试实测值和数值模拟计算结果相差在 5％以内，磁通量传感器测试实测值和数值模拟计算结果相差约 5％以内。索力结果表明索力施工过程在可控的范围内，索结构施工是安全可靠的。

（4）体育场钢结构施工阶段结构健康监测相关的事项如下：

① 给出了各位形测点在钢结构施工整个过程的环梁位形和拉索位形演化规律，以及环梁位形、拉索位形的实测值和数值模拟计算的对比情况。结果表明，膜结构安装成型后，实测值和数值模拟计算的差值多数少于 10mm，最大的为 13mm。环梁位形和拉索位形的实测值和理论计算结果对比可知拉索施工过程是安全可靠的。

② 给出了体育场 V 形柱和环梁在钢结构施工全过程的应力实测值的演化趋势，以及实测值和数值模拟计算结果的对比分析，结果表明：V 形柱和环梁的应力实测值的变化规律符合理论情况。平均应力实测值和数值模拟计算结果数值上基本相近的，V 形柱和环梁的实测值和数值模拟计算结果对比最大差值分别为 20MPa 和 19MPa，远小于材料的强度。可以判定施工后结构不存在安全隐患，结构处于安全态。

③ 索力分析：在体育场拉索施工给出详尽报告的基础上，本次主要针对拉索施工结束至膜结构安装完成的整个过程索力和数值模拟的详细对比，结果表明，实测索力值和数值模拟计算结果十分接近，最终膜结构安装成型态时，光纤光栅传感器测试实测值和数值模拟计算结果相差在 5％以内，磁通量传感器测试实测值和数值模拟计算结果相差约 5％以内。索力结果表明索力施工过程在可控的范围内，索结构施工是安全可靠的。

（5）在膜结构施工结束后，根据钢结构的施工工艺可知，体育场上荷载工况几乎没有变动，我们将这个过程定义为一个事件。根据数据不难看出，在膜结构施工之后，钢结构位形数据变化都在 10mm 以内，其中多数在 5mm 内，钢结构位移变化不大，未产生超出常规的大变形；与环梁监测数据类似，拉索位形无超过常规的大变形。同时，应力测试数据变动也不大，这与工程实际受力相吻合，说明钢结构施工后处于安全状态。施工完成后，苏州当地经过一次降雪过程，测试结果可知大雪中拉索的位形有些许变动，但是应力几乎不变，这与数值模拟计算结果相吻合。大雪过后，拉索的位形恢复到正常水平，从而说明本次雪荷载对于结果的影响轻微，结构处于安全状态。

4.5.4 苏州奥林匹克体育中心游泳馆拉索及钢结构的监测

4.5.4.1 施工监测布点

1）应力监测

游泳馆应力监测的测点分别布置于柱编号为 Z7、Z14、Z18、Z22、Z43、Z50、Z56 的立柱上（立柱编号：从轴线号为 28/1 开始顺时针编号立柱 Z1 到轴线号为 28 的立柱 Z56）和环梁编号为 H1、H4、H8、H10、H12、H22、H26 上（环梁编号：从轴线号为 28/1 开始顺时针编号环梁 H1 到轴线号为 28 的立柱 H28）。其中立柱上的布点沿内圈、外圈和垂直于内圈外圈的方向分别布置，每个测点共布设 4 支传感器；在环梁上的测点沿环梁的内圈和外圈布设，每个测点共布设 2 支传感器，如图 4-148 所示。

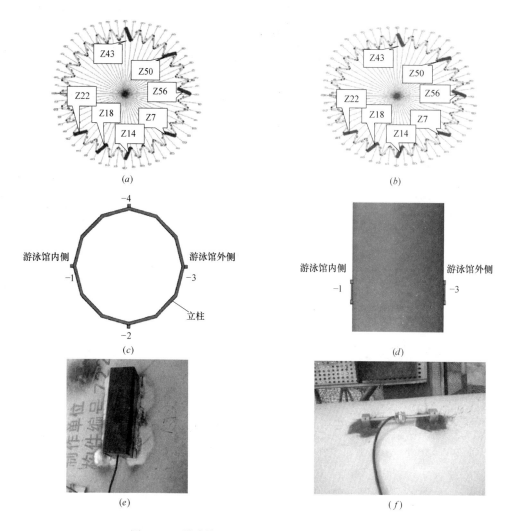

图 4-148　游泳馆环梁、V 撑应力测试点位置及照片

(a) V 形柱上应力监测布点；(b) 环梁上应力监测布点；(c) V 形柱上应力监测布点平面图；
(d) 环梁上应力监测布点平面图；(e) 传感器布置照片（带保护盒）；(f) 传感器布置照

2）位形监测

（1）环梁上位形监测

环梁上的位形测点是在整个全周长环梁上均匀地选取 8 个梁柱节点位置，在环梁上布设反光片作为全站仪观察基准点。具体环梁上测点位置和反光片布设细部图如图 4-149 所示。

（2）拉索位形测点

根据分析中结构的位形状态，拉索位形的测试点共计 9 个，均匀分布在游泳馆双向索网的中部位置，其中最中心 1 个，其他 8 个点按照圆周均匀分布。布设示意图如图 4-150 所示。拉索位形测试点只有在拉索全部张拉结束后才具有布设施工条件，因此本工程以上

9 个测试点是在索网成型后布设。

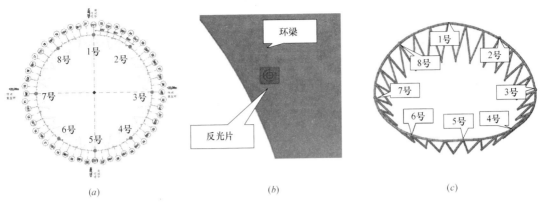

图 4-149　游泳馆环梁上位形测试点位示意图

(*a*) 位移监测点；(*b*) 反光片在环梁上；(*c*) 全站仪测点布设三维图

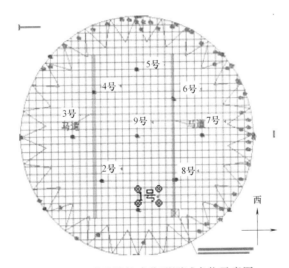

图 4-150　游泳馆拉索位形测试点位示意图

3）索力监测

索力测试分两种传感器进行测试，即光纤光栅传感器和磁通量传感器。光纤光栅传感器布设的测点如下：承重索测点（cz03、cz06、cz08、cz12、cz14、cz15、cz17、cz18、cz21、cz23、cz27、cz30）稳定测点（wd02、wd05、wd09、wd11、wd14、wd15、wd17、wd18、wd20、wd24、wd26、wd29），共计 24 个测点。具体对应情况见表 4-56，布设位置示意图如图 4-151所示。

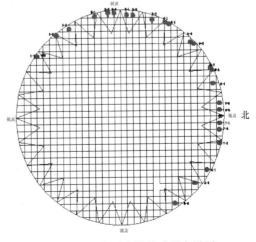

图 4-151　光纤光栅传感器布设图

监测方案中光纤光栅传感器所在索和施工方案对应情况　　　表 4-56

本方案里编号	拉索施工方案编号	所在轴线
cz03	cz13	2V13
cz06	cz10	2v10
cz08	cz08	2v08
cz12	cz04	2v04
cz14	cz02	2v02
cz15	cz01	2v01
cz17	cz01	1v01
cz18	cz02	1v02
cz21	cz05	1v05
cz23	cz07	1v07
cz27	cz11	1v11
cz30	cz14	1v14
wd02	wd14	1H14
wd05	wd11	1H11
wd09	wd07	1H07
wd11	wd05	1H05
wd14	wd02	1H02
wd15	wd01	1H01
wd17	wd01	4H01
wd18	wd02	4H02
wd20	wd04	4H04
wd24	wd08	4H08
wd26	wd10	4H10
wd29	wd13	4H13

　　磁通量传感器布设的测点如下：承重索测点（cz04、cz10、cz16、cz19、cz25、cz31）稳定测点（wd01、wd07、wd13、wd16、wd22、wd28），共计 12 个测点。对应关系见表 4-57，布设位置示意图如图 4-152 所示。

监测方案中磁通量传感器所在索和施工方案对应情况　　　表 4-57

本方案里编号	拉索施工方案编号	所在轴线
cz04	cz12	2v12
cz10	cz06	2v06
cz16	cz00	01/02
cz19	cz03	1v03
cz25	cz09	1v09
cz31	cz15	1v15
wd01	wd15	1H15
wd07	wd09	1H09
wd13	wd03	1H03
wd16	wd00	04/01
wd22	wd06	4H06
wd28	wd12	4H12

4.5.4.2　施工监测数据及分析

　　钢结构施工过程监测数据选取里程碑时间节点。监测的数据分析主要分为钢结构合拢数据、拉索施工阶段数据、配重施加阶段和配重施加后（包括屋盖结构安装和成型）数据，其中包括了 2018 年超正常值大雪一次。下文主要介绍拉索施工成型阶段的数据分析。

（1）应力监测数据

① V 形柱应力监测数据

图 4-153、图 4-154 依次为 V 形柱 7、56 的实测数据和数值模拟对比图，从测试的数据上看，立柱的整体趋势是往受压方向进行，对比各个 V 形柱左右两张图可以看出，结构的实测应力值与理论计算值偏差不大；V 形柱计算与实测数据见表 4-58。

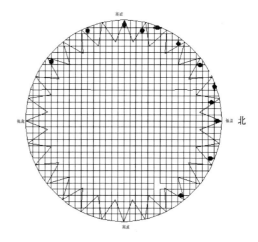

图 4-152　磁通量传感器测点布设图

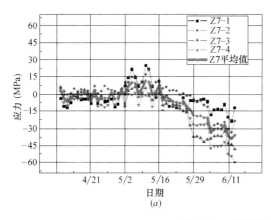

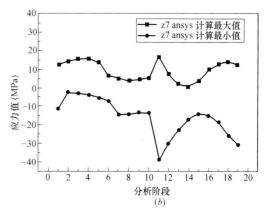

图 4-153　V 形柱 7 计算与实测结果

（a）实测结果；（b）数值计算结果

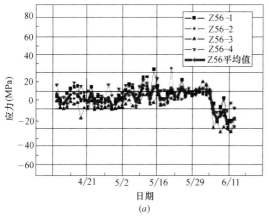

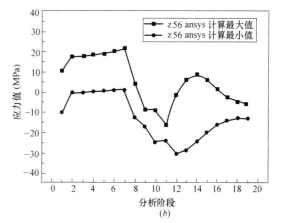

图 4-154　V 形柱 56 计算与实测结果

（a）实测结果；（b）数值计算结果

苏州奥林匹克体育中心单层索网结构设计与施工技术

V形柱实测与理论数据 表 4-58

项目	最大值	最小值	平均值	理论计算最小值
V形柱 7	−59.67	−12.21	−36.11	−30.25
V形柱 14	−14.71	−7.47	−9.92	−6.51
V形柱 18	−35.32	−10.04	−17.19	−18.11
V形柱 22	−54.15	−32.67	−39.09	−30.65
V形柱 43	27.53	−0.85	12.47	11.23
V形柱 50	−56.64	8.26	−32.87	−30.67
V形柱 56	−23.65	−6.45	−15.97	−12.93

② 环梁应力监测数据

图 4-155、图 4-156 依次为环梁 1、26 的实测数据和数值模拟对比图。从测试的数据上看，环梁的整体趋势是往受压方向进行，尤其在张拉过程中显示尤为明显，对比各个环

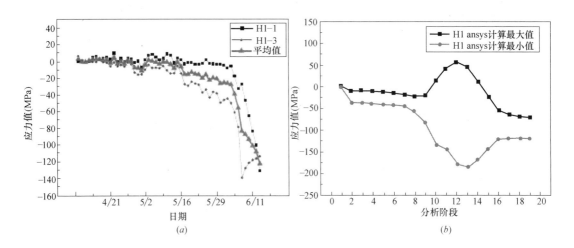

图 4-155 环梁 1 计算与实测结果
（a）实测结果；（b）数值计算结果

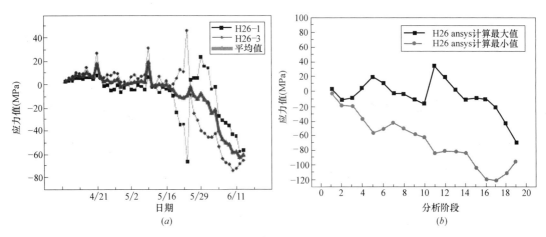

图 4-156 环梁 26 计算与实测结果
（a）实测结果；（b）数值计算结果

406

梁的左右两张图可以看出，结构的实测应力值与理论计算值偏差不大，其实测平均值与理论值相符。环梁计算与实测数据的绝对值见表 4-59。

环梁实测与理论数据　　　　　　　　　　表 4-59

项目	传感器 1(MPa)	传感器 3(MPa)	平均值(MPa)	理论计算最小值(MPa)
环梁 1	−131.48	−113.89	−122.69	−119.24
环梁 4	−100.83	−130.78	−115.81	−101.01
环梁 8	−90.41	−107.44	−98.92	−102.01
环梁 10	−111.02	−70.48	−90.75	−87.97
环梁 12	−65.82	−108.06	−86.94	−104.72
环梁 22	−106.59	−59.83	−83.21	−108.16
环梁 26	−56.79	−65.43	−61.12	−95.47

（2）环梁位移数据

表 4-60 为有限元数值模拟计算和实测值的对比表。从测试的数据上看，测点的实测值小于理论计算值，但结构变形的趋势是一致的，即结构高点的位置往外扩，结构低点的位置往里收。通过现场测试的结果看，环境的温度对结构的位移有一定的影响。

张拉完成后各测点坐标变化量与计算值对比　　　　表 4-60

项目		Δx(mm)	Δy(mm)	Δz(mm)
1 号	实测值	2	43	−24
	Ansys 计算值	0	71	−42
2 号	实测值	−15	13	11
	Ansys 计算值	−33	15	16
3 号	实测值	−22	−6	42
	Ansys 计算值	−67	0	78
4 号	实测值	1	−42	4
	Ansys 计算值	−33	−16	16
5 号	实测值	2	−20	−19
	Ansys 计算值	0	−71	−42
6 号	实测值	40	−20	14
	Ansys 计算值	33	−15	16
7 号	实测值	24	2	57
	Ansys 计算值	67	0	78
8 号	实测值	20	39	4
	Ansys 计算值	33	16	16

（3）索力数据

① 光纤光栅索力数据

表 4-61 为三个不同工况时，光纤光栅传感器测得索力值。

不同工况下单索的实测力值

表 4-61

索号	工况一单索实测值(kN)	工况二单索实测值(kN)	工况三单索实测值(kN)
cz03	60.7	167	377
cz06	65.2	222	344
cz08	54.6	200	277
cz12	73.2	238	345
cz14	61.1	238	320
cz15	50.4	233	347
cz17	63.4	209	333
cz18	66.6	208	312
cz21	53.1	233	309
cz23	77.9	265	315
cz27	73.8	194	337
cz30	150.3	243	422
wd02	512.8	499	464
wd05	478.6	342	399
wd09	—	—	395
wd11	—	—	403
wd14	—	—	431
wd15	—	—	444
wd17	—	—	449
wd18	—	—	440
wd20	—	—	479
wd24	—	—	346
wd26	450.2	345	422
wd29	493.8	388	426

注：工况一为稳定索张拉到 wd24 和 wd07（日期：2016 年 5 月 29 日），工况二为稳定索张拉到 wd15 和 wd17（日期：2016 年 06 月 07 日），工况三为稳定索张拉完成（日期：2016 年 06 月 16 日）。

图 4-157 为部分实测数值和有限元数值分析的结果对比图。从上述图中可以看出，最终成形的索力值相差较小。

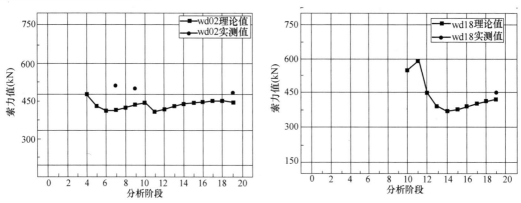

图 4-157 索成型过程中部分数值模拟和实测值的对比图（一）

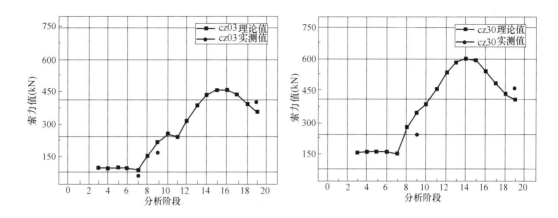

图 4-157　索成型过程中部分数值模拟和实测值的对比图（二）

光纤光栅传感器总共监测了 24 根拉索的索力值，从数据上可以看出，与设计索力偏差最大的为 13.37%，最小的为 −2.74%；偏差超过 10% 的有 3 根，占监测总数量的 12.5%、偏差在 5%～10% 的有 14 根，占监测总数量的 58.3%、偏差小于 5% 的有 7 根，占监测总数量的 29.2%。

② 磁通量索力数据

分析方法与光纤光栅传感器类似，这里只给出测试结果，见表 4-62。

不同工况下单索的实测力值　　　　　　　　　　　　表 4-62

索号	工况一单索实际力值(kN)	工况二单索实际力值(kN)	工况三单索实际力值(kN)
cz04	60.8	182	327.0
cz10	66.94	251	289.6
cz16	56.62	211	289.8
cz19	90.19	244	327.0
cz25	96.18	234	320.5
cz31	—	316	441.8
wd01	551.4	508	450.9
wd07	477.0	383	355.9
wd13	—	—	422.5
wd16	—	544	444.6
wd22	—	551	391.3
wd28	461.9	380	352.7

注：工况一为稳定索张拉到 wd24 和 wd07（日期：2016 年 5 月 29 日），工况二为稳定索张拉到 wd15 和 wd17（日期：2016 年 06 月 07 日），工况三为稳定索张拉完成（日期：2016 年 06 月 16 日）。

图 4-158 为磁通量部分测试索力值与理论计算值的对比。

最终成形态磁通量索力数据与 Ansys 计算值对比见表 4-63。

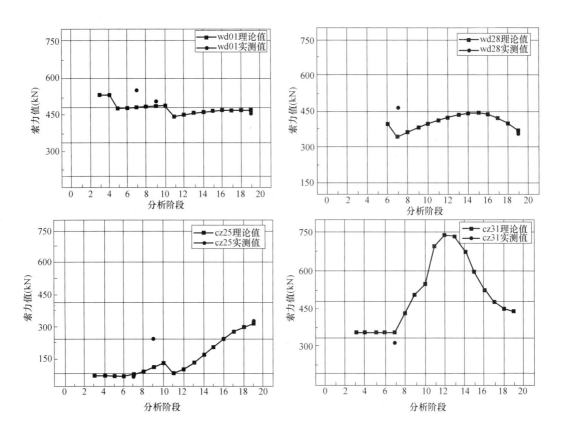

图 4-158 磁通量传感器测试结果和数值模拟计算对比

最终成形态磁通量索力数据与 Ansys 计算值对比   表 4-63

索号	实测值（kN）	Ansys 理论计算值（kN）	误差（kN）	误差百分比（%）
cz-04	327	318.5	8.5	2.67%
cz-10	289.6	308.6	−19	−6.16%
cz-16	298.8	323.4	−24.6	−7.61%
cz-19	327	343.7	−16.7	−4.86%
cz-25	320.5	313.1	7.4	2.36%
cz-31	441.8	438.1	3.7	0.84%
wd-01	450.9	468.6	−17.7	−3.78%
wd-07	355.9	376.7	−20.8	−5.52%
wd-13	422.5	440.1	−17.6	−4.00%
wd-16	444.6	430.8	13.8	3.20%
wd-22	391.3	376	15.3	4.07%
wd-28	352.7	368.1	−15.4	−4.18%

　　磁通量传感器总共监测了 12 根拉索的索力值，从数据上可以看出，与设计索力偏差最大的为 7.61%，最小的为 0.84%；偏差在 5%～10% 的有 3 根，占监测总数量的 25%、偏差小于 5% 的有 9 根，占监测总数量的 75%。

4.5.4.3 小结

(1) 监测公司跟随钢结构环梁和 V 撑的施工过程进行了传感器布设，截至 2018 年 3 月 26 日，监测公司在所有施工过程均进行了数据采集和报送，总计报送包括环梁应力数据、V 撑应力数据、环梁位形数据、拉索位形数据、光纤光栅索力数据和磁通量索力数据共计超 3 万个。

(2) 钢结构合拢时间为 2016 年 3 月 15 日开始到 2016 年 3 月 18 日截止，通过监测的 V 形立柱和环梁应力和位移与 ANSYS 计算对比值发现，实测值基本上在 ANSYS 计算值计算范围之内，应力实测值的绝对值较小，与材料的设计值相比甚远，位移值变量较小与计算相符。从而说明合拢阶段，钢结构施工满足精度的要求。

(3) 索张拉成型试件为 2016 年 3 月 15 日开始到 2016 年 6 月 15 日截止，主要结论如下：

① 通过观测 V 形柱的应力可以看出，V 形柱的整体趋势是受压的，与理论计算相符，V 形柱的最大应力值发生在 z50 处，具体数值约为 -56.64MPa，此柱的平均值约为 -32.87MPa，此柱理论计算最小值为 -30.67MPa。从其绝对数值上看小于材料的屈服强度。

② 通过观测环梁的应力可以看出，环梁的整体趋势是受压的，与理论计算相符，特别在稳定索张拉过程中环梁的受压尤为明显，表现在环梁应力绝对值一直在增大。环梁的最大应力发生在 H1 处，具体数值约为 -131.48MPa，此处的平均值约为 -122.69MPa，理论计算最小值为 -119.24MPa。从其绝对数值上看小于材料的屈服强度。

③ 通过监测的位移值可以得出，测点的实测值小于理论计算值，但结构变形的趋势是一致的，即结构高点的位置往外扩，结构低点的位置往里收。通过现场测试的结果上看，环境的温度对结构的位移有一定的影响。

④ 光纤光栅传感器总共监测了 24 根拉索的索力值。最终成形态，从数据上可以看出，与设计索力偏差最大的为 13.37%，最小的为 -2.74%；偏差超过 10% 的有 3 根，占监测总数量的 12.5%、偏差在 5%～10% 的有 14 根，占监测总数量的 58.3%、偏差小于 5% 的有 7 根，占监测总数量的 29.2%。

⑤ 磁通量传感器总共监测了 12 根拉索的索力值。最终成形态，从数据上可以看出，与设计索力偏差最大的为 7.61%，最小的为 0.84%；偏差在 5%～10% 的有 3 根，占监测总数量的 25%、偏差小于 5% 的有 9 根，占监测总数量的 75%。

由以上监测结论可知，各种传感器监测结果和数值模拟分析相吻合，尤其光纤光栅索力传感器和磁通量传感器测试得到的索力与理论计算结果吻合度较高，从而说明钢结构索结构施工质量是可控的，施工质量满足要求。

(4) 游泳馆钢结构屋面配重施加时间为 2016 年 7 月 15 日至 2016 年 8 月 15 日，历时一个月。监测公司进行了相关数据采集工作，具体包括：V 形柱应力测试、环梁应力测试、环梁位形测试、拉索位形测试、光纤光栅索力传感器、磁通量索力传感器。综合考虑 V 形柱应力传感器、环梁应力传感器、环梁位形传感器、拉索位形传感器、光纤光栅索力传感器和磁通量索力传感器的测试数据，均表明在配重施加的整个过程中结构内力没有明显突变，结构处于安全状态。

(5) 从屋盖配重施加后至施工完成，根据屋盖的施工工艺可知，游泳馆上荷载工况几乎没有变动，我们将这个过程定义为一个事件。根据数据不难看出，在屋盖施加配重之后至施工完成，钢结构位形数据变化都在 10mm 以内，其中多数在 5mm 内，钢结构位移变化不大，未产生超出常规的变形；与环梁监测数据类似，拉索位形无超过常规的变形。同时，应力测试数据变动也不大，这与工程实际受力相吻合，说明钢结构施工后处于安全状态。施工完成后，苏州当地经过一次降雪过程，测试结果可知大雪中拉索的位形有些许变动，但是应力几乎不变，这与数值模拟计算结果相吻合。大雪过后，拉索的位形恢复到正常水平，从而说明本次雪荷载对于结果的影响轻微，结构处于安全状态。